PLL回路の設計と応用

遠坂俊昭 著

ループ・フィルタ定数の算出方法とその検証

CQ出版社

まえがき

わたしが社会人になり初めて開発したのが，PLL回路を応用した地上子を自動計測するQメータでした．地上子は鉄道のATS(Automatic Train Stop；自動列車停止装置)で使用される，720 mm × 320 mmの白い楕円状の共振回路で，レールの枕木の上に設置されています．信号が赤になると130 kHzに共振して，この上を通過する列車に信号が赤であることを知らせ，列車を停止させます．下図に示すように，この地上子の上に検知コイルを置くと，共振周波数で入出力位相差が90°になり，検知コイルの出力電圧が地上子のQに比例します．そこで入出力が90°になる周波数でPLL回路をロックさせ，共振周波数とQの値を数値表示させるのです．このときはPLL回路の設計方法などまったくわからず，雑誌に記載されていたPLL回路をつぎはぎしての，文字どおり手探りの設計でした．

〈図〉地上子と検知コイル

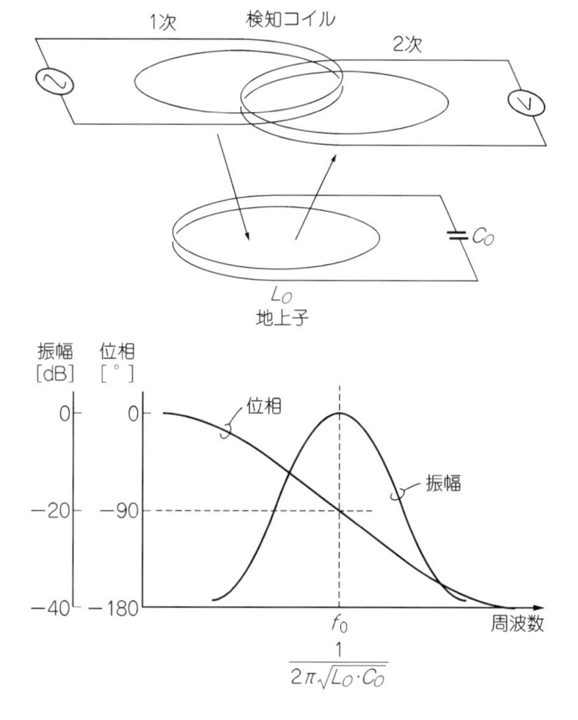

この開発から，私にとってPLL回路は特別愛着のある技術になり，その後，何回もPLL回路を応用した機器を設計しました．しかしPLL回路におけるループ・フィルタの設計方法がわからず，試作品の調整時に回路の動作具合を見ながら定数を探すという恥ずかしい設計を繰り返していました．

このようななか，巻末の参考文献(4)に挙げた書籍に出会い，ループ・フィルタは負帰還の位相余裕の考えかたで設計すればよいことがわかり，まさに目から鱗の落ちる思いをしました．この文献に出会ってからは設計時，計算により算出した*CR*の定数ですべてPLL回路が最適にロックするようになりました．

最近ではPLL回路におけるループ・フィルタの定数の算出は便利なソフトウェアができ，PLL回路のデバイスを販売している会社のホームページ上などで使用することができます．しかしこのようなソフトウェアの場合，求められるループ・フィルタの定数は限定されたアプリケーション(多くの場合はシンセサイザ)での最適な値です．PLL回路は非常に応用範囲が広く，同じPLL回路のブロック構成でもアプリケーションによってはその最適なループ・フィルタの定数が異なります．したがってPLL回路を十分に使いこなすには，PLL回路，各ブロックの伝達関数を求め，負帰還の位相余裕からループ・フィルタを算出することがとても大切です．本書を読んでいただければわかりますが，幸いPLL回路においては各部分の伝達関数を求めることは比較的簡単で，ループ・フィルタも比較的低次のものが使用されます．

ということで本書は，PLL回路におけるループ・フィルタの算出が主題です．このため書き終わった原稿を読み返してみると，ループ・フィルタの算出の部分が多く，少し冗長な感があります．しかし，このループ・フィルタの算出はPLL回路設計において一番重要な部分でもあるので，このままとしました．ご了承ください．

本書は私が講師をしている，CQ出版社主催の「わかるエレクトロニクス・セミナー」(http://it.cqpub.co.jp/eSeminar/)の「PLL回路の設計法」，および高度ポリテクセンター(http://www.apc.ehdo.go.jp/)の「計測のためのPLL回路設計」のセミナー・テキストが元になっています．そしてセミナーを実施した際の受講者の方からの質問が本書を執筆するのにとても役に立っています．最後に，これらセミナーを受講してくださった方々，およびセミナーを実施する機会を与えていただいたCQ出版社の蒲生良治氏，高度ポリテクセンターの岡栄太郎氏，清野政文氏に厚くお礼申し上げます．また，いつも私の心の支えである前橋の両親，遠坂平四郎・正江にこの場を借りて感謝します．

2003年初秋　著者

目　次

第3章 PLL回路のループ・フィルタ設計法 ……71

パッシブ/アクティブ・ループ・フィルタの設計事例と検証

第1章 PLLの動作と回路構成

PLLとシンセサイザ技術のあらまし

この章では，PLLの基本構成と各部の動作のあらましについて解説したあと，PLLのノイズと信号純度，およびシンセサイザ以外への応用例などについて概観していきます．

1.1 PLL回路の基本動作

● PLL回路を構成する三つのブロック

Phase Locked Loop…位相同期回路…PLL回路は簡単に言うと，入力信号の位相に同期した新たな信号を生成するための回路です．**図1-1**がPLL回路の基本ブロック図で，**写真1-1**が実際のPLL回路における動作波形の一例です．PLL回路の基本構成は下記の三つのブロックから構成されます．

〈図1-1〉PLL回路/シンセサイザの構成

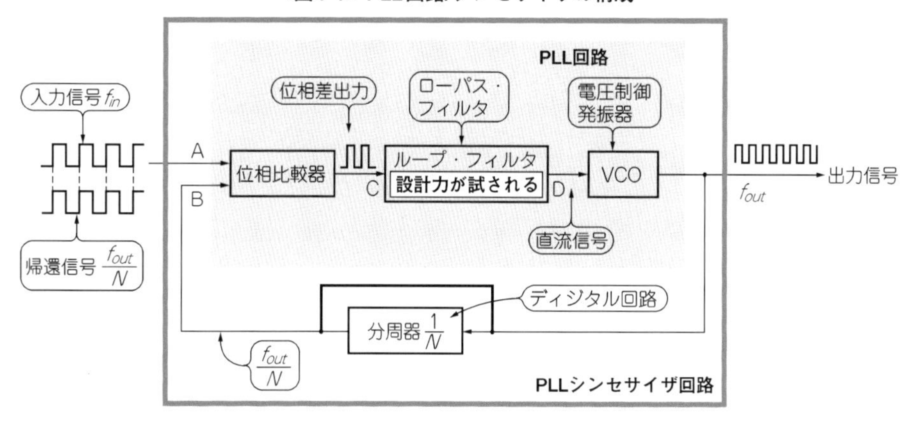

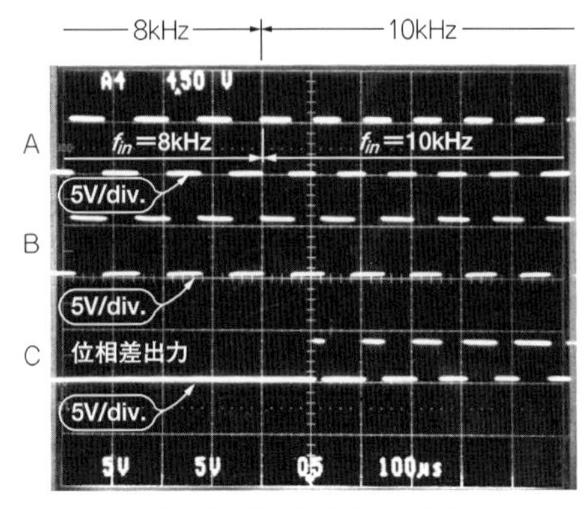

(a) 位相比較器の入出力波形

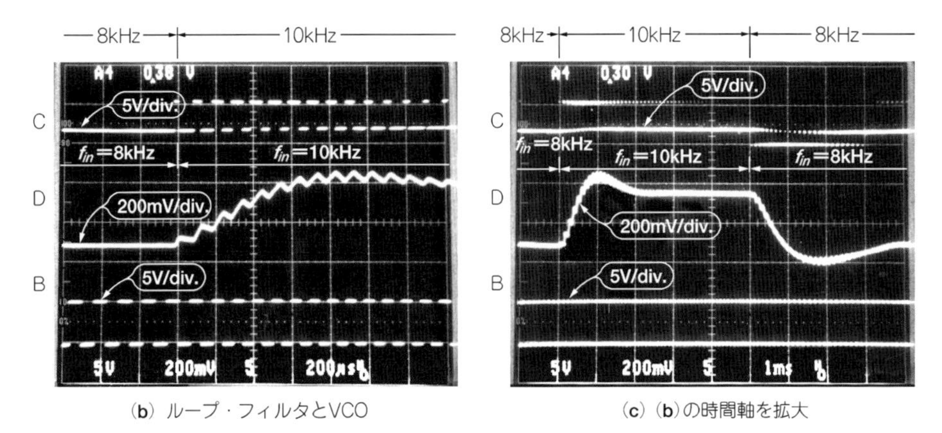

(b) ループ・フィルタとVCO　　(c) (b)の時間軸を拡大

〈写真1-1〉PLL回路の信号波形(A～Dは図1-1を参照)

▶ **位相比較器**(Phase Detector または Phase Comparator)

位相比較器は二つの入力信号の位相差を検出します．**写真1-1(a)**はPLL回路におけるディジタル方式による位相比較器の動作波形を示したもので，二つの信号(A，B)の立ち上がりの差を検出しています．位相比較器には他にアナログ方式のものもあります．

▶ **ループ・フィルタ**(Loop Filter)

位相比較器からのリプルを含んだ直流信号を平均化し，交流成分の少ないきれいな直流信号に変換するためのローパス・フィルタです．ループ・フィルタにはこのリプルを取り除く機能のほかに，PLLのループ制御を安定に行うための伝達特性を決定するという大事な役目があります．安定なPLL回路のためのループ・フィルタの設計法は本書の主題でもあります．

▶ **VCO**(Voltage Controlled Oscillator)

入力の直流信号によって発振周波数が制御できる，可変周波数発振器です．

● PLLの応用と周波数シンセサイザ

図1-1では，入力信号とVCOの出力信号あるいは分周器を経た信号の位相が比較され，この二つが同位相になるように制御されます．二つの入力信号が同位相，したがって周波数も当然，同一に制御されることになり，VCO出力は入力周波数に追従した発振周波数になります．

このときのVCOの周波数変化はループ・フィルタの時定数によって決定されます．時定数が長ければ(遮断(しゃだん)周波数が低いと)ゆっくりと，短ければ(遮断周波数が高いと)すばやくVCOの発振周波数が入力信号に追従し，同期します．

図1-1において追従速度を適度に設計すれば，受信した信号あるいは電波に同期した信号がVCOから得られます．たとえば受信電波に雑音がときどき重畳しても，VCOは即座に追従しないので雑音に影響されず，VCOは受信信号の平均周波数に安定に同期して発振を続けることになります．

また，**図1-1**のブロックにおいてVCO出力と位相比較器入力の間に周波数分周器(ディバイダと呼ばれる)を挿入すれば，入力周波数とVCO出力周波数を分周した周波数が同期します．つまり，VCOの発振周波数は入力信号を分周数倍した周波数に制御されることになります．

したがって，PLLの入力信号に水晶発振器などで発生した安定した周波数を加えて分周器の分周数を切り替えるようにすれば，VCOの出力からは入力周波数と同じ確度で分周数倍された信号が得られます．これがPLL方式による周波数シンセサイザの原理です．

● PLL回路の各部の動作波形

写真1-1は実際のPLL回路における動作波形を測定したもので，入力信号周波数を8 kHzと10 kHzに交互に切り替えたときの各部の波形を示しています(分周器なしの場合)．

写真(**a**)が位相比較器の入出力波形です．入力信号Aが8 kHzから10 kHzに急変したとき，VCOの出力Bははじめは8 kHzのままです．それから，Aの立ち上がりからBの立ち上がりの差分だけ位相比較器の出力が“H”レベルに変化します．立ち上がりが同時の場合は出力パルスは出ません．

写真(**b**)はループ・フィルタの入出力とVCOの出力波形です．位相比較器から“H”レベルの信号が出力されるとループ・フィルタの出力電圧はゆっくりと上昇していき，VCOの出力周波数もそれに比例して高くなっていきます．

写真(**c**)は，写真(**b**)の時間軸スケールを5倍(200 μs/div.から1 ms/div.)に変更したものです．入力周波数が急変すると位相比較器から位相差に従ったパルスが出力され，ループ・フィルタの出力がゆっくりと変化します．そしてVCOの発振周波数が入力周波数と同じになるように，ループ・フィルタの出力電圧が一定値に収束していくようすが観測されています．

このようにPLL回路は，ディジタル信号とアナログ信号が混在し，入力周波数に出力周波数が同期する自動制御回路であると言うことができます．

なお，実際の位相比較器の方式にはいろいろな種類があります．実験で使用した位相比較器は，二つの入力信号の立ち上がりで位相を比較するディジタル・タイプです．

1.2　PLL回路および周波数シンセサイザの構成

PLL回路は産業用/民生用を問わず幅広い分野で使用されており，PLLの応用分野すべてにわたって記述することは筆者の経験をはるかに越える領域です．以下に紹介する応用以外については，章末の参考文献などを参考にしてください．本書では，代表的な応用分野である周波数シンセサイザなどに用いられるPLL回路の構成方法について紹介します．

● 入力周波数の*N*倍出力を得る方法

PLL回路は入力波形とVCOの発振波形の位相を比較し，VCOの発振周波数を入力周波数に同期させるものです．したがって**図1-2**に示すように，VCOの出力を分周してから入力波形と位相比較すると，入力周波数と分周後の周波数が同一周波数，すなわちVCOの発振周波数が入力周波数の分周数倍された周波数に同期します．この分周数を外部から任意の整数値に設定できる機能をもった分周器をプログラマブル分周器(Programable Devider)と呼んでいます．

● 入力周波数の*N*÷*M*倍出力を得る方法…入力に分周回路を入れる

図1-2に示した構成のPLL回路では，出力の周波数設定分解能が位相比較周波数に等し

〈図1-2〉 *N*倍の出力周波数を得る

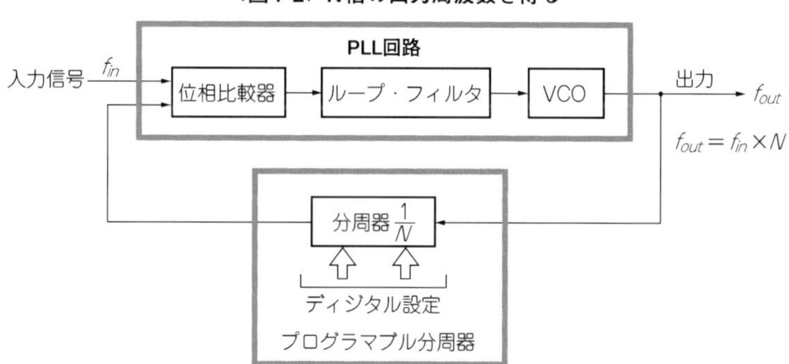

〈図1-3〉 *N*÷*M*倍の出力周波数を得る

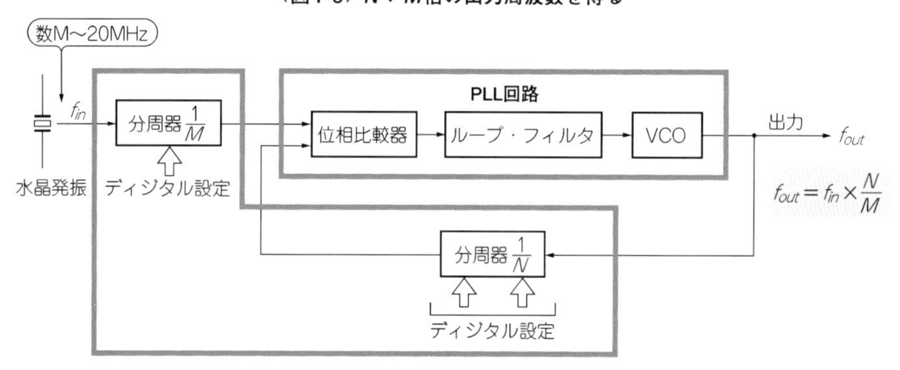

くなります．したがってPLL回路の出力周波数確度は，入力信号の周波数確度によって決定されます．そのため，周波数シンセサイザなどでは一般に水晶発振子から入力信号を生成します．しかし，水晶発振子が安価で安定に発振する周波数範囲は数MHz〜数十MHz程度です．

このため，細かな設定分解能が欲しいときは**図1-3**に示すように，数MHzで発振した周波数を必要な設定分解能周波数(1 kHzや10 kHzなど)まで分周してからPLL回路を構成します．

● 入力周波数の*N*÷*M*倍出力を得る方法…出力に分周回路を入れる

図1-2に示した構成のPLL回路でシンセサイザの出力周波数範囲を広げるには，分周数を広範囲にして，VCOの発振周波数もそれにしたがって広範囲に可変できるようにしな

〈図1-4〉 $N \div M$倍の出力周波数を得る(方形波)

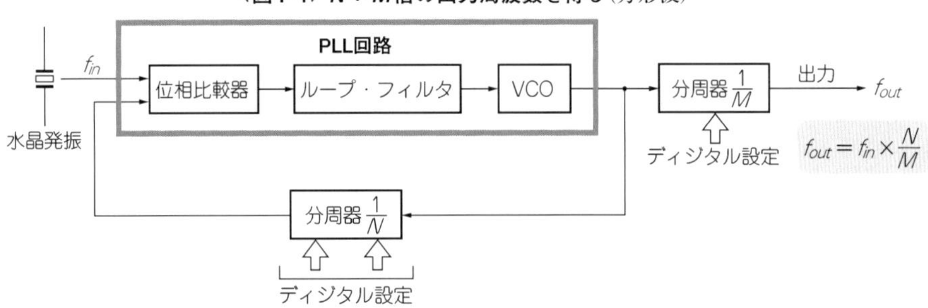

くてはなりません．しかし第2章で説明しますが，分周数の範囲が広くなるとPLL回路としての伝達関数がそれにしたがって変化し，VCOから高純度の信号を得ることが困難になります．

また，可変できるVCOの発振周波数範囲にも限度があります．一般に発振周波数範囲が広がると，それにつれてVCO出力信号の純度も低下します．

出力波形が方形波の場合には，**図1-4**に示すようにVCO出力に分周器を挿入して出力周波数範囲を拡大することができます．たとえば，VCOの発振周波数範囲が1 MHz～10 MHzであっても，出力分周器の分周数Mを10，100，1000，…と設定していけば，どんな低い周波数でも得ることができます．

● 入力周波数の$N \times M$倍出力を得る方法…プリスケーラを追加する

PLL回路の出力周波数を切り替えてディジタル的に変化させるためにはプログラマブル分周器を使用しますが，分周数が自由に設定できるようにするには分周器内部の構成は複雑になり，高速応答も難しくなります．汎用のプログラマブル分周器の上限周波数は10 MHz程度になっています．

分周数を固定にし，動作周波数をGHzにまで拡大したのがプリスケーラと呼ばれるものです．これは**図1-5**に示すように，VCOとプログラマブル分周器の間にプリスケーラと呼ばれる$1/M$の分周器を挿入する方法で，GHzオーダのシンセサイザも可能になります．ただし，この方法はプリスケーラの分周数だけ設定分解能が犠牲になります．この犠牲を解決するのがパルス・スワロウ方式と呼ばれるものです．詳しくは後の章で説明します．

〈図1-5〉 $N \times M$倍の出力周波数を得る

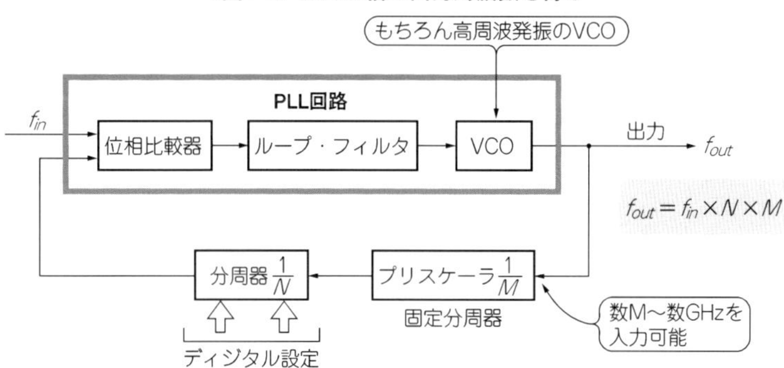

〈図1-6〉 PLL回路とヘテロダインの組み合わせ

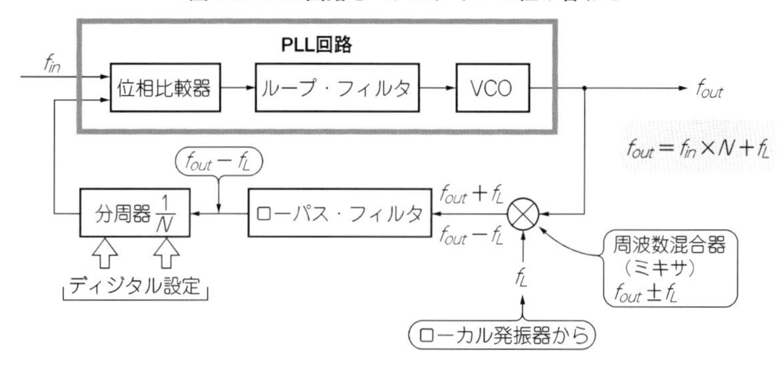

● ヘテロダインと組み合わせる…$(f_{in} \times N) + f_L$を得る

後述のコラムで**図1-B**に紹介しているヘテロダイン方式は，内部発振器を用いて周波数を自由に変換することができるものです．このヘテロダインをPLL回路に応用したのが**図1-6**に示す構成です．

VCOの出力周波数を内部発振器の発振周波数によって低い周波数$(f_{out} - f_L)$に変換してから，プログラマブル分周器で分周することができます．こうするとプリスケーラ方式のように設定分解能が犠牲にならずループ利得も低下しないので，より高純度の出力信号を得ることができます．

ただし，出力周波数範囲を広げるには内部発振器の発振周波数(f_L)を可変しなければなりません．

〈図1-7〉DDSによる正弦波の発生

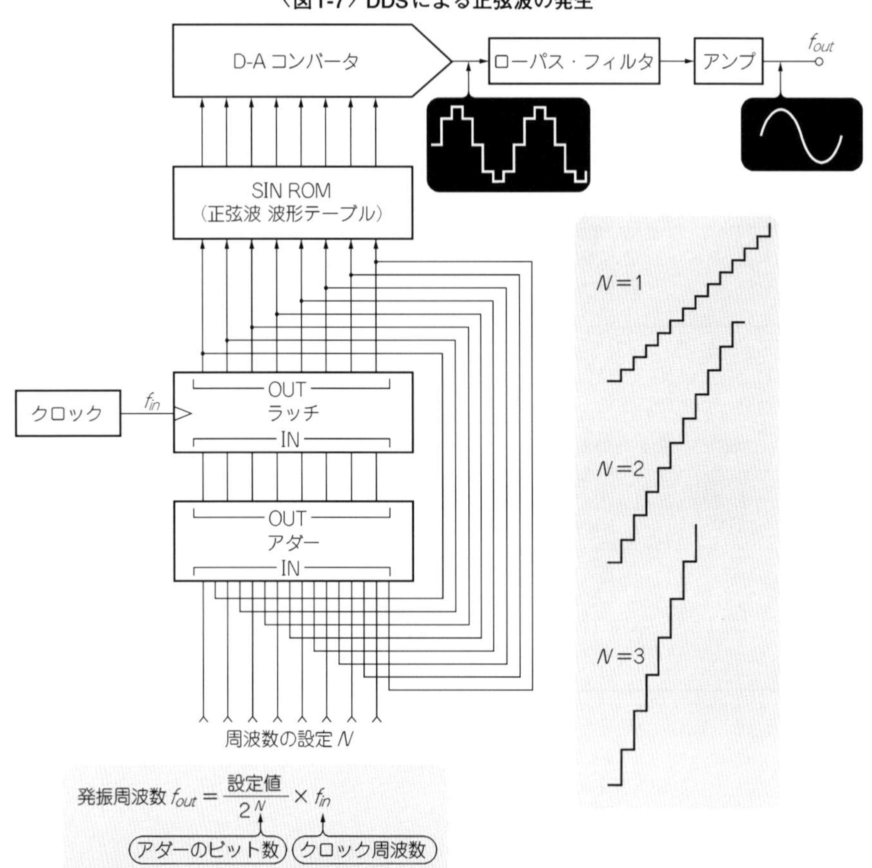

● DDS (Direct Digital Synthesizer)と組み合わせる

PLL回路で設定分解能を上げようとすると分周数が大きくなり，位相比較周波数が低くなります．このため設定値を変更したときのPLLの応答が遅くなります．また，設定分解能が増えるにつれてループ利得が下がり，出力波形の純度が劣化します(理由は後述する)．

ダイレクト・ディジタル・シンセサイザ(DDS)は，LSI技術の進歩によって実用されるようになった信号発生器の方式です．DDSは**図1-7**に示すように，加算器とラッチで累積加算器(アキュムレータ)を構成し，クロックが来るたびに設定値を累積していきます．す

〈図1-8〉PLLとDDSを組み合わせる

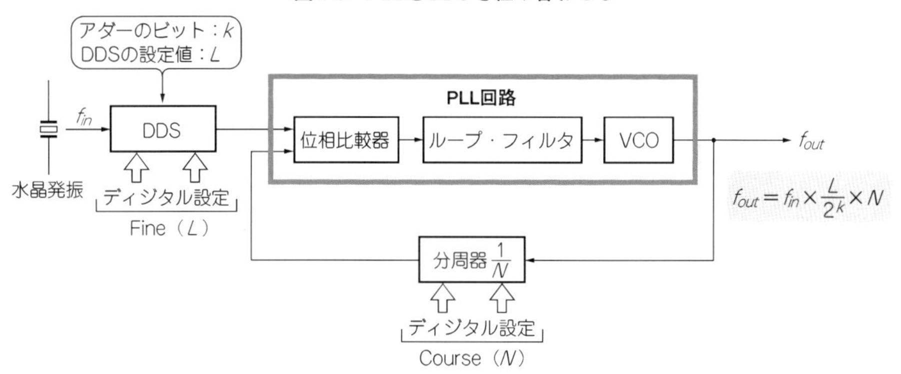

ると，常に設定値に比例した速度のディジタル・データが得られ，このデータをあらかじめ正弦波データが書き込まれたROM(読み出し専用メモリ)のアドレスとして加えます．こうするとROMからは正弦波データが読み出されます．これをD-Aコンバータでアナログ波形に変換し，ローパス・フィルタでクロック成分を除去すると，純度の良い正弦波信号が得られるというものです．

DDSの設定分解能はアキュムレータの桁数によって決定されます．桁数の多い加算器をLSIに組み込むことにより，数MHzの発振周波数であっても1Hz程度の分解能が実現できます．

ただし，DDSでは基準クロックの1/10程度の周波数までは比較的スプリアスの少ない波形が得られますが，周波数をそれ以上高く設定するとスプリアスが目立つようになります．つまり，DDSは低い周波数で高純度/高設定分解能が得られる優れた方式といえます．

図1-8に示すように，このDDSから得られた信号をPLLの入力信号として使用するとPLLの位相比較周波数が高くなり，しかもDDSで周波数を設定することにより高設定分解能が可能なシンセサイザが実現できます．

1.3 PLLシンセサイザでは信号純度がポイント

● 理想シンセサイザ出力は1本のスペクトル

PLL回路を応用してシンセサイザなどを製作するとき，得られる出力波形のきれいさ…信号純度は重要な課題です．

純粋な信号とは，原理的には**図1-9**に示すように単一周波数からなります．スペクトラ

〈図1-9〉
理想正弦波のスペクトラム

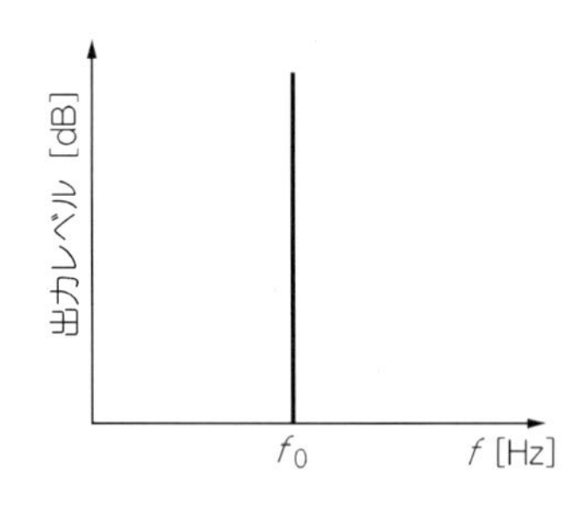

ム・アナライザで計測すれば，1本のスペクトルのみが観測されます．しかし，これはまったく理想的なときの話です．普通のPLL回路からの信号(VCOの出力信号)には，その多寡はありますがノイズと高調波歪(ひず)み，そしてスプリアス(spurious)が含まれています．高調波歪みは基本周波数の整数倍の周波数成分で構成されますが，整数倍の周波数以外に現れる不要な周波数成分を一般にスプリアスと呼んでいます．

PLL回路では，位相比較周波数成分の漏れにより，発振周波数から比較周波数の整数倍だけ離れた高低の両側にスプリアスが発生しやすくなります．

このうち，ノイズとスプリアスにはAM(Amplitude Modulation；振幅変調)性のものとFM(Frequency Modulation；周波数変調)性のものがあります．また，発振周波数近傍のFM性ノイズのことを位相ノイズと呼んでいます．したがって，PLL回路で生成したクロックのジッタ(周波数のゆらぎ)はFM性ノイズということになります．

信号周波数の整数倍の不要波(高調波)は，フィルタで簡単に除去することができるのであまり問題になりません．しかし，キャリア近傍のノイズとスプリアスは一度発生すると除去するのが難しく，PLL回路で信号を生成する際は，この二つの成分がいかに少ないかが信号純度に大きく影響します．

理想的な正弦波出力シンセサイザの出力信号v_Oは**図1-9**に示したように，一般に，

$$v_O = A \sin(2\pi f_0 t) \qquad (1\text{-}1)$$

A：出力振幅，f_0：出力周波数

で表せ，単一周波数だけから成ります．

しかし現実には，信号にノイズ(歪みや干渉によって生じた不要波)が混入したり，スペクトラム・アナライザの周波数分解能(resolution band-width)が有限であることや，内部スプリアスなどのために，1本のスペクトルのみが観測されることはまずありません．

シンセサイザの信号純度を悪化させる要因には，発生した信号波形の歪みやノイズのほかに，発生した信号が何らかの理由で変調されてしまうという現象があります．

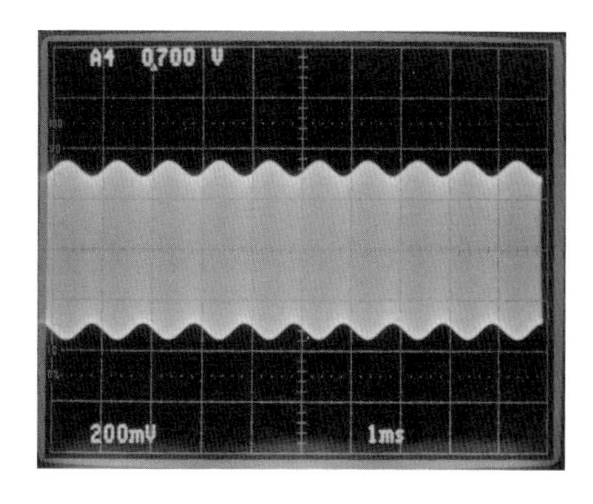

〈写真1-2〉
10 MHzのキャリアを1 kHz/10 %で
AM変調した波形

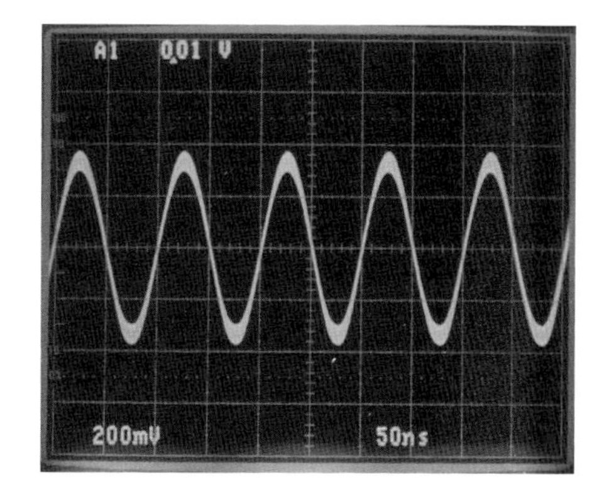

〈写真1-3〉
写真1-2と同じ波形で時間軸を
50 ns/div.にしたときの波形

変調の種類には，先に示した式(1-1)の振幅Aが変化を受けるとこれは振幅変調…AMになります．また，周波数f_0が変化を受けると周波数変調…FMになります．

● AM…振幅変調が起こると…AM性ノイズ

変調を考えるとき，それぞれの波形は，変調を受ける信号を搬送波(キャリア，Carrier Wave)，変調する信号を変調波(Modulation Signal)，変調された搬送波を被変調波(Modulated Carrier)と呼びます．

写真1-2に示すのは，10 MHzのキャリアを1 kHzの変調波で振幅変調した波形です．キャリアの上に1 kHzの変調波が見えます．キャリアそのものの波形を観測するために時間軸を速くして見たのが**写真1-3**です．10 MHzのキャリアの振幅が，キャリアよりも低い周波数1 kHzで変調されているため，変調を受けている部分が太くなっているのがわか

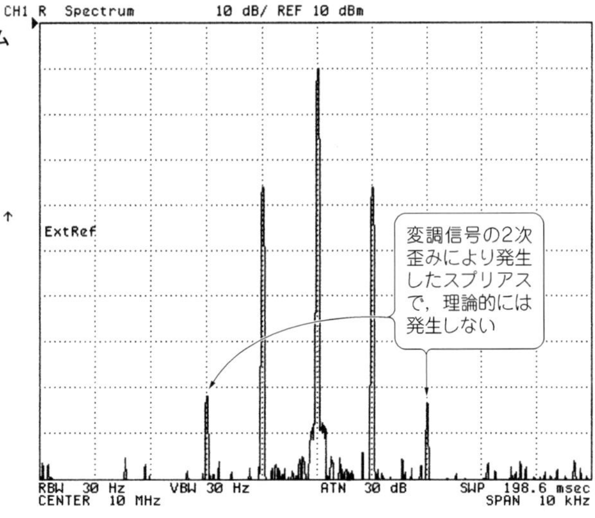

〈図1-10〉
写真1-2のAM波のスペクトラム
(10 dB/div.，1 kHz/div.)
キャリア周波数：10 MHz
変調信号周波数：1 kHz
変調度：10 %

ります．

AM波v_{AM}は，キャリアを$V_C \sin(2\pi f_C t)$，変調信号を$V_S \cos(2\pi f_M t)$とすると，

$$v_{AM} = \{V_C + V_S \cos(2\pi f_M t)\} \sin(2\pi f_C t) \quad \cdots\cdots (1\text{-}2)$$

で表すことができます．そして，キャリアの振幅と変調信号振幅の比

$$m = \frac{V_S}{V_C}$$

を変調度と呼びます．したがって，

$$v_{AM} = V_C \sin(2\pi f_C t) + m_{VC} \cos(2\pi f_M t) \ \sin(2\pi f_C t)$$

$$= V_C \sin(2\pi f_C t) + \frac{m}{2} V_C \sin\{2\pi (f_C + f_M) t\} + \frac{m}{2} V_C \sin\{2\pi (f_C - f_M) t\}$$

となって，AM波はキャリアから変調周波数だけf_M離れた両側に変調信号振幅の半分のスペクトルが発生することになります．

写真1-2の信号をスペクトラム・アナライザで観測したのが**図1-10**です．ここでは変調度が10 %なので，両側のスペクトラムは10 %(－20 dB)の半分(－6 dB)で，キャリアより－26 dB下がったレベルになっているのがわかります．

PLL回路において，電源電圧の変動などによって電圧制御発振器VCOの出力波形が変化することはAM変調されていることになります．したがって，VCOの出力波形はキャリアから変動周波数だけ離れた両側にスプリアスが発生することになります．

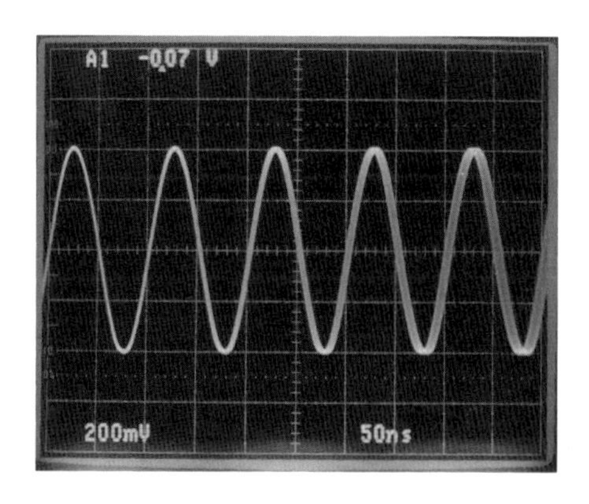

〈写真1-4〉
10 MHzのキャリアを100 kHzの周波数偏移でFM変調した波形

PLL回路では，VCOの周波数成分のみが検出/フィードバックされ，位相比較されるので，いったんVCOで発生したAM変調成分は改善されません．

● FM…周波数変調されると…FM性ノイズ

写真1-4は，10 MHzのキャリアが100 kHz周波数偏移するようにFM変調した波形です．波形の最初のところはトリガがかかっているためブレていませんが，後半のほうになるとFM変調されているためブレて観測されています．

FM変調波は，

$$変調指数(\beta) = \frac{最大周波数偏移(\Delta f)}{変調周波数(f_M)}$$

とすると，次のように表せます．

$$v_{FM} = V_C \cos\{2\pi f_C t + \beta \sin(2\pi f_M t)\}$$

この式を展開すると，

$$v_{FM} = V_C \cos(2\pi f_C t)\ \cos\{\beta \sin(2\pi f_M t)\} - V_C \sin(2\pi f_C t)\ \sin\{\beta \sin(2\pi f_M t)\}$$

となります．sinおよびcosのなかにさらにsinが入っているので，次式のベッセル関数を用いて展開します．

$$\cos\{\beta \sin(2\pi f_M t)\} = J_0(\beta) + 2\sum_{n=1}^{\infty} J_{2n}(\beta)\ \cos(4n\pi f_M t)$$

$$\sin\{\beta \sin\ (2\pi f_M t)\} = 2\sum_{n=1}^{\infty} J_{2n}(\beta)\ \sin(2\pi(2n+1) f_M t)$$

これらの関係を代入すると，各周波数成分に分解したFM波の式が得られます．

$$
\begin{aligned}
v_{FM} = & V_C J_0(\beta)\cos(2\pi f_C t) && \text{キャリア周波数} \\
& + V_C J_1(\beta)\cos\{2\pi(f_C + f_M)t\} - V_C J_1(\beta)\cos\{2\pi(f_C - f_M)t\} && \text{第1上下側波} \\
& + V_C J_2(\beta)\cos\{2\pi(f_C + 2f_M)t\} - V_C J_2(\beta)\cos\{2\pi(f_C - 2f_M)t\} && \text{第2上下側波} \\
& + \cdots \\
& + V_C J_n(\beta)\cos\{2\pi(f_C + nf_M)t\} - V_C J_n(\beta)\cos\{2\pi(f_C - nf_M)t\} && \text{第}n\text{上下側波} \\
& + \cdots
\end{aligned}
$$

このように，FM変調された信号は単一正弦波で変調されたときでも，多数の側波成分を生じます．そしてスプリアスはキャリアの両側に変調周波数の整数倍離れた周波数に発生し，周波数偏移が多くなるにつれスプリアスの数が増加することになります．

ちなみに，第1側波の係数は下式から求められます．

$$
J_1(\beta) = \sum_{r=0}^{\infty} \frac{(-1)^r}{r!(r+1)!}\left(\frac{\beta}{2}\right)^{1+2r} = \frac{\beta}{2} - \frac{\beta^3}{1!2!2^3} + \frac{\beta^5}{2!3!2^5} - \frac{\beta^7}{3!4!2^7} + \cdots
$$

したがってPLL回路では，位相比較周波数成分によるリプル電圧でVCOがFM変調されると，キャリアの両側に位相比較周波数のn倍だけ離れた点にスプリアスが発生することになり，リプル電圧の量が増大していくとスプリアスの数が増え，ベッセル関数にしたがってキャリアの振幅が減少していくことになります．

● FM性ノイズの影響

VCOに使用している半導体で発生した雑音によってVCO出力波形がFM変調されると，キャリアから雑音の周波数成分にあたる帯域で雑音レベルが上昇することになります．

PLL回路では半導体の雑音や電源変動そして漏れ磁束などによってVCOがFM変調され，VCO出力信号にスプリアスが発生することになります．

VCOで発生した周波数変動によるスプリアス成分は，原理的にはPLLループの帰還量に比例してスプリアス量を抑圧することができます．しかし，PLLの帰還量が大きくなるのはごく低い周波数なので，VCOの裸の信号出力の純度を良くすることが大切です．

図1-11は，10 MHzのキャリアを100 kHz正弦波で100 kHzの周波数偏移が生じるようにFM変調したときのスペクトラムです．100 kHzの正弦波で変調しても，ベッセル関数に従って多数のスペクトラムが発生することがわかります．

図1-12は周波数偏移を10 kHzにしたとき，**図1-13**は周波数偏移を1 kHzにしたときのスペクトラムです．このように，FM変調の周波数偏移が減少するにつれ，スペクトラムの数が減少していきます．

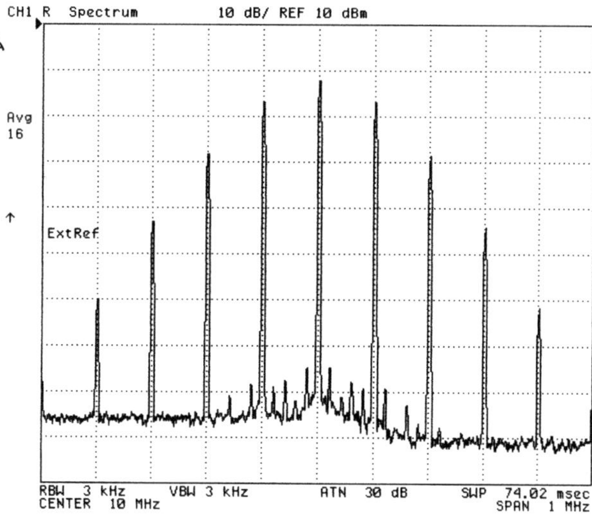

〈図1-11〉
写真1-4のFM波のスペクトラム
(10 dB/div., 100 kHz/div.)
キャリア周波数：10 MHz
変調信号周波数：100 kHz
周波数偏移：100 kHz

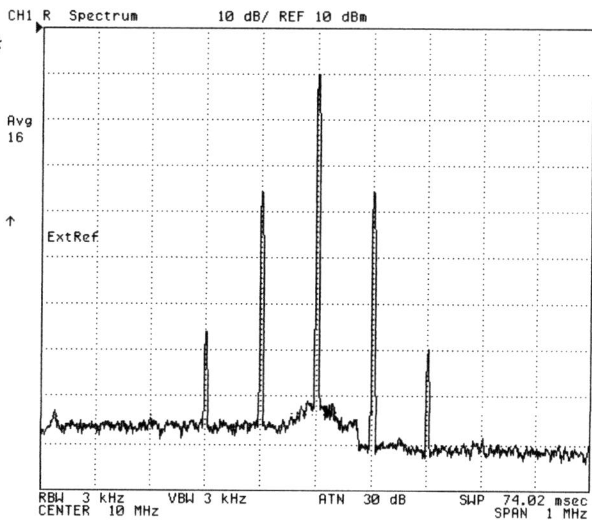

〈図1-12〉
周波数偏移を10 kHzとしたときのスペクトラム
(10 dB/div., 100 kHz/div.)
キャリア周波数：10 MHz
変調信号周波数：100 kHz
周波数偏移：10 kHz

〈図1-13〉
周波数偏移を1 kHzとしたときのスペクトラム
(10 dB/div.，100 kHz/div.)
キャリア周波数：10 MHz
変調信号周波数：100 kHz
周波数偏移：1 kHz

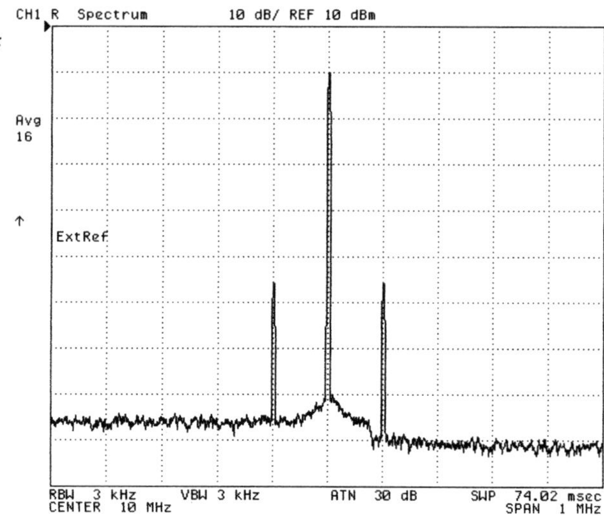

〈図1-14〉
FM波からキャリアがなくなるように変調信号周波数を調整したスペクトラム
(10 dB/div.，100 kHz/div.)
キャリア周波数：10 MHz
変調信号周波数：41.58 kHz
周波数偏移：100 kHz
変調指数：2.405

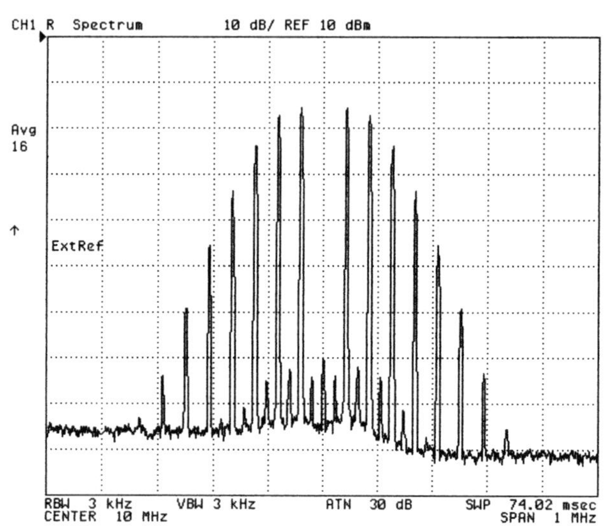

〈図1-15〉赤外線リモコンにおけるディジタル・データからのクロック再生

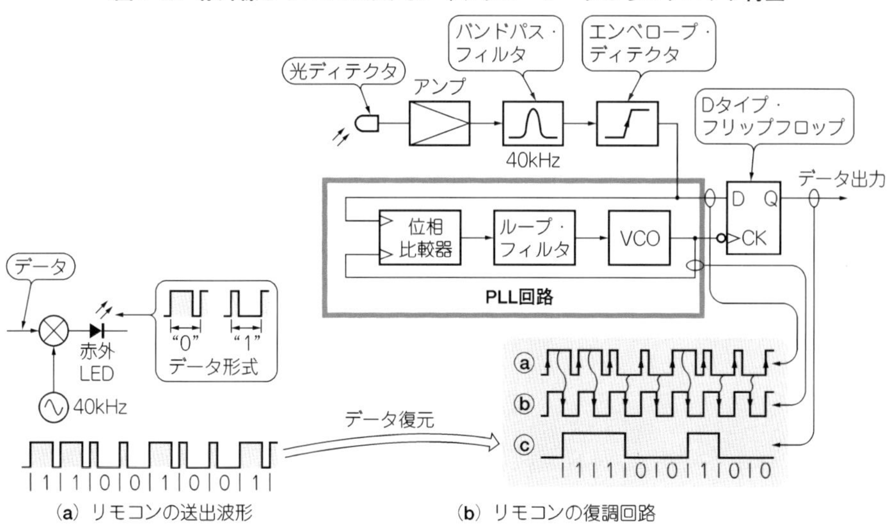

(a) リモコンの送出波形　　(b) リモコンの復調回路

図1-14はベッセル関数からキャリアがなくなる変調指数2.405になるように，変調信号周波数を調整したときのスペクトラムです．

このようにスペクトラム・アナライザの観測波形からだけでは，スプリアスの発生要因がAM性かFM性かの判断はできないことになります．スペクトラム・アナライザによる観測波形にAM成分がまったくなく，正弦波によるFM変調と仮定できればベッセル関数からスプリアスの量で周波数偏移が算出できることになりますが，スプリアス成分がFM成分のみ，そして正弦波による変調のみという場合はまずありえません．したがって，スペクトラム・アナライザによって観測されたスプリアスからジッタ(周波数偏移)を算出することはできません．

1.4　シンセサイザ以外へのPLLの応用

● ディジタル・データからのクロック再生

ここまで説明したPLL回路では，正確な出力周波数を得るためにVCOの出力周波数をいかにして入力周波数に忠実に同期させるかが重要でした．ところが**図1-2**に示した構成で，ローパス・フィルタの応答を故意に遅く設計すると，入力周波数が変動してもVCOの発振周波数は遅く変化し，入力信号の平均周波数に安定して同期させるということができます．ディジタル・データからクロックを再生する場合などがこれにあたります(**図1-15**)．

ディジタル・オーディオからコンピュータ関連まで，ディジタル・データの転送にはさまざまな方式があります．比較的簡単な例として，赤外線リモコンの復調回路に使用されているデータ復調のためのPLL回路を紹介します．

赤外線リモコンのデータは**図1-15(a)**に示すように，1ビットの周期は一定でデューティ・サイクルを可変することで"1"と"0"のデータを表しています．データ送信のときはこのシリアル・データを振幅変調し，赤外LEDで光出力に変換しています．

図1-15(b)が復調回路の構成です．光ディテクタで光信号を電気信号に変換したのち増幅し，バンドパス・フィルタで不要な雑音を除去します．そしてエンベロープを検出するとⓐの信号が得られます．

ⓐの信号の立ち上がりエッジで位相比較するとⓑのクロックがVCOから得られます．そして，このⓑのクロックの立ち下がりでDタイプ・フリップフロップを駆動するとⓒのデータが復調されます．

コラム■dBcとは

スプリアスの大きさを表すのに用いられるのがdBcです．この単位は，キャリアのレベルに対するスプリアスの比をdBで表したものです．

図1-Aのデータではキャリアのレベルが4.2 dBm，キャリアから10 kHz離れた周波数のスプリアス強度が－60 dBmになっています．したがって，この場合のスプリアス量は－64.2 dBcということになります．

また，**図1-A**においてキャリアから30 kHz離れた周波数での雑音レベルが－77 dBmと観測されています．単一周波数から成るスプリアスの場合は，スペクトラム・アナライザの分析周波数幅(RBW；Resolution Band-Width)を変えてもそのレベルは変化しません．しかし，ランダムに変化する雑音の場合は，雑音レベルがRBWの平方根に比例します．このためRBWを変えるとそのレベルが変化します．**図1-A**ではRBWが300 Hzで－77 dBmなので，RBWを1/10の30 Hzにすると観測される雑音レベルは$\sqrt{1/10} \fallingdotseq 0.316$で，10 dB下がった－87 dBになります．

このため雑音レベルの場合は，1 Hzあたりの雑音レベルとキャリアのレベルを比較します．**図1-A**のキャリアから30 kHz離れた周波数で1 Hz帯域幅での雑音レベルは，周波数帯域幅が1/300になるので観測値から，$20 \log(1/\sqrt{300}) \fallingdotseq -24.8$ dB下がった

〈図1-16〉 周波数-電圧変換→FM復調回路

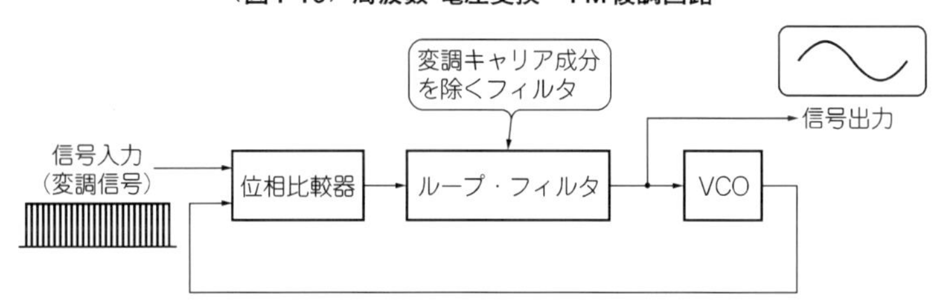

この回路ではPLL回路の代わりにワンショット・マルチバイブレータを使用することも考えられますが，ⓐの信号に雑音成分が混入すると波形(データ)が乱れてしまいます．ループ・フィルタで低い時定数をもった(VCOの周波数が急変しない)PLL回路方式のほうが誤動作に強くなります．PLL回路のループ・フィルタの時定数で，ロック時間と耐雑音特性をトレードオフします．

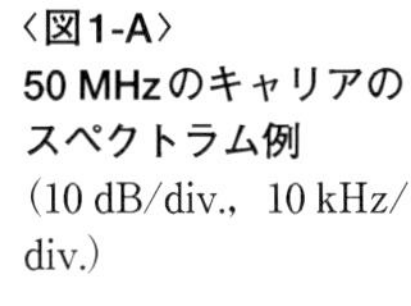

〈図1-A〉
50 MHzのキャリアのスペクトラム例
(10 dB/div.，10 kHz/div.)

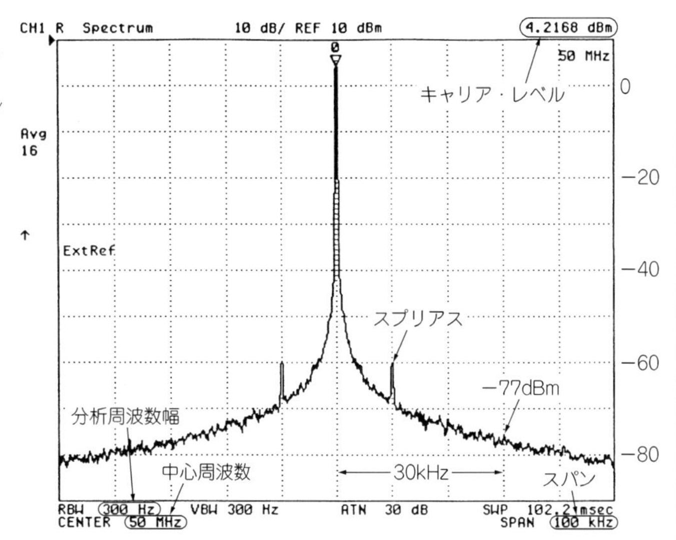

− 101.8 dbmになります．したがって**図1-A**では，キャリアから30 kHz離れた周波数での雑音レベルは − 106 dBc/$\sqrt{\text{Hz}}$になります．

● 周波数-電圧変換…FM復調回路

図1-16はVCOの入力信号を出力信号とするPLL回路です．VCOの制御電圧-出力周波数特性が直線ならば，入力信号とVCO出力信号の周波数が同期したとき，VCO入力電圧は入力周波数に比例した直流電圧になります．したがって，PLL回路が電圧-周波数変換

コラム■PLL回路の発明はベルシーゼ氏

「PLL(Phase Locked Loop)」はICが出現してからの新しい技術のように思えますが，その歴史は意外に古く，負帰還増幅器と同じ頃に考案されています．

AMラジオをはじめとして，ほとんどすべての無線受信機に使用されているスーパーヘテロダイン方式は1918年にE. H. アームストロング氏が発明しました．**図1-B**に示すスーパーヘテロダインは，受信電波を受信機内部の発振器と混合することにより一段と低い一定周波数(中間周波数)の信号を得ます．この一定周波数の信号を増幅/検波することにより，高感度で周波数選択性に優れた受信機が実現できます．しかしスーパーヘテロダインは，局部発振器，ミキサ，中間周波増幅器，検波器と複雑な構成になります．しかも局部発振器には周波数ドリフトの少ない発振器が必要になります．

このような状況のなか，フランスのベルシーゼ(H. de Bellescize)氏はスーパーヘテロダインに代わる新しい無線受信機の方式としてPLL回路を提唱し，1932年に論文を発表しました．ただし，このときにはPLLという言葉は使われず，Synchrodyne(同期受信機)と呼ばれています．ベルシーゼ氏の考案したSynchrodyneは，**図1-C**に示すように内部発振器が到来電波に同期して発振します．このため原理的には内部発振器に周波数ドリフトが生じず，構成も簡単になります．しかし，残念ながらこのときにはSynchrodyneは実用にはいたりませんでした．

1950年代になるとテレビが実用化され，テレビの垂直，水平同期にPLL回路が広く用いられるようになります．しかしこの頃も，まだPLL回路とは呼ばれず，その機能からAFC(Automatic Frequency Control)と呼ばれています．その後，コンピュータが盛んに用いられるようになると，ディジタル・データの復調器としてPLL回路が活躍します．

さらに1970年代になると市民バンドのトランシーバがブームになり，トランシーバの局部発振器としてPLL回路が用いられ，PLL回路用ICが数多く開発されます．この

回路として動作します．これはFM信号の復調回路になります．

なお，復調される信号の上限周波数は，PLL回路のループ・フィルタで決定されます．ループ・フィルタの時定数が短いと高域周波数まで復調することができますが，キャリア成分のリプルが多く残ることになります．復調したあとに再びフィルタでキャリアを除け

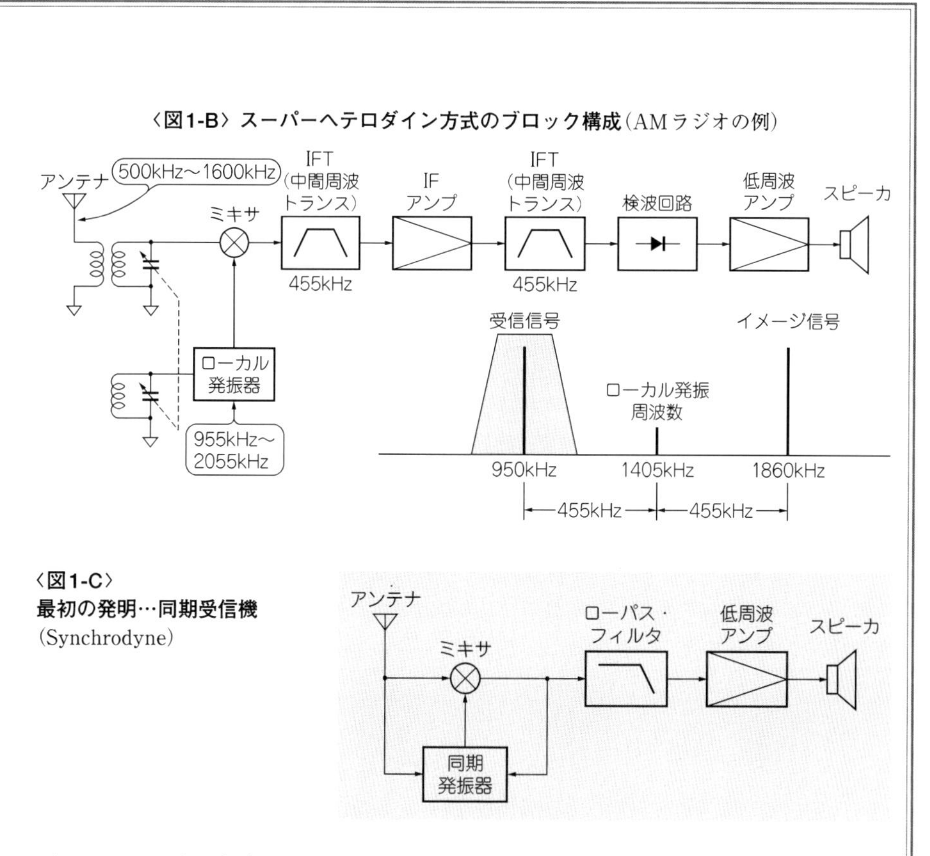

〈図1-B〉スーパーヘテロダイン方式のブロック構成(AMラジオの例)

〈図1-C〉
最初の発明…同期受信機
(Synchrodyne)

頃にはPLL回路の名前も電子技術者の間で常識になりました．

さらに今日ではPLL回路の高集積化/低価格化が進み，テレビには同期調整用ボリュームはなくなって完全に無調整化され，チューナの局部発振器もPLL化され，ディジタル選局があたりまえになっています．そして性能/機能の発達が著しい携帯電話にも当然，PLL回路は使用されています．

〈図1-17〉PLL回路によるモータ回転数制御(レコード・プレーヤの例)

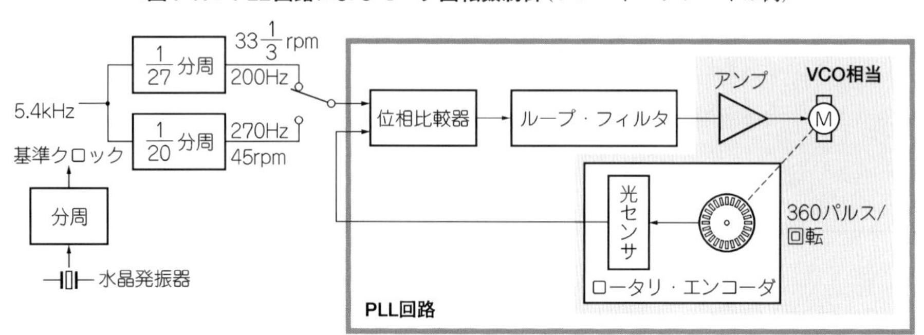

ば，このフィルタはPLL回路ループの外になるので，PLLループの安定性には影響しません．

● モータの回転スピード制御

図1-17は若干レトロになってしまいますが，レコード・プレーヤのターン・テーブル回転をPLL回路で制御している例です．PLL回路のVCO部分を，モータとその回転数をパルスに変換するエンコーダに置き換えることにより，モータの回転数を水晶発振子の確度に保つことができます．

ただし，モータには機械的時定数が存在します．そのため，モータを使用したPLL全体ではループ・フィルタを除いた部分で2次の遅れ要素となり，ループ・フィルタでその補正を行い，ループ・フィルタに進み時定数を追加するなどの工夫が必要になります．

Appendix A PLL回路は OPアンプと同じ負帰還の応用

A.1 OPアンプ回路との相似

● PLL回路とOPアンプ回路の似ているところ

図A-1は，PLL回路とOPアンプ回路をそれぞれ示しています．同図(**a**)に示すPLL回路は，位相比較器で入力波形の位相と分周器からの波形の位相を比較し，二つの位相が同じになるようにVCOの周波数を制御しています．位相比較器に加わる二つの波形の位相が同じになると，VCOの出力周波数は，

$f_{out} = f_{in} \times N$

N：分周比の逆数

になるというものです．

〈図A-1〉 PLL回路とOPアンプ回路

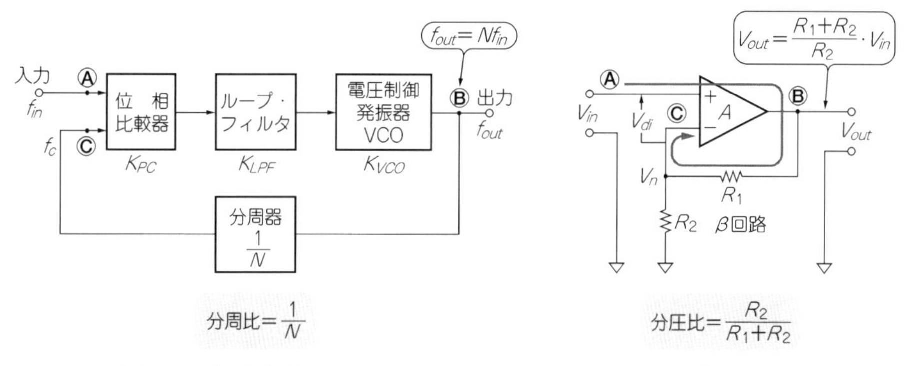

(**a**) PLL回路の基本ブロック図

(**b**) OPアンプを使った非反転増幅器

一方，同図(**b**)に示すOPアンプ回路では，OPアンプの開ループ利得A_Oが非常に大きいため，OPアンプの出力電圧が数Vで正常動作をしている場合は+入力(V_{in})と-入力(V_n)の電位差は$V_{di} = V_{out}/A_O$で非常に小さい電圧になっています．つまりOPアンプ回路では，入力電圧(V_{in})と出力電圧(V_{out})をR_1とR_2で分圧した電圧(V_n)が，同じ値になるように制御されていることになります．

したがって，+入力と-入力の電圧が同じになれば，出力電圧V_{out}は，

$$V_{out} = V_{in} \times \frac{R_1 + R_2}{R_2}$$

$(R_1 + R_2)/R_2$：分圧比の逆数

になります．

このように二つの回路とも，入力の二つの値が同じになるように自動制御し，分圧器または分周器により出力の値を入力値に対して任意の比例値で出力する制御が行われています．このような制御を電子回路では，負帰還(negative feedback)と呼んでいます．

● PLL回路とOPアンプ回路の違うところ

図A-2は，**図A-1**のPLL回路およびOPアンプ回路それぞれに示したC点を切断し，負帰還を外したときの，AからBへの伝達特性…利得/位相-周波数特性(開ループ利得，Open Loop Gain)と，C点を接続したときのAからBへの伝達特性(閉ループ利得，Closed Loop Gain)を回路シミュレーションによって比較したものです．

〈図A-2〉PLL回路とOPアンプ回路の開ループ特性/閉ループ特性

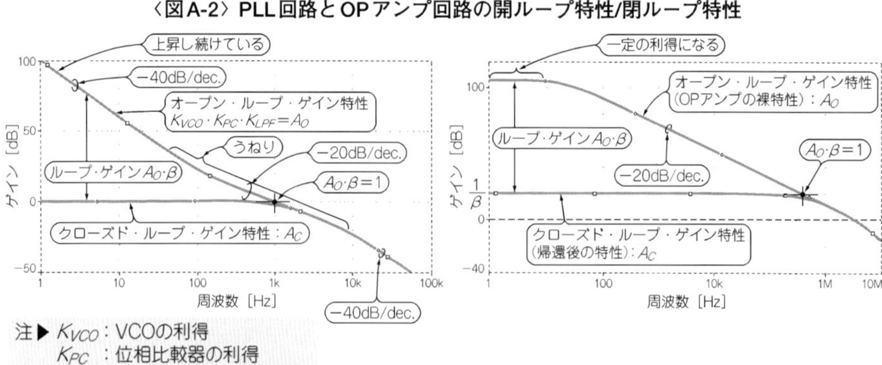

(**a**) PLL回路　　(**b**) OPアンプ増幅器

この両者を比較すると二つの違いに気づきます．一つは，OPアンプ回路では低域では高利得である周波数までは利得が一定値になっているということ，対して，PLL回路では低域に向かって限りなく開ループ利得が上昇していくということです．もう一つは，PLL回路では開ループ利得と閉ループ利得が交わる点 $|A_O \cdot \beta|$ で開ループ利得がうねる現象が出ていることです．

この二つの違いは，OPアンプ回路ではすべてが電圧で制御が行われているのに対して，PLL回路では入力信号の位相を比較して出力周波数を制御する…つまり位相と周波数の二つの異なったディメンションの操作を行っていることが理由になっています．これはPLL回路を設計するうえで重要なポイントになります．

PLL回路でもOPアンプ回路と同様に負帰還技術が使用されています．そして，OPアンプでは発振などのトラブルなく負帰還が施せるように，あらかじめOPアンプICメーカの設計者によって内部の周波数特性が設計されています．ところがPLL回路では，周波数特性は設計者自身が設計しなくてはなりません．つまり，PLL回路を正しく設計するにはOPアンプを扱う場合以上に負帰還の理論をよく理解し，周波数特性を設計する技術を習得しておかなければなりません．

A.2　増幅回路に学ぶ負帰還の仕組みと特性

● 負帰還のあらまし

負帰還のアイデア…最初の発想は，電話回線に使用される高忠実度増幅器への応用でした．1927年にHarold Stephen Black氏が発明し，特許を取得しています．負帰還はその後ベル研究所のHendrik W. Bode氏によって研究が進み，1945年に同氏による“Network Analysis and Feedback Amplifier Design”が刊行されるにいたって，負帰還の理論が確立されました．

負帰還とは**図A-3**に示すように，出力信号の一部を入力に戻し，入力信号との差を増幅することによって増幅器での歪みを減少させるというものです．つまり負帰還増幅器は，

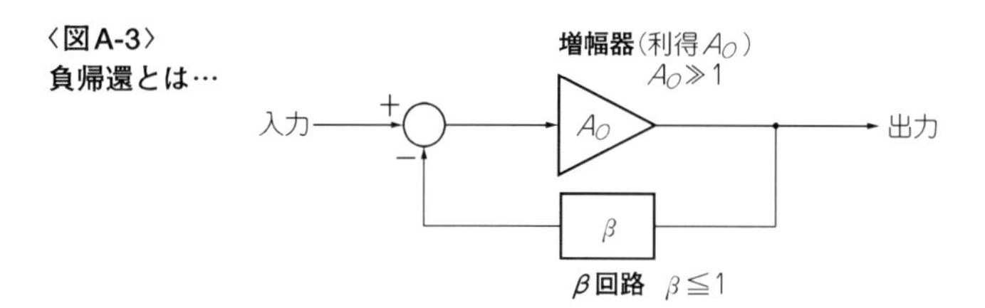

〈図A-3〉
負帰還とは…

〈図A-4〉負帰還を実現する四つの回路方式

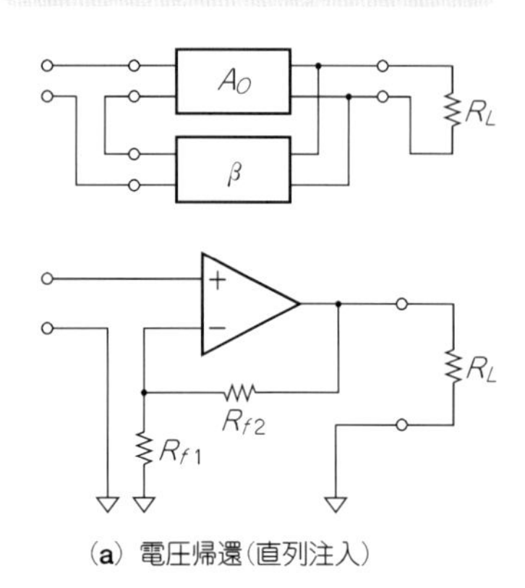

(**a**) 電圧帰還（直列注入）

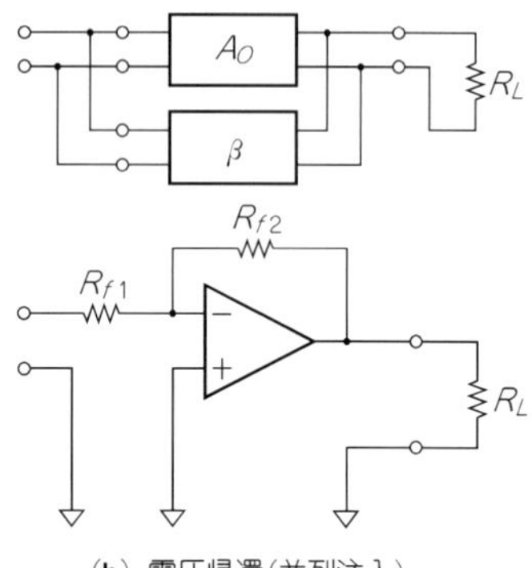

(**b**) 電圧帰還（並列注入）

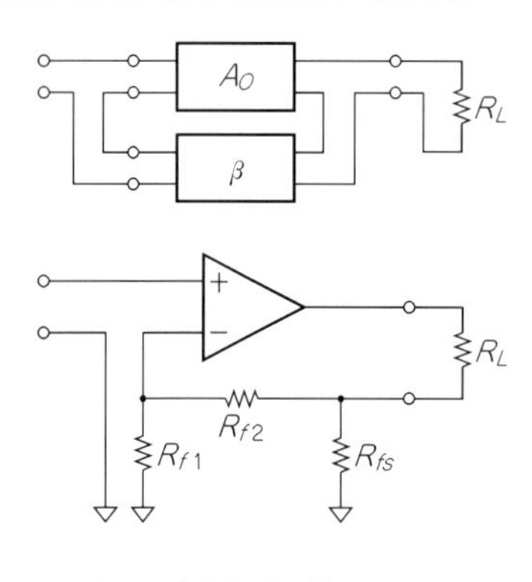

(**c**) 電流帰還（直列注入）

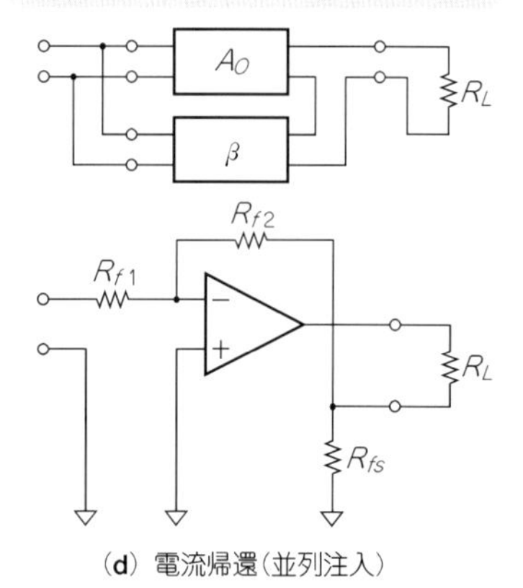

(**d**) 電流帰還（並列注入）

増幅回路と β 回路の二つの要素から構成されます．

また，負帰還増幅器は負帰還の接続方法により**図A-4**に示すような四つの方法に大別できます．ここでは出力電圧を増幅器の入力に直列に戻す，図(**a**)を例にとって説明します．

図A-5に改めて負帰還回路を示します．この図に示した各信号を式に表すと，

$$e = e_i - \beta \cdot e_o \quad \cdots\cdots (A\text{-}1)$$

$$e \cdot A_O = e_o \quad \cdots\cdots (A\text{-}2)$$

〈図A-5〉
OPアンプの負帰還回路

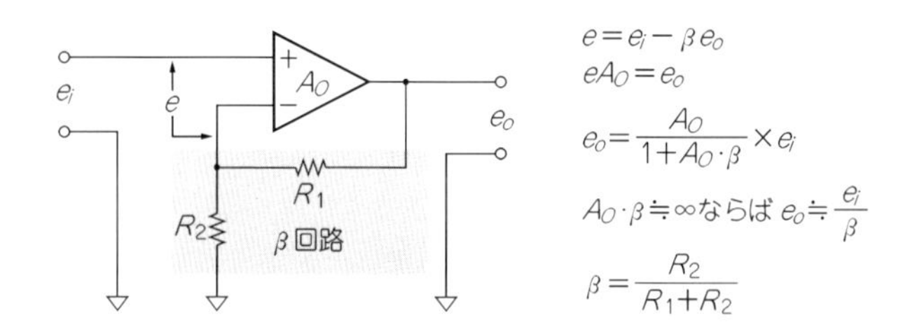

この二つの式から出力電圧e_oを求めると，

$$e_o = \frac{A_O}{1 + A_O \cdot \beta} \times e_i \quad \cdots\cdots (A-3)$$

$A_O \cdot \beta$が無限に大きいとすると，

$$e_o = \frac{e_i}{\beta} \quad \cdots\cdots (A-4)$$

の式が導かれます．したがって増幅器の利得A_Oが非常に大きいとすると，負帰還を施すことにより増幅回路の利得はA_Oにはよらず，帰還率βで決定されることになります．

増幅器の利得-周波数特性を無限に延ばすことは不可能です．必ず高域で利得が減少していきます．負帰還を施すまえの裸の利得A_O(Open Loop Gain)と負帰還を施したあとの利得A_C(Closed Loop Gain)をグラフで表すと，**図A-6**に示すようになります．つまり，式(A-3)から裸利得は$1/(1 + A_O \cdot \beta)$に減少します．$1 + A_O \cdot \beta$を負帰還量，$A_O \cdot \beta$をループ利得と呼んでいます．$A_O \cdot \beta$が非常に大きい場合には，利得A_Cはβで決定されることになります．

このように，負帰還を施すと増幅器の利得は減少しますが，平坦な利得部分が広がり，利得-周波数特性が改善されることになります．

● 負帰還によって改善される特性

増幅回路に負帰還を施すことにより利得-周波数特性が広帯域になるだけでなく，次の特性も改善されます．

▶ 利得の安定化

一般に増幅器の裸の利得A_Oは，トランジスタなどの半導体によって決定されます．そして半導体は，周囲温度の変化によって特性が変化しやすい性質をもっています．一方，帰還回路のβは一般に受動素子である抵抗によって構成されます．抵抗の温度変化は半導

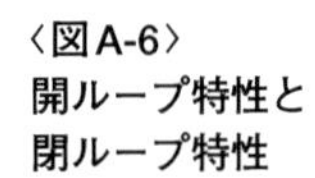

〈図A-6〉
開ループ特性と閉ループ特性

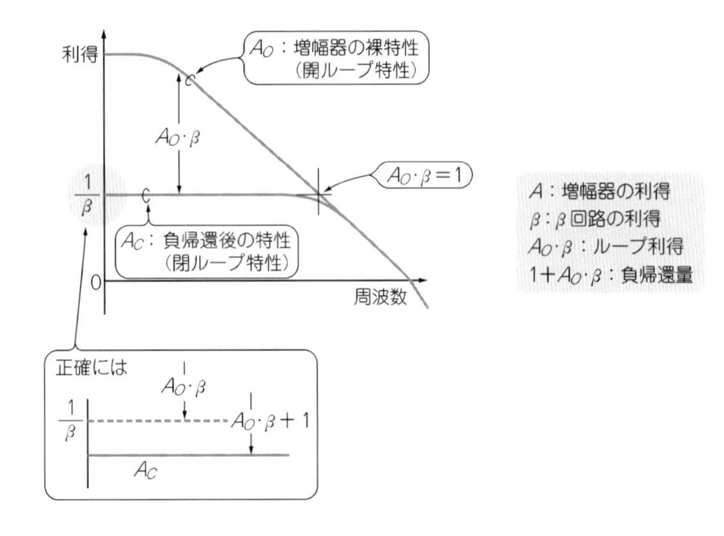

体に比べてはるかに小さいものです．このため，負帰還を施すことによって，増幅器の利得がA_Oによらず安定なβによって決定され，温度変化などによる増幅度の変化が小さくなるように改善されます．

▶ 歪みの減少

一般に抵抗などの受動素子に比べ，半導体の利得の非直線性は大きいものです．負帰還の働きによって利得がβ回路の抵抗によって決定されるため歪みが減少し，忠実度に優れた増幅器が実現できます．

▶ 入出力インピーダンスの変化

図A-4に示したように，負帰還の接続方法によって入力および出力のインピーダンスが変化します．

出力電圧を入力に帰還する電圧帰還方式(**a**)，(**b**)では，帰還量に比例して出力インピーダンスが小さくなり，より理想電圧源に近づきます．出力電流を入力に帰還する電流帰還方式(**c**)，(**d**)では，出力インピーダンスが大きくなり，より理想電流源に近づくことになります(OPアンプの種類に電流帰還型OPアンプと呼ばれるものがあるが，ここで説明している電流帰還とは異なる)．

● 負帰還のもっている問題点…動作不安定になる条件

以上の説明のように増幅器の特性が飛躍的に改善される負帰還ですが，唯一の問題点は式(A-3)におけるA_O・βが-1に近づくと動作が不安定になることです．

式(A-3)で明らかなように，$(1+A_O \cdot \beta)$がゼロになると利得が無限大，すなわち発振してしまうことになります．また，$(1+A_O \cdot \beta)$がゼロにならないまでも1より小さくなると，裸利得A_Oよりも負帰還後の利得A_Cのほうが大きくなり，利得-周波数特性にピークが生じてしまうことになります．

つまり，$(1+A_O \cdot \beta)>1$のときは負帰還なのですが，$(1+A_O \cdot \beta)<1$になると，帰還をかけるまえの裸利得A_Oよりも帰還をかけたあとの利得A_Oのほうが大きくなる…正帰還になってしまうことになります．

増幅器の利得A_Oは周波数に対して一定ではなく，高域になるにつれて利得が減少します．また，交流増幅器の場合には(コンデンサ・カップリングなので)低域になるにつれて利得が減少することになります．すなわち，A_Oは定数ではなく周波数によって変わる量…つまり周波数の関数になり，しかも利得A_Oには位相特性も含まれるため，A_Oは複素数になります．

● 負帰還のようすをシミュレーションする

OPアンプなどの増幅器は，多数の半導体や抵抗，コンデンサなどで構成されており，その周波数特性は複雑なものになります．ここでは例として，周波数特性を決定する要因を抵抗とコンデンサで表し，この要因が二つある場合をシミュレーションしてみます．

図A-7(a)がシミュレーションのための回路です．上側の回路が負帰還を施すまえ，下側の回路が負帰還を施したものです．回路シミュレータ特有の回路図なので見にくいかもしれませんが，四角いブロックEはシミュレーションでは頻繁に使用される部品で「電圧制御電圧源」と呼ばれるものです．このEは入力に加えられた電圧を設定された利得分だけ増幅し，電圧を出力します．入力インピーダンスは無限大，出力インピーダンスはゼロ，そして周波数特性は無限周波数までフラットという理想増幅素子です．しかも入力と出力が絶縁されています．

図においてE_1の利得は1000000倍，E_2は利得が1です．E_2はR_{p1}，C_{p1}がR_{p2}，C_{p2}から影響を受けないようにバッファとして使用しています．R_{p1}，C_{p1}による遮断周波数が10 Hz，R_{p2}，C_{p2}による遮断周波数が10 kHzになるように定数を設定しています．このような回路でシミュレータを使用して，負帰還量を決定するR_2の値を9 k→30.6 k→99 k→315 k→999 k→3159 k→9999 kに変化させてシミュレーションしました(パラメトリック解析という)．

〈図A-7〉負帰還による利得-周波数特性のようす

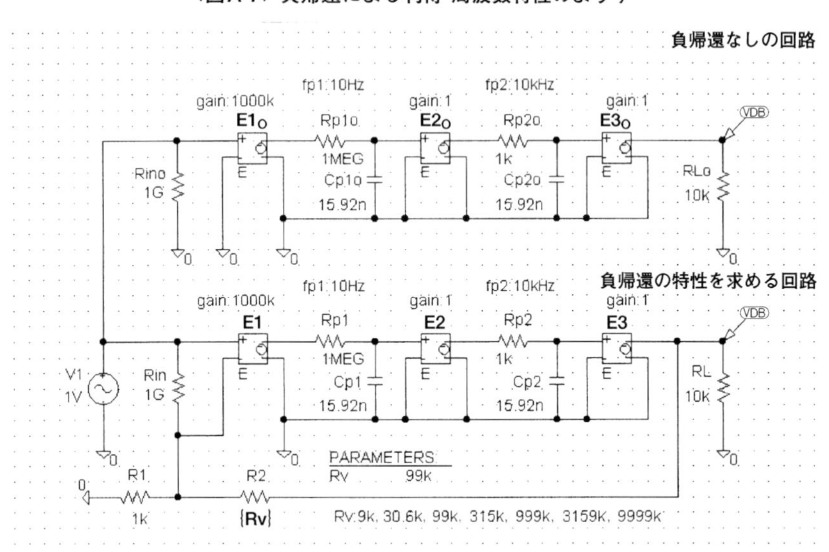

(a) シミュレーション回路

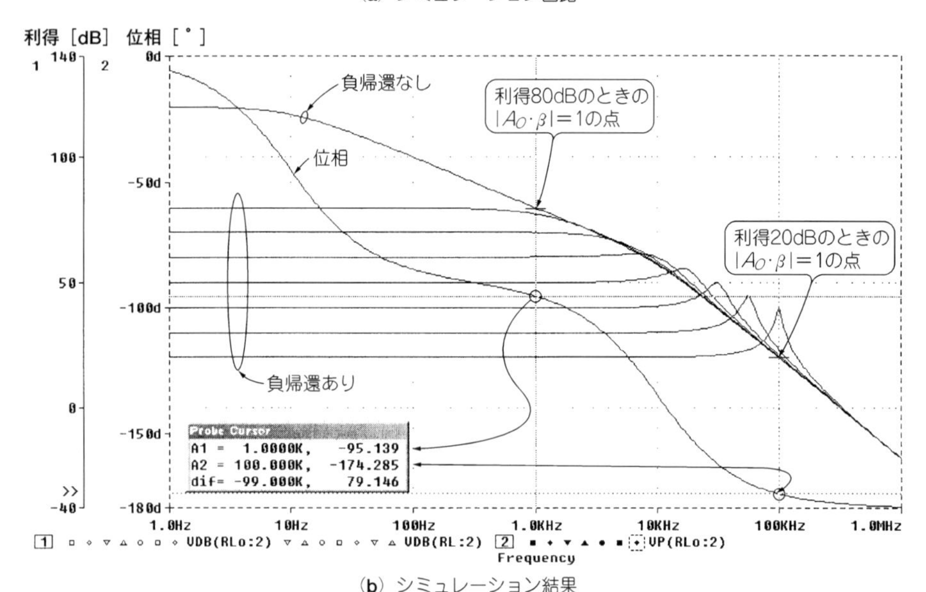

(b) シミュレーション結果

図A-7(b)が周波数特性のシミュレーション結果です．利得80 dBのときには利得-周波数特性にピークが生じていませんが，利得20 dBのときは高域遮断周波数付近に大きなピークが生じているのがわかります．

先の式(A-3)から，$|A_O \cdot \beta| = 1$になる付近の位相特性が重要であることが予想できます．

利得80 dBのときの裸利得と80 dBが交わる$|A_O \cdot \beta| = 1$の点と，利得20 dBのときの裸利得と20 dBが交わる$|A_O \cdot \beta| = 1$の点の負帰還を施すまえの位相を読み取ると，それぞれ約$-95°$，約$-174°$になっています．したがって，負帰還を施すまえの$|A_O \cdot \beta| = 1$の点の位相が遅れるほど周波数特性にピークが現れていることがわかります．

この負帰還を施すまえの$|A_O \cdot \beta| = 1$の周波数で位相遅れが$-180°$になると，$A_O \cdot \beta = -1$になって負帰還増幅器は発振してしまうことになります．

● 利得-周波数特性のピークを$A\beta$の複素平面に見る

図A-7のシミュレーションで，$|A_O \cdot \beta| = 1$における位相遅れが利得-周波数特性にピークを生じさせることがわかりました．ではどの程度の位相遅れが周波数特性にピークを生じさせるのでしょうか．$A_O \cdot \beta$を図で表して説明することにします．

$A_O \cdot \beta$は複素数なので，**図A-8**に示すようにX軸が実数，Y軸が虚数の複素平面として表すことができます．たとえば，$A_O \cdot \beta$が3で位相遅れが45°の場合は㋑の点になります．この$A_O \cdot \beta$平面に$|1 + A_O \cdot \beta| = 1$の点を結ぶと㋺の円になります．そして，この㋺の円の内部は$|1 + A_O \cdot \beta| < 1$なので，負帰還を施すまえの利得よりも負帰還を施した利得のほうが大きくなる正帰還領域になります．また，位相遅れを判断する$|A_O \cdot \beta|$が1の点を結ぶと㋩の円になります．

負帰還を施し，$|A_O \cdot \beta| = 1$の周波数で負帰還後の利得(閉ループ利得)が負帰還前の利得（開ループ利得)よりも大きくならない限界は，$|1 + A_O \cdot \beta| = 1$の円と$|A_O \cdot \beta| = 1$の円の交点F，またはGということになります．D，E，Fの点はそれぞれ半径1の円周上にあります．したがって三角形DEFは正三角形となり，角DEFは60°になります．

つまり，$|A_O \cdot \beta| = 1$の点で位相遅れが120°以内であれば，負帰還を施しても$|A_O \cdot \beta| = 1$の周波数でピークが生じることはありません．ただし，$|A_O \cdot \beta| = 1$の周波数で位相遅れがちょうど120°の場合，$|A_O \cdot \beta| = 1$以下の周波数で利得に若干の膨らみが出ます．

図A-9は，周波数1 MHzで$|A_O \cdot \beta| = 1$になり，その点で位相遅れがちょうど120°になる負帰還増幅器をシミュレーションした結果です．負帰還を施したあとの利得特性が

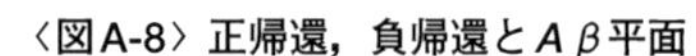
〈図A-8〉正帰還，負帰還と$A\beta$平面

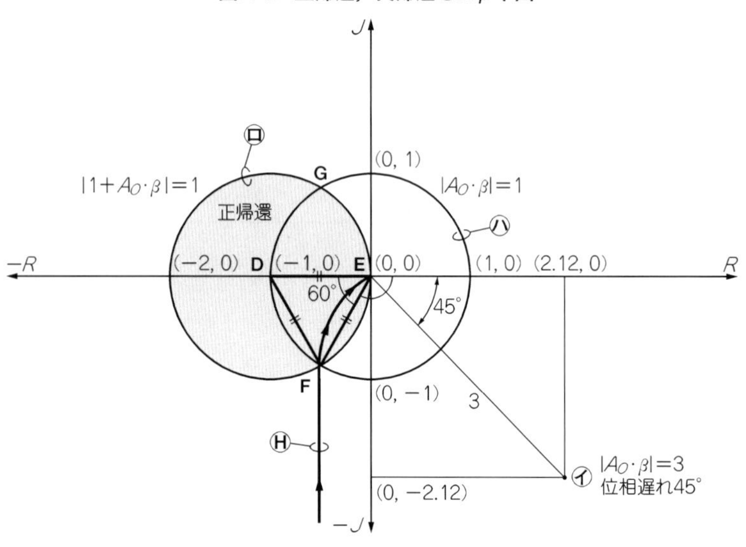

〈図A-9〉f=1 MHzで$A\beta$=1，位相遅れ−120°となる負帰還回路の特性(シミュレーション結果)

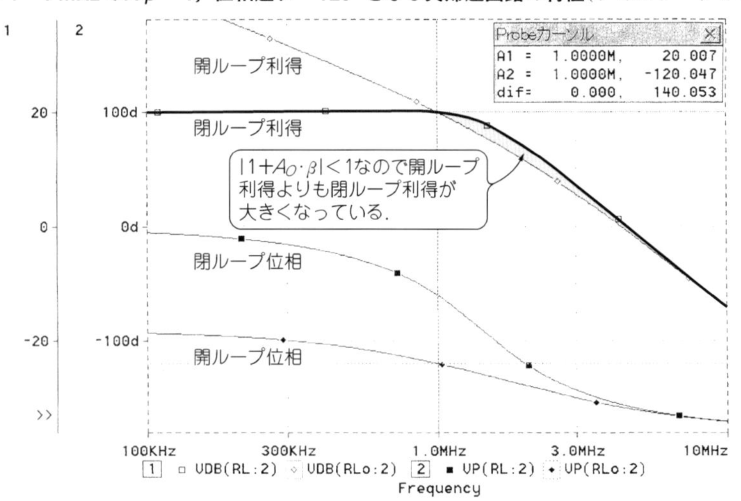

1 MHzまでほぼフラットになっています．そして1 MHz以上では$|1 + A\beta| = 1$の円の内部に入るため，負帰還を施したあとのほうが利得が大きくなっています．**図A-9**の$A_O \cdot \beta$を**図A-8**の$A_O \cdot \beta$平面で表すと，Hの軌跡を描くことになります．

負帰還では，負帰還増幅器が発振してしまう$|A_O \cdot \beta| = 1$での位相遅れ180°に対して，どれだけ位相遅れに余裕があるかを「位相余裕」と呼んでいます．安定な負帰還を施すためには，$|A_O \cdot \beta| = 1$の周波数での位相余裕が60°以上必要ということになり，増幅器の利得/位相-周波数特性の適切な設計が必要不可欠になっています．

第2章 PLL回路の伝達特性

PLL回路の特性はループ・フィルタで決まる

PLL回路を設計する際に，負帰還回路としての理解を深めておくことは重要です．ここでは，PLL回路の伝達特性と，PLLの特性を決めるループ・フィルタの基礎について解説します．

2.1 PLL回路の伝達特性を理解しよう

● PLL回路の各部の伝達特性

PLL回路が負帰還技術の応用であることは第1章で解説しました．負帰還技術ですから，正しい設計法を学ぶには伝達特性の理解から入るとわかりやすくなります．

まずはPLL回路の各ブロックの利得/位相-周波数特性，すなわち伝達特性を明確にし，負帰還を施すまえのPLL回路全体の伝達特性(開ループ特性)から検討しましょう．PLL回路は**図2-1**に示すように，四つのブロックから構成されています．

〈図2-1〉PLL回路の基本構成

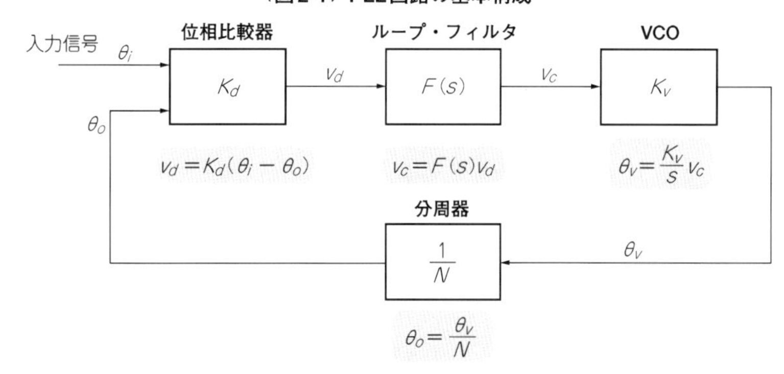

〈図2-2〉
信号の時間経過に対する位相変化

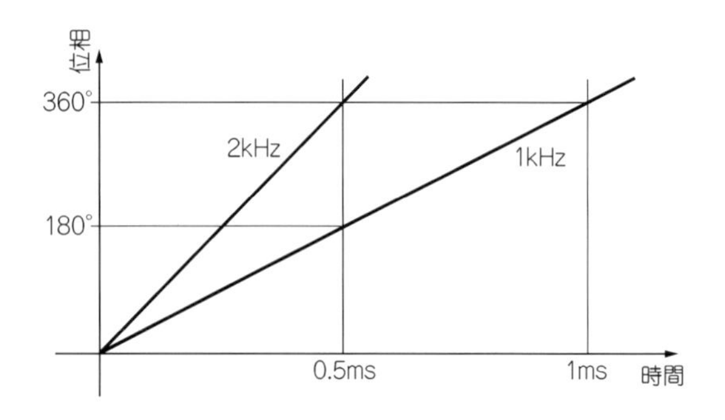

位相比較器では入力信号の位相θ_iと，分周器からの信号の位相θ_oを比較してv_dなる電圧を出力します．したがって位相比較器の利得をK_dとすると，

$$v_d = K_d(\theta_i - \theta_o)$$

このときの位相比較器の利得K_dの単位はV/radです．

位相比較器の出力信号は位相比較周波数のリプルを含んでいます[第1章，写真1-1(a)参照]．一方，VCO(電圧制御発振器)からスプリアスの少ないきれいな信号を得るためには，入力にはリプル分の少ない直流信号が必要です．このため，VCOの前にはループ・フィルタと呼ばれるローパス・フィルタを挿入します．

このループ・フィルタの伝達特性を$F(s)$とすると，ループ・フィルタの出力(＝VCOの入力電圧)v_cは，次のように表されます．

$$v_c = F(s) \cdot v_d$$

VCOは入力した直流電圧に比例した発振周波数を出力するので，出力周波数f_vは，

$$f_v = K_v \cdot v_c$$

となります．このときのVCOの利得K_vの単位はrad/s/Vです．そして，この後の位相比較器では当然ながら周波数ではなく位相を比較します．

図2-2は，1kHzと2kHzの周波数信号の経過時間に対する位相変化を図示したものです．この図から位相変化の傾きが周波数，つまり位相を微分したものが周波数であり，周波数を積分すると位相になるということがわかります．

したがってVCOの出力を位相で考えると，周波数の変化する正弦波状の位相角は瞬時角周波数を時間で積分したものなので，次のように表されます．

$$\frac{d\theta_v(t)}{dt} = \Delta\omega = K_v \cdot v_c(t)$$

〈図2-3〉
位相比較器-VCO-分周器の合成利得と位相の周波数特性

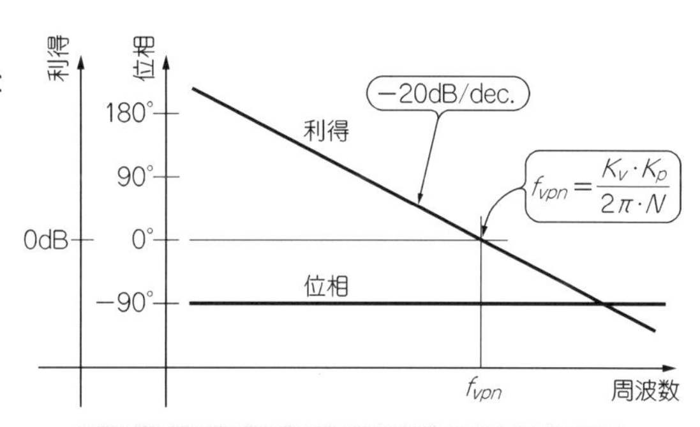

f_{vpn}：利得が0dB（＝1）になる周波数
K_v ：VCOの利得，K_p：位相比較の利得，N：分周数

これをラプラス変換すると，

$$s\theta_v(s) = K_v \cdot v_c(s)$$

$$\theta_v(s) = \frac{K_v \cdot v_c(s)}{s}$$

となります．そして分周器では周波数と同様に位相も1/Nになるので，

$$\theta_o = \frac{\theta_v}{N}$$

となります．

このように，PLL回路では周波数制御されたVCOの出力信号の位相を比較するため，全体的には積分特性になって1次の遅れが生じ，位相が90°遅れることになります．つまり，PLL回路を構成する位相比較器，VCO，分周器の三つを総合した周波数特性は**図2-3**に示すようになります．

ところが，このように位相比較器，VCO，分周器で90°遅れた特性の回路に対して，さらに位相遅れをもったループ・フィルタを組み合わせると，トータルの位相遅れが180°近くなり，利得によってはPLL回路の動作は不安定になってしまいます．

したがってPLL回路を設計するときは，はじめにループ・フィルタを除いた位相比較器，VCO，分周器の周波数特性を求めます．そのあとに，この周波数特性に対して安定になるループ・フィルタの周波数特性を設計し，ループ・フィルタの定数を算出することになります．

〈図2-4〉入力クロック周波数を50倍にするPLL回路

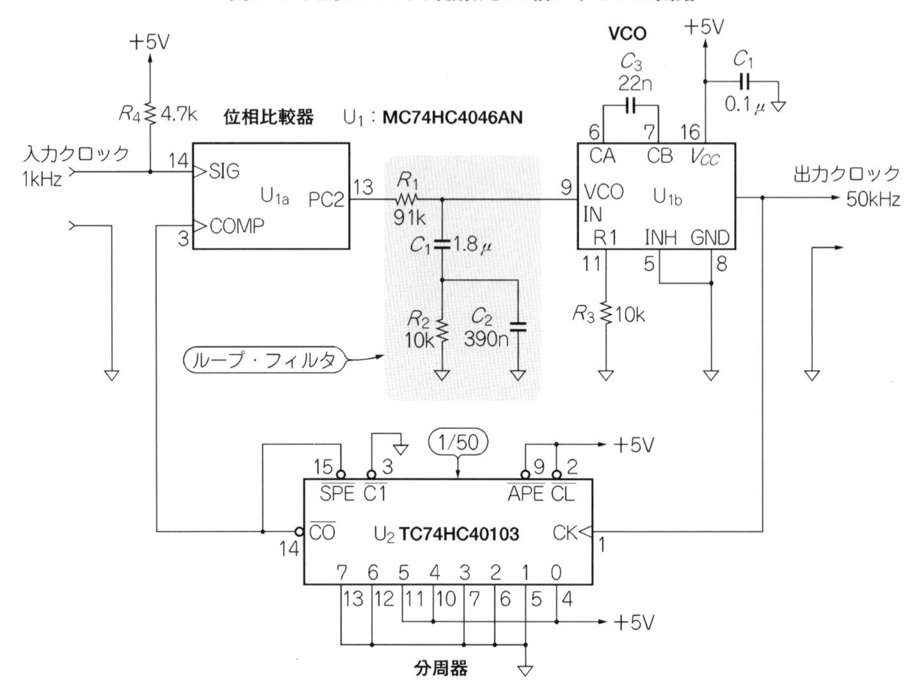

● 簡単な例題…クロック50逓倍回路のとき

図2-4は，PLL回路のもっとも簡単な応用である周波数逓倍(ていばい)回路です．1kHzのクロックを入力して50kHzのクロックを得ます．この回路の伝達特性について求めてみることにしましょう．

なお，この回路においてU$_1$のMC74HC4046ANは位相比較器とVCOが内蔵されたPLL用IC(詳しくは第4.1節で解説)で，U$_2$のTC74HC40103がプログラマブル分周器です．この回路では分周数を1/50に設定してあります．R_1，R_2，C_1，C_2で構成される回路がキーになるループ・フィルタです．詳しいループ・フィルタの定数算出方法は第2.2節で解説します．

入力クロックが位相比較器の入力14ピンに加えられ，3ピンに加えられた分周器出力信号と比較されます．位相差分の出力が13ピンに現れます．この13ピンの出力は，位相差分の幅をもつ比較周波数のパルス信号です．

位相比較のパルス信号はRCによるループ・フィルタで，リプル分の少ない直流信号に

〈図2-5〉位相比較器の入出力特性

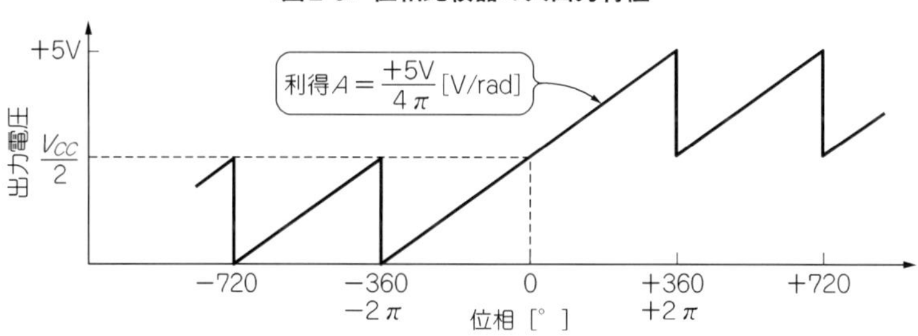

変換され，VCO入力に加えられます．VCOは入力の直流電圧の大きさにしたがって発振周波数を変化させます．そしてVCOの発振クロック出力は分周器U_2の入力1ピンに加えられ，1/50分周されて14ピンから出力されます．

この回路は入力信号が加わって一定時間が経過すると，位相比較器入力の二つの信号位相差がゼロになり，周波数も当然同じになります．しかし，VCOの出力周波数は分周器で周波数が1/50にされているので，入力クロック(U_{1a}の14ピン)周波数のちょうど50倍でロックして，50逓倍出力のクロックを発振することになります．

● ループ・フィルタ特性を除いた伝達特性を求める

図2-4において，まずループ・フィルタの特性を除いた位相比較器とVCO，そして分周器の伝達特性を求めます．

図2-5が位相比較器の入出力特性図です．入力位相が−2πから+2πの間で，出力電圧が0〜+5Vに変化するようになっているので，位相比較器の利得K_dは，次のように求められます．

$$K_d = \frac{5\ \mathrm{V}}{4\pi} \fallingdotseq 0.398\ \mathrm{V/rad}$$

図2-6は，使用しているIC(MC74HC4046AN)に内蔵されているVCOの入出力特性図(実測値)です．50 kHzを中心とした入力電圧1.5〜2.5 Vで，発振周波数が37.53〜58.25 kHzに変化しています．したがってVCOの利得K_vは，

$$K_v = \frac{(58.25\ \mathrm{kHz} - 37.53\ \mathrm{kHz})2\pi}{2.5\ \mathrm{V} - 1.5\ \mathrm{V}} \fallingdotseq 130.2\ \mathrm{krad/sec \cdot V}$$

となり，位相比較器とVCO，分周器を組み合わせた総合の伝達特性は，

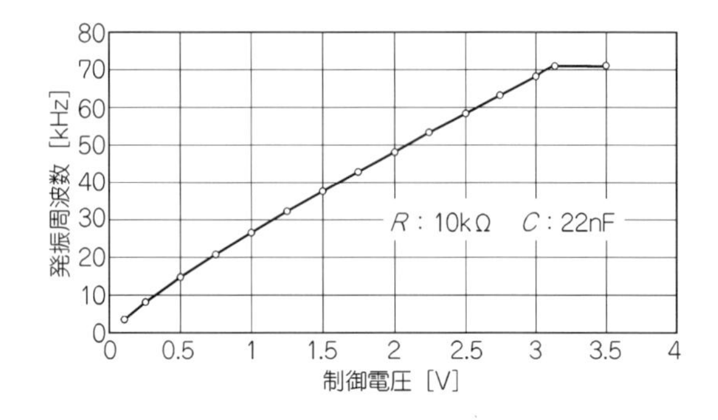

〈図2-6〉
MC74HC4046ANの制御電圧-発振周波数特性
（R = 10 kΩ，C = 22 nF）

〈図2-7〉**位相比較器-VCO-分周器の合成伝達特性**

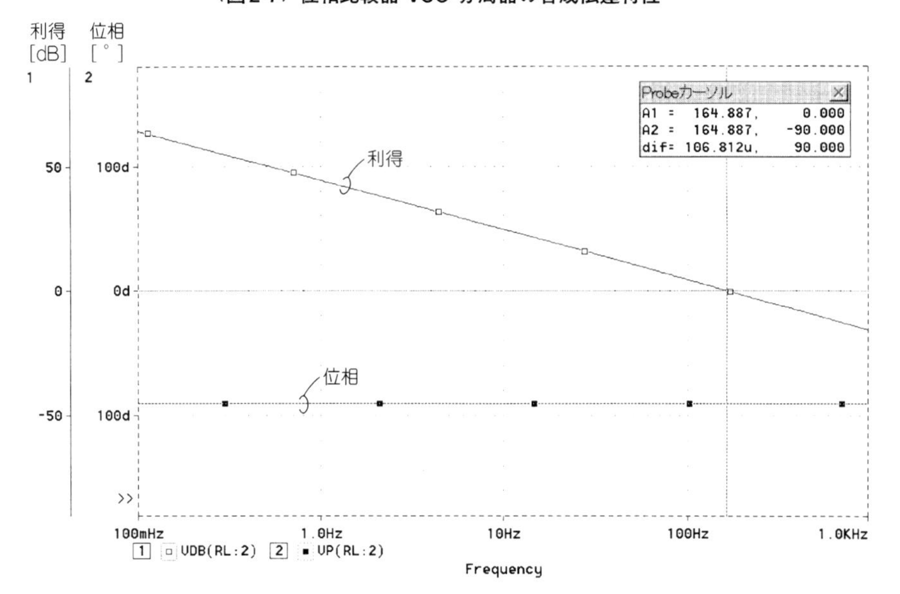

$$\frac{K_d \cdot K_v}{N} = \frac{130.2\,\mathrm{k} \times 0.398}{50} \fallingdotseq 1036\,/\mathrm{sec}$$

単位をHzに変換すると，伝達特性f_{vpn}は次のようになります．

$$f_{vpn} = \frac{K_d \cdot K_v}{N \cdot 2\,\pi} = \frac{130.2\,\mathrm{k} \times 0.398}{50 \times 2\,\pi} \fallingdotseq 165\,\mathrm{Hz}$$

この結果から，位相比較器とVCOそして分周器を合成した伝達特性f_{vpn}は，165 Hzを0 dBとする－20 dB/dec.の傾きをもった直線特性で，位相特性は90°遅れとなり，**図2-7**

コラム■シミュレーションにはSPICEが便利

図2-7のような特性を求めるためのシミュレーション回路が**図2-A**です．ここでは位相比較器，VCO，分周器を一つの積分器「INTEG」としてモデリングしています．積分定数は$f_{vpn}\times 2\pi$の値に設定します．

なお，本書で使用したSPICEはPSpice ver.8 の評価版です．

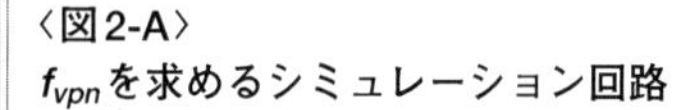
〈**図2-A**〉
f_{vpn}**を求めるシミュレーション回路**

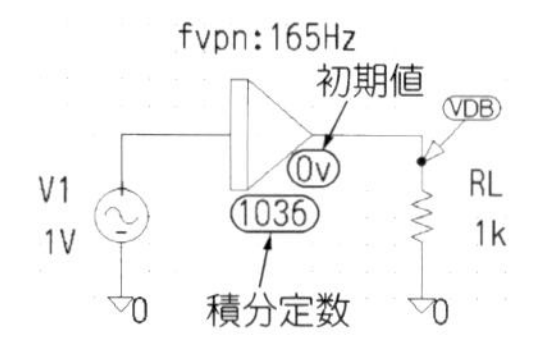

に示すような伝達特性になることがわかります．

● 使用しているループ・フィルタ特性とPLL回路の伝達特性

図2-4の50逓倍回路で使用しているループ・フィルタの特性をシミュレータで求めたのが**図2-8**(**a**)です．1 kHzで45.271 dBの減衰特性になっているので，比較周波数のリプル除去能力が約45 dBということになります．また，このフィルタでは16.5 Hz付近で位相が戻っていますが，この位相戻りの特性が，PLL回路のループ安定性に大きな働きをしています．

ループ・フィルタのないときの周波数特性(**図2-7**)と，ループ・フィルタの周波数特性(**図2-8**)を合成したものが，**図2-9**に示す特性です．**図2-4**のPLL回路における入力から分周器出力までの総合特性です．これがOPアンプにおける開ループ特性に相当します．

PLL回路におけるループ利得$A_O\cdot\beta=1$の点は，**図2-9**の利得が0 dBになる周波数19.433 Hzです．この周波数での位相遅れが－131.108°，つまり位相余裕が48.892°(180°－131.108°)なので，負帰還を施しても安定な特性になります．そして，PLL回路が動作している状態での閉ループ特性は**図2-10**のようになります．位相余裕が60°より若干少ないので，$A_O\cdot\beta=1$の付近でわずかな利得の膨らみが見られます．しかし，PLL回路は増幅回路とは異なり，ロック・スピードの点からこの程度の位相余裕が最適設計になります．位相余裕について詳しくは，さらに第2.2節で解説します．

〈図2-8〉図2-4の回路におけるループ・フィルタの伝達特性

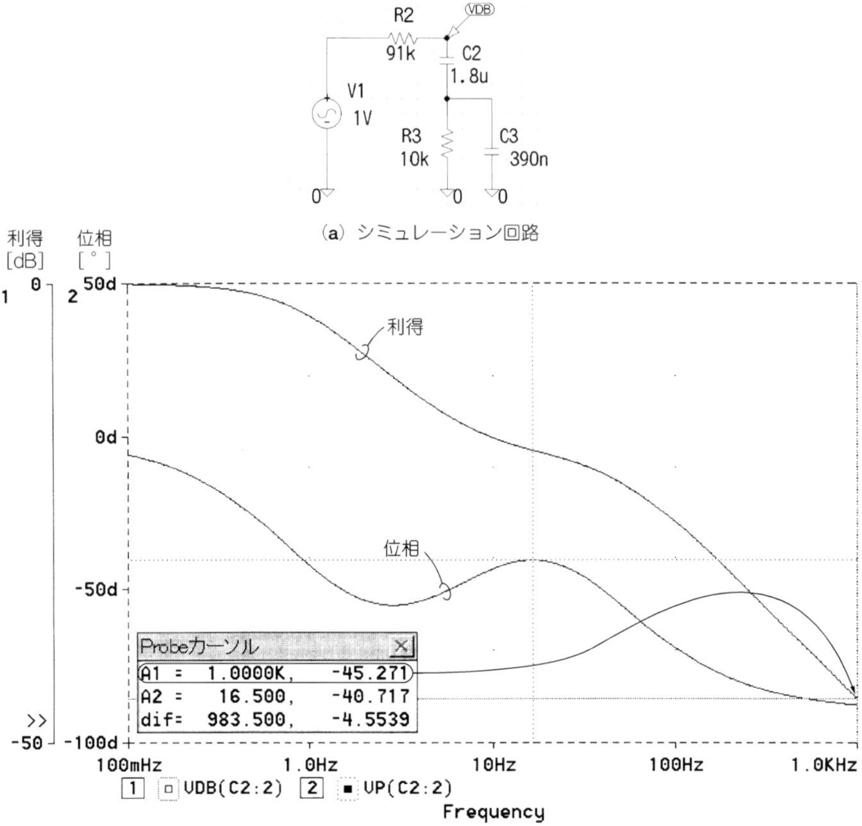

(a) シミュレーション回路

(b) シミュレーションで求めた伝達特性

● PLL回路における負帰還の効果

Appendix Aで解説しているように，増幅器に負帰還を施すと，負帰還量に比例して利得が安定したり，歪みが減少したりしました．PLL回路での負帰還量と出力波形のスペクトラム改善の関係を示したのが**図2-11**です．

PLL回路では，入力信号に対して出力信号をロックさせます．言い換えれば，入力信号に対して出力信号を忠実に再現することになります．したがって一般的には，水晶発振器などのようにきれいなスペクトラムをもった信号を入力クロックとして使用すれば，

〈図2-9〉図2-4の回路の開ループ特性

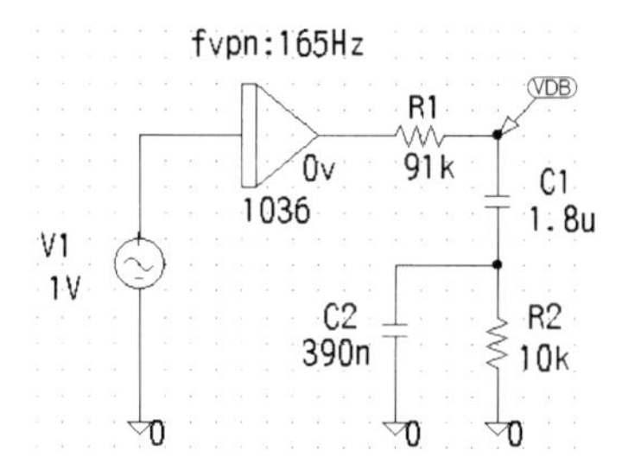

(a) シミュレーション回路

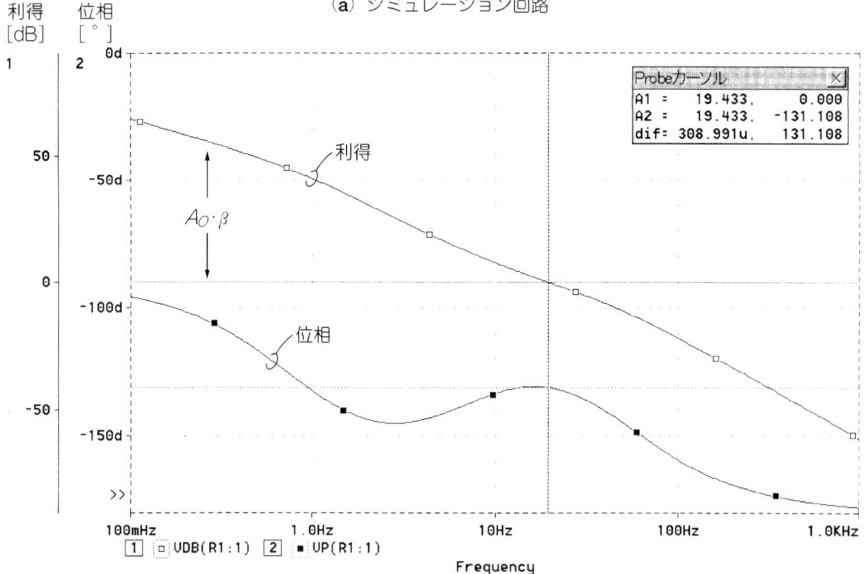

(b) シミュレーションで求めた伝達特性

(開ループ状態で)汚い出力スペクトラムをもったVCOを使用しても，水晶発振器のようなきれいなスペクトラムの信号出力にすることができます．

このとき，VCOがどのくらい入力信号のスペクトラムに忠実に出力できるかの鍵を握っているのが，PLL回路の$A_O \cdot \beta$(ループ利得)です．つまり，**図2-9**におけるループ利得が大きいほど，出力信号のスペクトラムが入力信号のスペクトラムに近づくことになります．

一般にPLL回路では，回路仕様が決まると位相比較器，VCO，分周器の仕様/特性が使

〈図2-10〉 図2-4の回路の閉ループ特性

(a) シミュレーション回路

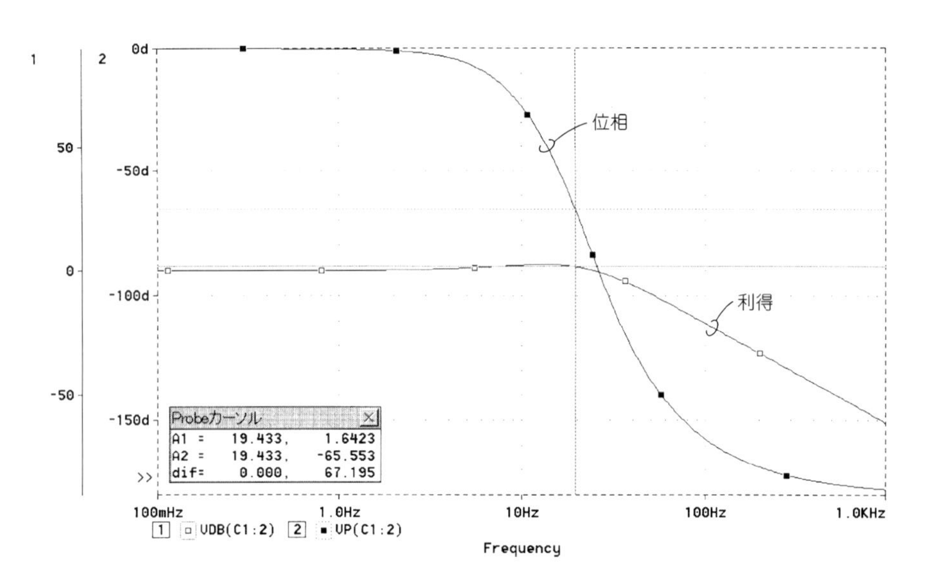

(b) シミュレーションによる利得-周波数特性

用するデバイス(PLL IC)によって決定されてしまいます．設計者が自由にできるパラメータはループ・フィルタのみです．しかし，ループ・フィルタでA_O・βが大きくなるように設計するには，ループ・フィルタの遮断周波数を高く設計することになります．

ところが，ループ・フィルタには位相比較器からの比較周波数成分を除去するという大切な役目があります．ループ・フィルタの遮断周波数を高くすると，この比較周波数成分の除去能力が低下してしまうのです．ループ・フィルタの遮断周波数を高く設計すると，

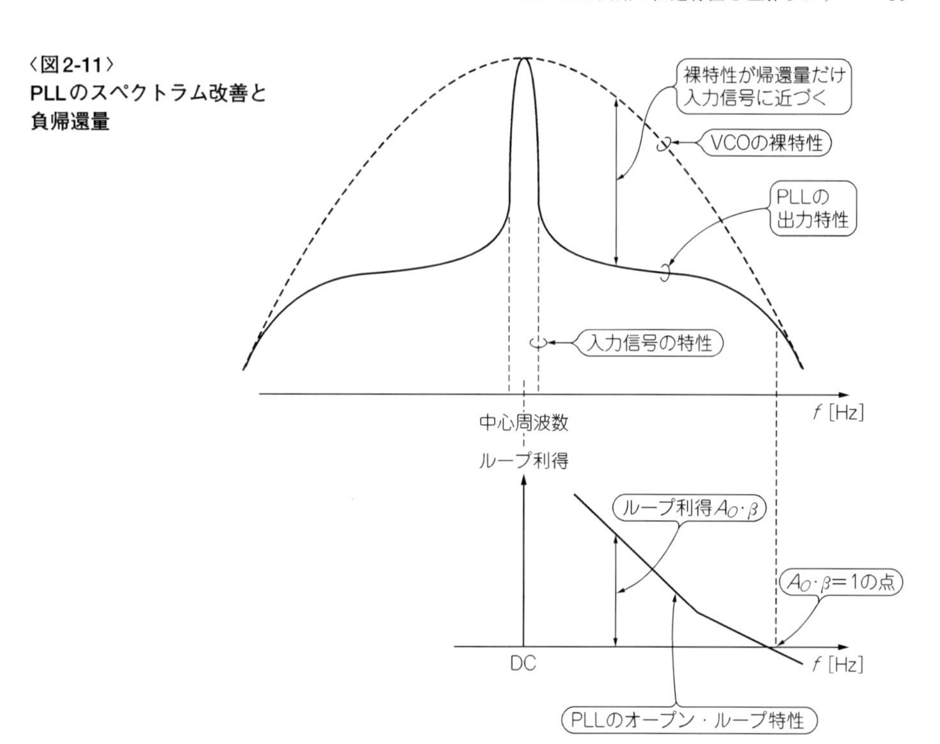

〈図2-11〉
PLLのスペクトラム改善と負帰還量

出力スペクトラムに比較周波数成分のスプリアスが大量に発生してしまうことになるのです．

このように，出力スペクトラムの改善と比較周波数のスプリアスはトレードオフの関係にあり，設計する機器の仕様によって最適値を見つけることになります．

一方で，PLL回路のロック時間…入力周波数が変化してからVCOの出力が整定するまでの時間は，ループ・フィルタの遮断周波数が高いほど速くなります．ロック時間を速くすると比較周波数のリプルを取り除く減衰特性が悪くなり，スプリアス成分が大きくなってしまいます．ロック時間と比較周波数のスプリアスの関係もトレードオフになります．

PLL回路にはいろいろな応用があります．なかには入力周波数がいつも変動するので，その平均周波数にPLL回路の出力周波数をロックしたいという場合もあります(ディジタル・データからのクロック再生)．このようなときはループ・フィルタの遮断周波数を低くし，ロック・スピードを故意に遅くすることになります．このようなときの出力波形のスペクトラムは，VCOの裸の特性が支配的になります．

2.2　ループ・フィルタ設計の基礎知識

● CRローパス・フィルタの詳しい特性

PLL回路のループ・フィルタにはVCOの発振周波数を制御するための直流を通過させ，比較周波数の交流リプル成分を取り除くためにローパス・フィルタが使用されます．

また，PLL回路では負帰還技術が使用されているので，安定なPLL回路を実現するには位相余裕が重要です．しかし，位相比較器やVCO，分周器は機能上，それを構成しているデバイスそのもので周波数特性が決定されてしまいます．設計者がそれらの周波数特性を変更することは一般にはできません．

したがってPLL回路の設計者は，位相比較器やVCO，分周器の周波数特性を求めて，それらの周波数特性とループ・フィルタの周波数特性を合成したものが安定な負帰還回路を実現するように，ループ・フィルタの定数を設計することになります．安定な負帰還回路の設計を行うためには，まずCR回路の利得/位相-周波数特性をよく知っておく必要があります．

図2-12はもっとも単純なCR1段のローパス・フィルタです．この回路の利得/位相-周波数特性を求めると次のようになります．

$$T(j\omega)=\frac{V_o}{V_i}=\frac{\dfrac{1}{j\omega C}}{R+\dfrac{1}{j\omega C}}=\frac{1}{1+j\omega CR}$$

$$=\frac{1}{1+(\omega CR)^2}-j\frac{\omega CR}{1+(\omega CR)^2}\quad\cdots\cdots(2\text{-}1)$$

$$|T|=\sqrt{\left(\frac{1}{1+(\omega CR)^2}\right)^2+\left(\frac{\omega CR}{1+(\omega CR)^2}\right)^2}$$

$$=\frac{1}{\sqrt{1+(\omega CR)^2}}\quad\cdots\cdots(2\text{-}2)$$

入出力の位相差θは，

$$\theta=-\tan^{-1}\omega CR\quad\cdots\cdots(2\text{-}3)$$

遮断周波数$\omega=1/(CR)$では，それぞれ次のように求められます．

$$|T_C|=\frac{1}{\sqrt{2}}\fallingdotseq -3\,\mathrm{dB}$$

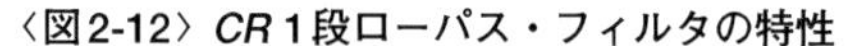
〈図2-12〉*CR* 1段ローパス・フィルタの特性

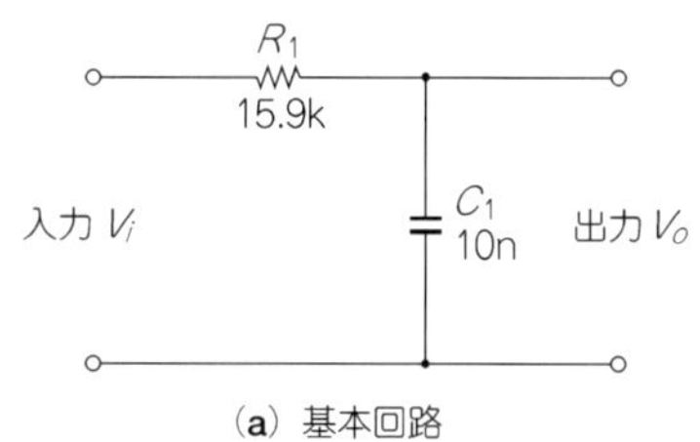

(a) 基本回路

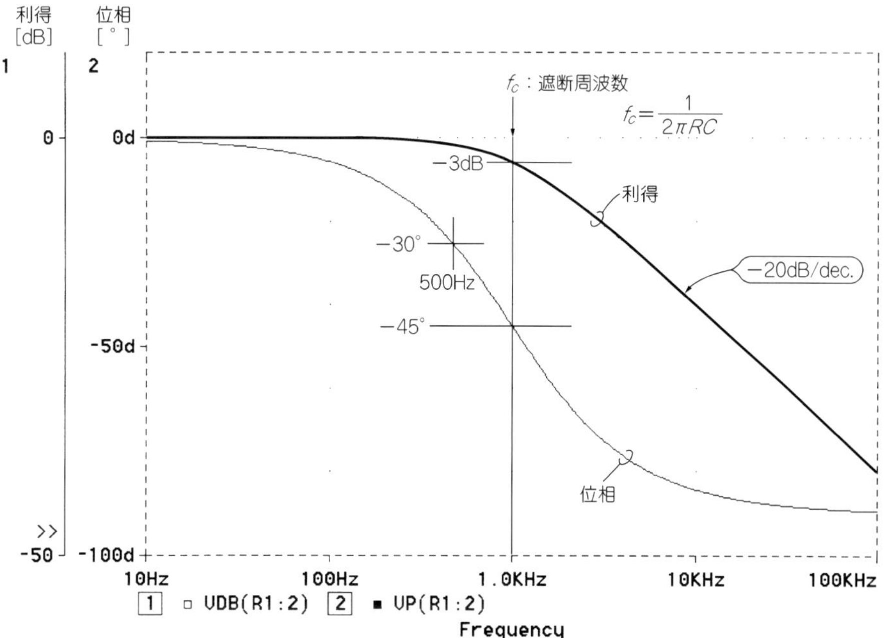

(b) 利得・位相-周波数特性のボーデ線図

$$\theta_C = -\tan^{-1} 1 = -45°$$

式(2-1)はCR1段のローパス・フィルタの伝達関数で，jを含んだ複素数式です．出力振幅は式(2-2)で表され，$\omega = 1/(CR)$のとき振幅が$1/\sqrt{2} \fallingdotseq -3$ dBになります．このときの周波数を遮断(しゃだん)周波数(カットオフ周波数)と呼んでいます．

このローパス・フィルタの利得/位相-周波数特性をグラフで表したものが**図2-12(b)**です．このように利得と位相を一つのグラフに表したものは，負帰還理論を確立したボーデ氏にちなみ「ボーデ線図」と呼ばれています．

〈図2-13〉ステップ特性をもつローパス・フィルタ

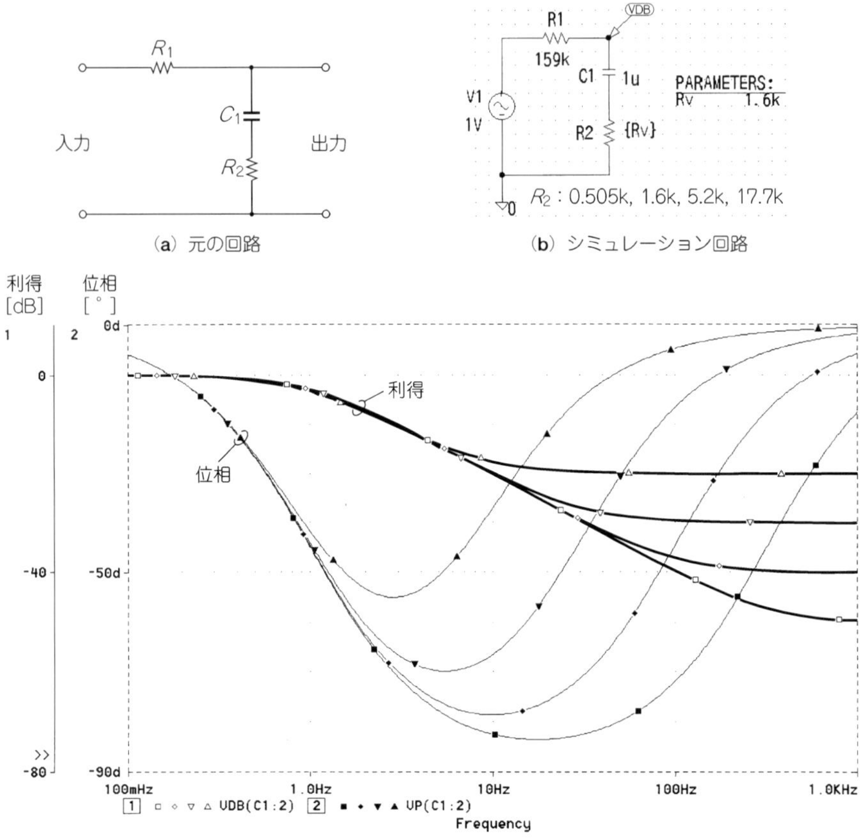

(a) 元の回路

(b) シミュレーション回路

(c) ステップ特性をもつローパス・フィルタのボーデ線図

このようにしてCR1段のローパス・フィルタでは遮断周波数において利得が－3 dBになり，それより高域の周波数では－20 dB/dec.の傾きに限りなく近づきながら減衰していきます．そして，位相の遅れは遮断周波数の半分では約30°，遮断周波数では45°になり，高域では限りなく位相の遅れが90°に近づいていきます．

● ステップ特性をもたせた*CR*ローパス・フィルタ

図2-13は，CR1段ローパス・フィルタのコンデンサに直列に抵抗R_2を挿入したものです．こうすると利得-周波数特性の高域減衰量が一定で平坦になる，ステップ・レスポン

スと呼ばれる特性になります．**図2-13(c)**がこのときのボーデ線図です．高域周波数でいったん利得が減衰していき，さらに高い周波数では平坦特性になります［直流での利得が1，高域での利得は$R_2/(R_1+R_2)$］．このとき高域でいったん遅れた位相が，再び0°に向かって戻っていきます．そしてステップの減衰量によって，位相の戻る量が異なってきます．

このようなステップ特性をもったCR回路の位相戻り特性が，安定な負帰還を施すときに重要な役割を果たします．

● *CR*多段フィルタにおける利得と位相の関係

図2-14(a)は，CRを組み合わせたローパス・フィルタをシミュレーションするための回路です．理想増幅器EはCRフィルタ間の干渉をさけるために，利得1のバッファとして使用しています．

図2-14(b)がシミュレーションの結果です．利得と位相の変化を見ると規則性があるのがわかります．すなわち，利得が－20 dB/dec.で変化している周波数帯域では位相が90°遅れに向かい，利得が平坦になると0°に戻っていく，そして－40 dB/dec.では位相が180°遅れに向かうということです．さらに－60 dB/dec.では270°，－80 dB/dec.では360°遅れに向かうことになります．

ローパス・フィルタの逆(ハイパス・フィルタ)の場合も**図2-15**に示すように，位相の遅れが進みに変わるだけで同様なパターンになります．

OPアンプまたはトランジスタなどディスクリートの部品で構成した増幅器でも，内部では等価的にCRで利得/位相-周波数特性が決定されています．そのため同様な利得と位相の関係になります(オールパス・フィルタや分布定数回路などの特殊な回路ではこのパターンが適用できない)．

利得や位相の変化は**図2-14**や**図2-15**に示すように滑らかな曲線を描きます．そのため，なかなか表現しにくいものがあります．そこで実際の設計では便宜上，利得の曲線を直線の組み合わせで示すことが多くあります．この直線のことを漸近線と呼んでいます．

● 普通の*CR*ローパス・フィルタ…ラグ・フィルタを用いると不安定

先の**図2-12**に示したCR 1個ずつのローパス・フィルタでは，高域で位相が90°遅れる特性となります．そのためPLL回路では，**図2-12**に示したフィルタをラグ(lag) フィルタと呼んでいます．

〈図2-14〉*CR*多段ローパス・フィルタの特性

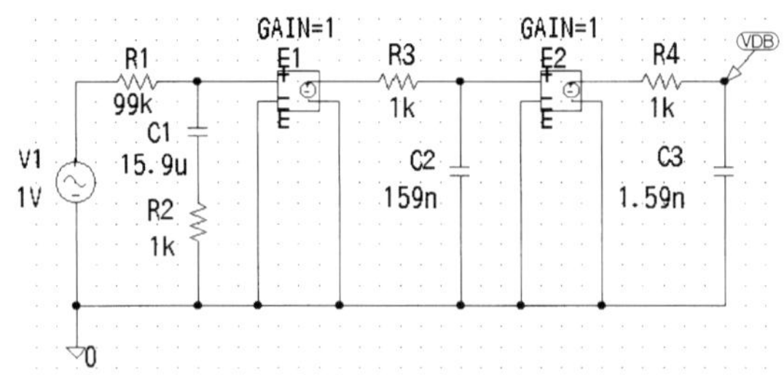

(a) シミュレーション回路

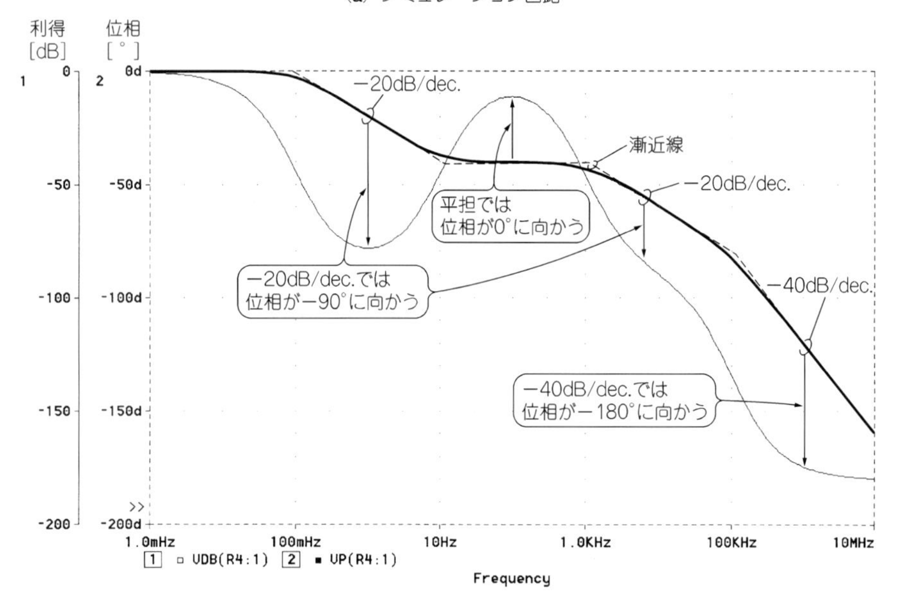

(b) シミュレーション結果

図2-4に示したPLL回路のループ・フィルタに，このラグ・フィルタを用いるとどのような特性になるかシミュレーションしたのが**図2-16**です．遮断周波数165 Hzの積分器が，位相比較器-VCO-分周器の三つの合成伝達関数を表しています．

このシミュレーションにおけるラグ・フィルタの遮断周波数は1 kHz，100 Hz，10 Hz，1 Hz，0.1 Hzに設定してあります．遮断周波数1 kHz，100 Hzのときには大きなピークが生じていませんが，それ以下の周波数になるとピークが大きくなり，ループ特性が不安定になっていくことを示しています．

〈図2-15〉*CR*多段ハイパス・フィルタの特性

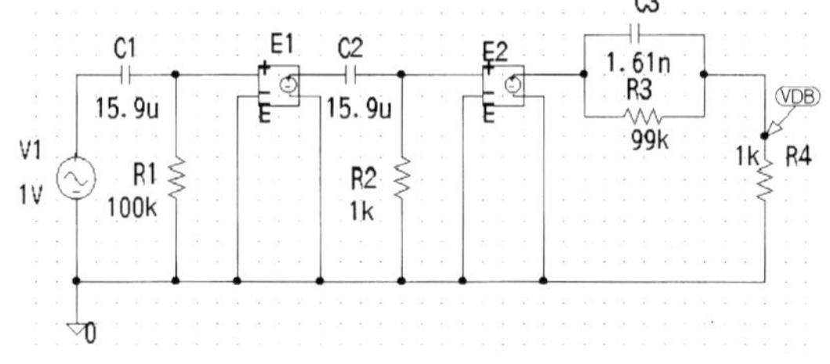
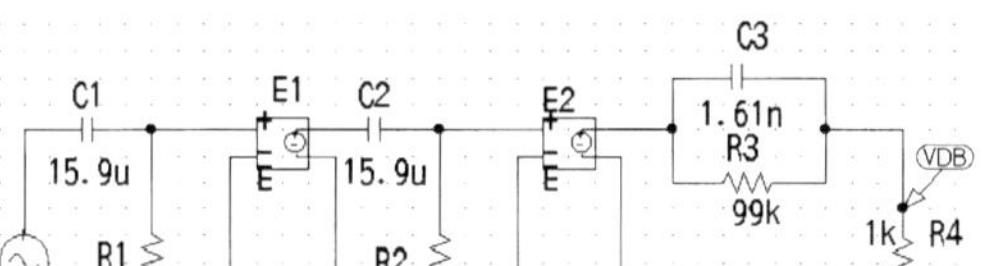

(a) シミュレーション回路

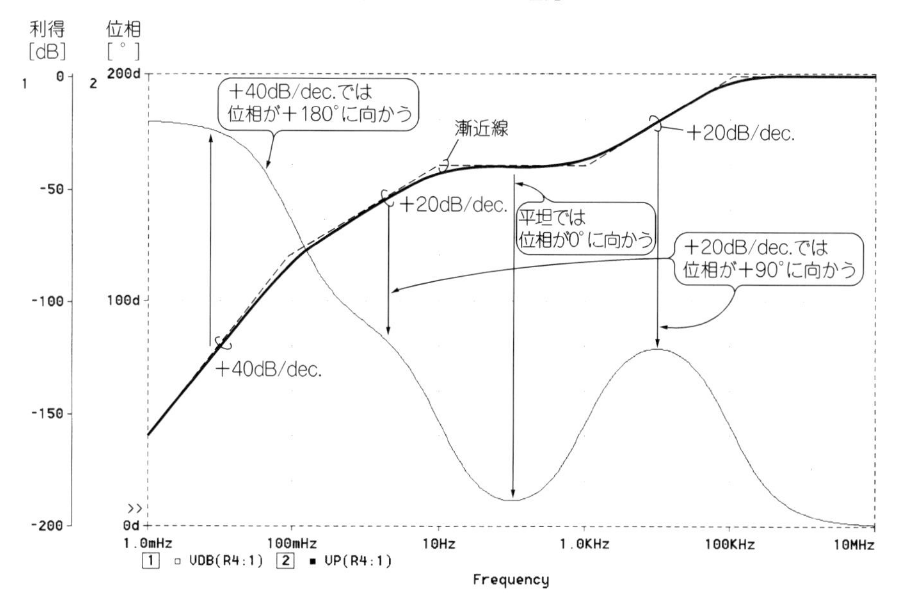

(b) シミュレーション結果

ピークが生じていないフィルタ，すなわち遮断周波数1 kHz，100 Hzのループ・フィルタでは比較周波数1 kHzのリプル成分を十分に減衰させることができません．したがってループ特性は安定でも，VCO出力には比較周波数成分のスプリアスが大きく発生してしまい，純度の良い出力信号を得ることはできません．

写真2-1は，**図2-4**のPLL回路におけるループ・フィルタをラグ・フィルタに変更し，その定数を100 kΩ，0.15 μF (f_{CL}=10Hz)にしたときのVCO入力電圧波形です．大きなリンギングが長く尾を引き，ロック時間が長く，ループが不安定になっている様子がうか

〈図2-16〉ラグ・フィルタを用いたPLL回路の特性

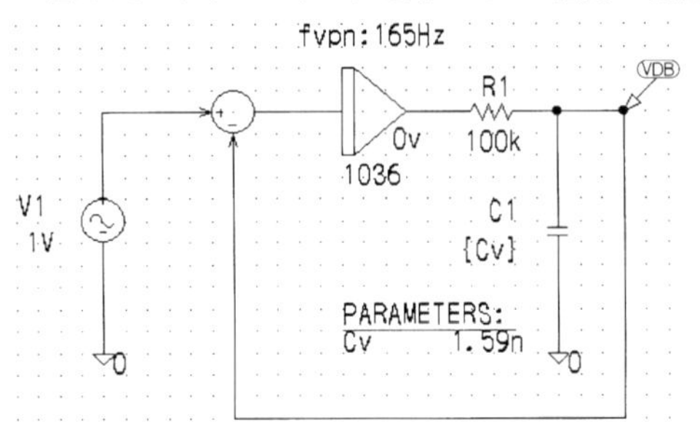

(a) シミュレーション回路

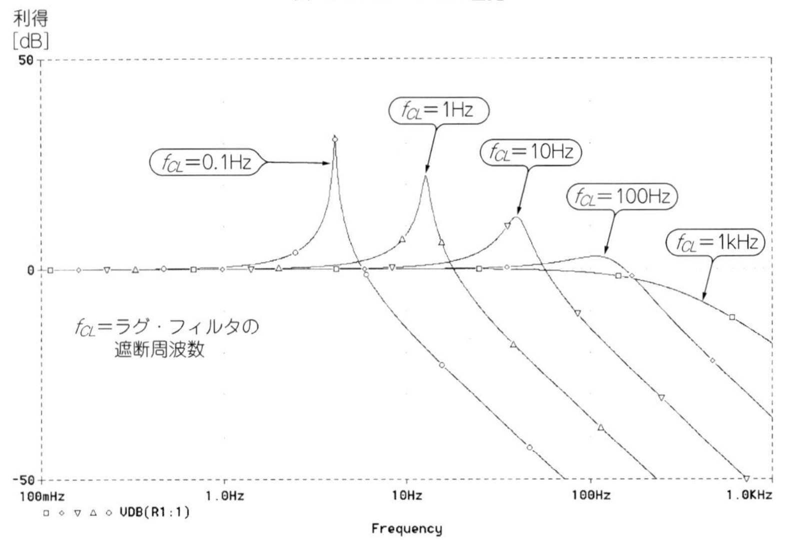

(b) シミュレーション結果

がえます．

このようにPLL回路にラグ・フィルタを使用すると，スプリアスの少ない出力波形を得て，しかも安定なループ特性をもつという，二つの特性を両立させることができません．以上のことから，特殊な場合を除いて，PLL回路でラグ・フィルタを用いることはありません．

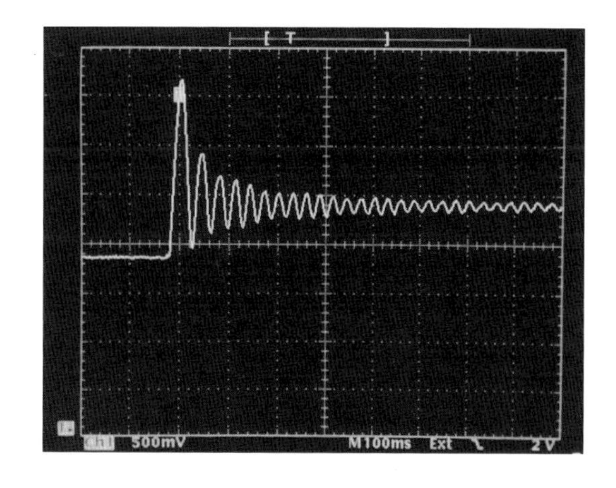

〈写真2-1〉
ラグ・フィルタを用いたPLL回路の応答（VCOの入力電圧波形）

● 安定なPLLにはラグ・リード・フィルタ

図2-13で示したように，利得にステップ特性をもったローパス・フィルタではいったん遅れた位相が戻ります．この位相の戻りを利用すると，PLL回路における負帰還の位相余裕を確保することができます．

PLL回路でループ・フィルタとしてよく使用されるのが，**図2-17**に示すラグ・リード（lag lead）フィルタと呼ばれるものです．**図2-13**に示したステップ特性ローパス・フィルタに，さらにコンデンサを1個追加して高域で平坦になった利得を再び減衰させ，比較周波数成分のリプルを取り除きます．

図2-17（**b**）がシミュレーションによるラグ・リード・フィルタの伝達特性です．利得が平坦になった部分で位相がいったん戻り，それより高域では再び位相が遅れていきます．したがってPLL回路で安定な負帰還を施すためには，この位相がいったん戻ったところを$A_O \cdot \beta = 1$の点，つまりループが切れる点に設計できればよいことになります．

図2-17では3種類の時定数で設計してありますが，一番速い時定数のループ・フィルタでは比較周波数1 kHzでの利得が－21 dB，2番目が－43 dB，一番遅いループ・フィルタが－84 dBとそれぞれ大きく減衰量が異なっています．遅い時定数のループ・フィルタほど比較周波数成分のリプルを少なくできることがわかります．

図2-18（**a**）が，**図2-4**に示したPLL回路におけるループ・フィルタを，**図2-17**の時定数で設計したときのシミュレーション回路です．**図2-18**（**b**）がシミュレーション結果ですが，いずれのループ・フィルタでもピークが見られず，安定な負帰還が実現できることを示しています．

〈図2-17〉ラグ・リード・フィルタの特性

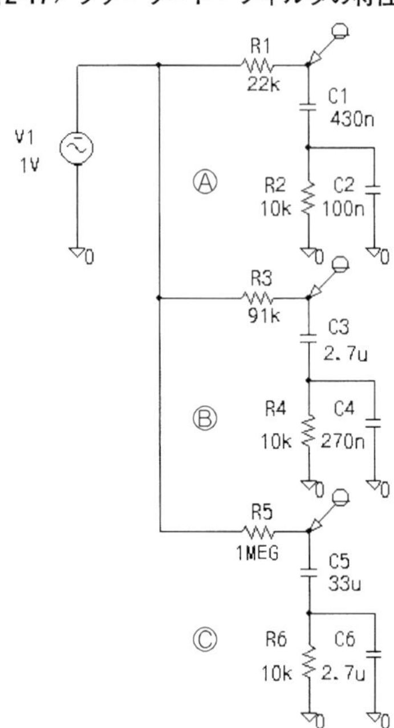

(a) ラグ・リード・フィルタのシミュレーション回路

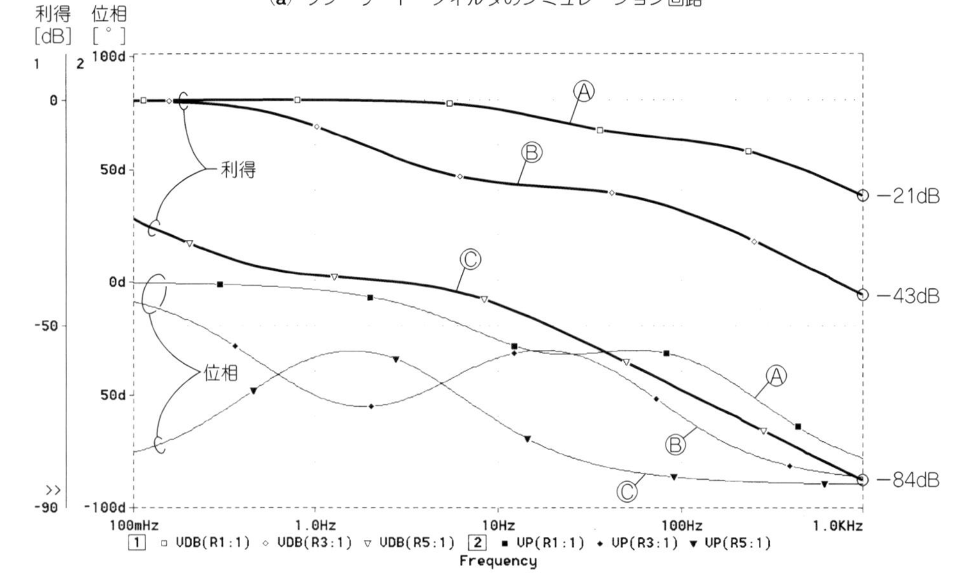

〈図2-18〉ラグ・リード・フィルタを用いたPLL回路の特性

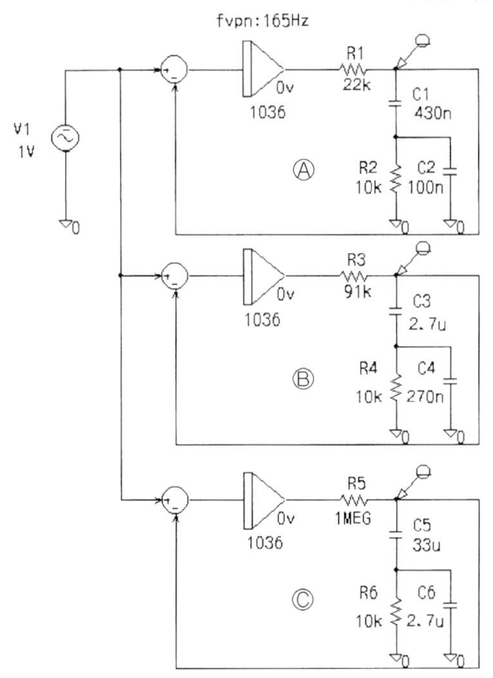

(a) シミュレーション回路

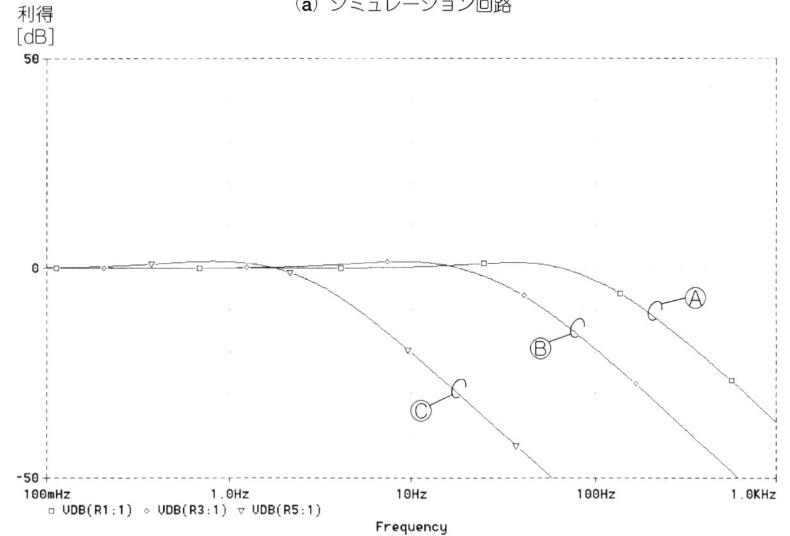

このように，ループ・フィルタにラグ・リード・フィルタを使用すれば，目的に応じてPLL回路の応答速度を自由に設計でき，安定な負帰還を施すことができます．

ただし，PLL回路の応答を速くするためにループ・フィルタの遮断周波数を高くすれば，ループ・フィルタからの比較周波数成分の交流成分が十分に減衰せず，VCOの出力波形に含まれる比較周波数成分のスプリアスが大きくなってしまいます．VCO出力波形の比較周波数成分のスプリアスを小さくするためにループ・フィルタの遮断周波数を低くすれば，PLLの応答が遅くなってしまうというトレードオフは残ります．

第3章
PLL回路のループ・フィルタ設計法
パッシブ/アクティブ・ループ・フィルタの設計事例と検証

PLL回路においては，ループ・フィルタの設計がその特性を決める重要なポイントになっています．この章では，パッシブ/アクティブ・ループ・フィルタの実際の設計例を示しながら，その特性をシミュレーションと実測で検証していきます．

3.1 パッシブ・ループ・フィルタの設計

第2章において，PLL回路ではループ・フィルタで負帰還の位相余裕を設計しなくてはならないことを説明しました．しかも，ループ・フィルタを除いた部分ですでに位相が90°遅れているため，$A\beta=1$になる周波数でのループ・フィルタの位相遅れは30°～50°しか許されません．

このため，位相比較器からの比較周波数のリプル成分を十分取り除き，しかも位相遅れを30°～50°に抑えるために，一般にはラグ・リード・フィルタが用いられています．

● ラグ・リード・フィルタのボーデ線図

図3-1がPLL回路でよく用いられるパッシブ・ラグ・リード・フィルタの構成で，図**(b)**がそのボーデ線図です．このボーデ線図をよく見ると三つの変曲点(時定数)f_C，f_L，f_Hがあることがわかります．それぞれ三つの周波数が大きく(数十倍以上)離れているときには変曲点での実際の特性と図中の漸近線との利得差は約3 dBになり，この変曲点の周波数は図中の計算式からきれいに求めることができます．

しかし，実際のループ・フィルタでは三つの変曲点の周波数が近づくことが多く，漸近線で伝達特性を正確に求めることができません．伝達特性を正確に素早く求めるには，やはり回路シミュレータの利用が便利です．

〈図3-1〉パッシブ・ラグ・リード・フィルタの特性

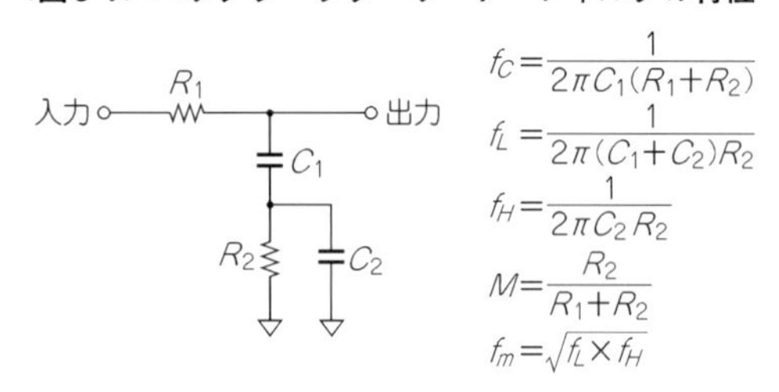

(a) 構成

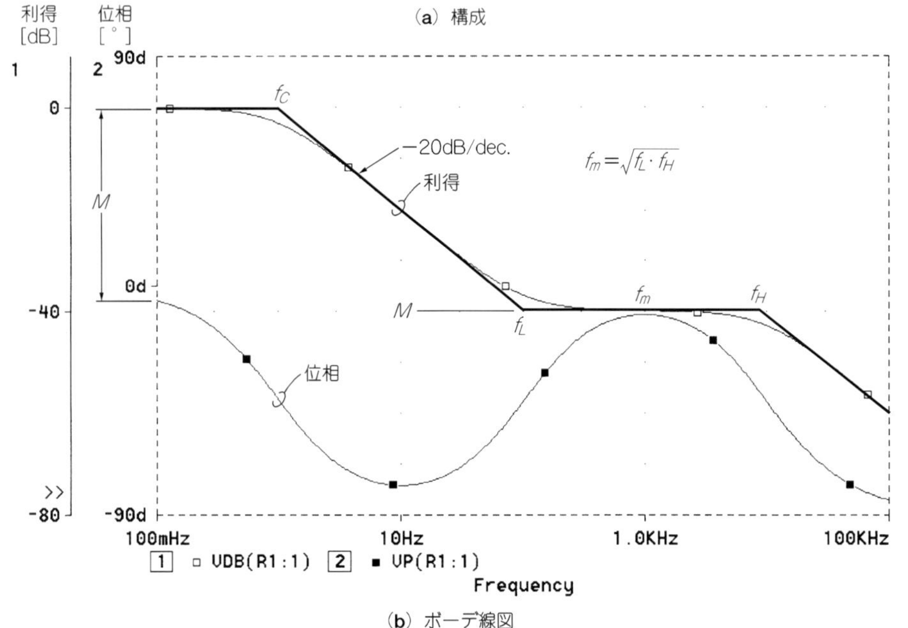

(b) ボーデ線図

位相の戻りはf_Lとf_Hの対数的中間の周波数f_mで最大になり，このf_mは次式で求まります．

$$f_m=\sqrt{f_L\times f_H}$$

PLL回路では，この位相の戻る量が重要です．f_H/f_Lが大きいほど，つまりf_Lとf_Hの間隔が広いほど位相戻りが多くなります．

図3-2は，f_mを1 kHzとしてf_H/f_Lを変化させたときの位相戻りのようすを調べたものです．f_Cとf_Lの間隔にも左右されますが，$f_H/f_L \fallingdotseq 10$のときに約60°の位相戻りが得られます．次節で実際のデータを例に解説しますが，PLL回路ではロック・スピード，位相雑

〈図3-2〉 f_H/f_Lを変化させたときの位相戻り量

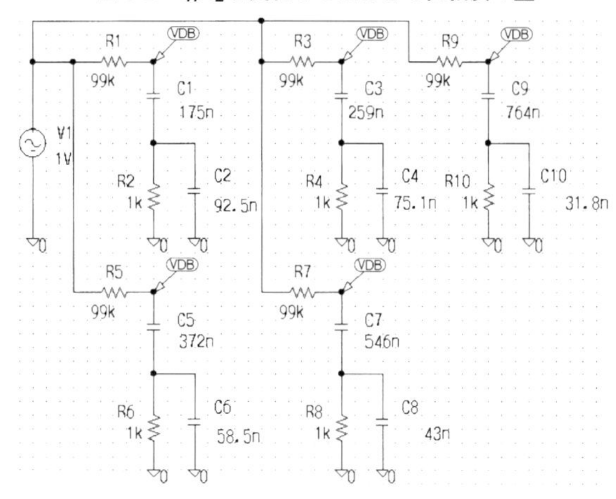

(a) シミュレーション回路

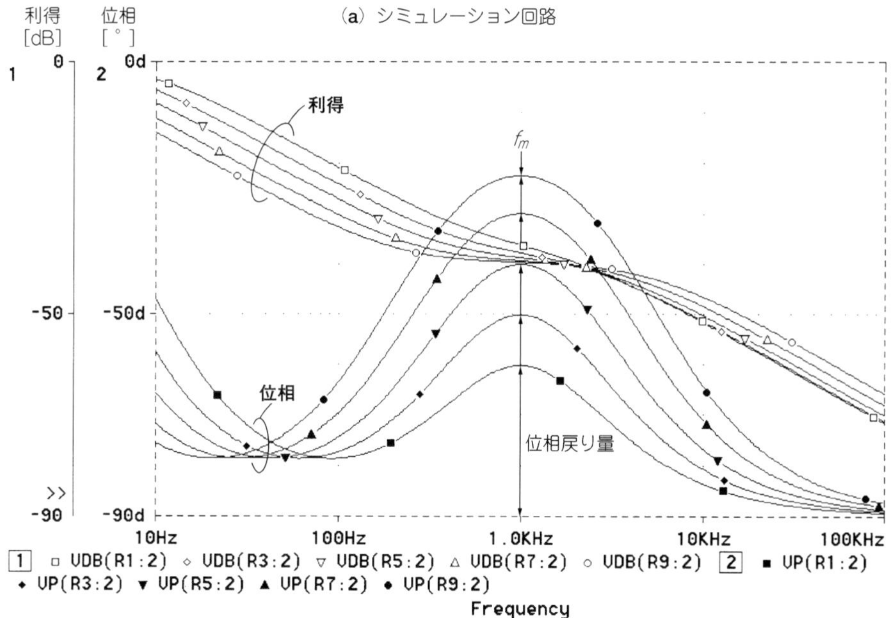

(b) シミュレーションの結果

〈図3-3〉VCO-位相比較器-分周器の合成伝達特性

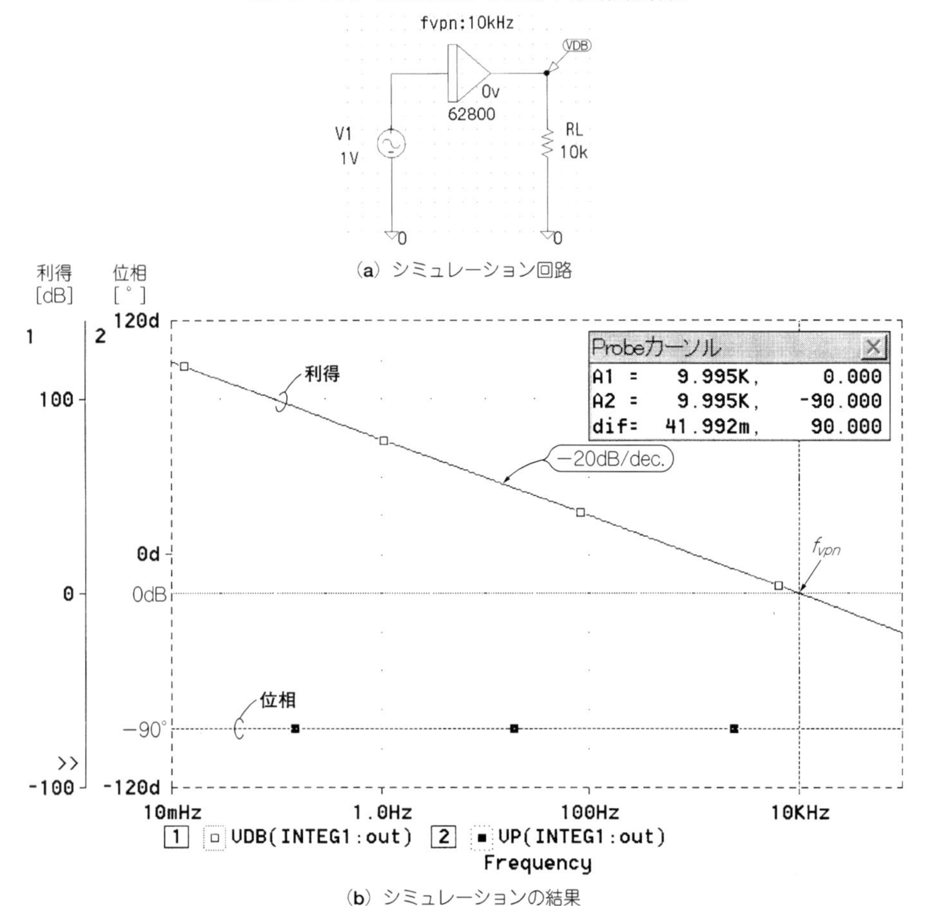

(b) シミュレーションの結果

音，スプリアスなどのトレードオフから $|A_O \cdot \beta| = 1$ での位相余裕を40°～50°に設計するのが一般的です．そして比較周波数成分のリプルが十分減衰するように，f_L と f_H は位相比較周波数よりも低い周波数に設定することになります．

● PLL回路とラグ・リード・フィルタを組み合わせたときの特性

2.3節で説明したように，位相比較器とVCO，分周器の合成した伝達特性 f_{vpn} は，**図3-3**に示すように利得特性が－20 dB/dec.，位相は－90°一定の特性です．この特性にルー

〈図3-4〉ループ・フィルタの伝達特性

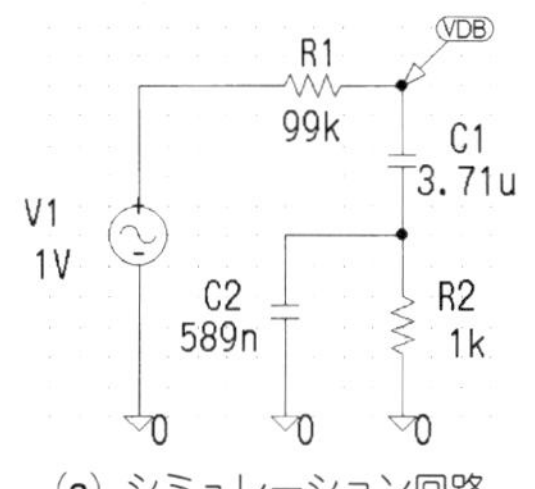

(a) シミュレーション回路

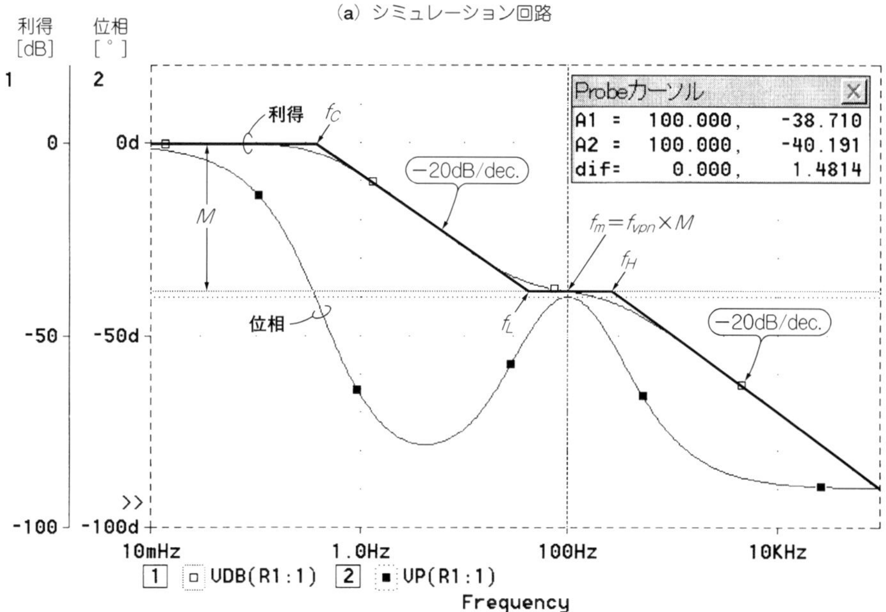

(b) シミュレーションの結果

プ・フィルタの特性(**図3-4**)を合成することにより，**図3-5**に示す総合特性が得られます．ループ・フィルタの最大位相戻り周波数f_mで$|A_O \cdot \beta| = 1$，つまりf_mにおける開ループ利得が0 dBになれば安定なループ特性が実現できます．

図3-3の利得の傾斜は－20 dB/dec.，つまり周波数が1/10になれば利得が10倍になります．したがって，伝達特性f_{vpn}とループ・フィルタの平坦部の減衰量Mを乗じたものが位相戻り周波数f_mになれば($f_{vpn} \times M = f_m$)，f_mでの利得を0 dBにすることができます(通常はf_Lとf_Hが近いため若干ずれるが，この程度のずれはPLLの安定性には問題ない)．

〈図3-5〉**PLL回路の総合伝達特性**（オープン・ループ特性）

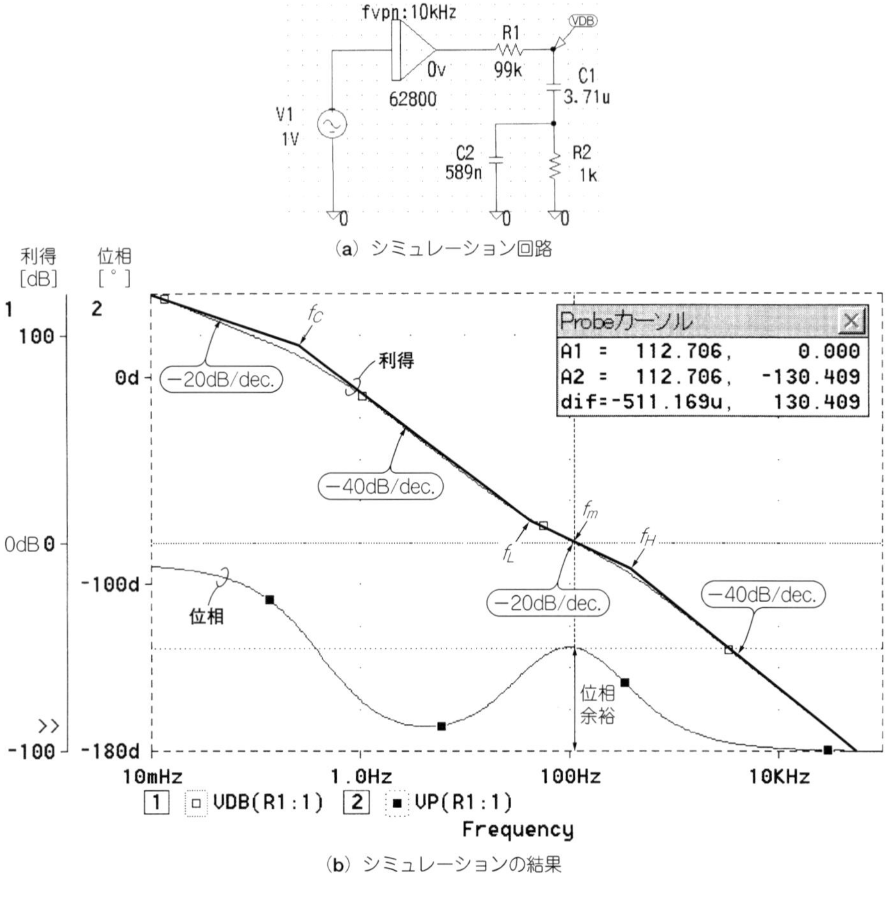

(**a**) シミュレーション回路

(**b**) シミュレーションの結果

図3-3～**図3-5**の例では，f_{vpn} = 10 kHz，M = − 40 dB，f_m = 100 Hzなので，10 kHz × 0.01 = 100 Hzになり，f_mの位相が最大に戻る周波数で総合利得が0 dBになります．

ループ・フィルタにおける平坦部の減衰量Mは，R_1とR_2の値で自由に設計できます．したがって，はじめに位相比較器，VCO，分周器が決定され，その利得伝達特性f_{vpn}が決定されても，$f_{vpn} \times M = f_m$の関係を守れば，PLLの時定数は自由に設計できることになります．

Mの減衰量が大きければ時定数は低くなり，比較周波数成分のリプルは小さくなります．代わりに時定数が大きいためロック・スピードは遅くなってしまいます．

〈図3-6〉分周比を10～100に可変したときの位相比較器-VCO-分周器の合成伝達特性

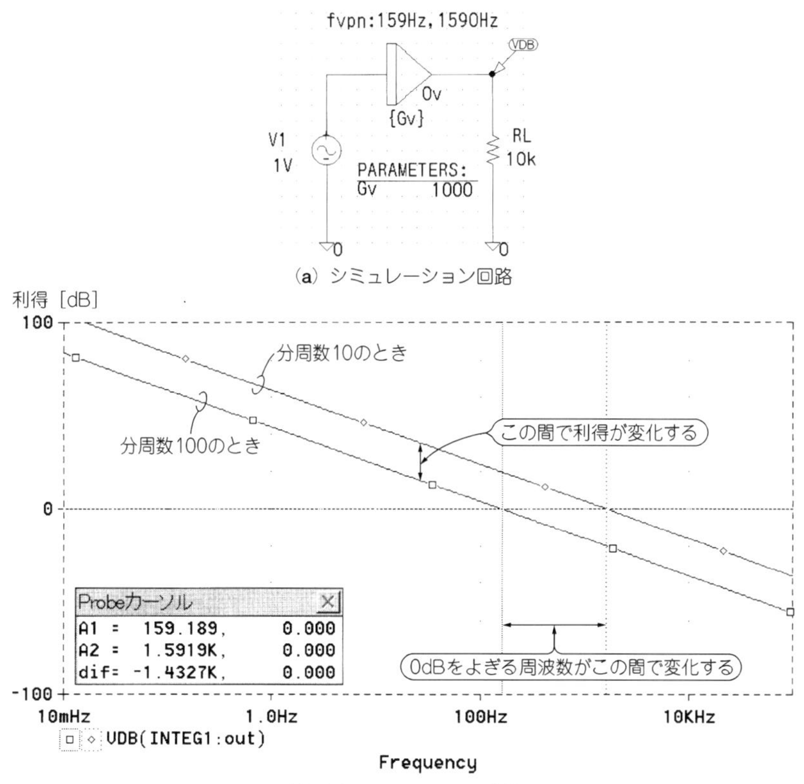

(a) シミュレーション回路

(b) シミュレーションの結果

逆に，平坦部の減衰量Mを小さく設計すればリプルは大きくなってしまいますが，ロック・スピードが速くなります．また，Mの減衰量が小さいほどループ利得が大きくなり，負帰還の効用で出力周波数付近の位相雑音が小さくなります．しかし，比較周波数のリプル成分が十分に減衰しないため，発振周波数から比較周波数だけ離れた周波数でのスプリアス成分が大きくなり，位相ノイズと比較周波数成分によるスプリアスはトレードオフの関係になってしまいます．

● 分周数が変化すると

PLL回路にはいろいろな応用がありますが，PLLシンセサイザなどで出力の発振周波

〈図3-7〉ループ・フィルタの伝達特性

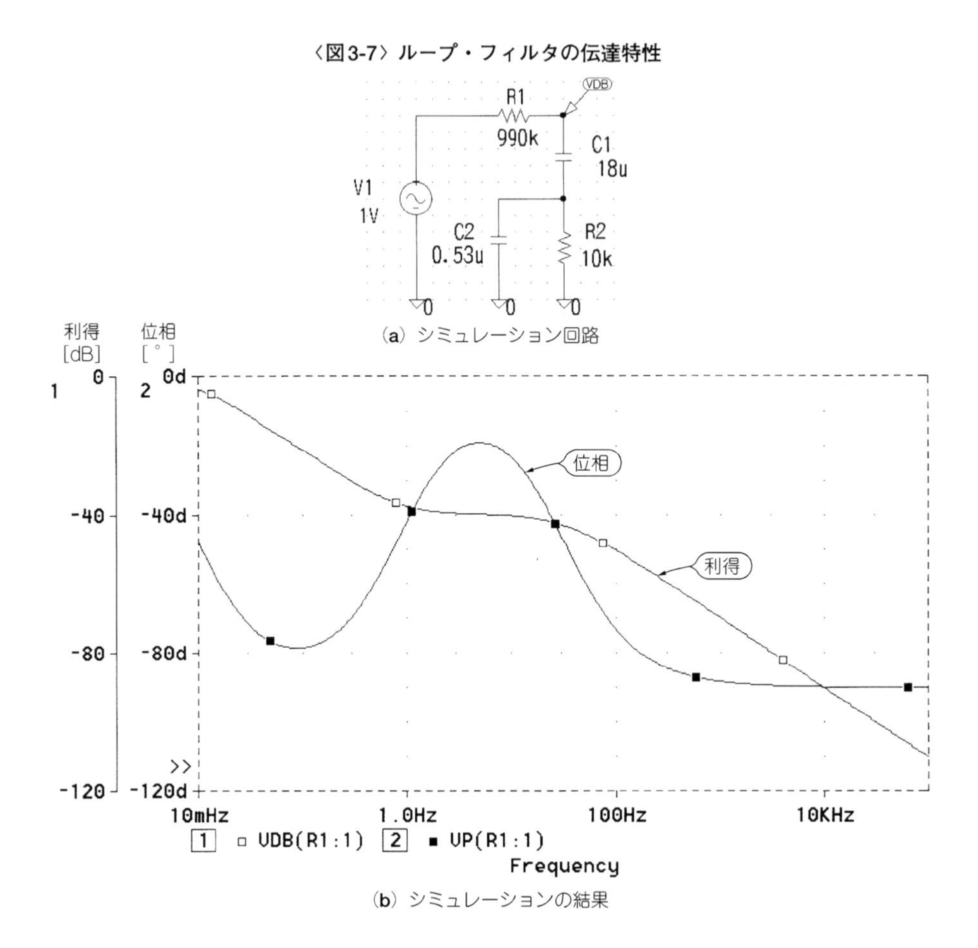

(a) シミュレーション回路

(b) シミュレーションの結果

数を可変させるときは分周数を可変することになります．分周数を可変すると当然ながら，位相比較器，VCO，分周器の合成伝達特性f_{vpn}の利得が変化します．したがって，ループ・フィルタの設計にも利得の変化に応じた設計が必要になります．

第2章で示した図2-4の回路例では分周数が50で固定でした．しかし，たとえば10 kHz～100 kHzまで1 kHzステップで出力周波数を得る場合には，分周数を10～100まで可変しなければなりません．VCOの制御電圧-発振周波数特性が直線で，VCOの入力電圧が2.5 Vのとき100 kHzが得られるVCOがあると仮定すると，(10 kHz出力時は分周数が10，100 kHzでは分周数が100のため)，位相比較器とVCO，分周器の合成伝達特性f_{vpn}

〈図3-8〉分周数が変化するPLL回路の総合伝達特性（オープン・ループ特性）

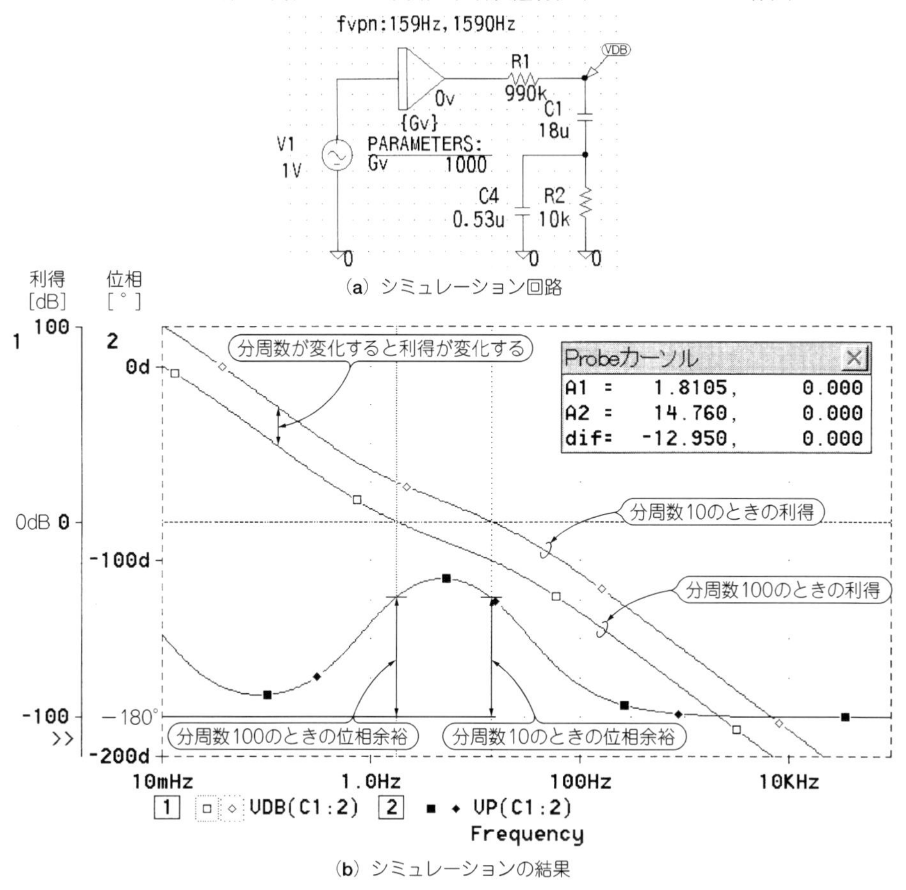

(a) シミュレーション回路

(b) シミュレーションの結果

は図3-6に示すようになります．

つまり，位相余裕を確保する周波数が1点ではなく，10倍の周波数範囲で位相余裕を確保しなければなりません．このためループ・フィルタの特性は，利得が平坦になる部分を広くした図3-7のようなものになります．分周数が固定の場合よりもf_L，f_Hの間隔を広くし，位相余裕を確保する周波数範囲を広げます．そして総合特性は分周数により，図3-8に示した特性の間を移動することになります．

図3-8に示したように利得特性は変化しますが，位相特性は位相比較器とVCO，分周器での遅れが90°で一定なため，分周数が変化しても位相特性が変化することはありません．

〈図3-9〉 f_L＝10 Hz，f_H＝100 Hz固定でMを－10 dB，－20 dB，－30 dB，－40dBに設定したときの利得/位相-周波数特性

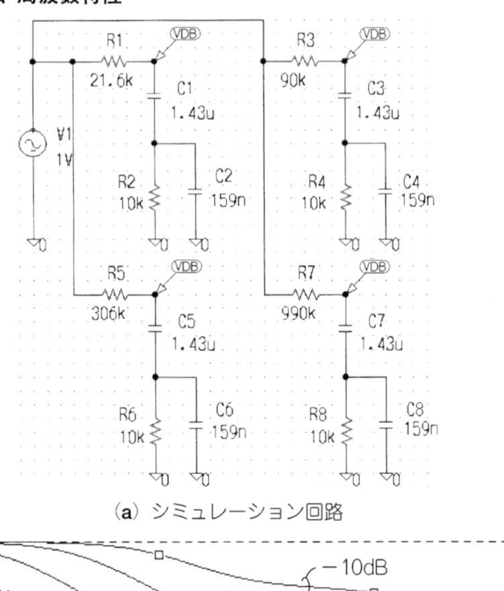

(a) シミュレーション回路

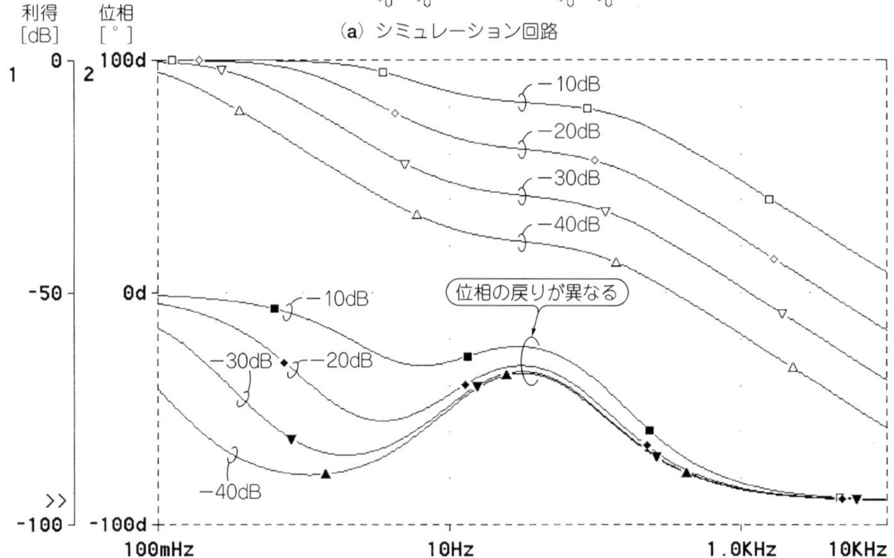

(b) シミュレーションの結果

● ループ・フィルタの定数を正規化グラフから求める…Appendix Bを参照

PLL回路で使用されるラグ・リード・ループ・フィルタは，**図3-9**に示すようにf_L，f_Hの間隔が同じでも平坦部の減衰量によって位相戻り特性が異なります．計算ではなかなか求めにくいものです．そこで回路シミュレータを使って，得られた値を基に正規化グラフを作成し，そのグラフから定数を求めると比較的簡単に正確な値を求めることができます．

作成した正規化グラフをAppendix B(pp.304～315)に示しておきます．これらのグラフのX軸の値は，位相余裕を確保しなくてはならない周波数帯域の上限(f_{dH})と下限(f_{dL})の周波数比を表しています．Y軸の値は，位相余裕を確保しなくてはならない周波数帯域の中心周波数に対するf_Hまたはf_Lの比を表しています．

なお，ループ・フィルタの平坦部を－40 dB以上減衰させる場合は，－40 dBの正規化グラフでほぼ適切な値が求まります．

3.2 10～100 kHz PLLシンセサイザのループ・フィルタ設計

● 実験するシンセサイザのあらまし

それでは，具体的なPLL回路において正規化グラフを使用してパッシブ・ループ・フィルタの定数を求める方法を説明します．

図3-10が設計する10 kHz～100 kHz PLLシンセサイザのブロック図，**図3-11**が実際の回路図です．74HC4060は水晶振動子用の発振回路を内蔵した分周用ICです．ICの構成は第6章で紹介しています．入力クロックに安定な1 kHzを使用しますが，このクロックは4.096 MHzの水晶振動子を74HC4060で発振/分周して1 kHzの方形波を得ています．

位相比較器とVCOにはMC74HC4046を使用していますが，後述(8.3節)する理由から，位相比較器とVCOは別のパッケージにしています．プログラマブル分周器にはTC9198(詳細は第6章)を使用し，10～100の値を設定します．

出力バッファにはU_5のCMOSバッファを4個並列接続して，出力インピーダンス50 Ωとし，50 Ω負荷を十分駆動できる出力電流を得ています．

● ループ・フィルタを除いた伝達特性を求める

Appendix Bの**図B-2**(p.305)のグラフを使用して，ループ・フィルタの平坦部が－10 dB，－20 dB，－30 dBのときの3種類の定数を求めてみましょう．

はじめに，分周数が最小と最大のときの位相比較器とVCO，分周器の合成伝達特性f_{vpn}を求めます．**図3-12**に示すVCOの制御電圧-発振周波数特性と位相比較器の利得，分周

〈図3-10〉10～100 kHz PLLシンセサイザの構成

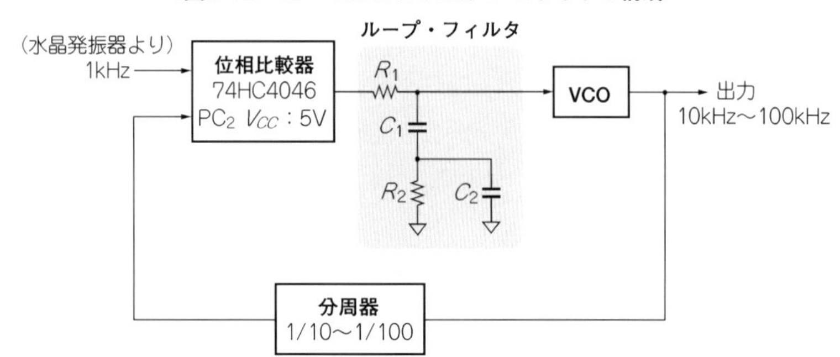

数から，出力周波数10 kHz(分周数10)のときの$f_{vpn(10\ \mathrm{kHz})}$は，

$$f_{vpn(10\ \mathrm{kHz})}=\frac{(11\ \mathrm{kHz}-9\ \mathrm{kHz})\cdot 2\pi}{(1.103\ \mathrm{V}-1.058\ \mathrm{V})}\cdot\frac{5\ \mathrm{V}}{4\pi}\cdot\frac{1}{2\pi\cdot 10}=1768\ \mathrm{Hz}$$

次に，出力周波数100 kHz(分周数100)のときの$f_{vpn(100\ \mathrm{kHz})}$は，

$$f_{vpn(100\ \mathrm{kHz})}=\frac{(110\ \mathrm{kHz}-90\ \mathrm{kHz})\cdot 2\pi}{(2.381\ \mathrm{V}-2.153\ \mathrm{V})}\cdot\frac{5\ \mathrm{V}}{4\pi}\cdot\frac{1}{2\pi\cdot 100}=349\ \mathrm{Hz}$$

と計算されます．この二つのf_{vpn}の値をグラフで表すと**図3-13**のようになります．この特性と**図3-14**のループ・フィルタ特性を合成すると，**図3-15**の総合伝達特性が得られます．これから，オープン・ループ利得が0 dBになる周波数での位相余裕を確保することになります．

● 時定数：小，M＝－10dB，位相余裕60°で設計する

$M=-10$ dBの場合はf_Cとf_Lの間が狭くなり，最初の位相遅れが30°程度までしか遅れません．ここでは$M=-10$ dBの場合だけ，位相余裕60°で設計します．

ループ・フィルタでの位相遅れを30°に確保する上限周波数 $f_{(-30°\mathrm{H})}$，下限周波数 $f_{(-30°\mathrm{L})}$は，それぞれ$M=-10$ dB(0.316)から，

$f_{(-30°\mathrm{H})}=1768\ \mathrm{Hz}\times 0.316 \fallingdotseq 559.5\ \mathrm{Hz}$

$f_{(-30°\mathrm{L})}=349\ \mathrm{Hz}\times 0.316 \fallingdotseq 110.4\ \mathrm{Hz}$

$f_{(-30°\mathrm{H})}$：ループ・フィルタでの位相遅れが30°になる上側の周波数

$f_{(-30°\mathrm{L})}$：ループ・フィルタでの位相遅れが30°になる下側の周波数

〈**図3-11**〉 **10～100 kHz PLLシンセサイザ回路**（1 kHzステップ）

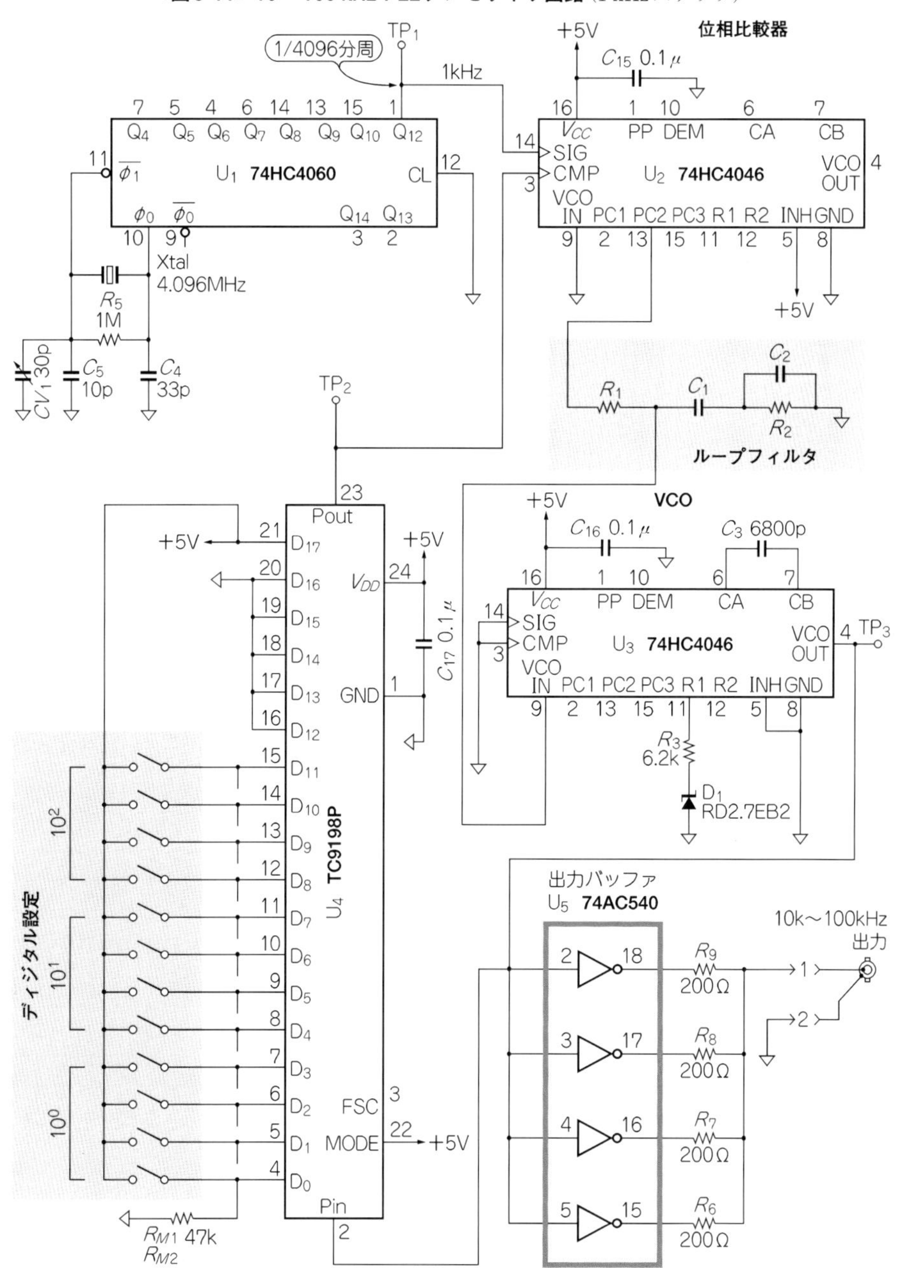

〈**図3-12**〉
MC74HC4046ANの制御電圧-発振周波数特性（実測値）

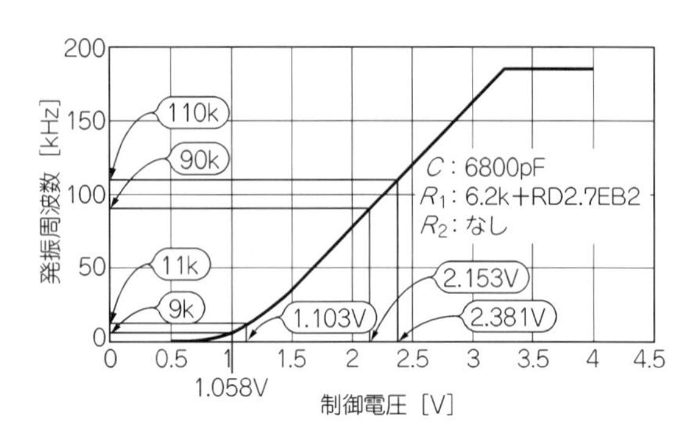

〈**図3-13**〉
位相比較器-VCO-分周器の合成伝達特性

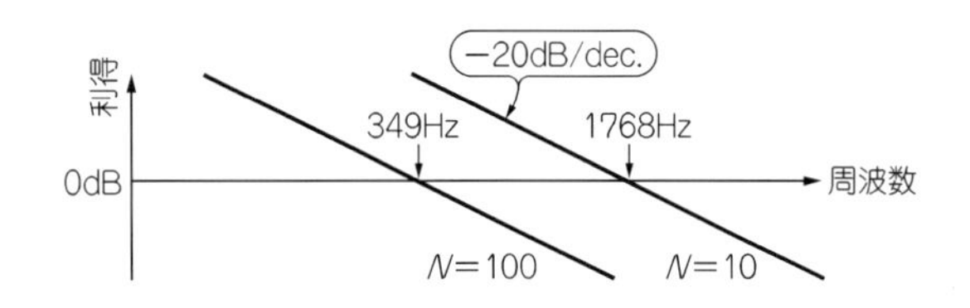

したがって，位相遅れ30°を確保する上限下限周波数の比は，

$559.5\ \mathrm{Hz} \div 110.4\ \mathrm{Hz} \fallingdotseq 5.07$

位相遅れ30°を確保する周波数の中心値は，

$f_m = \sqrt{559.5\ \mathrm{Hz} \times 110.4\ \mathrm{Hz}} \fallingdotseq 248.5\ \mathrm{Hz}$

Appendix Bの**図B-2(b)**からf_Hの正規化値を求めると，X軸：5.07，－30°の交点から3.58，よって，

$f_H = 248.5\ \mathrm{Hz} \times 3.58 \fallingdotseq 889.6\ \mathrm{Hz}$

同じく**図B-2(c)**からf_Lの正規化値を求めると，X軸：5.07，－30°の交点から0.435，よって，

$f_L = 248.5\ \mathrm{Hz} \times 0.435 \fallingdotseq 108.1\ \mathrm{Hz}$

となります．続けてループ・フィルタの定数を計算します．

まず，$R_2 = 10\ \mathrm{k\Omega}$とすると，$f_H = 1/(2\pi C_2 R_2)$なので，

$f_H \fallingdotseq 889.6\ \mathrm{Hz}$より，$C_2 \fallingdotseq 17.9\ \mathrm{nF}$

$f_L = 108.1\ \mathrm{Hz}$より，$f_L = 1/(2\pi(C_1 + C_2)R_2)$なので，$C_1 + C_2 \fallingdotseq 147.2\ \mathrm{nF}$，したがって$C_1 \fallingdotseq 129\ \mathrm{nF}$，$M = -10\ \mathrm{dB}$より，$M = R_2/(R_1 + R_2)$なので，

$R_1 \fallingdotseq 10\ \mathrm{k\Omega} \times (3.16 - 1) \fallingdotseq 21.6\ \mathrm{k\Omega}$

抵抗をE24系列，コンデンサをE12系列から選んで整理すると，

〈図3-14〉
ループ・フィルタの周波数特性

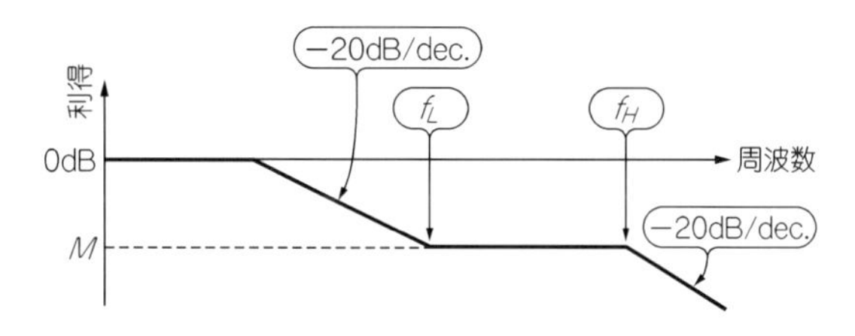

〈図3-15〉
PLL回路のオープン・ループ特性

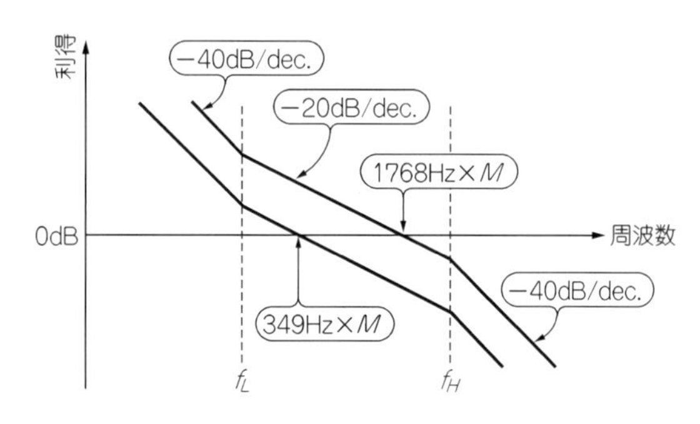

$R_1 = 22\ \text{k}\Omega$，$R_2 = 10\ \text{k}\Omega$，$C_1 = 120\ \text{nF}$，$C_2 = 18\ \text{nF}$

となります．

これらの値からシミュレーションした結果が**図3-16**です．積分器定数の単位はラジアンなので，349 Hz × 2 π ≒ 2193 になります．

出力周波数10 kHzでのループの切れる周波数が約582 Hzで，このときの位相遅れが119°(位相余裕61°)，出力周波数100 kHzでのループの切れる周波数が約150 Hzで，位相遅れが121°(位相余裕59°)と，ほぼ設計目標の値が得られています．

● 時定数：中，M＝－20 dB，位相余裕50°で設計する

位相余裕を50°確保するためにはループ・フィルタでの位相遅れが40°になります．

ループ・フィルタでの位相遅れを40°確保する上限周波数 $f_{(-40°\text{H})}$，および下限周波数 $f_{(-40°\text{L})}$は，$M = -20$ dB(0.1)から，

$f_{(-40°\text{H})} = 1768\ \text{Hz} \times 0.1 \fallingdotseq 176.8\ \text{Hz}$

$f_{(-40°\text{L})} = 349\ \text{Hz} \times 0.1 \fallingdotseq 34.9\ \text{Hz}$

したがって，位相遅れ40°を確保する上限下限周波数の比は，

176.8 Hz ÷ 34.9 Hz ≒ 5.07

位相遅れ40°を確保する周波数の中心値は，

〈図3-16〉時定数：小，M＝－10 dBのときの総合伝達特性

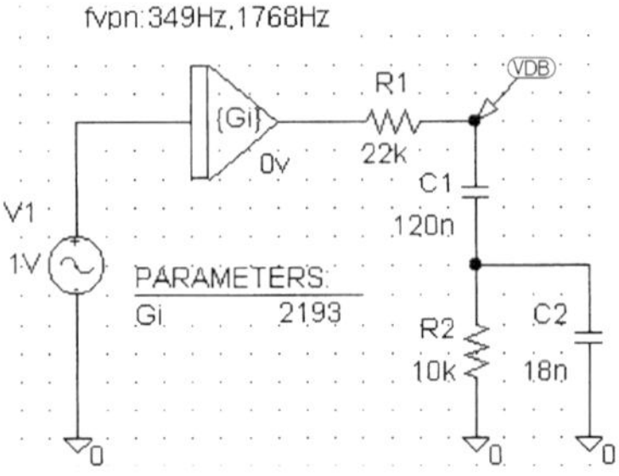

(a) シミュレーション回路

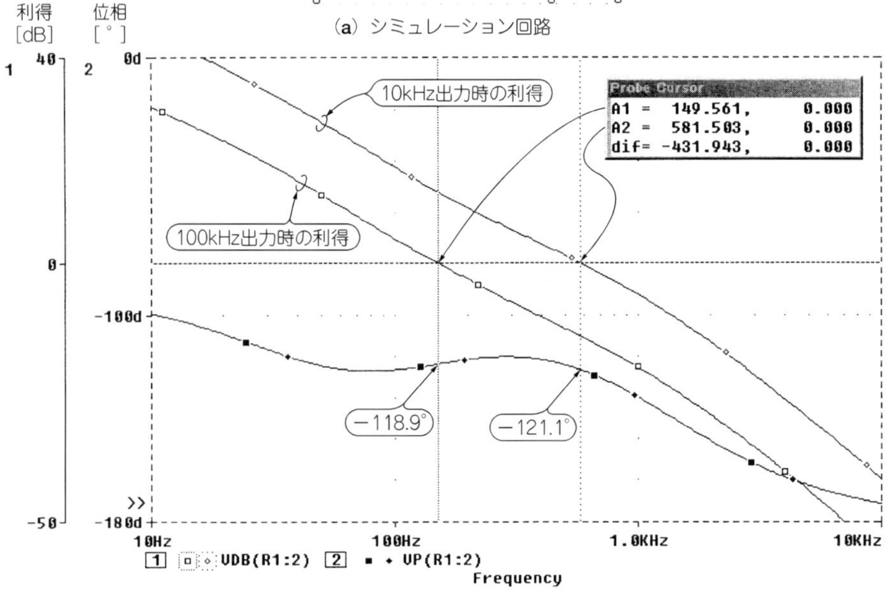

(b) シミュレーションの結果

$$f_m = \sqrt{176.8\ \text{Hz} \times 34.9\ \text{Hz}} \fallingdotseq 78.6\ \text{Hz}$$

Appendix Bの**図B-3**(**b**)からf_Hの正規化値を求めると，X軸：5.07，－40°の交点から3.2を拾い，

$$f_H = 78.6\ \text{Hz} \times 3.2 \fallingdotseq 252\ \text{Hz}$$

さらに**図B-3**(**c**)からf_Lの正規化値を求めると，X軸：5.07，－40°の交点から0.347なので，

$$f_L = 78.6\ \text{Hz} \times 0.347 \fallingdotseq 27.3\ \text{Hz}$$

となります．したがって，ループ・フィルタの各定数は，次のようになります．

まず，$R_2 = 10\ \mathrm{k\Omega}$とすると，

$f_H \fallingdotseq 252\ \mathrm{Hz}$から，$C_2 \fallingdotseq 63.2\ \mathrm{nF}$

$f_L = 27.3\ \mathrm{Hz}$から，$C_1 + C_2 \fallingdotseq 583\ \mathrm{nF}$，したがって$C_1 \fallingdotseq 520\ \mathrm{nF}$，

$M = -20\ \mathrm{dB}$より，

$R_1 \fallingdotseq 10\ \mathrm{k\Omega} \times (10 - 1) \fallingdotseq 90\ \mathrm{k\Omega}$

C_1の値が中途半端なので切りの良い$1\ \mu\mathrm{F}$とし，他の定数を整理すると，

$R_1 = 90\ \mathrm{k\Omega} \times (520\ \mathrm{nF}/1\ \mu\mathrm{F}) = 46.8\ \mathrm{k\Omega}$

$R_2 = 10\ \mathrm{k\Omega} \times (520\ \mathrm{nF}/1\ \mu\mathrm{F}) = 5.2\ \mathrm{k\Omega}$

$C_2 = 63.2\ \mathrm{nF} \times (1\ \mu\mathrm{F}/520\ \mathrm{nF}) \fallingdotseq 121.5\ \mathrm{nF}$

抵抗をE24系列，コンデンサをE12系列から選んで整理すると，次のようになります．

$R_1 = 47\ \mathrm{k\Omega}$，$R_2 = 5.1\ \mathrm{k\Omega}$，$C_1 = 1\ \mu\mathrm{F}$，$C_2 = 120\ \mathrm{nF}$

これらの値からシミュレーションした結果が**図3-17**です．出力周波数10 kHzでのループの切れる周波数は約169 Hzで，そのときの位相遅れが129°(位相余裕51°)となりました．出力周波数100 kHzでのループの切れる周波数は約44 Hzで，そのときの位相遅れが127°(位相余裕53°)と，ほぼ設計目標の値が得られています．

● 時定数：大，*M*＝－30 dB，位相余裕50°で設計する

ループ・フィルタでの位相遅れを40°確保する上限，下限の周波数は，$M = -30\ \mathrm{dB}$ (0.0316)から，

$f_{(-40^\circ \mathrm{H})} = 1768\ \mathrm{Hz} \times 0.0316 \fallingdotseq 55.9\ \mathrm{Hz}$

$f_{(-40^\circ \mathrm{L})} = 349\ \mathrm{Hz} \times 0.0316 \fallingdotseq 11.04\ \mathrm{Hz}$

したがって，位相遅れ40°を確保する上限下限周波数の比は，

$55.9\ \mathrm{Hz} \div 11.04\ \mathrm{Hz} \fallingdotseq 5.06$

位相遅れ40°を確保する周波数の中心値は，

$f_m = \sqrt{55.9\ \mathrm{Hz} \times 11.04\ \mathrm{Hz}} \fallingdotseq 24.8\ \mathrm{Hz}$

図B-4(b)からf_Hの正規化値を求めると，X軸：5.06，－40°の交点から3.4，よって，

$f_H = 24.8\ \mathrm{Hz} \times 3.4 \fallingdotseq 84.3\ \mathrm{Hz}$

図B-4(c)からf_Lの正規化値を求めると，X軸：5.06，－40°の交点から0.302，よって，

$f_L = 24.8\ \mathrm{Hz} \times 0.302 \fallingdotseq 7.49\ \mathrm{Hz}$

となります．続けてループ・フィルタの定数を求めると，

〈図3-17〉時定数：中，M＝－20 dBのときの総合伝達特性

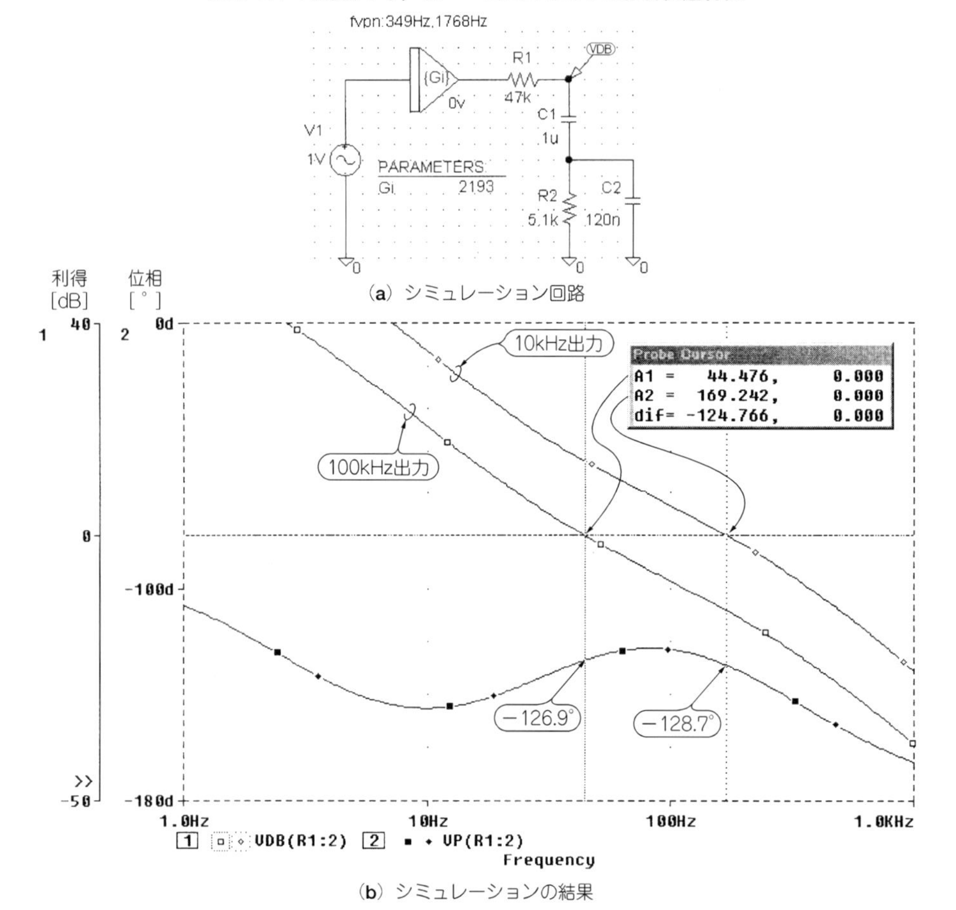

(a) シミュレーション回路

(b) シミュレーションの結果

まず，$R_2 = 10\ \text{k}\Omega$とすると，

$f_H \fallingdotseq 84.3$ Hzより，$C_2 \fallingdotseq 189$ nF

$f_L = 7.49$ Hzより，$C_1 + C_2 \fallingdotseq 2.13\ \mu$F，したがって$C_1 \fallingdotseq 1.94\ \mu$F，

$M = -30$ dBより，

$R_1 \fallingdotseq 10\ \text{k}\Omega \times (31.6 - 1) \fallingdotseq 306\ \text{k}\Omega$

C_1の値が中途半端なのでキリの良い1 μFとし，他の定数を整理すると，

$R_1 = 306\ \text{k}\Omega \times (1.94\ \mu\text{F}/1\ \mu\text{F}) \fallingdotseq 594\ \text{k}\Omega$

〈図3-18〉時定数：大，M＝－30 dBのときの総合伝達特性

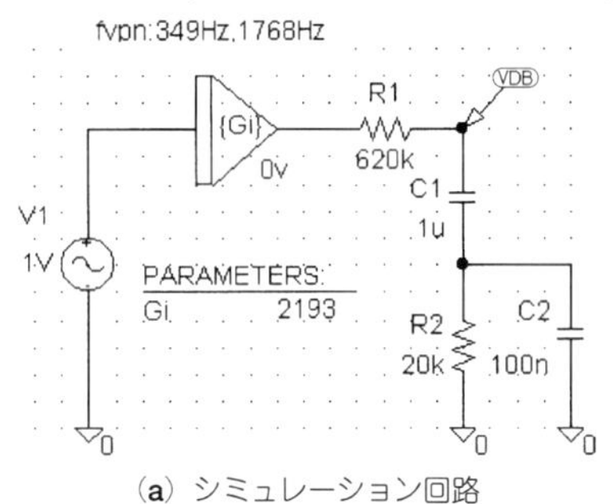

(a) シミュレーション回路

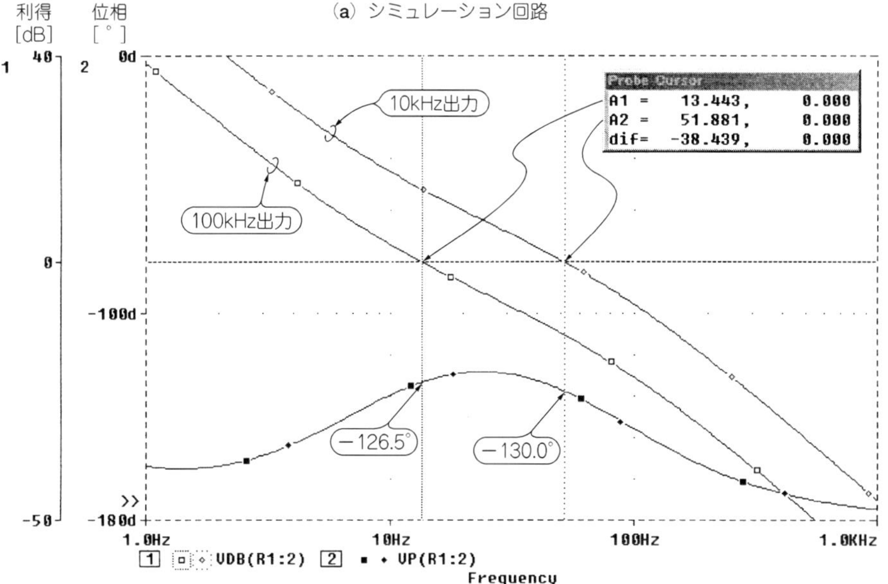

(b) シミュレーションの結果

$R_2 = 10\ \text{k}\Omega \times (1.94\ \mu\text{F}/1\ \mu\text{F}) = 19.4\ \text{k}\Omega$

$C_2 = 189\ \text{nF} \times (1\ \mu\text{F}/1.94\ \mu\text{F}) \fallingdotseq 97.4\ \text{nF}$

抵抗をE24系列，コンデンサをE12系列から選び整理すると，次のようになります．

$R_1 = 620\ \text{k}\Omega$，$R_2 = 20\ \text{k}\Omega$，$C_1 = 1\ \mu\text{F}$，$C_2 = 100\ \text{nF}$

これらの値からシミュレーションした結果が**図3-18**です．出力周波数10 kHzでのループの切れる周波数が約52 Hzで，そのときの位相遅れが130°(位相余裕50°)，出力周波数100 kHzでのループの切れる周波数が約13 Hzで，そのときの位相遅れが127°(位相余裕

53°)と，ほぼ設計目標の値が得られています．

● 試作器の出力波形を見ると

試作器の出力波形をオシロスコープで観測してみましょう．**写真3-1**は時定数が小のとき，10 kHz～50 kHzの範囲での波形です．出力波形の周波数が大きく変動しています．まるでロックしていないような波形ですが，周波数カウンタを1秒ゲートにして周波数そのものを計測すると正確に設定した周波数になっています．理由は，ロックしてはいるのですが，位相比較器からのリプルが大きすぎて，出力周波数が大きく変動してしまっているためです．

さらに波形を注意深く見ると，比較周波数が1 kHzであるのに波形の変動の繰り返しが2 msになっています．この原因を探るために観測したのが**写真3-2**です．入力信号の規則的な方形波に対して，分周器からの波形は大きく乱れています．位相比較器はこの二つの波形の立ち上がりを比較することになりますが，分周器からの信号の周波数が低すぎて，入力信号の1波形の間“H”状態になりっぱなしで，1 ms間隔では位相比較が行えない状態になっていることがわかります．

一方，時定数が中と大のときは，すべての設定周波数範囲できれいな方形波が得られ，オシロスコープの波形では優劣がつけられません．**写真3-3**が時定数：中のとき，10 kHz設定の各部の波形です．ただし，位相比較器出力波形に細いパルスが見えます．これはオシロスコープのプローブ・インピーダンス(10 MΩ)により，ループ・フィルタのコンデンサの電荷が漏れ，この漏れを補正するために位相比較器からパルスが出力されているものです．プローブが接続されていない状態ではコンデンサの漏れ電流を補正するだけになるので，もっと細いパルスになるはずです．

● 出力スペクトラムを観測すると

試作器の波形のオシロスコープによる測定に変えて，今度はスペクトラム・アナライザで波形を観測します．**写真3-4**～**写真3-6**が観測した結果です．出力周波数範囲が10k～100 kHzなので，10 kHz，30 kHz，100 kHzの三つの周波数で観測してみました．ほぼ同様なスペクトラムが観測できたので，ここでは30 kHzのデータだけ示します．

写真3-4(a)は時定数：小のときのスペクトラムです．位相比較器からのパルス成分が大きく残り，位相比較周波数での周波数変動が激しく，発振周波数成分よりもスプリアスのほうが大きくなってしまっています．しかし，PLL回路としては安定にロックしてい

〈写真 3-1〉
時定数：小のときの各部の波形

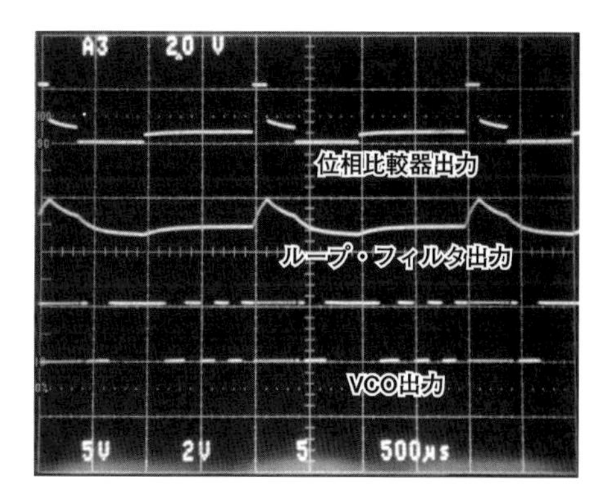

〈写真 3-2〉
時定数：小のときの周波数比較部と位相比較器出力の波形

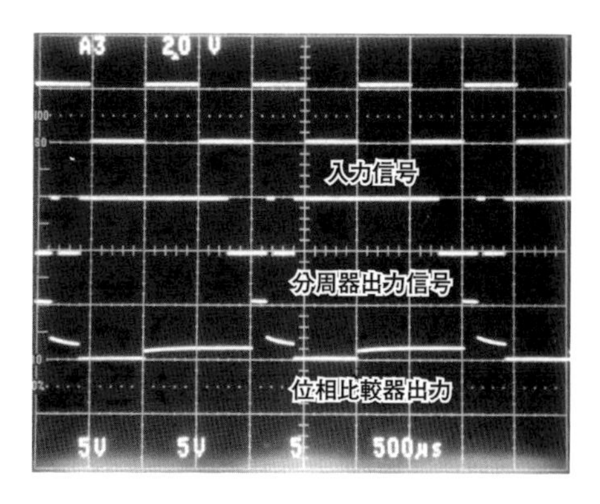

〈写真 3-3〉
時定数：中のときの各部の波形

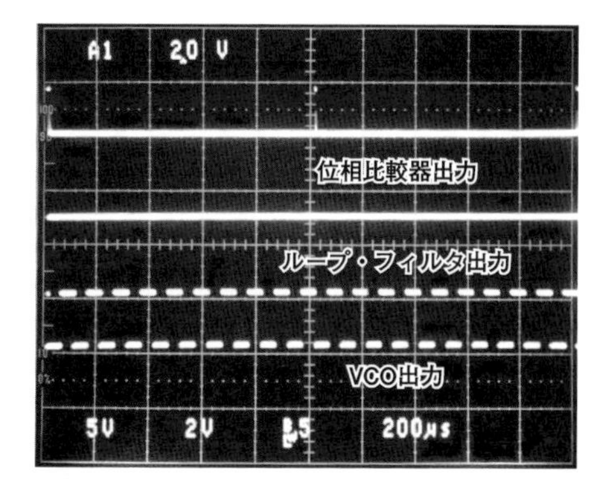

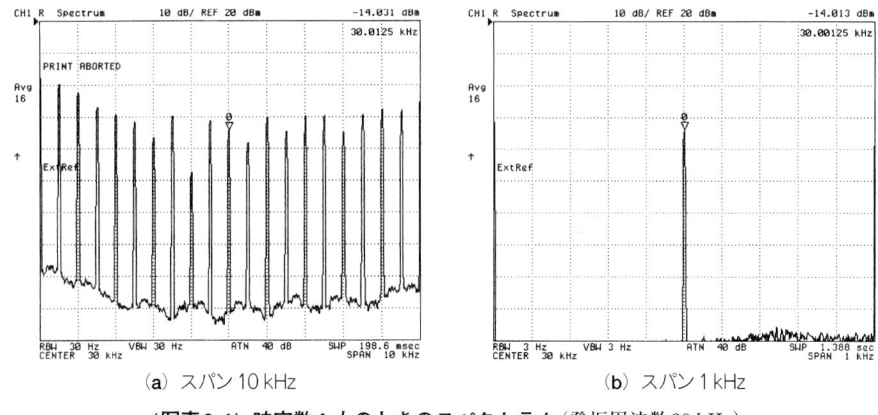

(a) スパン10 kHz　　(b) スパン1 kHz

〈写真3-4〉 時定数：小のときのスペクトラム(発振周波数30 kHz)

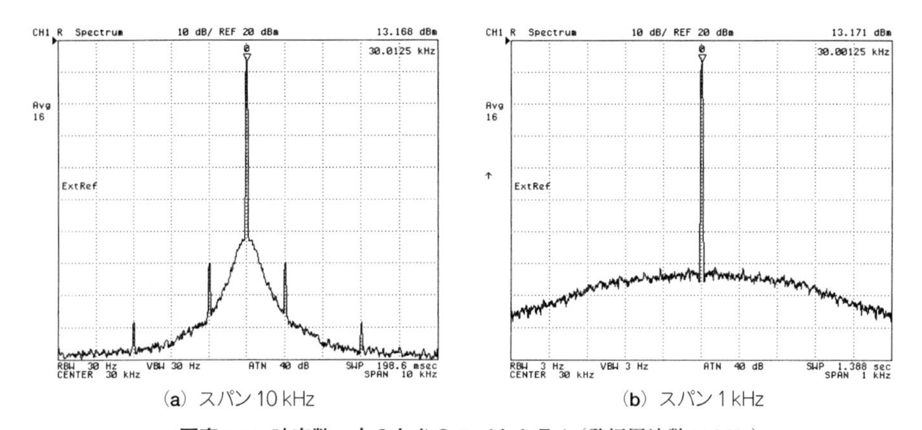

(a) スパン10 kHz　　(b) スパン1 kHz

〈写真3-5〉 時定数：中のときのスペクトラム(発振周波数30 kHz)

るので，周波数カウンタのゲート時間を1秒以上に長くして周波数を計測すると，設定周波数どおりの値になり，その値がふらつくことはありません．

写真3-5(**a**)は時定数：中のときのスペクトラムです．発振周波数30 kHzのレベルが13.168 dBm(0 dBmは50 Ω・1 mW・0.2236 V_{RMS}なので約1.02 V_{RMS})で，スプリアスが比較周波数だけ離れたところに発生しており，約－50 dBmのレベルになっています．したがって，キャリアとスプリアスの差が約63 dB確保されていることになります．

写真3-5(**b**)は，同(**a**)の横軸(周波数軸)を拡大し，スパンを1 kHzとしたときのスペク

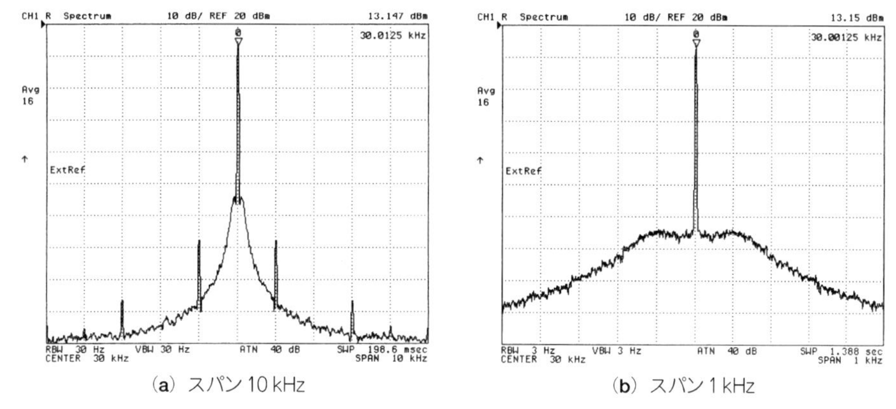

(a) スパン10 kHz　　(b) スパン1 kHz

〈写真3-6〉時定数：大のときのスペクトラム（発振周波数30 kHz）

トラムです．発振周波数100 kHzから100 Hz離れた点のノイズ・レベルが約－53 dBmになっています．スペクトラム・アナライザのRBW(Resorution Band Width)が3 Hzなので，1 Hzあたりでは$1/\sqrt{3}$(≒－4.8 dB)になります．したがって，キャリアから100 Hz離れた点の位相ノイズは－57.8 dBm/$\sqrt{\text{Hz}}$，キャリアとの比較では約－71 dBc/$\sqrt{\text{Hz}}$ということになります．

時定数：中の**写真3-5**(**b**)と時定数：大の**写真3-6**(**b**)において，キャリアから100 Hz離れた点の雑音を比較すると，**写真3-5**(**b**)のほうが少なくなっています．時定数が小さいほどPLL回路のループ利得が大きく，負帰還によるVCOの位相ノイズが改善されるためです．

時定数が大きいほど位相比較器からのパルスが減衰し，比較周波数成分によるスプリアスは小さくなるはずです．ところが，今回測定した**写真3-5**(**a**)と**写真3-6**(**a**)では時定数が小さい**写真3-5**(**a**)のほうがスプリアスが小さく，理論とは異なった結果になっています．理由は，ループ・フィルタからのリプル成分以外に，電源や浮遊容量，コモン・モード・ノイズなどの別な要因によって，VCOに比較周波数成分が漏れ込んでいるためと思われます．

このように，時定数によってスプリアスの状態が変化するので，実際に使用する際には目的にあった性能が得られるよう時定数を選び，データを比べて最適な時定数を選択することが重要です．

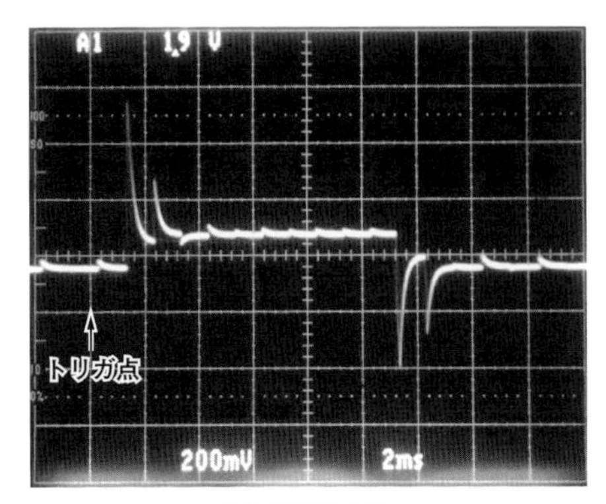

(a) 時定数：小

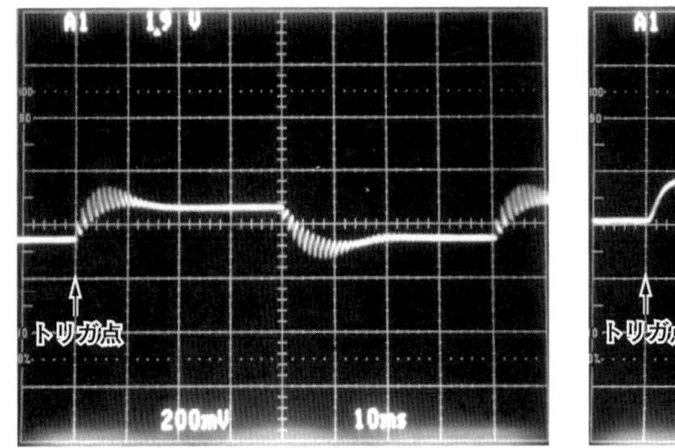

(b) 時定数：中

(c) 時定数：大

〈写真3-7〉過渡応答（発振周波数80 kHz ⟷ 90 kHz）

● ロック・スピードはどうなったか

写真3-7は，周波数設定を80 kHzと90 kHzに瞬時に切り替えたときのループ・フィルタの出力波形です．

実験は以下のように行いました．まず周波周設定は80 kHzにしておき，U_4(TC9198P)のD4(8ピン)に0～5 Vの方形波を印加し，この方形波でオシロスコープのトリガをかけます．時定数：小の**写真3-7**(**a**)では約5 ms，時定数：中の同(**b**)では約20 ms，時定数：大の同(**c**)では約80 msでロックしているようすがわかります．(**a**)と(**b**)に見られる過渡的なつのは，位相比較器からのパルスの漏れによるもので，ループの不安定さを示すリンギングではありません．

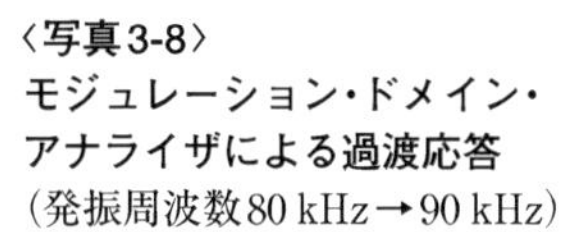

〈写真3-8〉
モジュレーション・ドメイン・アナライザによる過渡応答
（発振周波数80 kHz→90 kHz）

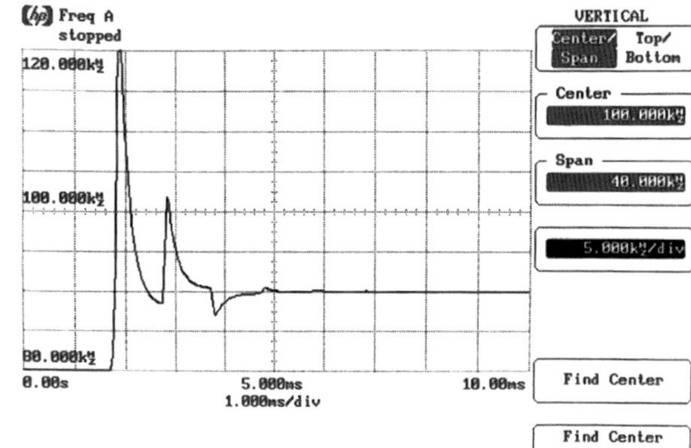

（a）時定数：小
（5 kHz/div.，1 ms/div.）

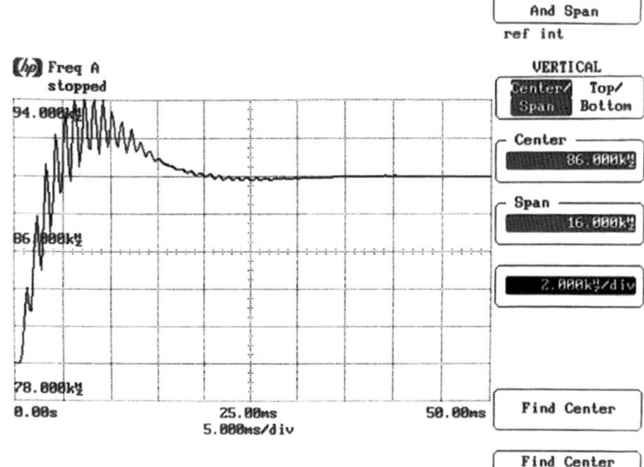

（b）時定数：中
（2 kHz/div.，5 ms/div.）

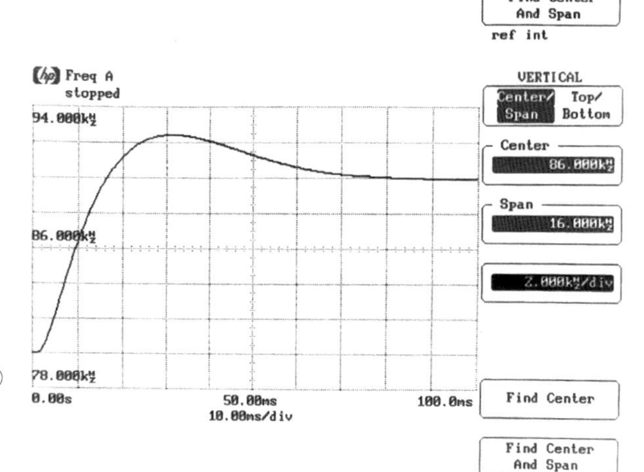

（c）時定数：大
（2 kHz/div., 10 ms/div.）

〈**写真3-9**〉
写真3-8(b)の拡大
(50 Hz/div., 5 ms/div.)

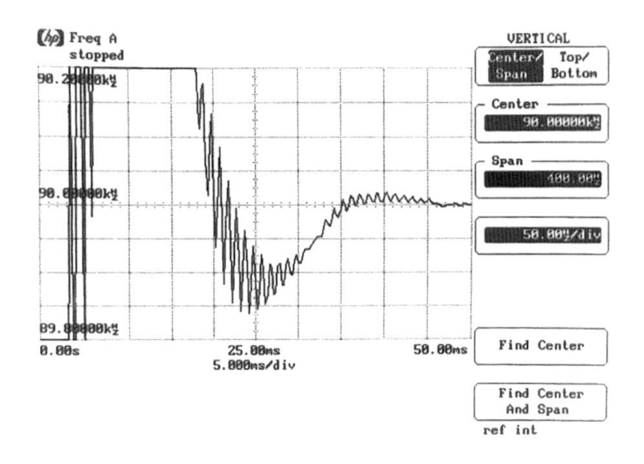

写真3-8はモジュレーション・ドメイン・アナライザと呼ばれる測定器(HP53310A)を使用して，外部トリガ信号で過渡応答特性を計測した結果です．別項で示しますが，モジュレーション・ドメイン・アナライザはPLL回路の評価においてはとても重要な測定器です．なお，この測定ではループ・フィルタにプローブは接続しません．VCO出力信号の周波数を計測して画面に表示するため，測定プローブの影響を受けない正確で分解能の高い計測が行えます．

写真3-8を見ると**写真3-7**とおよそ同じ結果が得られているので，VCOの入力電圧の変化でロック・スピードを計測しても問題ないことがわかります．**写真3-9**は**写真3-8(b)**の縦軸(周波数)を拡大したときのようすです．1 div.が50 Hzなので，目的の90 kHzに対して50 Hz以内に収束するのが33 msであることが正確にわかります．

3.3 アクティブ・ループ・フィルタを使うとき

● アクティブ・ループ・フィルタとは

PLL回路では，ループ・フィルタとして*CR*素子だけで構成するパッシブ・ループ・フィルタだけではなく，**図3-19**に示すようなOPアンプなどを使用したアクティブ・ループ・フィルタを使用することもあります．パッシブ・ループ・フィルタの利得は当然1以下なので，位相比較器からは出力電圧(通常は最大+5 V)以上の値は得られません．ところが，*LC*共振回路を使用したVCOなどでは，10 V以上の制御電圧を必要とすることもあります．このようなときは，OPアンプの最大出力電圧まで制御することができるアクティブ・ループ・フィルタを使用すると効果的です．

〈図3-19〉アクティブ・ループ・フィルタを用いたPLL回路

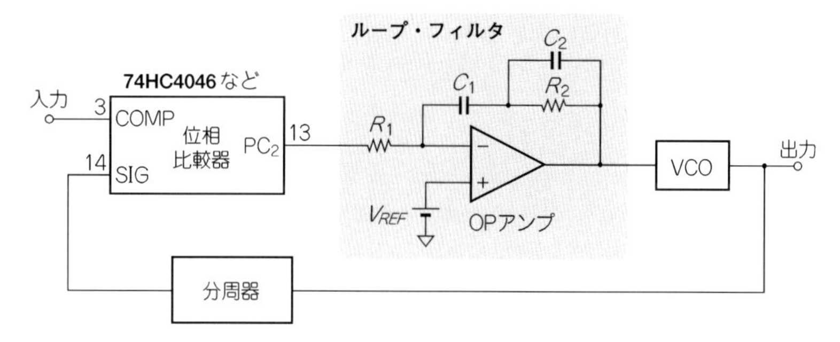

(a) アクティブ・ループ・フィルタ

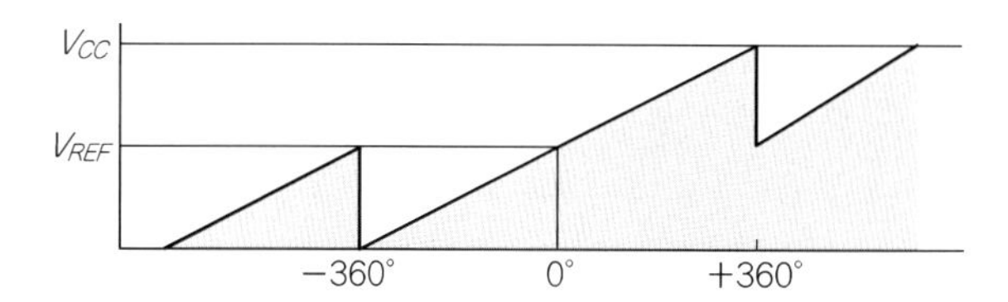

(b) 位相比較器の入出力特性

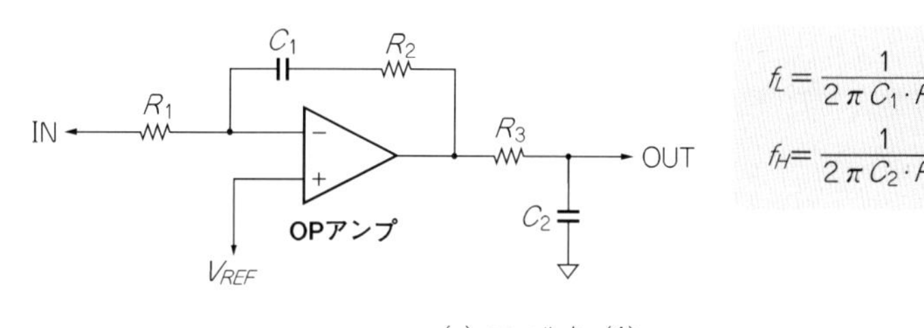

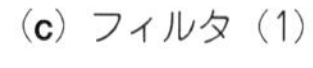

(c) フィルタ (1)

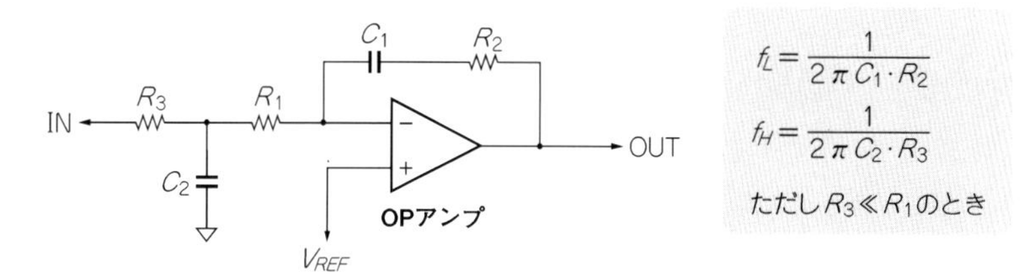

(d) フィルタ (2)

図3-19に示すアクティブ・ループ・フィルタは，入出力波形が反転しているので位相は180°ずれます．このため図の例では，74HC4046の位相比較器入力(3ピンと14ピン)を入れ替えることにより位相を合わせています．

OPアンプは直流利得が非常に大きいので，ループが安定状態になったときにはOPアンプの二つの入力電位差はほぼ0Vになります．したがって，位相比較器の入出力特性が**図3-19(b)**に示すような特性の場合は，OPアンプの＋入力端子の電位V_{REF}を$V_{CC}/2$にすることにより，位相比較器の二つの入力信号の位相が0°でロックすることになります．

また，この特性を利用してV_{REF}の値を可変することにより，任意の位相差でPLL回路をロックさせるようなこともできます．こうするとPLL回路の入力周波数が変化しても，入出力信号の位相差を任意の位相にシフトする回路が実現できます．

● 2次アクティブ・ループ・フィルタのボーデ線図はどうなるか

図3-19に示すアクティブ・ループ・フィルタは，**図3-1**に示したパッシブ・ループ・フィルタと同じようにf_C，f_L，f_Hの三つの変曲点をもちます．**図3-20**がそのボーデ線図です．

パッシブ・ループ・フィルタと異なるところは，ループ・フィルタの平坦部の利得がR_2/R_1で決定される1以上の利得も実現でき，設計の自由度が広がるという点です．また，f_C点の利得がOPアンプの非常に大きな直流利得(通常100 dB以上)によって決定されるので，一般的には平坦部の利得に関わらず，$f_C \ll f_L$の関係が保たれます．したがって平坦部の利得が変化しても，位相の戻りはf_H/f_Lの関係だけで決定することができます．たとえば，$f_H/f_L = 10$のときでも約55°の位相戻りが得られ，PLL回路の分周数が固定の場合はこの付近の定数で設計します．

図3-20の例ではf_C，f_L，f_Hの点が見やすいようにA_Vの値を40 dBにしましたが，実際は100 dB～140 dBの大きな値になり，f_Cはもっと低い周波数に位置することになります．

図3-19(a)に示した回路は，OPアンプ周辺を図**(c)**，**(d)**に示すように変形することができます．図**(c)**ではVCO入力のすぐ近くにコンデンサが配置できるため，抵抗が1本増えますが，実装上で雑音の混入に対して有利になります．

アクティブ・ループ・フィルタに使用するOPアンプの種類によっては，スルー・レートを越えるパルス入力が加わるとオフセット・ドリフトを生じるものがあります．このような場合は図**(d)**を使用すれば，R_3とC_2によって高域が遮断され，OPアンプのスルー・レートによるオフセット・ドリフトを防止することができます．

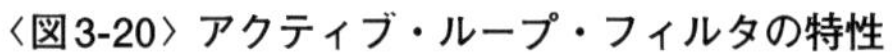

〈図3-20〉アクティブ・ループ・フィルタの特性

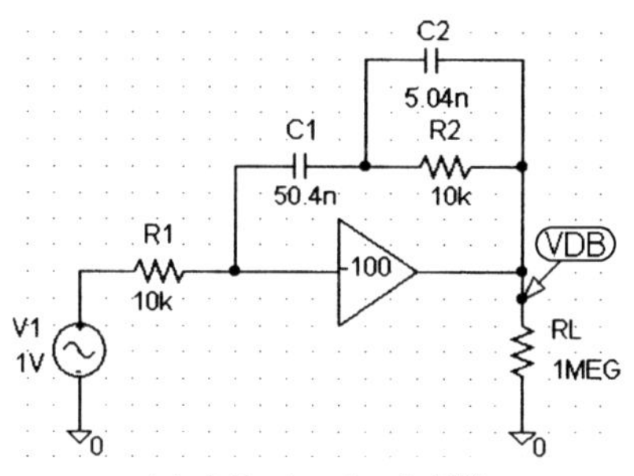

(a) シミュレーション回路

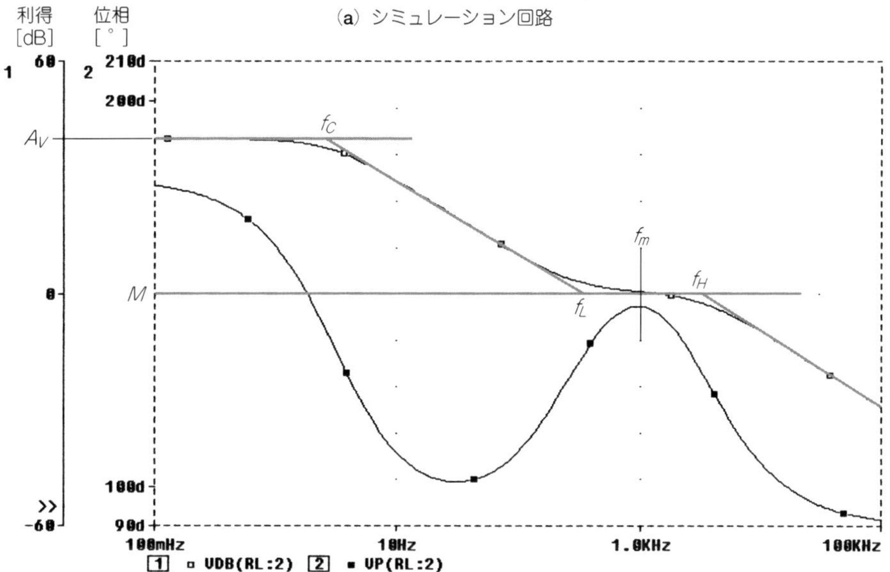

$$f_L=\frac{1}{2\pi(C_1+C_2)R_2} \qquad M=\frac{R_2}{R_1}$$

$$f_H=\frac{1}{2\pi C_2\cdot R_2} \qquad f_m=\sqrt{f_L\cdot f_H}$$

$$f_C=\frac{1}{2\pi C_1\cdot R_1\cdot A_V} \qquad \because f_C \ll f_L$$

A_V：OPアンプの直流利得

(b) シミュレーションの結果

〈図3-21〉3次アクティブ・ループ・フィルタ

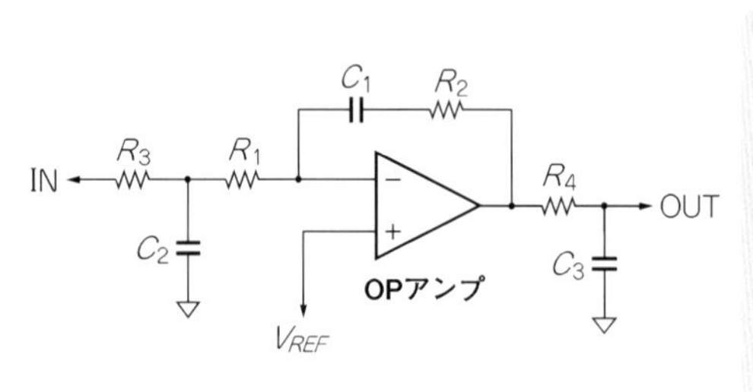

$C_2 = C_3$, $R_3 = R_4 \ll R_1$とすると

$$f_L = \frac{1}{2\pi C_1 \cdot R_2}$$

$$f_H = \frac{1}{2\pi R_3 \cdot C_2}$$ 変曲点では−6dBになる

$$f_C = \frac{1}{2\pi C_1 \cdot (R_1 + R_3) \cdot A_V}$$ A_V：OPアンプDC利得

$$M = \frac{R_2}{R_1 + R_3}$$

$f_m \neq \sqrt{f_L \cdot f_H}$　傾斜が異なるため対数の中心にならない

〈図3-22〉3次アクティブ・ループ・フィルタの特性

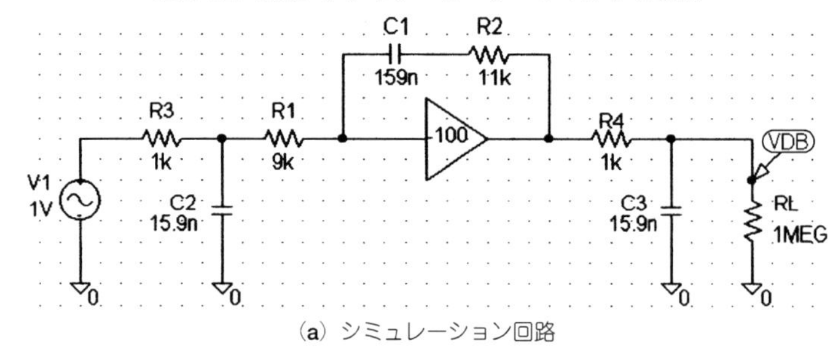

(a) シミュレーション回路

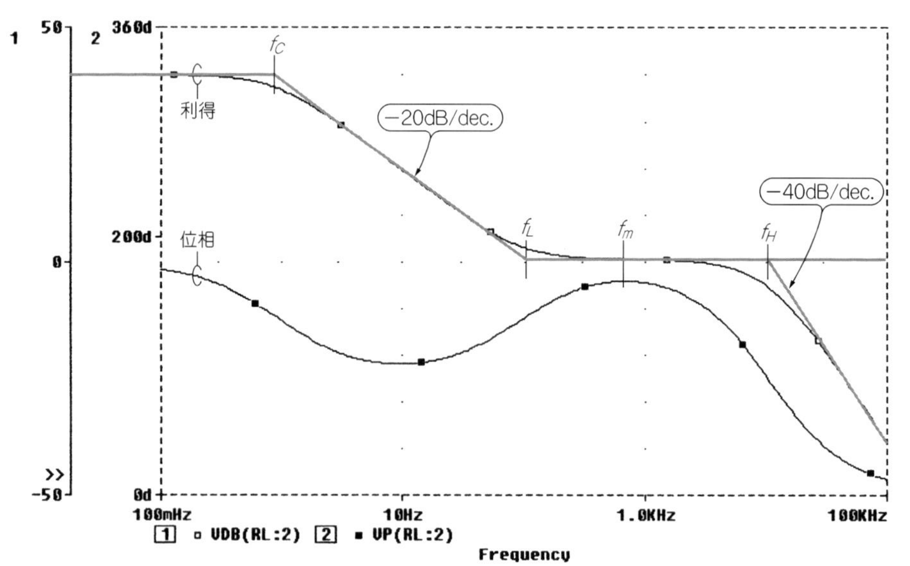

(b) シミュレーションの結果

〈図3-23〉
パッシブ・ループ・フィルタの後に増幅器を配置

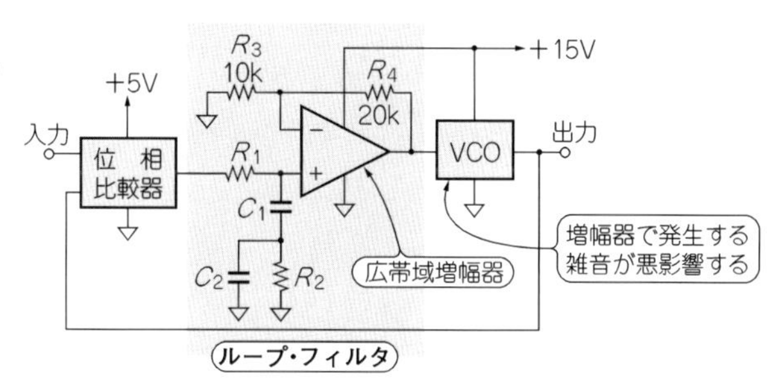

● 3次アクティブ・ループ・フィルタ

ループ・フィルタの第一の目的は，比較周波数成分のリプルを取り除くことです．したがって，ループ・フィルタの遮断傾度が急峻なほどリプル除去能力が向上します．しかし，傾度が急峻なほど位相遅れが大きくなりますから，PLL回路のループを安定に制御することが難しくなります．

図3-21に示すのは，3次特性のアクティブ・ループ・フィルタです．定数を適切に選ぶことにより**図3-19(c)**，**(d)**に示したようなフィルタの利点をもち，安定でリプル除去能力の高いループ・フィルタが実現できます．

また，ボーデ線図は**図3-22**に示すように，f_Hよりも高域周波数では－40 dB/dec.の傾きになり，リプル除去能力が向上します．さらに，f_Hよりも低い周波数では傾きが－20 dB/dec.のため，位相戻りが最大になる周波数f_mはf_Lとf_Hの対数的中心からずれて，f_L寄りになります．

● アクティブ・ループ・フィルタのノイズ

OPアンプは微小ですがノイズを発生します．OPアンプの影響でアクティブ・ループ・フィルタからノイズが出力されると，そのノイズがVCOに加わり，VCOの出力波形のスペクトラム悪化の原因になります．したがって，アクティブ・ループ・フィルタのノイズ対策は，PLL回路のなかでも重要な項目です．

ループ・フィルタに使用するOPアンプに等価入力雑音電圧の小さいものを選択するのは当然のことですが，OPアンプの入力雑音電流がループ・フィルタにおける**図3-19(a)**のR_1に流れると，ノイズ電圧が発生します．そのため入力雑音電流の小さいOPアンプを選択するとともに，R_1の値をできるだけ小さな値に設計することも大切です．

VCOの制御電圧が不足する場合，**図3-23**に示すようにパッシブ・ループ・フィルタの

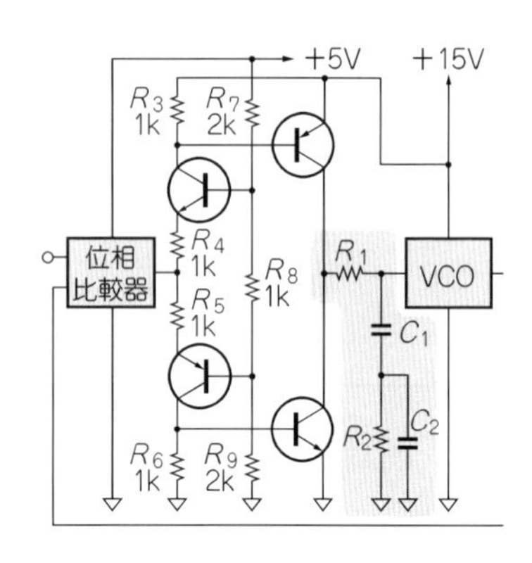

〈図3-24〉
位相比較器からのパルスを増幅した後にパッシブ・ループ・フィルタを配置

後に増幅器(OPアンプ)を配置することも考えられます．しかし，増幅器の帯域が広いほどノイズが多く発生します．また，増幅器の帯域を狭く設定すると増幅器での位相遅れが問題になります．したがって増幅器を用いる場合は，最適な周波数特性に設計されたアクティブ・ループ・フィルタの構成にすることが最適になります．適切な設計により出力信号のスプリアスを少なくできます．

図3-24に示すように，位相比較器のパルスを増幅した後，パッシブ・ループ・フィルタを配置する方法でも高圧の制御電圧が得られ，ノイズの増加を防ぐことができます．

● アクティブ・ループ・フィルタの定数を正規化グラフから求める

パッシブ・ループ・フィルタと同様に，アクティブ・ループ・フィルタの場合もなかなか計算では位相戻り量が求めにくいものです．そこで，シミュレータで得られた値をもとにアクティブ・ループ・フィルタの正規化グラフを作成したものをAppendix B(pp.309～312)に示しました．

一般的なOPアンプを使用したアクティブ・ループ・フィルタの場合には，f_Cとf_Lの間隔が広くなるので，平坦部の利得Mが異なっても同じ正規化グラフからf_Hとf_Lの値を求めることができます．

3.4　25～50 MHz PLLシンセサイザのループ・フィルタ設計

● 実際の回路でアクティブ・ループ・フィルタを設計する

ここでは具体的な回路を例にとり，正規化グラフを使用して3次アクティブ・ループ・フィルタの定数を求める方法を説明します．

〈図3-25〉アクティブ・ループ・フィルタを使った25〜50 MHz PLLシンセサイザの構成

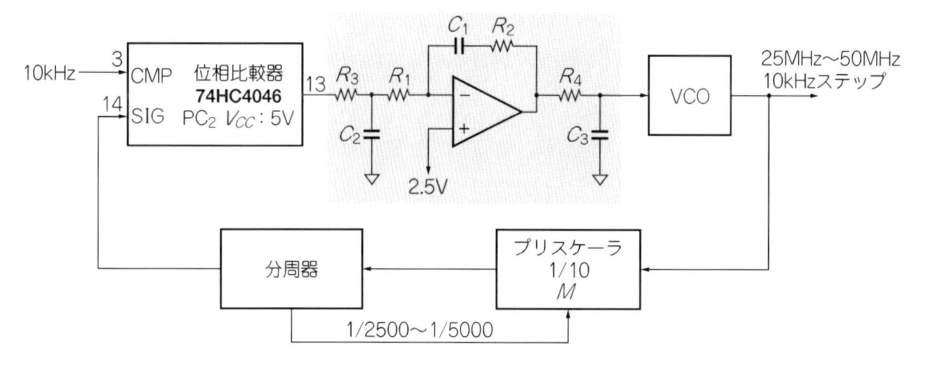

〈図3-27〉
使用するVCOの発振周波数-制御電圧特性（POS-50，Mini-Circuits）

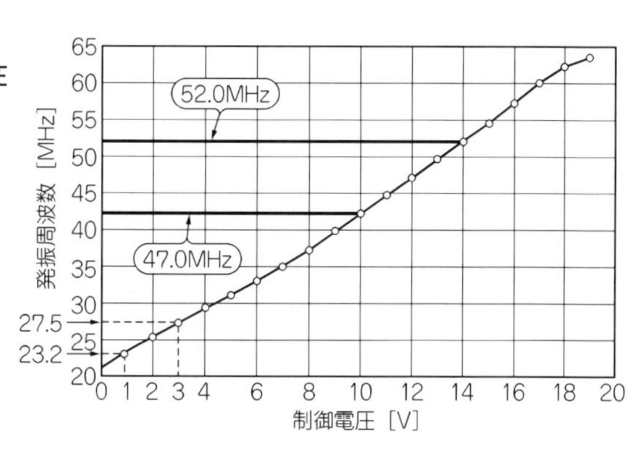

図3-25が設計するPLLシンセサイザのブロック図，**図3-26**が実際の回路図です．このシンセサイザではVCOに高周波のものを使用するので，市販の*LC*発振タイプVCO（モジュール）を使用することにしました．VCOの詳細については第5章で紹介しています．

図3-27が使用するVCO（POS50）の制御電圧-発振周波数特性です．このシンセサイザではU_2（CD74HC4046）は位相比較器としてだけ使用しています．そのため5ピンを＋5 Vにプルアップし，VCOが発振するのを禁止しています．

さらにVCOとループ・フィルタ，位相比較器には電源を通しての干渉を避けるために，専用の低雑音レギュレータを挿入しています．ループ・フィルタに用いたOPアンプOP284は低雑音のレール・ツー・レールOPアンプです．R_{16}はオープン・ループ特性を計測するためのもので，なくても動作上はさしつかえありません．R_{17}〜R_{19}は50 Ω 3 dB

〈図3-26〉 25～50 MHz PLLシンセサイザの回路（10 kHzステップ）

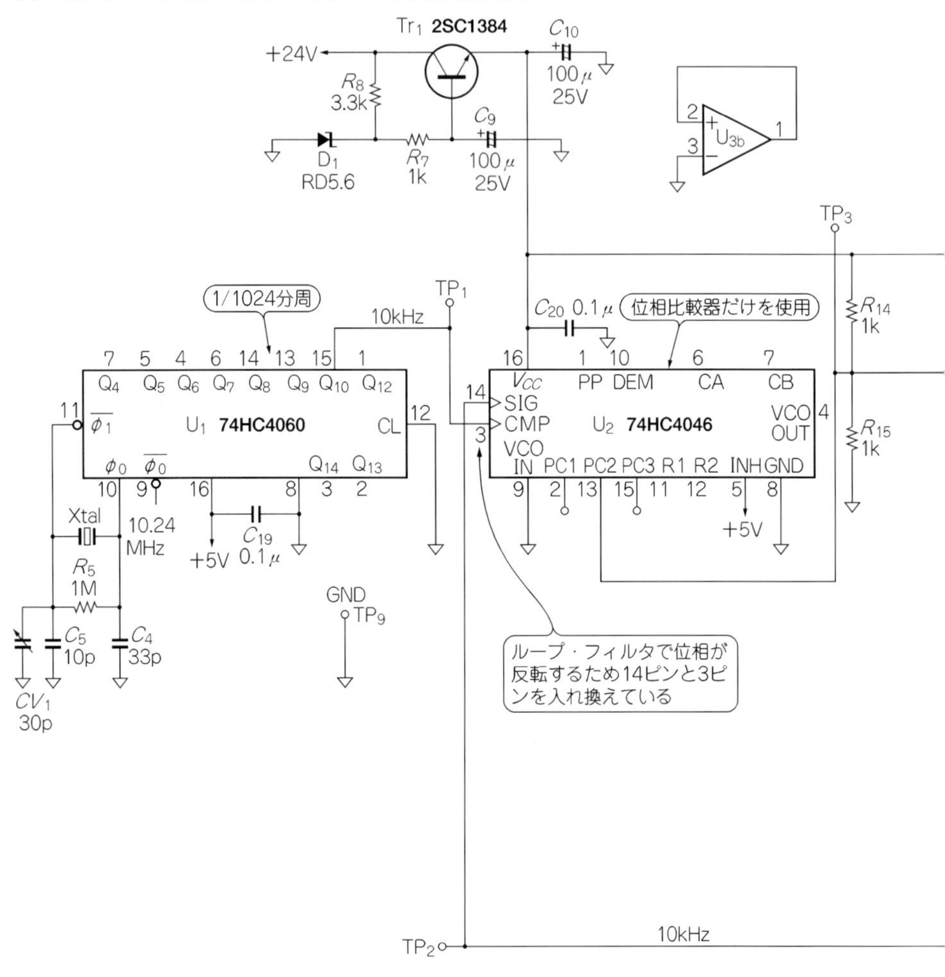

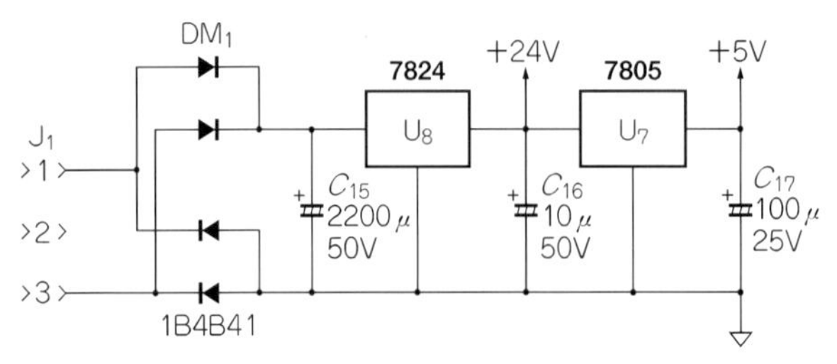

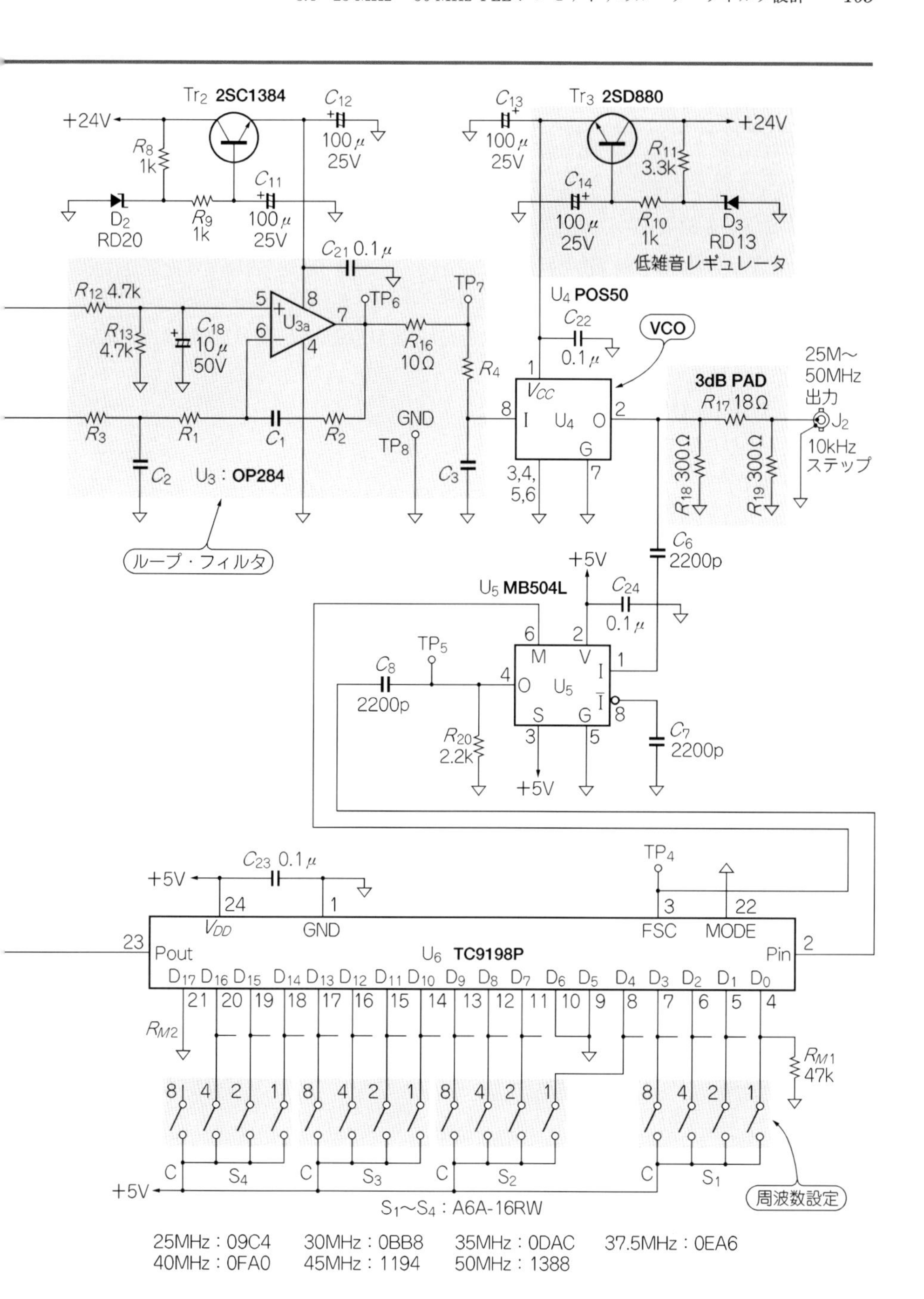

Tr2 2SC1384
+24V
R8 1k
D2 RD20
R9 1k
C11 100μ 25V
C12 100μ 25V
C21 0.1μ
R12 4.7k
R13 4.7k
C18 10μ 50V
U3a
TP6
TP7
R16 10Ω
R4
R3
R1
C1
R2
GND
TP8
C2
C3
U3：OP284
ループ・フィルタ
C13 100μ 25V
Tr3 2SD880
+24V
R11 3.3k
C14 100μ 25V
R10 1k
D3 RD13
低雑音レギュレータ
U4 POS50
C22 0.1μ
VCO
VCC
U4
3dB PAD
R17 18Ω
R18 300Ω
R19 300Ω
25M～50MHz出力
J2
10kHzステップ
C6 2200p
+5V
U5 MB504L
C24 0.1μ
TP5
C8 2200p
R20 2.2k
U5
C7 2200p
+5V
TP4
C23 0.1μ
+5V
VDD
GND
FSC
MODE
Pout
U6 TC9198P
Pin
RM2
RM1 47k
S4
S3
S2
S1
+5V
周波数設定
S1～S4：A6A-16RW
25MHz：09C4　30MHz：0BB8　35MHz：0DAC　37.5MHz：0EA6
40MHz：0FA0　45MHz：1194　50MHz：1388

のパッドで，インピーダンス不整合による*SWR*の悪化を防いでいます.

U_5は1/10分周のプリスケーラで，U_6は1/2500～1/5000のパルス・スワロウ分周器を構成しており，バイナリで2500～5000を設定します.

● 正規化グラフを使用し，ループ・フィルタの定数を求める

ここではAppendix B(pp.304～315)のグラフを使用して，ループ・フィルタの平坦部が0 dB，－10 dB，－20 dBのときの3種類の定数を求めます.

最初に最低周波数(分周数最小)と最高周波数(分周数最大)のときの位相比較器，VCO，分周器の合成伝達特性f_{vpn}を求めます.

出力周波数25 MHz(分周数2500)のときの$f_{vpn\,(25\,\mathrm{MHz})}$は，

$$f_{vpn\,(25\,\mathrm{MHz})}=\frac{(27.5\,\mathrm{MHz}-23.2\,\mathrm{MHz})\cdot 2\pi}{(3\,\mathrm{V}-1\,\mathrm{V})}\cdot\frac{5\,\mathrm{V}}{4\pi}\cdot\frac{1}{2\pi\cdot 2500}=335\,\mathrm{Hz}$$

出力周波数50 MHz(分周数5000)のときの$f_{vpn\,(50\,\mathrm{MHz})}$は，

$$f_{vpn\,(50\,\mathrm{MHz})}=\frac{(52.0\,\mathrm{MHz}-47.0\,\mathrm{MHz})\cdot 2\pi}{(14\,\mathrm{V}-12\,\mathrm{V})}\cdot\frac{5\,\mathrm{V}}{4\pi}\cdot\frac{1}{2\pi\cdot 5000}=197\,\mathrm{Hz}$$

となります．この二つの値をグラフで表すと**図3-28**のようになります．この特性と**図3-29**のループ・フィルタ特性を合成し，**図3-30**を総合伝達特性としてオープン・ループ利得が0 dBになる周波数での位相余裕を確保することになります.

● 時定数：小，*M*＝0 dB，位相余裕50°で設計する

位相余裕を50°に設計するので，ループ・フィルタでの位相遅れは40°になります.

ループ・フィルタでの位相遅れ40°を確保する上限，下限の周波数は，$M=0$ dB(利得1)から，

$f_{(-40^\circ\mathrm{H})}=335\,\mathrm{Hz}\times 1=335\,\mathrm{Hz}$

$f_{(-40^\circ\mathrm{L})}=197\,\mathrm{Hz}\times 1=197\,\mathrm{Hz}$

$f_{(-40^\circ\mathrm{H})}$：ループ・フィルタでの位相遅れが40°になる高い側の周波数

$f_{(-40^\circ\mathrm{L})}$：ループ・フィルタでの位相遅れが40°になる低い側の周波数

したがって，位相遅れ40°を確保する上限下限周波数の比は，

$335\,\mathrm{Hz}\div 197\,\mathrm{Hz}\fallingdotseq 1.7$

位相遅れ40°を確保する周波数の中心値は，

$f_m=\sqrt{335\,\mathrm{Hz}\times 197\,\mathrm{Hz}}\fallingdotseq 256.9\,\mathrm{Hz}$

〈図3-28〉
位相比較器-VCO-分周器の合成伝達特性

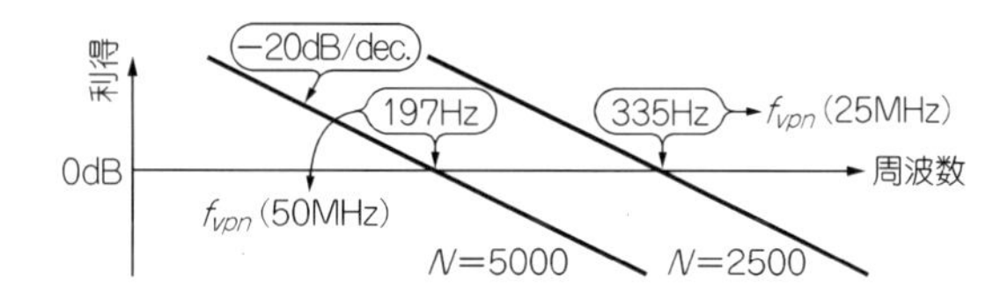

〈図3-29〉
ループ・フィルタとPLL回路のオープン・ループ特性

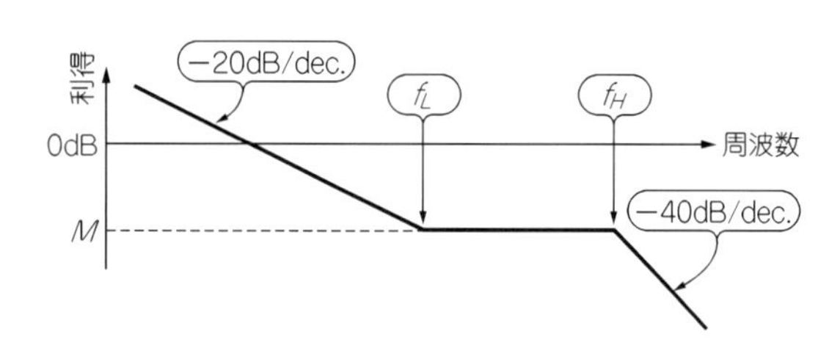

〈図3-30〉
PLL回路のオープン・ループ特性

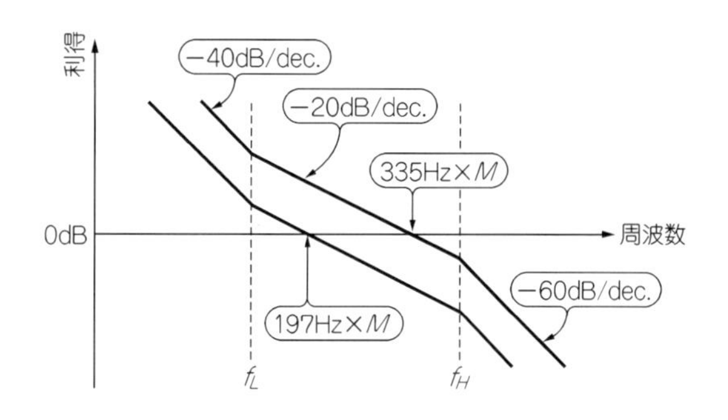

図B-9(b)からf_Hの正規化値を求めると，X軸：1.7，－40°の交点から6.06，

$f_H = 256.9\ \text{Hz} \times 6.06 \fallingdotseq 1557\ \text{Hz}$

図B-9(c)からf_Lの正規化値を求めると，X軸：1.7，－40°の交点から0.368，

$f_L = 256.9\ \text{Hz} \times 0.368 \fallingdotseq 94.54\ \text{Hz}$

$R_1 \gg R_3 = R_4$とし，まず$C_2 = C_3 = 100\ \text{nF}$とすると，

$f_H \fallingdotseq 1557\ \text{Hz}$より，$R_3 = R_4 = 1.022\ \text{k}\Omega$

$C_1 = 150\ \text{nF}$とすると

$f_L = 94.54\ \text{Hz}$より，$R_2 = 11.22\ \text{k}\Omega$

$M = 0\ \text{dB}$より，$R_1 + R_3 = R_2 \times 1$

したがって，$R_1 = 10.20\ \text{k}\Omega$

抵抗をE24系列，コンデンサをE12系列から選び，整理すると，次のようになります．

$R_1 = 10\,\mathrm{k\Omega}$，$R_2 = 11\,\mathrm{k\Omega}$，$R_3 = R_4 = 1\,\mathrm{k\Omega}$，$C_1 = 150\,\mathrm{nF}$，$C_2 = C_3 = 100\,\mathrm{nF}$

これらの値からシミュレーションした結果が**図3-31**です．出力周波数50 MHzでのループの切れる周波数が212.709 Hzで，そのときの位相遅れが－128.934°（位相余裕51.066°），出力周波数25 MHzでのループの切れる周波数が335.070 Hzで，そのときの位相遅れが128.784°（位相余裕51.216°）と，ほぼ設計目標の値が得られています．

シミュレーション回路の最後のインバータはループ・フィルタで位相が反転するため，わかりやすいように補正のために挿入しました．

〈図3-31〉時定数：小，M＝0 dBのときの総合伝達特性

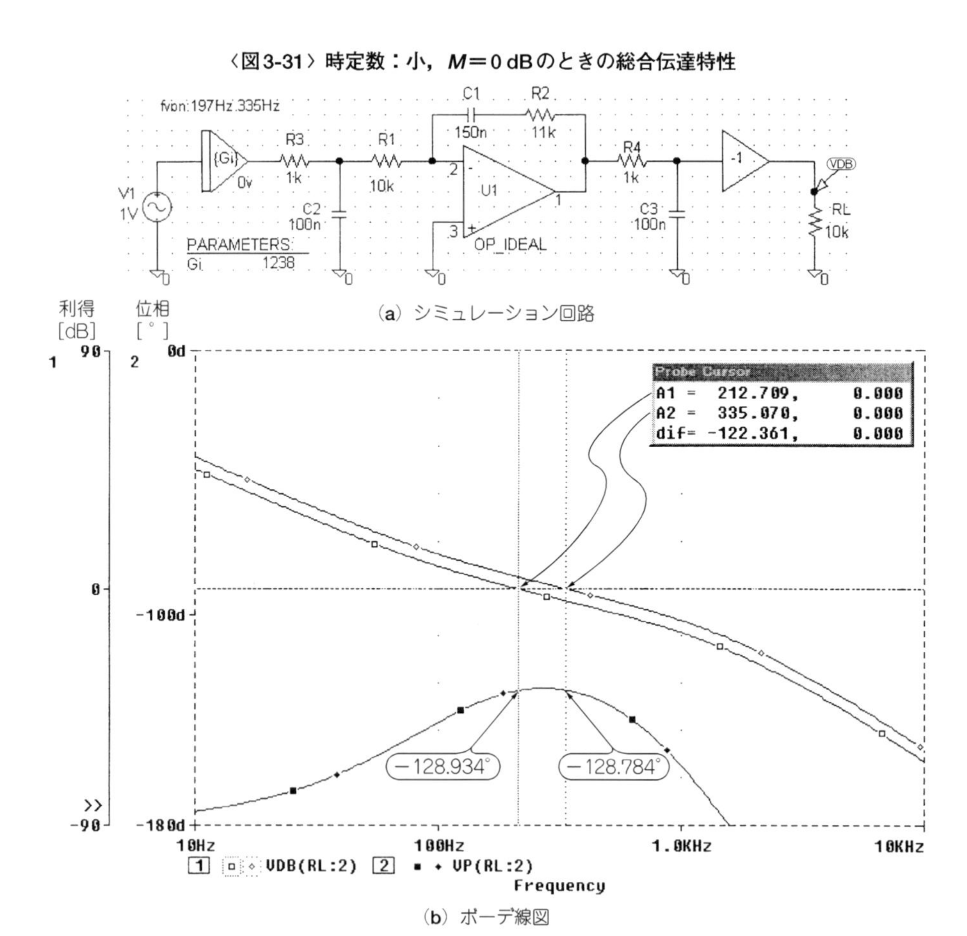

(a) シミュレーション回路

(b) ボーデ線図

● 時定数：中，M＝－10 dB，位相余裕50°で設計する

ループ・フィルタでの位相遅れ40°を確保する上限，下限の周波数は，$M = -10$ dB(利得0.316)から，

$f_{(-40°H)} = 335\ \text{Hz} \times 0.316 \fallingdotseq 106\ \text{Hz}$

$f_{(-40°L)} = 197\ \text{Hz} \times 0.316 \fallingdotseq 62.3\ \text{Hz}$

したがって，位相遅れ40°を確保する上限下限周波数の比は，

$106\ \text{Hz} \div 62.3\ \text{Hz} \fallingdotseq 1.7$

位相遅れ40°を確保する周波数の中心値は，

$f_m = \sqrt{106\ \text{Hz} \times 62.3\ \text{Hz}} \fallingdotseq 81.3\ \text{Hz}$

図B-9(**b**)からf_Hの正規化値を求めると，X軸：1.7，－40°の交点から6.06，

$f_H = 81.3\ \text{Hz} \times 6.06 \fallingdotseq 493\ \text{Hz}$

図B-9(**c**)からf_Lの正規化値を求めると，X軸：5.07，－40°の交点から0.368，

$f_L = 81.3\ \text{Hz} \times 0.368 \fallingdotseq 29.9\ \text{Hz}$

$R_1 \gg R_3 = R_4$とし，まず$C_2 = C_3 = 330$ nFとすると，

$f_H \fallingdotseq 493$ Hzより，$R_3 = R_4 = 978.3\ \Omega$

$C_1 = 470$ nFとすると，

$f_L = 29.9$ Hzより，$R_2 = 11.33\ \text{k}\Omega$

$M = -10$ dBより，$R_1 + R_3 = R_2 \times 3.16$

したがって，$R_1 = 34.82\ \text{k}\Omega$

抵抗をE24系列，コンデンサをE12系列から選び，整理すると次のようになります．

$R_1 = 36\ \text{k}\Omega$，$R_2 = 11\ \text{k}\Omega$，$R_3 = R_4 = 1\ \text{k}\Omega$，$C_1 = 470$ nF，$C_2 = C_3 = 330$ nF

これらの値からシミュレーションした結果が**図3-32**です．出力周波数50 MHzでのループの切れる周波数が63.884 Hzで，そのときの位相遅れが－130.619°(位相余裕49.381°)，出力周波数25 MHzでのループの切れる周波数が100.028 Hzで，そのときの位相遅れが130.233°(位相余裕49.767°)と，ほぼ設計目標の値が得られました．

● 時定数：大，M＝－20 dB，位相余裕50°で設計する

ループ・フィルタでの位相遅れ40°を確保する上限，下限の周波数は，$M = -20$ dB(利得0.1)から，

$f_{(-40°H)} = 335\ \text{Hz} \times 0.1 \fallingdotseq 33.5\ \text{Hz}$

$f_{(-40°L)} = 197\ \text{Hz} \times 0.1 \fallingdotseq 19.7\ \text{Hz}$

〈図3-32〉時定数：中，*M*＝－10 dBのときの総合伝達特性

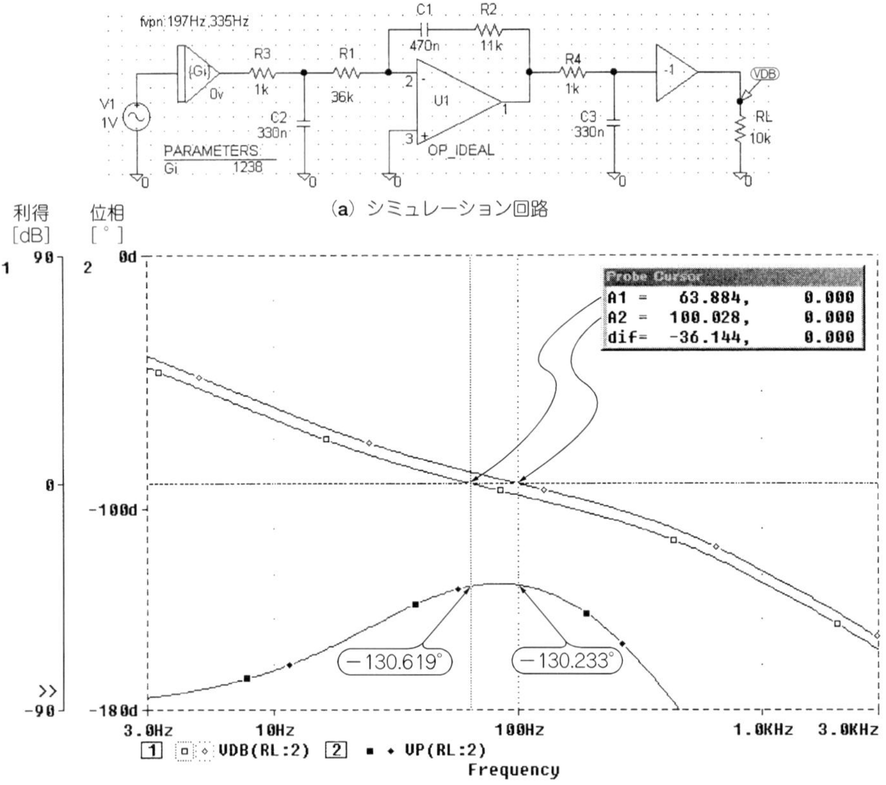

(**a**) シミュレーション回路

(**b**) ボーデ線図

したがって，位相遅れ40°を確保する上限下限周波数の比は，

33.5 Hz ÷ 19.7 Hz ≒ 1.7

位相遅れ40°を確保する周波数の中心値は，

$f_m = \sqrt{33.5\ \mathrm{Hz} \times 19.7\ \mathrm{Hz}} \fallingdotseq 25.69\ \mathrm{Hz}$

図B-9(**b**)からf_Hの正規化値を求めると，X軸：1.7，－40°の交点から6.06，

$f_H = 25.69\ \mathrm{Hz} \times 6.06 \fallingdotseq 155.7\ \mathrm{Hz}$

図B-9(**c**)からf_Lの正規化値を求めると，X軸：5.07，－40°の交点から0.368，

$f_L = 25.69\ \mathrm{Hz} \times 0.368 \fallingdotseq 9.454\ \mathrm{Hz}$

$R_1 \gg R_3 = R_4$とし，まず$C_2 = C_3 = 1\ \mu\mathrm{F}$とすると，

〈図3-33〉時定数：大，*M*＝－20 dBのときの総合伝達特性

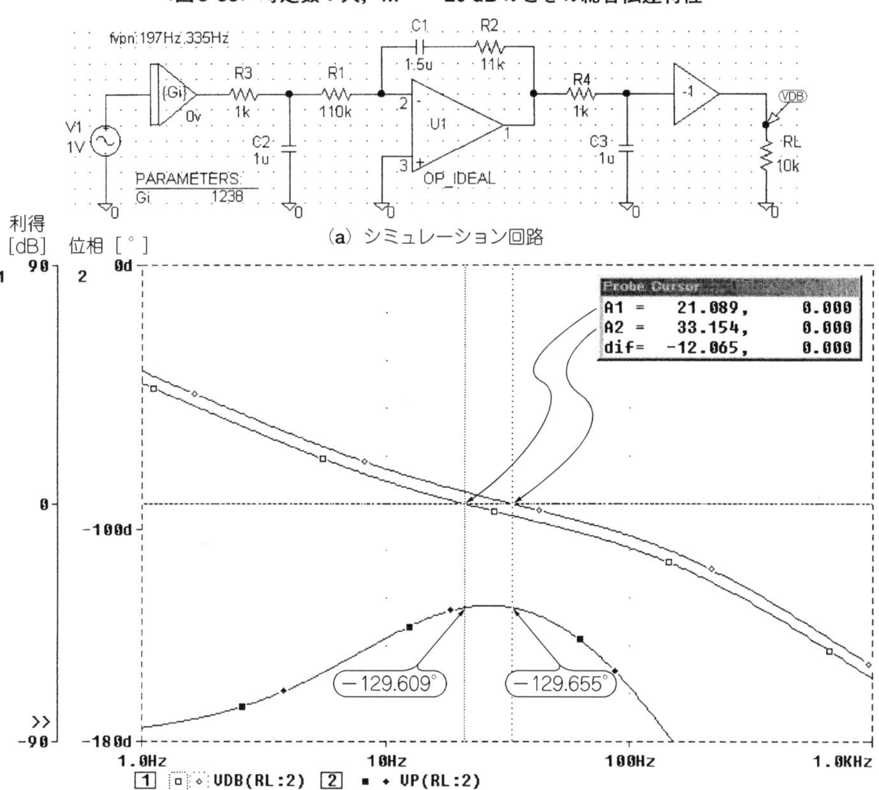

(a) シミュレーション回路

(b) ボーデ線図

$f_H \fallingdotseq 155.7$ Hzより，$R_3 = R_4 = 1.022$ kΩ

$C_1 = 1.5\ \mu$Fとすると

$f_L = 9.454$ Hzより，$R_2 = 11.22$ kΩ

$M = -20$ dBより，$R_1 + R_3 = R_2 \times 10$

したがって，$R_1 = 111.2$ kΩ

抵抗をE24系列，コンデンサをE12系列から選んで整理すると，次のようになります．

$R_1 = 110$ kΩ，$R_2 = 11$ kΩ，$R_3 = R_4 = 1$ kΩ，$C_1 = 1.5\ \mu$F，$C_2 = C_3 = 1\ \mu$F

これらの値からシミュレーションした結果が**図3-33**です．出力周波数50 MHzでのループの切れる周波数が21.089 Hzで，そのときの位相遅れが－129.609°(位相余裕50.391°)，

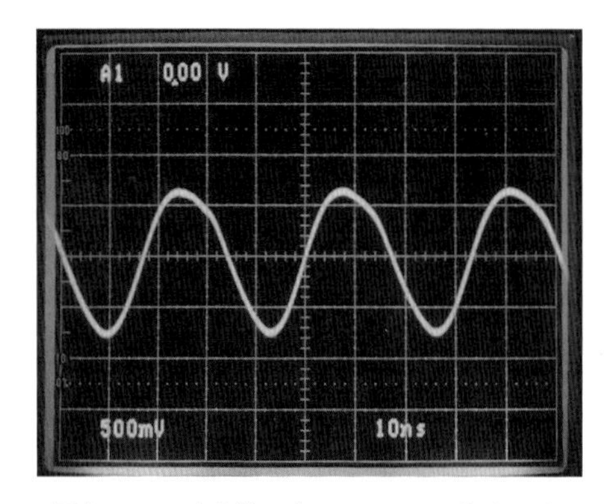

〈**写真3-10**〉**時定数：中，30 MHzのときの出力波形**

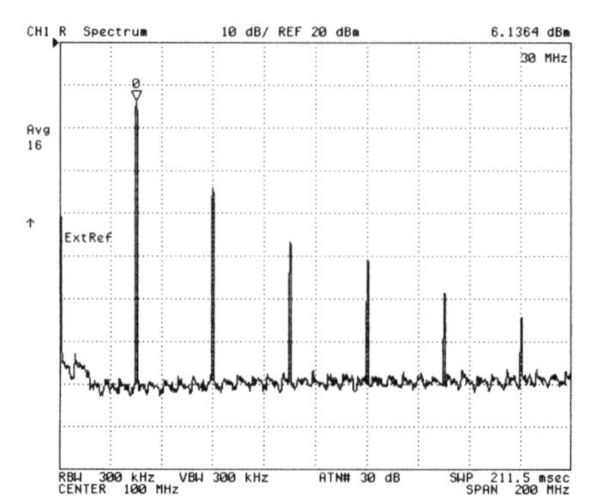

〈**写真3-11**〉**時定数：中，30 MHzのときの出力スペクトラム**（センタ：100 MHz，スパン：200 MHz）

出力周波数25 MHzでのループの切れる周波数が33.154 Hzで，そのときの位相遅れが129.655°（位相余裕50.345°）と，ほぼ設計目標の値が得られました．

● 試作器によるデータ…出力波形

写真3-10は試作器の周波数を30 MHzに設定したときの出力波形です．上側の山が若干つぶれた形になっています．この波形のスペクトラムが**写真3-11**です．出力波形のレベルが約6.1 dBで，パッドでの減衰を考慮するとVCOからは約9 dBmのパワーが得られています．データシートでは＋8.5 dBm$_{(typ)}$となっているので妥当な値です．

高調波歪みを観測すると，2次歪みのレベルが－14 dBm発生しています．したがって，キャリアと比較すると－20.1 dBcということになります．VCOのデータ・シート（p.184）を見ると「高周波：－19 dBc$_{(typ)}$」となっているので，これも妥当な値で，オシロスコープに現れた波形の上側の歪みもこのVCOの標準的な形といえます．

第1章の1.2節でも述べましたが，PLL回路ではVCOの周波数変動は改善されますが，波形歪みが改善されることはなく，裸のVCOの波形歪み特性がそのまま出力されます．

● 出力スペクトラム

写真3-12～**写真3-14**が出力波形をスペクトラム・アナライザで観測した結果です．出力周波数範囲が25 M～50 MHzなので，25 MHz，35 MHz，50 MHzの三つの周波数で観測してみましたが，ほぼ同様なスペクトラムが観測できたので，ここでは35 MHzのデー

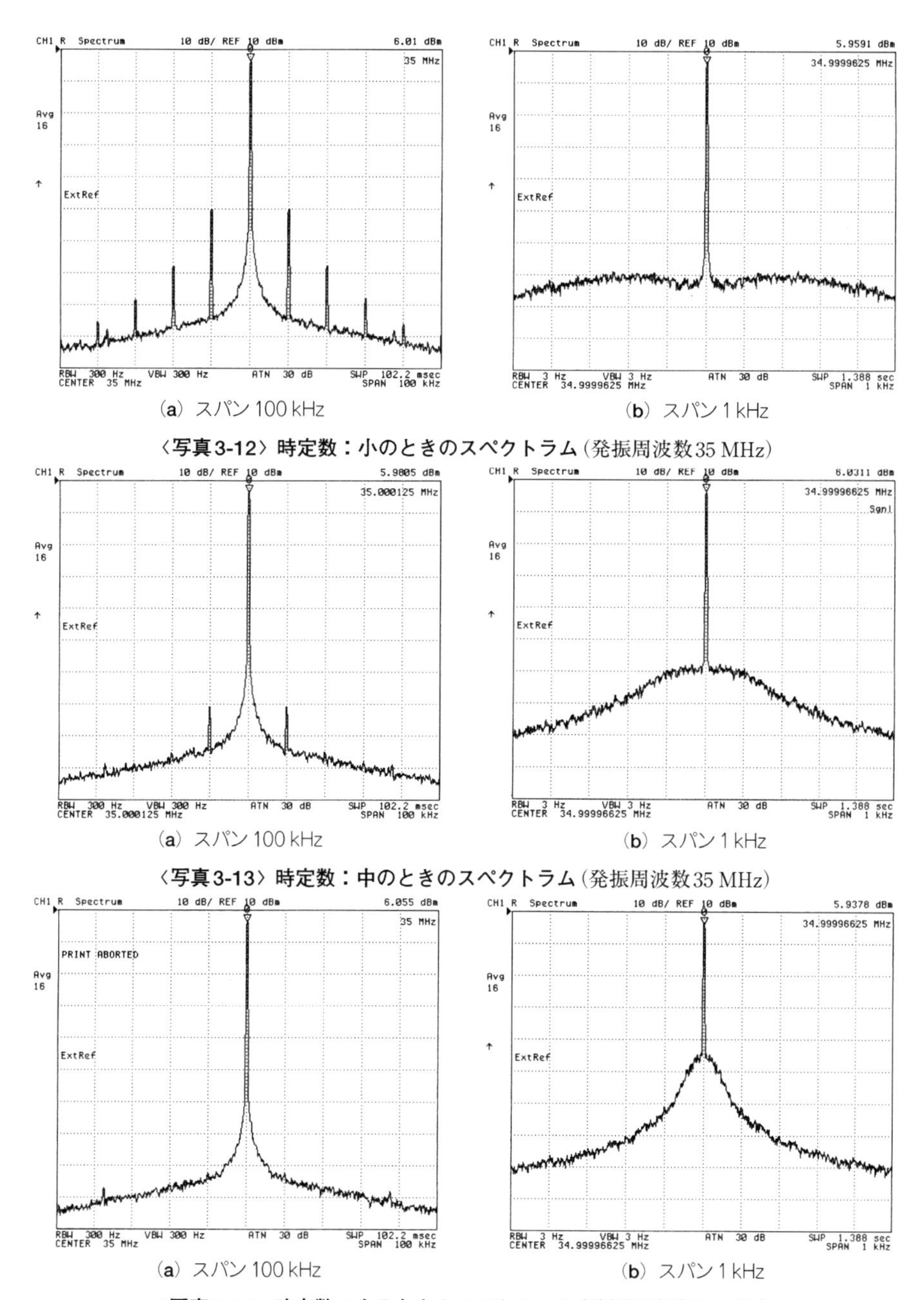

(a) スパン100 kHz　(b) スパン1 kHz

〈写真3-12〉時定数：小のときのスペクトラム（発振周波数35 MHz）

(a) スパン100 kHz　(b) スパン1 kHz

〈写真3-13〉時定数：中のときのスペクトラム（発振周波数35 MHz）

(a) スパン100 kHz　(b) スパン1 kHz

〈写真3-14〉時定数：大のときのスペクトラム（発振周波数35 MHz）

タだけを示します．

発振周波数から10 kHz離れた比較周波数でのスプリアスを比較すると，時定数が小さいほどスプリアスが大きく，時定数が大きくなるとスプリアスが減少していくようすがよくわかります．そして，スパン1 kHzでのキャリア近傍の位相ノイズを見ると，理論どおり時定数が小さいほどPLLループの帰還量が大きくなるので位相ノイズが小さく，時定数が大きくなると位相ノイズが多くなっていることがわかります．

時定数：小のときの出力周波数35 MHzでの計算による負帰還ループが切れる($A\beta=1$になる)周波数は**図3-31**(**b**)から約300 Hzです．したがって，300 Hz以下の周波数になるほど帰還量が増加し，VCOの位相雑音が改善されることになります．実際のデータである**写真3-12**(**b**)を見ると，やはりキャリアから300 Hz離れた周波数からキャリア周波数に向かって位相ノイズが減少していく傾向が見られ，理論どおりであることがわかります．

時定数：大ではループが切れる周波数は**図3-33**から約30 Hzです．したがって，**写真3-14**(**b**)のキャリアから100 Hz離れた周波数では負帰還がかかっておらず，VCOの裸の位相ノイズが観測されていることになります．*RBW*が3 Hzで位相ノイズが約－53 dBmなので，1 Hz換算に直すと約4.8 dB下がった－57.8 dBm/$\sqrt{\text{Hz}}$，キャリアのレベル5.9 dBmとの比較では－63.7 dBc/$\sqrt{\text{Hz}}$となります．データシートのグラフでは，100 Hzでの位相ノイズが約－65 dBc/$\sqrt{\text{Hz}}$と読み取れるので，ほぼ妥当な結果になっていることがわかります．

● ロック・スピードはどうなっているか

写真3-15は，周波数設定を25.60 MHzから26.24 MHzに瞬時に切り替えたときのループ・フィルタの出力波形です．実験方法は**写真3-4**のときと同じです．

時定数：小のときの**写真3-15**(**a**)では3 ms，時定数：中の(**b**)では10 ms，時定数：大の(**c**)では40 ms程度でロックしているようすがわかります．(**c**)に見られる過渡的なつのは位相のずれが360°以上になり，いったん周波数は異なるのですが位相差が0になる点を通過するために発生したもので，ループが不安定になっているためではありません．

写真3-16，**写真3-17**はモジュレーション・ドメイン・アナライザ(HP53310A)を使用し，外部トリガ信号で応答を計測した結果です．**写真3-15**と同様な結果が得られています．

写真3-17は**写真3-16**(**b**)の縦軸(周波数)を拡大したときのようすです．1 div.が1 kHzなので，目的の26.24 MHzに対し，1 kHz以内に収束するのに必要な時間が20 msになっています．

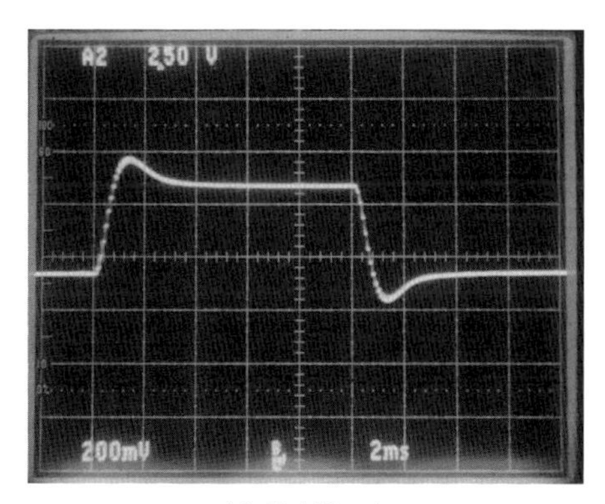

(a) 時定数：小

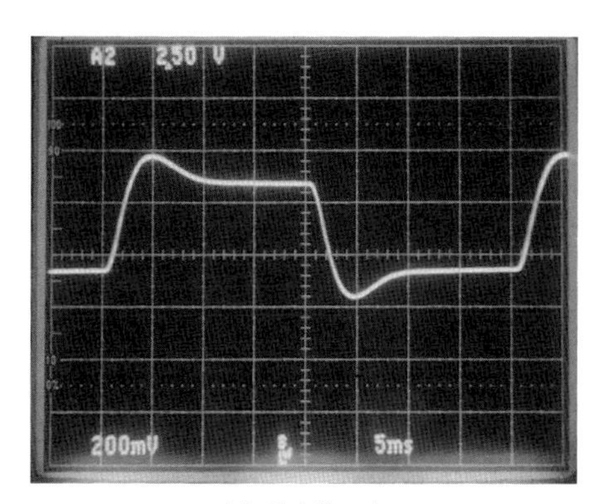

(b) 時定数：中

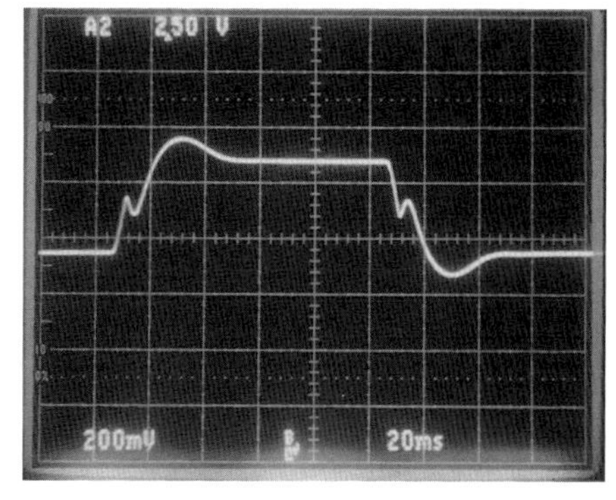

(c) 時定数：大

〈写真3-15〉 過渡応答特性（発振周波数25.60 MHz⟷26.24 MHz）

● ロック・スピードをシミュレーションする

PLL回路におけるPLLのロック時間は，非常に重要なパラメータです．実際にPLL回路を試作するまえに，このロック時間がシミュレーションで確かめられると便利です．

図3-34(a)が本器の回路のロック時間を求めるためのシミュレーション回路です．PLLの入力信号周波数は電圧で表し，その変換値は**図3-27**に示したVCO　POS50の入出力特性によります．E_1，R_i，C_iで構成された積分器が位相比較器-VCO-分周器の伝達特性をモデリングしています．位相比較器PC2の入出力特性は**図3-34(b)**に示す実線部分です．ここでは少々乱暴ですが，ロックが外れている状態での位相比較器の出力を平均化して点線の状態になると仮定しました．この位相比較器の飽和特性をR_{11}，D_1，D_2，V_2，V_3の

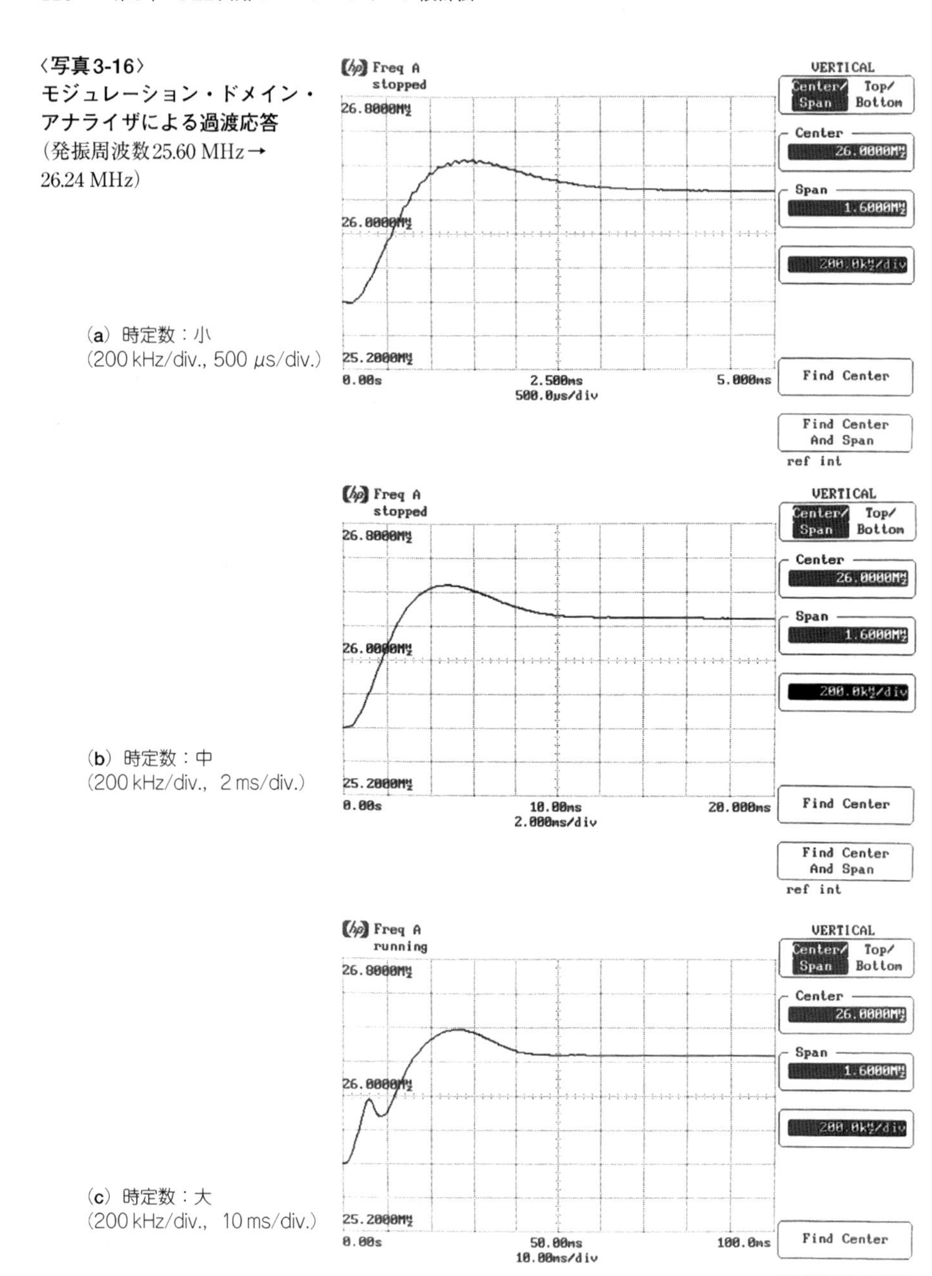

〈写真3-16〉
モジュレーション・ドメイン・アナライザによる過渡応答
(発振周波数25.60 MHz→26.24 MHz)

(a) 時定数：小
(200 kHz/div., 500 μs/div.)

(b) 時定数：中
(200 kHz/div.，2 ms/div.)

(c) 時定数：大
(200 kHz/div.，10 ms/div.)

〈図3-34〉過渡応答シミュレーション（時定数：中，発振周波数：25.60 MHz ⟷ 26.24 MHz）

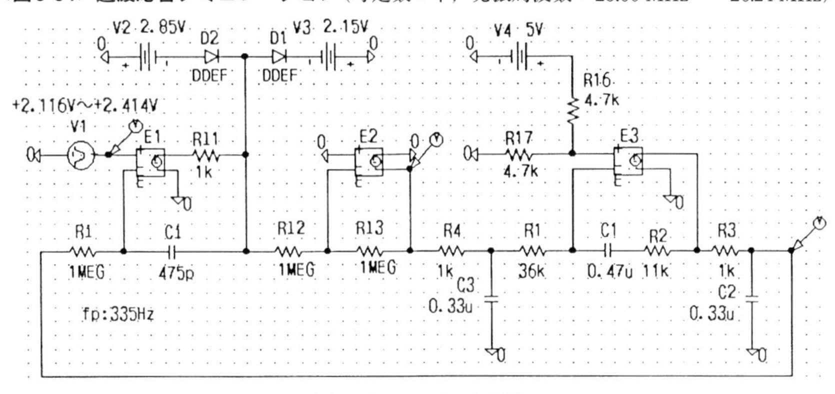

（a）シミュレーション回路

（b）位相比較器の特性を簡略化する

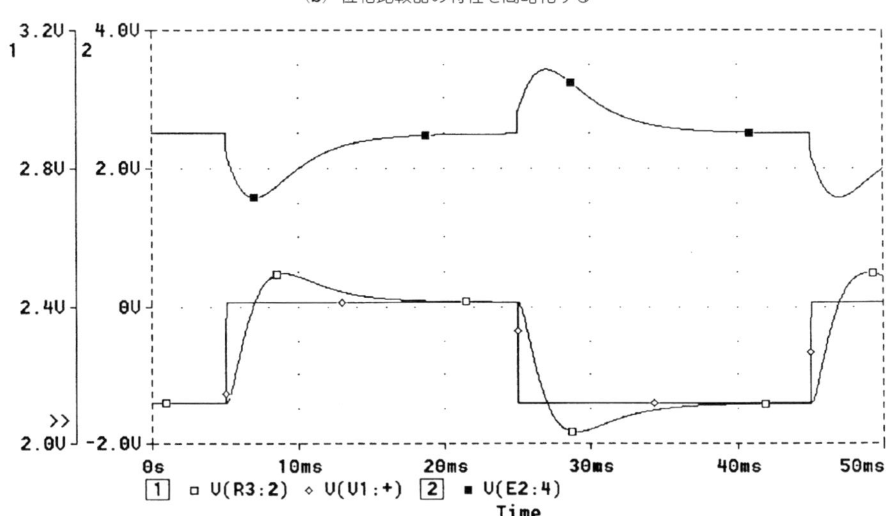

（c）シミュレーション結果

〈**写真3-17**〉
写真3-16(b)の拡大
(1 kHz/div., 5 ms/div.)

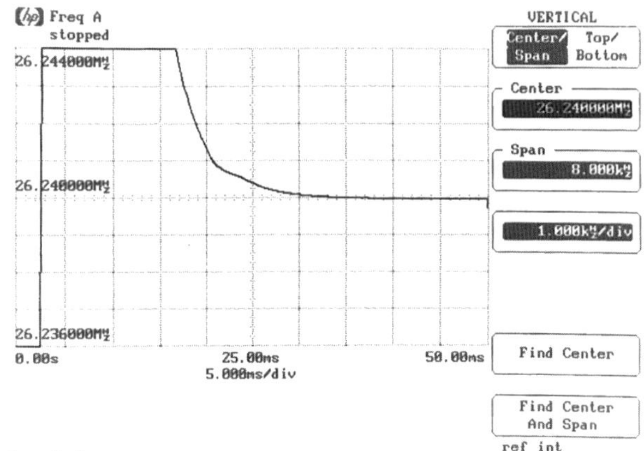

電圧クリッパでモデリングしています．

入力のパルス電圧V(V_1：+)を2.116 Vから2.414 Vに変化させることによって，入力周波数が25.6 MHz～26.24 MHzになったことをモデリングします．

図3-34(**c**)がシミュレーション結果です．5 msの点で，◇V(V_1：+)の入力周波数が急変し，■V(E2：4)の位相誤差が2.5 V～1.5 Vに変化しています．この位相誤差出力によって，□V(R_3：2)で示されるループ・フィルタの出力電圧(つまり発振周波数)がそれを追いかけるように変化していき，約13 ms後には入力周波数と同じになってロックしています．このロック時間は実際の計測データ**写真3-15**(**b**)および**写真3-16**(**b**)と大差ない結果になっています．

図3-35は入力周波数の変化を25.6 MHz～31.6 MHzにしたときのようすです．入力電圧を2.1 V～5 Vに変化させています．■ V(E2：4)の位相比較器出力が1.25 Vでクリップしていることがわかります．位相比較器出力がクリップしたことにより，□ V(R_3：2)のループ・フィルタの出力は傾きが一定の変化になります．

このように，PLL回路では入力信号が微少変化した場合には線形動作となりますが，入力周波数が大幅に変わると位相比較器がクリップし，ループ・フィルタの出力は台形の応答波形になります．

なお，**図3-34**(**a**)のシミュレーション回路では，理想OPアンプを使用せず利得が100000倍のE(電圧制御電圧源)を使用しています．理由は理想OPアンプの利得が160 dBと大きく，積分器とループ・フィルタの低域の利得の合計が，Spiceでシミュレーションできる範囲を越えてしまうからです(エラーが発生した)．このエラーを回避するために，利得が自由に設定できるEを使用しました．

コラム■周波数変動のようすを測定できる　モジュレーション・ドメイン・アナライザ

電気信号は当然ながら人間の目で観測することはできません．電気信号を人間に理解しやすい形に変換して表示してくれるのが計測器といえます．よく「実波形をオシロスコープで観測する」などと言いますが，オシロスコープに表示された波形は当然ながら電気信号そのものではありません．横軸を時間，縦軸を電圧値として，電圧変動のようすを人間に理解しやすい形に変換し，表示しているのがオシロスコープです．

同様に周波数を縦軸，時間を横軸として周波数変動のようすを表示してくれるのが**写真3-A**に示すモジュレーション・ドメイン・アナライザと呼ばれるものです．また，写真に示すモジュレーション・ドメイン・アナライザには，オシロスコープと同様に外部トリガの機能があります．したがってPLL回路の周波数設定信号をトリガ源としてVCOの出力信号を観測すれば，**写真3-8**に示したようなPLL回路がロックするまでの周波数の変動のようすを，正確にしかも高分解能で表示することができます．

PLL回路のロックするようすは簡易的にはVCOの入力電圧波形で観測できますが，VCOの入力信号はクリチカルで，オシロスコープを接続するとPLLのジッタなどが変化する恐れがあります．この点，VCOの出力信号ならば計測器が接続されても，PLLの動作に影響することはなく，安心して正確な値が計測できます．

写真に示すアジレント社の53310Aはヒストグラムを表示する機能も備えており，ジッタや周波数の変動をヒストグラムで表示することもできます．

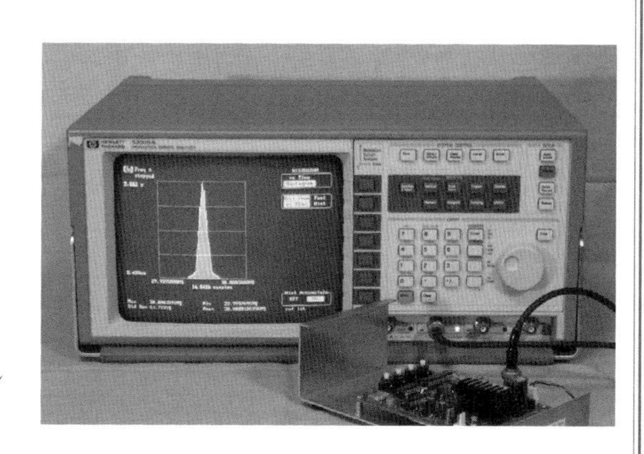

〈写真3-A〉
モジュレーション・ドメイン・アナライザ(53310A，アジレント・テクノロジー)

〈図3-35〉過渡応答シミュレーション(時定数：中，発振周波数：25.60 MHz⟷31.6 MHz)

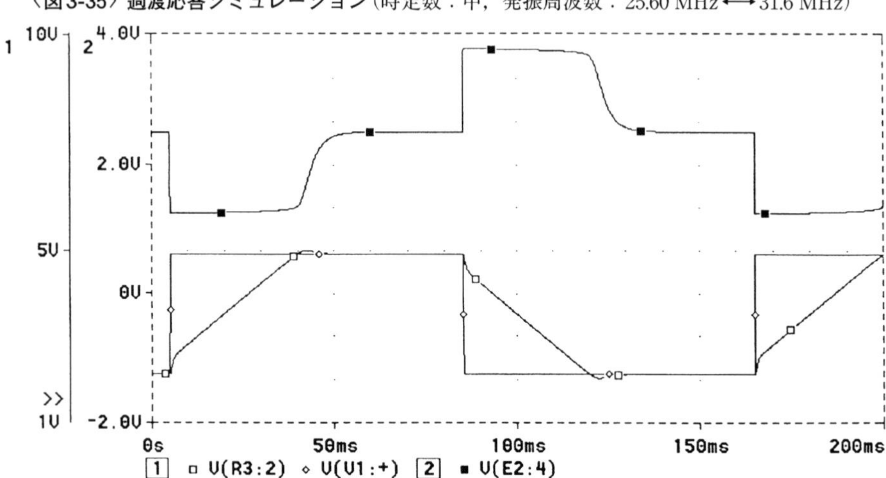

3.5 位相余裕による特性の違い

3.2節と3.4節の実例では，位相余裕をあらかじめ50°前後として設計しました．ここでは位相余裕の違いによって，PLL回路の特性がどのように変化するか，実験によって確かめます．

● 実験は50逓倍回路で

図3-36が実験に使用する，入力周波数を50逓倍するPLL回路です．この回路ではU_1が位相比較器，U_2がVCO，U_3が分周器です．位相比較器とVCOに別パッケージのICを使用しているのは**図3-11**のときと同様です．分周器のU_3は，1～7の入力に設定した値に対して+1した分周数になるので，ここでは50にするために49の値を設定しています．

DZ_1のツェナー・ダイオードはVCOの発振周波数範囲を広げるためのものです．ここではとくに必要なかったのですが，他の実験のとき必要になるため挿入してあります(詳しくは第8章参照)．

R_5とR_6は，同軸ケーブルとスペクトラム・アナライザの入力インピーダンス50 Ωに合わせるための抵抗です．スペクトラム・アナライザを接続すると約26 dBの減衰になります．

図3-37が，この回路におけるVCOの制御電圧-発振周波数特性です．

〈図3-36〉位相余裕の実験回路

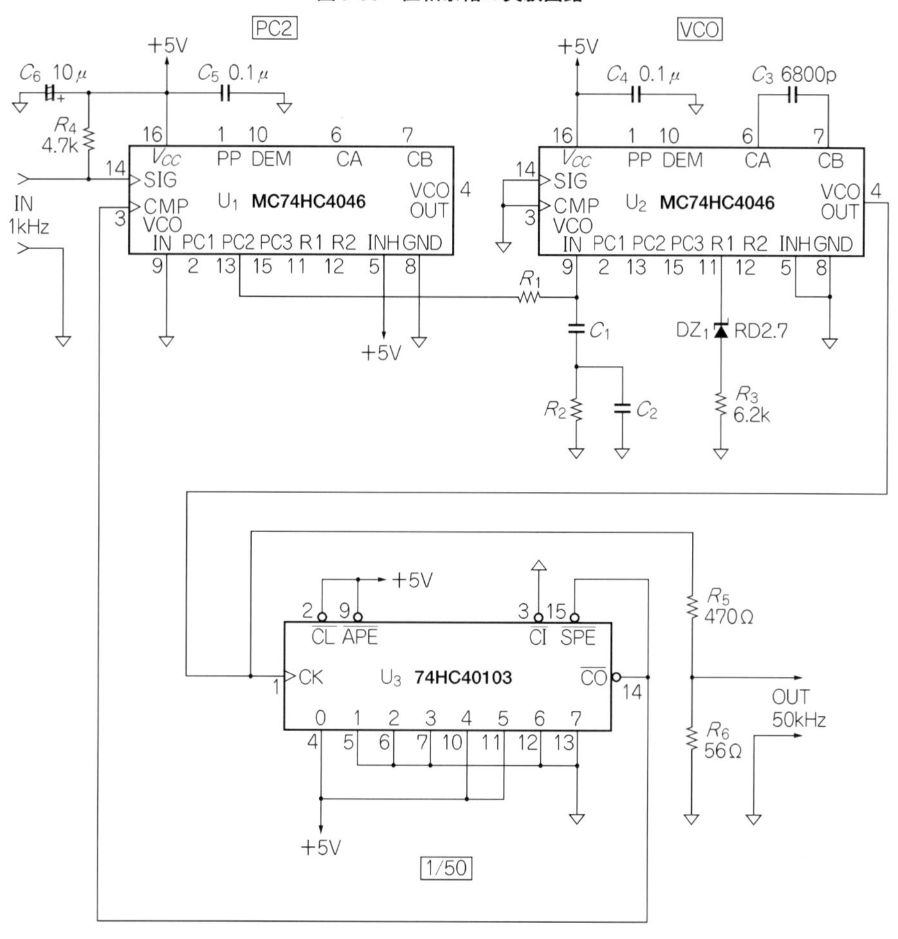

● ループ・フィルタの設計

ここでも3.2節と同様にAppendix B(pp.304～315)のグラフを使用して，ループ・フィルタを設計します．はじめに，50 kHzにおける位相比較器とVCO，分周器の合成伝達特性f_{vpn}(50 kHz)を計算すると，

$$f_{vpn\,(50\ \mathrm{kHz})}=\frac{(70\ \mathrm{kHz}-30\ \mathrm{kHz})\cdot 2\pi}{(1.92\mathrm{V}-1.42\mathrm{V})}\cdot\frac{5\ \mathrm{V}}{4\pi}\cdot\frac{1}{2\pi\cdot 50}=638\ \mathrm{Hz}$$

ループ・フィルタの平坦部の利得は，すべて$M=-20$ dB(利得0.1)で設計します．し

〈図3-37〉
VCOの制御電圧-発振周波数特性

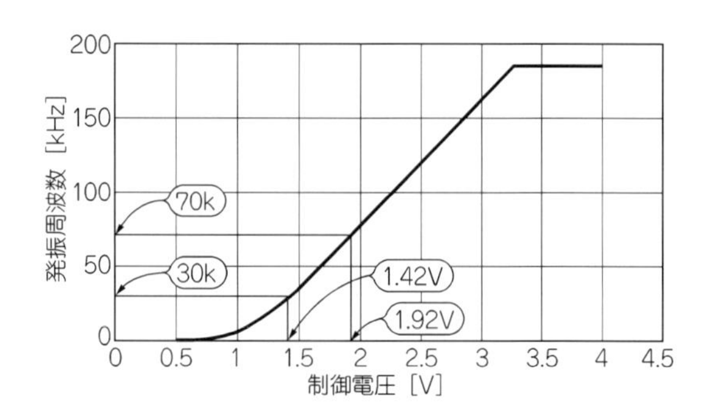

たがって，ループの切れる$A\beta = 1$における周波数は63.8 Hzになります．

● 位相余裕が40°のとき

Appendix Bの**図B-3(b)(c)**から，ループ・フィルタでの位相遅れ50°，位相余裕帯域比1を見ると，

$f_H = 63.8 \times 2.1 ≒ 134$ Hz

$f_L = 63.8 \times 0.622 ≒ 39.68$ Hz

となります．ここで$R_2 = 10$ kΩとすると，

$f_H = 134$ Hzより，$C_2 = 119$ nF，

$f_L = 39.68$ Hzより，$C_1 + C_2 = 401$ nF，$C_1 = 282$ nF

$R_1 = R_2 \times (10 - 1) = 90$ kΩ

しやすいコンデンサの値から　$C_1 = 1\ \mu$Fとすると，

$C_2 = 119\ \text{nF} \times (1\ \mu\text{F}/282\ \text{nF}) = 422$ nF

$R_1 = 90\text{k} \times (282\ \text{nF}/1\ \mu\text{F}) = 25.38$ kΩ

$R_2 = 10\text{k} \times (282\ \text{nF}/1\ \mu\text{F}) = 2.82$ kΩ

抵抗をE24系列，コンデンサをE12系列から選ぶと，

$R_1 = 27$ kΩ，$R_2 = 3$ kΩ，$C_1 = 1\ \mu$F，$C_2 = 390$ nF

になります．

● 位相余裕が50°のとき

図B-3(b)(c)から，ループ・フィルタでの位相遅れ40°，位相余裕帯域比1を見ると，

$f_H = 63.8 \times 2.54 ≒ 162.1$ Hz

$f_L = 63.8 \times 0.435 \fallingdotseq 27.75$ Hz

になります．ここで，$R_2 = 10$ kΩとすると，

$f_H = 162.1$ Hzより，$C_2 = 98.18$ nF

$f_L = 27.75$ Hzより，$C_1 + C_2 = 573.5$ nF，$C_1 = 475.3$ nF

$R_1 = R_2 \times (10 - 1) = 90$ kΩ

入手しやすいコンデンサの値から，$C_1 = 1\ \mu$Fとすると，

$C_2 = 98.18$ nF × (1 μF/475.3 nF) = 206.6 nF

$R_1 = 90$k × (475.3 nF/1 μF) = 42.78 kΩ

$R_2 = 10$k × (475.3 nF/1 μF) = 4.753 kΩ

抵抗をE24系列，コンデンサをE12系列から選ぶと，

$R_1 = 43$ kΩ，$R_2 = 4.7$ kΩ，$C_1 = 1\ \mu$F，$C_2 = 220$ nF

になります．

● 位相余裕が60°のとき

図B-3(b)(c)から，ループ・フィルタでの位相遅れ30°，位相余裕帯域比1を見ると，

$f_H = 63.8 \times 3.4 \fallingdotseq 216.9$ Hz

$f_L = 63.8 \times 0.31 \fallingdotseq 19.78$ Hz

となります．ここで，$R_2 = 10$ kΩとすると，

$f_H = 216.9$ Hzより，$C_2 = 73.38$ nF

$f_L = 19.78$ Hzより，$C_1 + C_2 = 804.6$ nF，$C_1 = 731.2$ nF

$R_1 = R_2 \times (10 - 1) = 90$ kΩ

入手しやすいコンデンサの値から，$C_1 = 1\ \mu$Fとすると，

$C_2 = 73.38$ nF × (1 μF/731.2 nF) = 100.4 nF

$R_1 = 90$ k × (731.2 nF/1 μF) = 65.81 kΩ

$R_2 = 10$ k × (731.2 nF/1 μF) = 7.312 kΩ

抵抗をE24系列，コンデンサをE12系列から選ぶと，

$R_1 = 68$ kΩ，$R_2 = 7.5$ kΩ，$C_1 = 1\ \mu$F，$C_2 = 100$ nF

になります．

● シミュレーションで周波数特性を見る

それでは，計算で求めたループ・フィルタの定数からループ・フィルタの周波数特性を

〈図3-38〉位相余裕30°，40°，50°で設計したループ・フィルタのシミュレーション

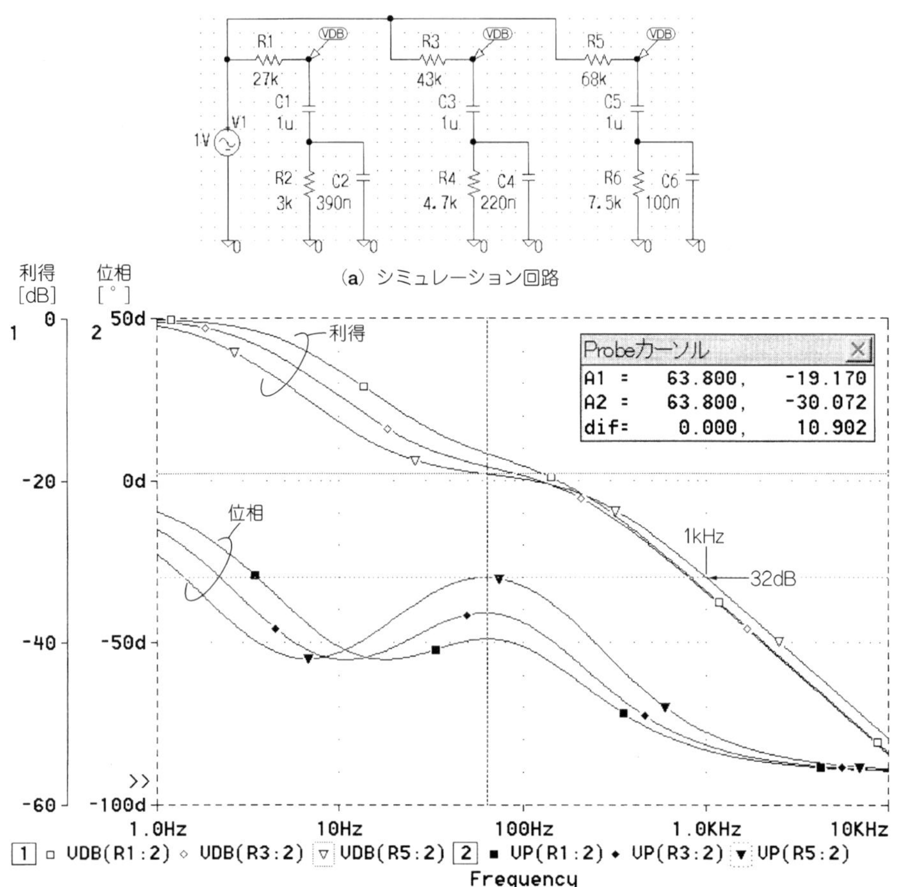

(a) シミュレーション回路

(b) シミュレーションの結果

シミュレーションで確かめてみます．**図3-38**がシミュレーション結果です．

シミュレーション結果を見ると，ループを切る予定の周波数63.8 Hzで位相の戻りが最大になり，それぞれの位相遅れが約30°，40°，50°になっています．f_Cとf_Lが10倍しか離れていないため，位相遅れ50°の設計値では63.8 Hzでの利得が－20 dBから若干多めになっています．

もっと正確に合わせるためには，この結果から63.8 Hzでの利得が－20 dBになるよう

〈図3-39〉総合伝達特性のシミュレーション

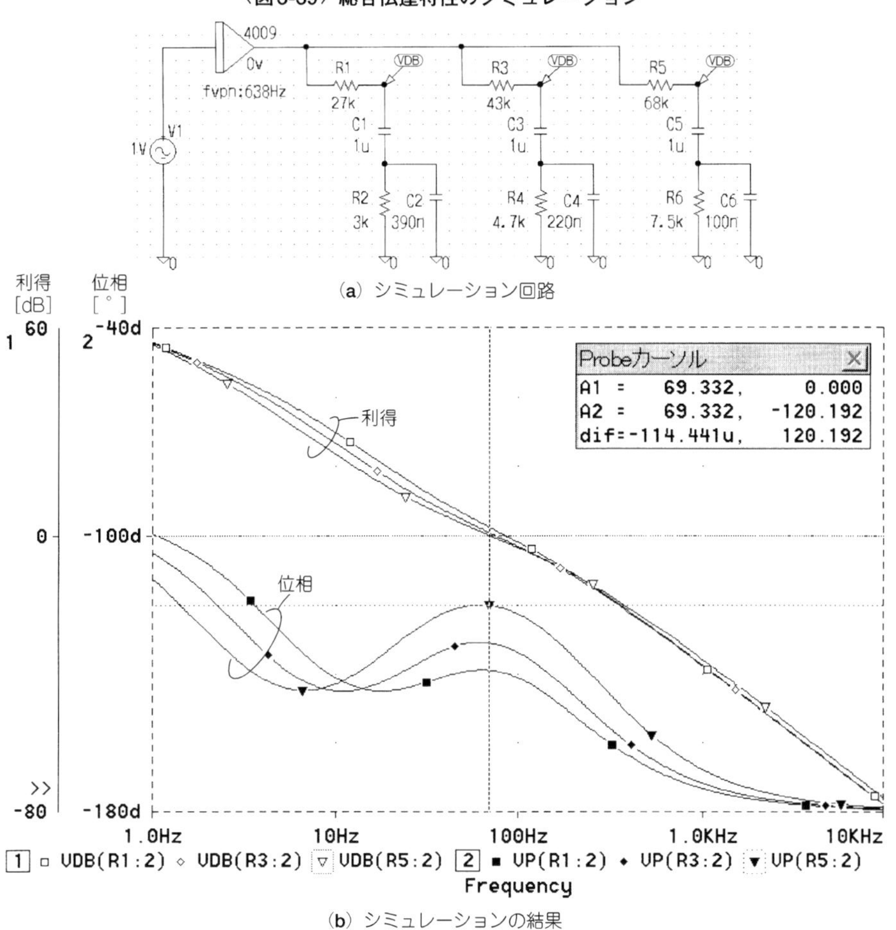

(a) シミュレーション回路

(b) シミュレーションの結果

にR_2の値を補正し，f_Lとf_Hを計算し直すことになります．しかし，ループの安定性から考慮してこの程度でも支障ありません．

出力波形のスプリアスに大きく影響する位相比較周波数1 kHzでの減衰量は，位相遅れ30°での設計値が一番少なく，約32 dBになっています．

位相比較器とVCO，分周器の特性を積分器でモデリングし，その積分定数を638 Hz × 2 π ≒ 4009にして総合の伝達特性をシュミレーションしたのが**図3-39**です．設計値の

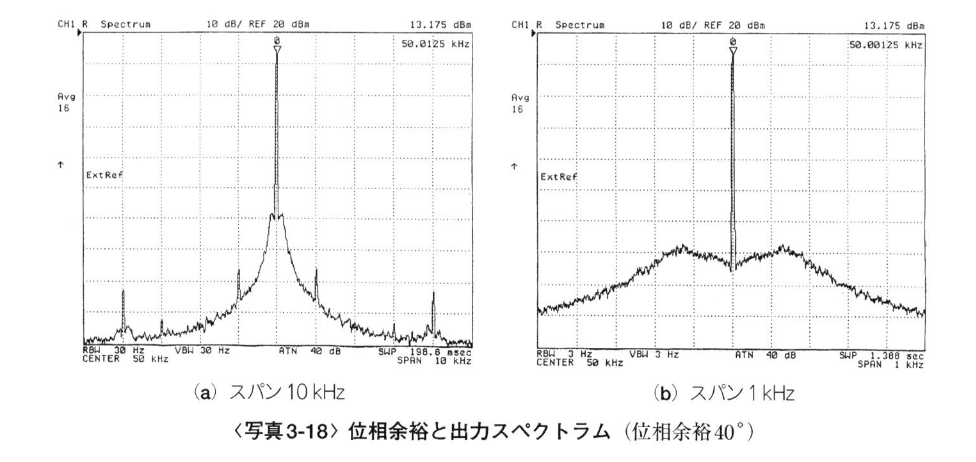

(a) スパン10kHz　(b) スパン1kHz

〈写真3-18〉位相余裕と出力スペクトラム（位相余裕40°）

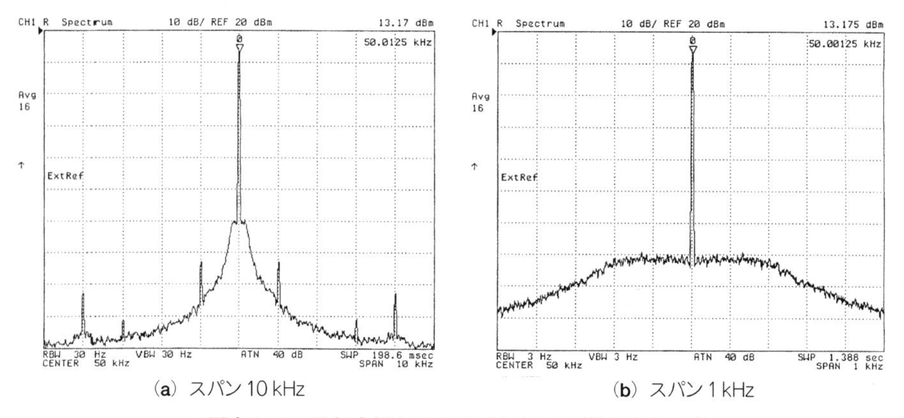

(a) スパン10kHz　(b) スパン1kHz

〈写真3-19〉位相余裕と出力スペクトラム（位相余裕50°）

63.8 Hz付近で$A\beta = 1$(0 dB)になり，そのときの位相遅れはそれぞれほぼ120°，130°，140°であり，それぞれ目的の位相余裕60°，50°，40°が得られていることがわかります．

● 出力波形のスペクトラム

さて，**図3-36**の回路を実際に組み立てて，出力波形をスペクトラム・アナライザで計測した結果が**写真3-18**～**写真3-20**です．スパン10 kHzのデータでは位相比較周波数でのスプリアス量を読み取ることができ，スパン1 kHzでは出力周波数付近の位相ノイズの量が読み取れます．

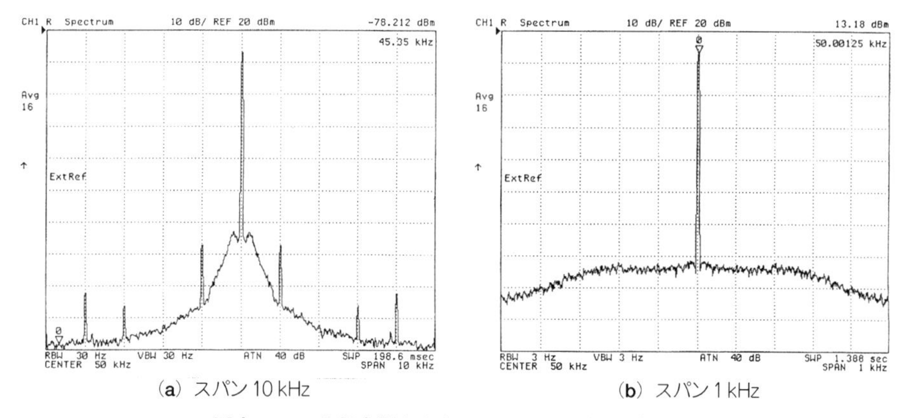

(**a**) スパン10kHz　　(**b**) スパン1kHz

〈写真3-20〉位相余裕と出力スペクトラム(位相余裕60°)

50kHzで発振しているVCOの直流制御電圧に1kHz成分およびその高調波成分の交流リプルがあると，1kHzおよびその高調波でFM変調され，50kHz±1kHzおよび50kHz±(n×1kHz)の周波数にスプリアスが発生します．

位相余裕60°で設計したループ・フィルタが位相比較周波数での減衰量がもっとも少ないことから，50kHz±1kHzのスプリアスが一番多いのは**写真3-20**(**a**)になっています．スパン1kHzでの位相ノイズ量は，出力波形の不規則なジッタの量をも表しています．

写真3-18(**b**)では位相ノイズのスペクトラムの形が「怒り肩」になっています．これは位相余裕が少ないためにPLL回路の閉ループ周波数特性にピークができ，ノイズがこのピークの周波数で強調され，怒り肩として現れたものです．

● ロック・スピードはどうなったか

さて，入力周波数を800Hzと1kHz(出力周波数では40kHzと50kHz)の間で急変させ，そのときの位相比較器出力とVCOの入力波形をオシロスコープで観測したのが**写真3-21**です．VCO入力波形の応答を見るとおよそのロック速度がわかります．

入力周波数が800Hzから1kHzに急変すると，PLLの負帰還ループが出力周波数を上げようとして，位相比較器出力から+5Vに向かってパルスが出力されます．このパルス間隔は比較周波数の周期で決定されています．この波形をループ・フィルタで平滑して出力したのが**写真3-21**に示した二つの波形の下のほうです．過渡的に三角波状の波形が見えますが，比較周波数のリプルが十分減衰してないため現れているものです．ループの過

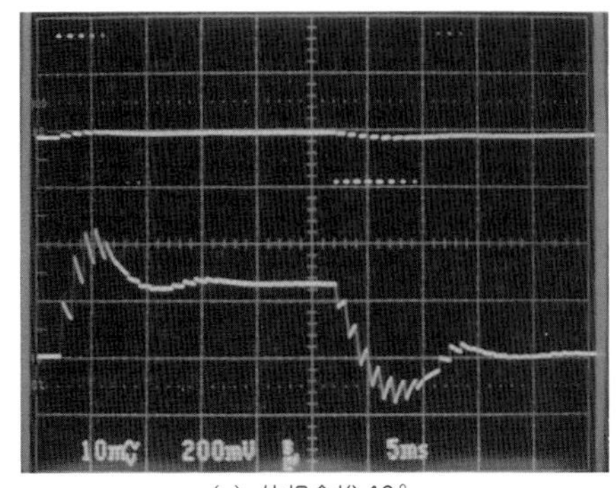

(a) 位相余裕40°

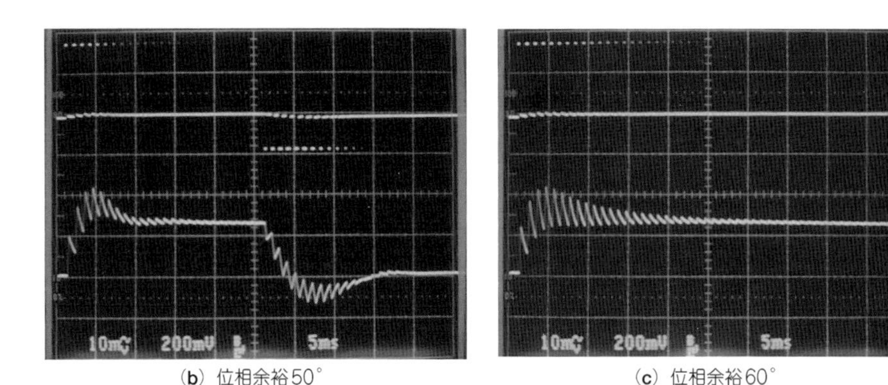

(b) 位相余裕50°　(c) 位相余裕60°

〈写真3-21〉位相余裕の違いによるVCO入力波形の変化

渡応答によるうねりではありません．位相余裕が大きいほどゆっくりとロックし，位相余裕が少ないとうねりながらロックしていくようすが写真から見てとれます．

写真3-22はモジュレーション・ドメイン・アナライザの外部同期機能を使用して，PLL回路の入力周波数が急変したときの出力周波数の変動を計測したものです．この計測ではY軸が周波数，X軸が時間になります．位相余裕40°と50°とを比べてみると，位相余裕40°では周波数のうねりが若干あるためにロックするまでの時間が少し長くなっています．

位相余裕60°では時間軸を変えていますが，いったんオーバシュートした周波数がゆっくりと設定周波数に収束していき，ロック時間が一番長くなっています．

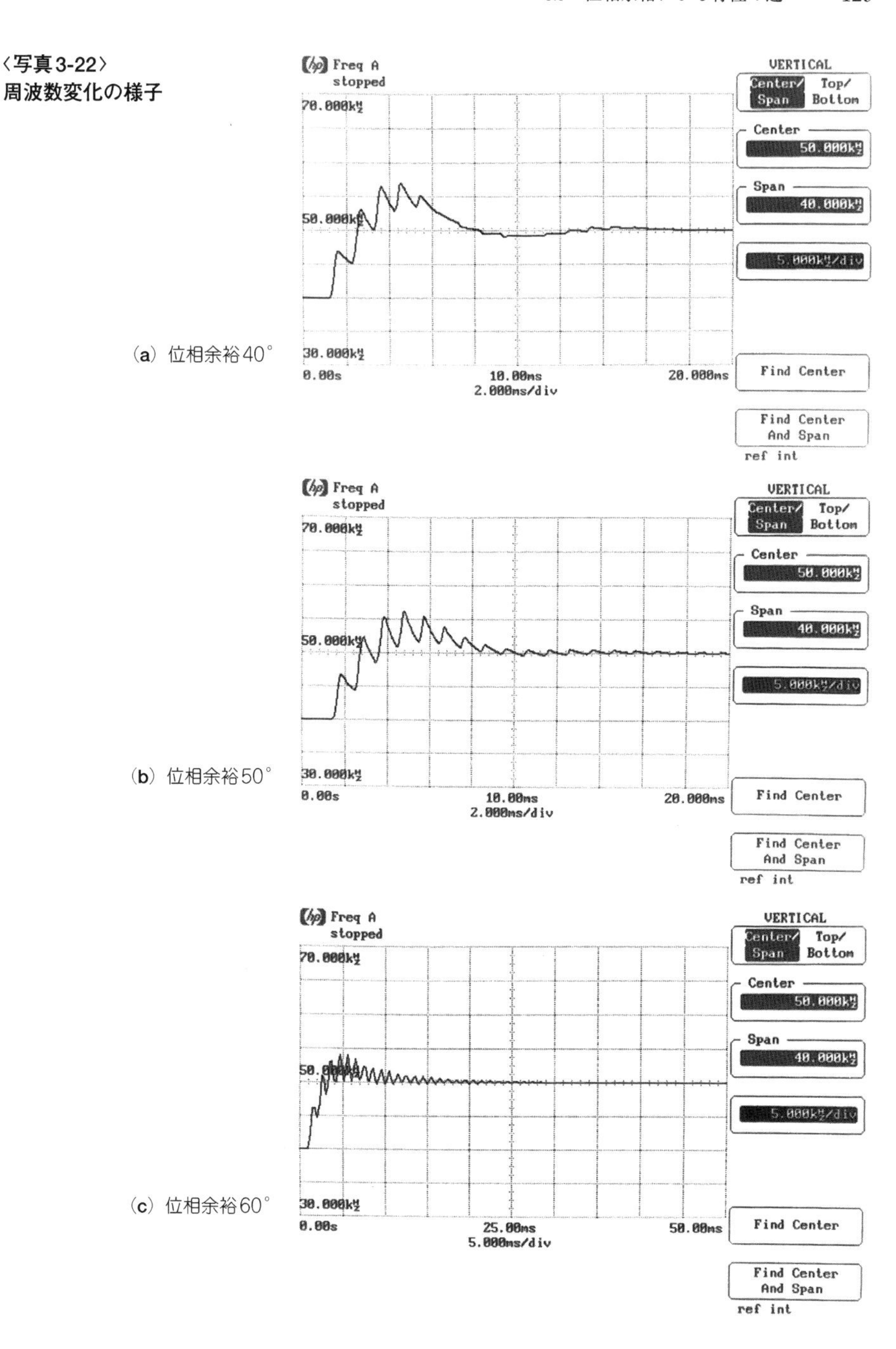

〈写真3-22〉
周波数変化の様子

(**a**) 位相余裕40°

(**b**) 位相余裕50°

(**c**) 位相余裕60°

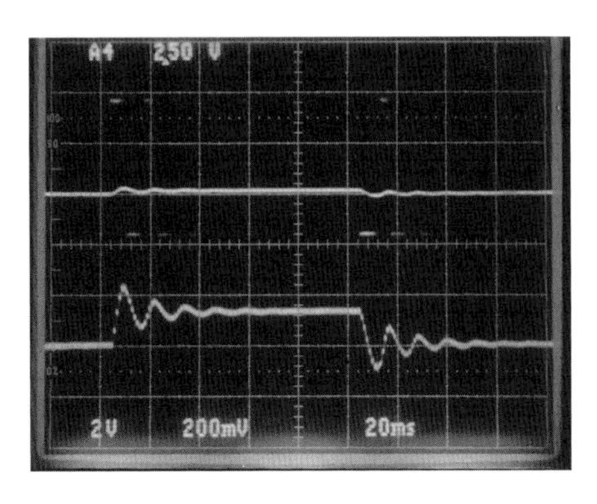

〈写真3-23〉位相余裕20°での過渡応答

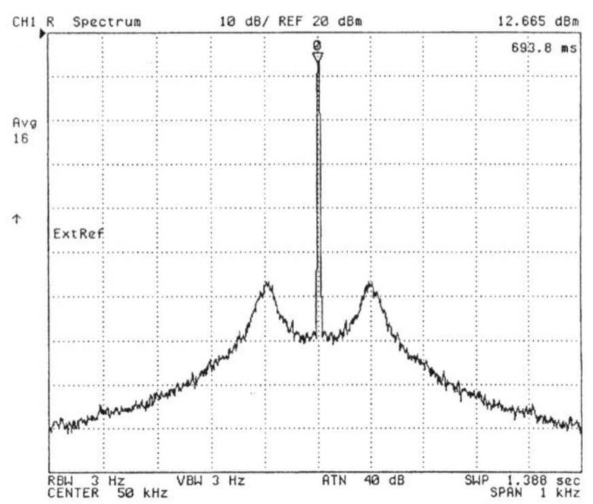

〈写真3-24〉位相余裕20°でのスペクトラム

● PLL回路の最適位相余裕は40°～50°

これまでのデータからわかるように，一般的なPLL回路ではロック時間，出力波形のスペクトラムのようすから，位相余裕が40°～50°程度になるように設計すると効果的です．また，実験からわかるように，PLL回路における位相余裕は数°を問題にするようなシビアなものではありません．

写真3-23と**写真3-24**は，故意に位相余裕を20°にして実験した結果です．入力周波数が急変するとループが不安定なためリンギングが多くなり，ロックするまでの時間が長くなっています．また，閉ループ利得特性に生じる大きなピークにより，位相ノイズのスペクトラムにも大きなピークが生じていることがわかります．

第4章
4046と位相比較器のいろいろ
PLL回路に使用する定番デバイスの基礎知識

この章では，PLL用の定番デバイスとしてよく知られている4046をとりあげ，内蔵されている位相比較器の特性や種類の違いについて解説します．また，その他の位相比較器ICについても代表的なものを紹介します．

4.1 PLLの定番デバイスは4046

● PLLの入門は4046から

ラジオやテレビ受信機，通信機などには機能の一部としてPLL回路が使われていますが，そのほとんどは専用のPLL IC(カスタムLSI)です．しかし，少量/多品種生産の産業用機器などでは専用のカスタムLSIなどは望めません．一般には設計者がPLL回路を構成する各ブロックのデバイスを選択して，一から回路設計することになります．このようなときの最初の選択肢が，汎用の定番デバイスである4046と呼ばれるICです．

汎用PLL ICはシグネティックス社(現在のフィリップス社)のNE565に始まりますが，定番として定着したのは4046と呼ばれるICです．オリジナルのCD4046は，RCA社(現在は存在しない)から4000シリーズの汎用CMOSロジックICの一つとして誕生しました．その後，各社がセカンド・ソースをつくり，現在では4000シリーズのほか，**写真4-1**に示すように74HC，74HCT，74VHCなど，多くの種類の4046があります．

74HC4046のロジック入出力レベルは，74HC00などのHCMOSと同じレベルになっています．HCTは入力レベルをTTLと同じレベルに合わせたもの，VHC(Very High speed CMOS)はHCタイプの応答速度を改良したものです．なお，オリジナルの4046は電源電圧が+15Vまで使用できますが，他は+5V程度までになっているので注意が必要です．

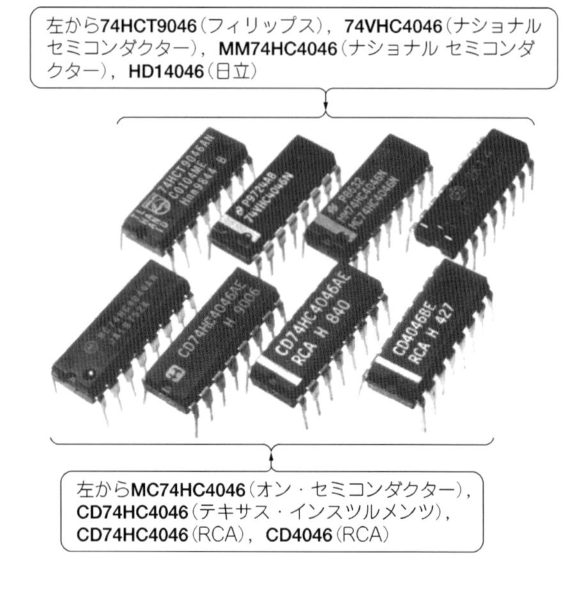

〈写真4-1〉
各社からリリースされている4046の外観

● 4046にも三つのタイプがある

各種ある4046を分類すると,オリジナル4000シリーズのほかに74HC/74VHC,74HCT9046の3種類があります.内部構成とピン配置が,**図4-1**に示すように少しずつ異なっています.ピン配置が異なるのは1ピンと15ピンの2箇所です.

4000シリーズでは電源安定化用にツェナー・ダイオードが入っています.74HC/74VHCではツェナー・ダイオードがなくなり,位相比較器TYPE3が入りました.74HCT9046では,位相比較器TYPE2が電流出力タイプになりました.そのための電流制御用抵抗R_bをピン15に接続します.

特筆すべきは,74HCT9046ではVCOと位相比較器の干渉を避けるためにGND(V_{SS})がそれぞれ別々の8ピン,1ピンになっていることです.また,4046では5ピンのINHIBIT(禁止機能)がVCOだけの制御になっていましたが,74HCT9046ではVCOと同時に位相比較器PC2にも有効になっています.したがってVCOの動作を禁止し,位相比較器PC2だけを動作させることはできません.

● 74HC4046は位相比較器を3種類内蔵

74HC4046は**図4-1**(**c**)に示すように,1個のVCOと3種類の位相比較器から構成されて

〈図4-1〉 各種4046の内部構成の違い

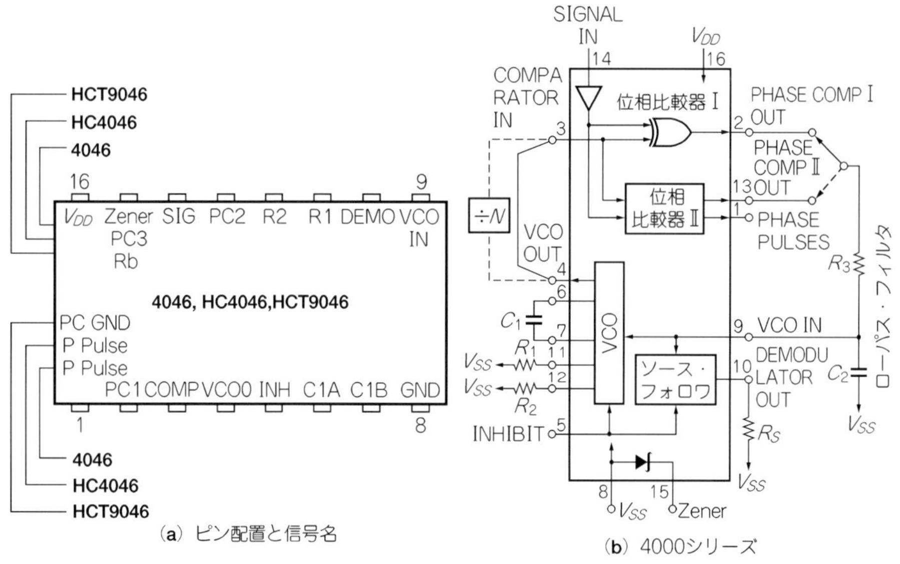

(a) ピン配置と信号名　(b) 4000シリーズ

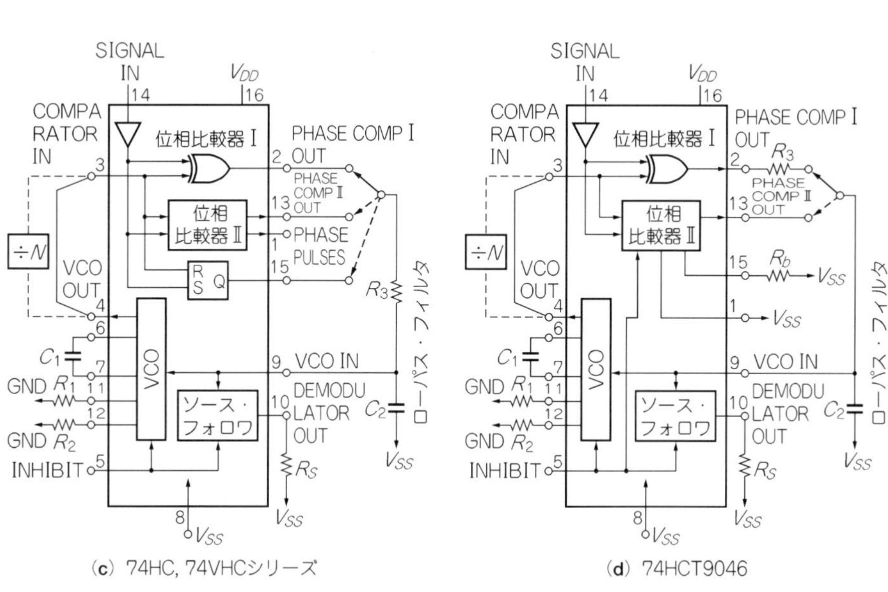

(c) 74HC, 74VHCシリーズ　(d) 74HCT9046

〈図4-2〉74HC4046に内蔵された三つの位相比較器の基本動作

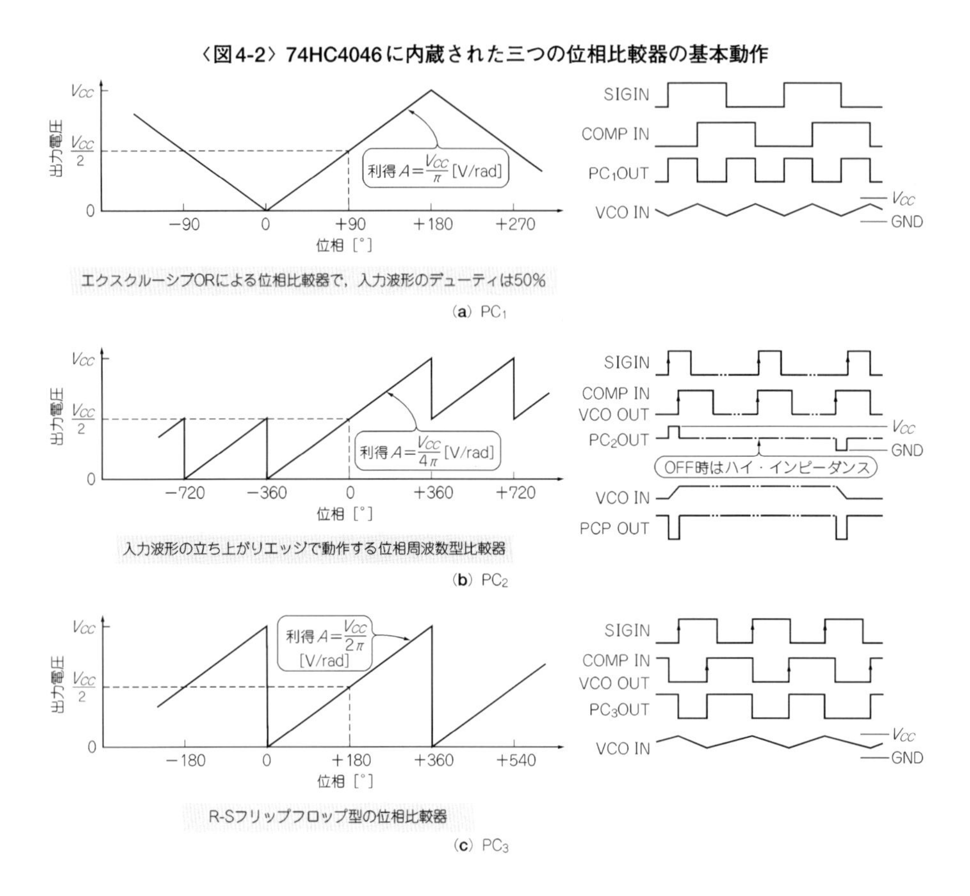

います．したがって，外部に分周器とループ・フィルタ用の*CR*を追加するだけでPLLシンセサイザが完成します．

3種類ある位相比較器は，**図4-2**に示すようにそれぞれ動作が異なり，利得も違っています．3種類の位相比較器は同時に使用されることはなく，アプリケーションに応じて，いずれか一つが使用されます．なお，**図4-2**に示した入出力特性の直流出力電圧は，位相比較器のパルス出力をローパス・フィルタ(ループ・フィルタ)で十分に平滑し，直流電圧に変換したときの値です．

位相比較器PC1はエクスクルーシブORゲートで構成されています．したがって，入力波形のデューティが50 %以外のときには利得が異なってしまいます．原則としてデューティ50 %の波形で使用することになります．

PC2とPC3は入力波形の立ち上がりエッジで動作します．そのため，入力波形にノイズが重畳されていたりすると，動作が不安定になる可能性があります．一方，PC1はレベルで動作するため，入力波形にノイズが重畳されてもPLLの動作が不安定になることが少なく，ノイズに強い位相比較器といえます．

3種類の位相比較器のうち，もっともよく使用されるのはPC2です．PC1とPC3の位相比較器は周波数の比較ができず，ロック範囲が狭いのに比べ，PC2は周波数の比較もできるため，VCOの発振周波数範囲すべてでロックさせることができます．

さらにPC2は，入力位相差がゼロになると位相比較器出力がハイ・インピーダンスになって，位相比較器からのパルス出力がなくなります．そのため，ループ・フィルタが高域での減衰量が少ない短い時定数のものであっても，VCO出力波形に比較周波数のスプリアスが出にくくなり，他の位相比較器に比べてロック・スピートを上げることができます．

PC2を使うときの最大の問題は，繰り返しになりますが，入力波形の立ち上がりエッジで動作するため，入力波形にパルス性のノイズが混入するとPLLが不安定になってしまうことです．したがって，実装の際にはPC2の入力にノイズが混入しないよう，プリント基板パターンには十分な注意が必要です．また，PC2には後で説明するデッド・ゾーンの問題があるので，注意が必要です．

PC3はRSフリップフロップで構成されています．入力波形の立ち上がりエッジで動作するので，入力波形のデューティは位相比較器の利得に影響しません．しかし，PC2のような周波数の判別はできないのでロック範囲は狭くなります．

● 4046に内蔵されているVCOの特性

4046に内蔵されているVCOは，*CR*の充放電によって発振するマルチバイブレータ型VCOです．発振周波数範囲は広いのですが，*LC*発振器やウィーン・ブリッジ型*CR*発振器に比べると周波数ジッタなどの位相ノイズに関する特性は若干劣ったものになります．

4046の最高発振周波数はメーカによって若干異なりますが，4000シリーズの4046で約1 MHz，74HCシリーズの74HC4046で約10 MHz程度になっています．

4046のVCOは**図4-3**に示すように，入力電圧を電流に変換するブロックと，コンデンサの充電電圧によって流入する電流の向きを切り替える発振ブロックの二つから構成されています．

VCO INに電圧が加えられると，R_1によって決まる入力電圧に比例した電流I_1が流れ

〈図4-3〉
4046に内蔵された
VCOのブロック構成

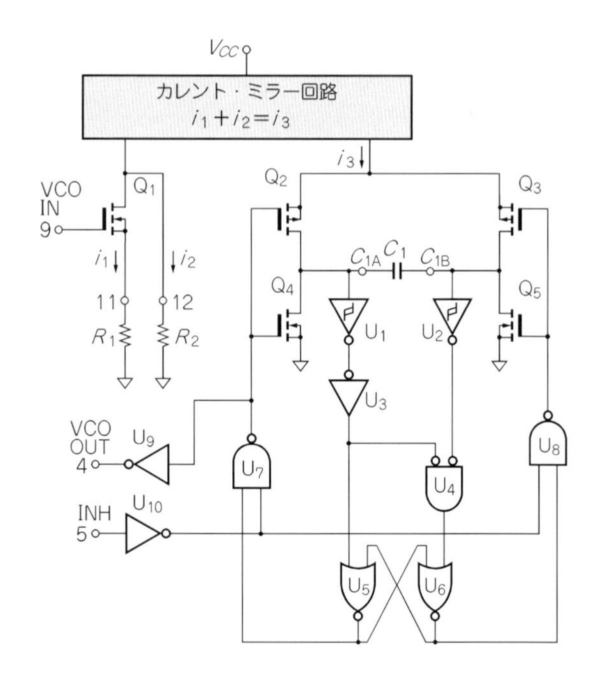

ます．R_2を挿入することによってオフセット電流I_2を流すこともできます．発振周波数は，このI_1とI_2を加算した値に比例して決まります．したがってR_2を接続し，I_2を流すことによって最低周波数が高くなり，発振周波数範囲は狭くなります．広い周波数範囲で発振させたいときにはR_2は接続しません．

図4-4にVCOの動作原理を示します．図において，カレント・ミラー回路はI_1とI_2をI_3に変換し，4個のFET Q_2～Q_5を駆動します．Q_2～Q_5は交互にON/OFFします．

まず，U_7の出力が“L”，U_8の出力が“H”の場合，**図4-4(a)**のⒶに示す方向でI_3が流れます．するとC_{1A}端子の電圧が上昇し，C_{2A}端子はGND電位になります．C_{1A}の端子電圧が一定値に達するとU_5とU_6で構成されるフリップフロップが反転し，**図4-4(a)**のⒷに示すような電流の向きに変化します．このⒶとⒷの状態が繰り返されて，一定周波数で発振することになります．

写真4-2に，100 kHzで発振しているときのコンデンサの両端電圧と出力波形を示します．発振周波数は比例係数をKとすると，

$$f_{vco} = K \cdot ((I_1 + I_2)/C)$$

で求まります．ただし，このKはメーカによって異なります．とくに制御電圧が1 V以下

〈図4-4〉
VCOの基本動作

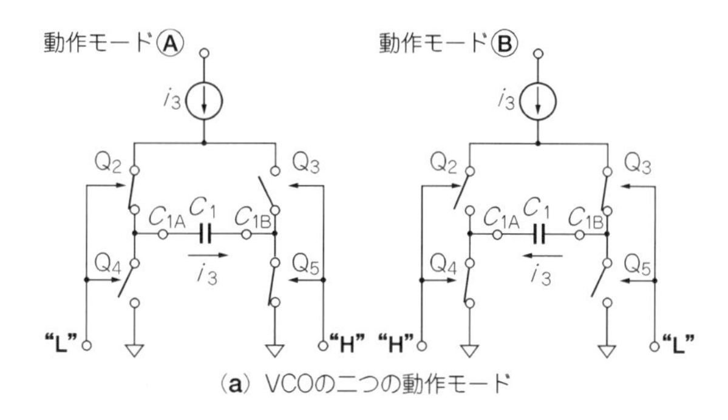

(**a**) VCOの二つの動作モード

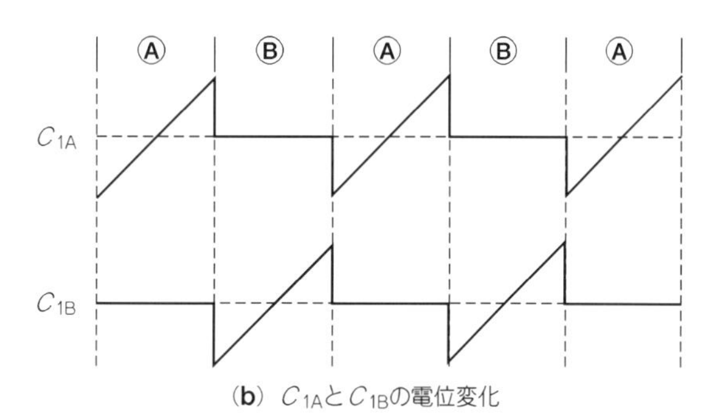

(**b**) C_{1A}とC_{1B}の電位変化

〈写真4-2〉
VCOの出力波形
(上：1 V/div.，中：1 V/div.，
下：5 V/div.，2 μ s/div.)

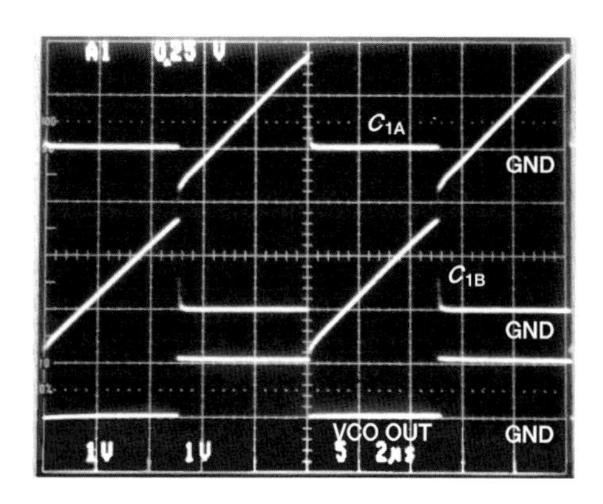

のときの直線性は，メーカにより大きく異なるので注意が必要です．Appendix Bの**図B-10**(pp.313～315)に各社4046の出力周波数-制御電圧特性を示していますので参考にしてください．何らかの理由でメーカを変更するときは，ループ・フィルタのCR定数を再設計する必要もあります．

〈図4-5〉
乗算器が位相比較器の動作を行う

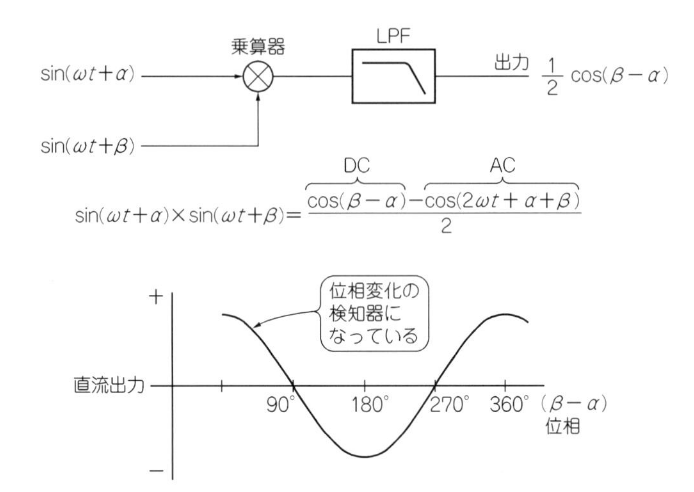

4046に限りませんが，VCOは発振周波数が100 kHz以上になると浮遊容量などの実装条件によっても特性が変化することがあります．周波数が高くなるときは十分な注意が必要です．

4.2　位相比較器の働きがポイント

● アナログ位相比較器

位相比較器はPLL回路ならではの回路です．この位相比較器は，原理的には乗算器で実現することができます．

図4-5に示すように，周波数ωtが同じで，位相の異なる信号(正弦波)を乗算すると，三角関数の公式から，直流と2倍の周波数に変換されます．そしてローパス・フィルタで交流成分を除去すると，位相によって直流電圧が変化する位相比較器としての動作を行うことになります．

しかし，このアナログ・タイプの乗算器は入力信号の振幅によっても出力電圧が変化してしまうので，位相比較器としての利得が振幅によって影響を受けることになり，少々使いづらい欠点があります．しかし，入力信号にノイズが含まれている場合など，特殊なPLL回路では使用されることがあります．

この乗算器を実現する実際のデバイスとしては，**図4-6**に示すダイオードを使用したDBM(Double Balanced Mixer)や**図4-7**に示す半導体を使用したDBMがあります．

〈図4-6〉ダイオードによるDBMの例(M4，R＆K社)

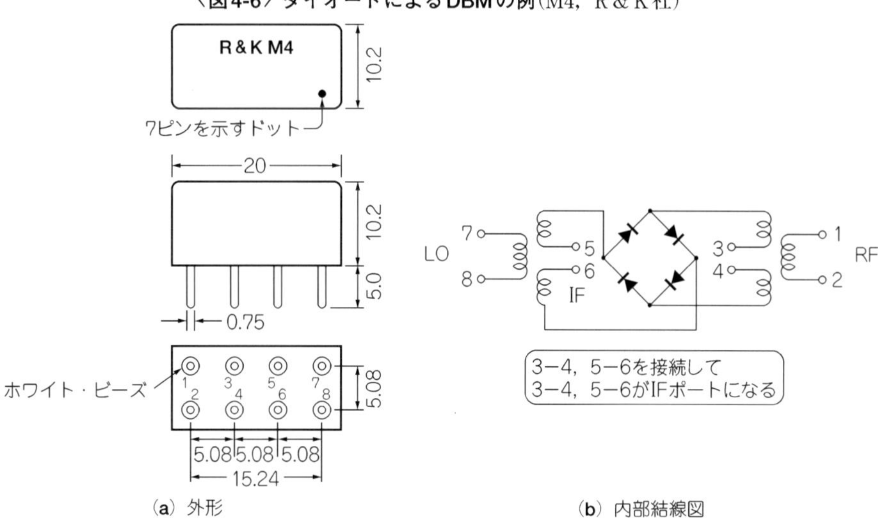

(a) 外形

(b) 内部結線図

ダイオードによるDBMは，**図4-8**に示すように，二つの入力信号のうち片方の信号(図ではS_2)の振幅を大きくしてダイオードをスイッチングします．図(**a**)ではT_3に＋電位が加わっているためD_1とD_4に電流が流れ，図の右側に示すように，D_1とD_4がON，D_2とD_3がOFFの状態になります．このため，T_1-T_2の間に加えられた信号は同相でT_5-T_6の出力端子に現れます．図(**b**)ではT_4に＋電位が加わっているため，図の右側に示すように，D_1とD_4がOFF，D_2とD_3がONの状態になります．したがって，T_1-T_2の間に加えられた信号は逆相でT_5-T_6の出力端子に現れます．この信号の変化の様子を表したものが**図4-9**です．

このダイオードによるDBMは，その使用方法から各ポートにRF(高周波入力)，LO(局部発振器入力)，IF(中間周波出力)の名前が付けられていますが，回路構成からわかるようにすべてのポートが入出力可能です．したがって，いずれかのポートに小さな信号，もう一つのポートに大きな信号を加え，残りのポートから信号を取り出すことができます．

直接ダイオードにつながっているIFポートのみ直流信号を取り扱うことができるので，位相比較器として使用する場合は，RF，LOポートを入力，IFポートを出力として使用することになります．

理想的な乗算器は入力周波数成分は出力に現れませんが，現実のDBMではわずかながら入力の周波数成分が漏れて出力されます．これがアイソレーション特性として規定され

〈図4-7〉
半導体によるDBMの例
(MC1496，モトローラ社)

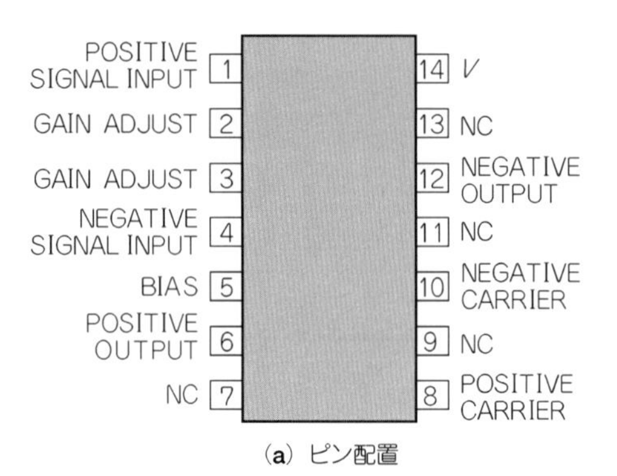

(**a**) ピン配置

(**b**) 内部等価回路

ていて，その特性の例を**図4-10**に示します．

図4-7に示した半導体によるDBMは利得があるため，駆動信号のレベルが小さくてすみます．しかしダイオードのDBMに比べると，広範囲の周波数に渡って良好なアイソレーション特性を確保するのが難しくなります．

● ディジタル位相比較器

この乗算をディジタル素子で実現すると，**図4-11**のエクスクルーシブ・オア・ゲートになります．二つの入力信号ともディジタルなので振幅による位相比較器の利得の変動は

〈図4-8〉ダイオードDBMの動作

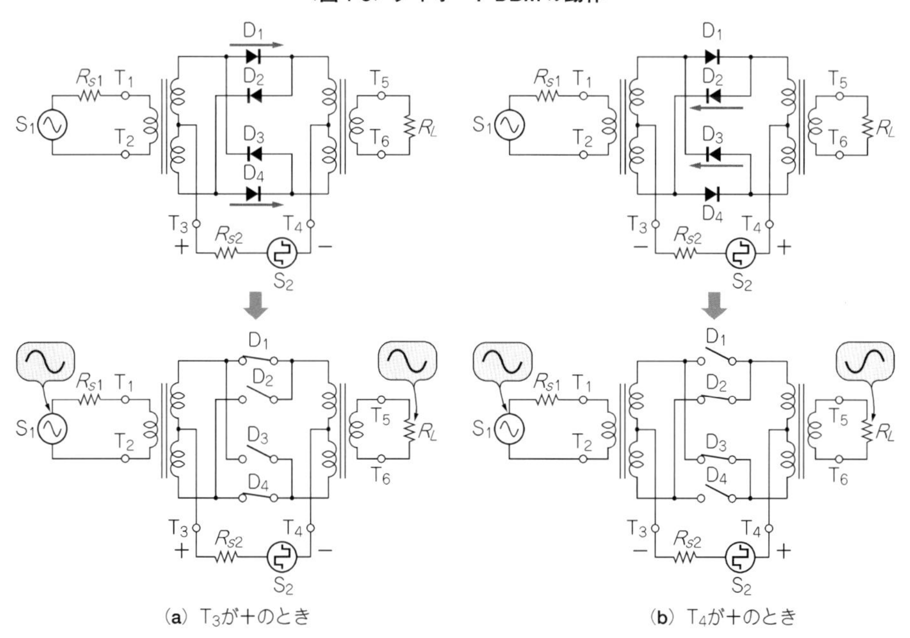

(a) T_3が+のとき (b) T_4が+のとき

〈図4-9〉ダイオードDBMの動作波形

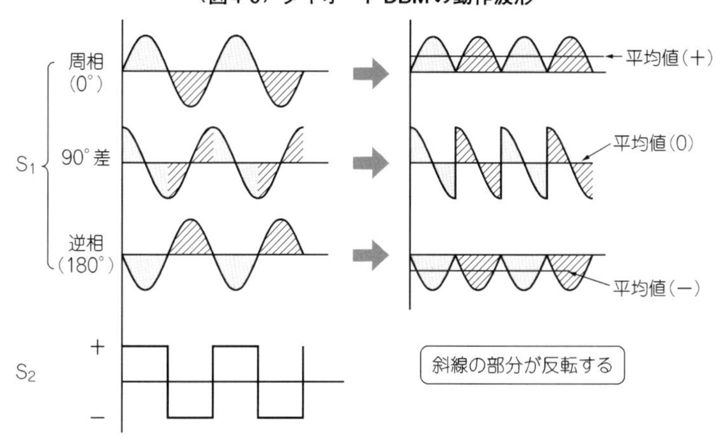

〈**図4-10**〉**ダイオードによるDBMの特性例**(M4，R＆K社)

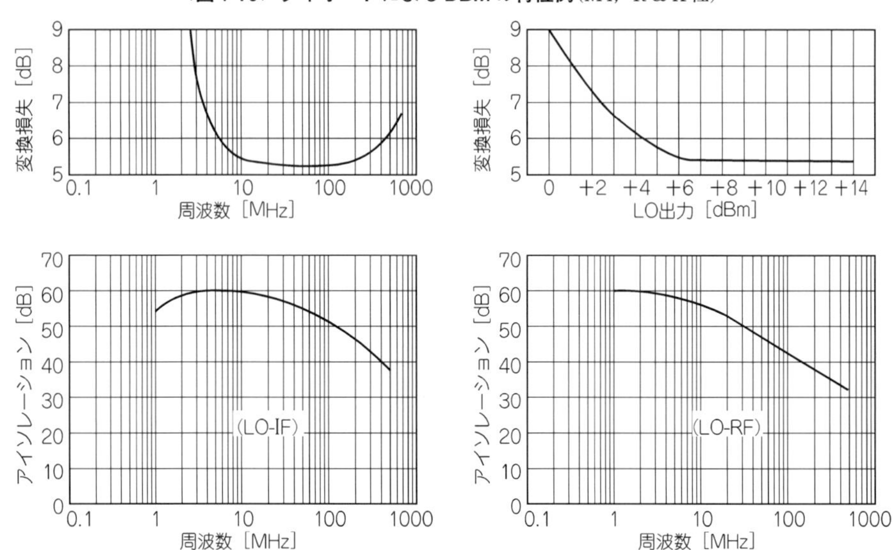

なくなりますが，デューティが50 %からずれると利得が変動します．

入力の位相差が0°のとき出力は0 V，位相差90°のとき出力を平均化すると電源電圧の半分の値になり，位相差180°で電源電圧が出力されます．

入力のデューティ比の影響を取り除いたのが**図4-12**に示したRSフリップフロップによる位相比較器です．0°～360°の範囲で0 V～電源電圧までリニアな入出力特性が得られます．

ただし，入力波形のエッジで位相を検出するため，入力信号に細いノイズ・パルスが混入すると誤動作を起こしてしまいます．この点で，エクスクルーシブ・オア・ゲートによる位相比較器は信号の面積で位相差を検出するので，細いノイズ・パルスが混入しても影響の度合いが少なくなります．

● 位相周波数型比較器

これまで紹介した位相比較器はいずれも周波数の比較が行えず，PLLに使用した場合，大幅に周波数がずれるとロックできないという不具合があります．この欠点をなくしたのが，**図4-13**に示す位相周波数型比較器(PFC；Phase Frequency Comparator)です．この位相比較器は，はじめにモトローラ社からMC4044の型名で発売され，シンセサイザな

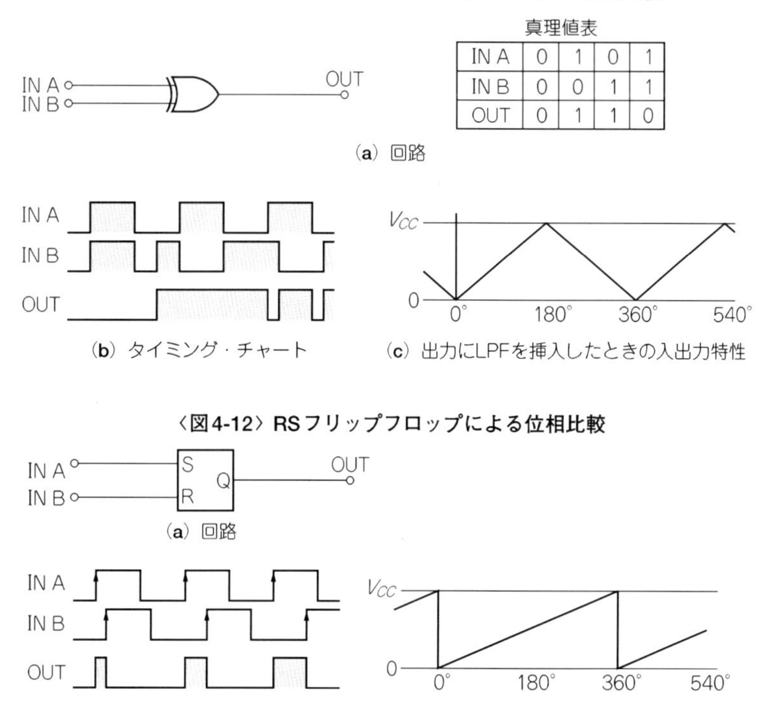

IN A	0	1	0	1
IN B	0	0	1	1
OUT	0	1	1	0

どに広く用いられました．

この位相比較器は周波数の比較もできるように前の入力信号の状態を覚えておいて，次の出力の状態を決定します．このためタイムチャートがかなり複雑なものになります．まずMC4044の動作は**図4-14**のフローテーブルにしたがいます．このテーブルは横方向に入力の変化を，縦方向に出力の状態の変化を示します．テーブルの( )内の数字は安定状態を，( )なしは不安定状態を示し，最終的には同縦列の( )のある同じ番号の値に落ち着きます．

図4-14のフローテーブルを例を挙げて動作説明すると，R-Vが1-0で(4)の状態で安定しているとします．このときの出力のU_1-D_1は0-1です．この状態からR-Vが1-1に変化すると左の3の状態になりますが，不安定なため同縦列の(3)の状態に落ち着き，このときもまだU_1-D_1は0-1です．さらに入力が0-1に変わっても左の(2)に落ち着き，出

〈図4-13〉位相比較器MC4044(モトローラ社)

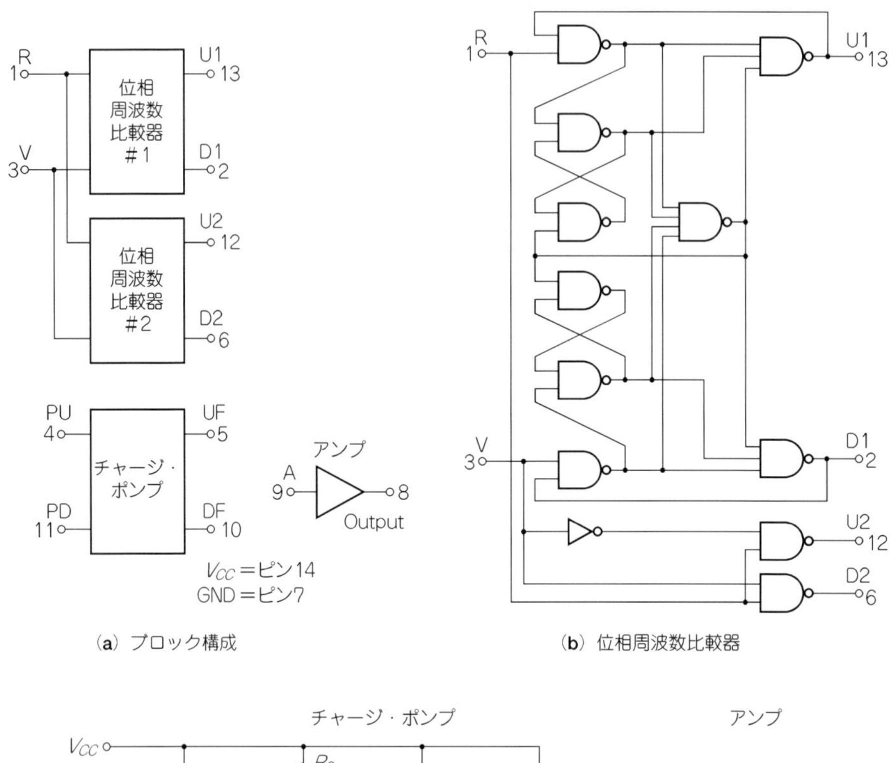

(a) ブロック構成

(b) 位相周波数比較器

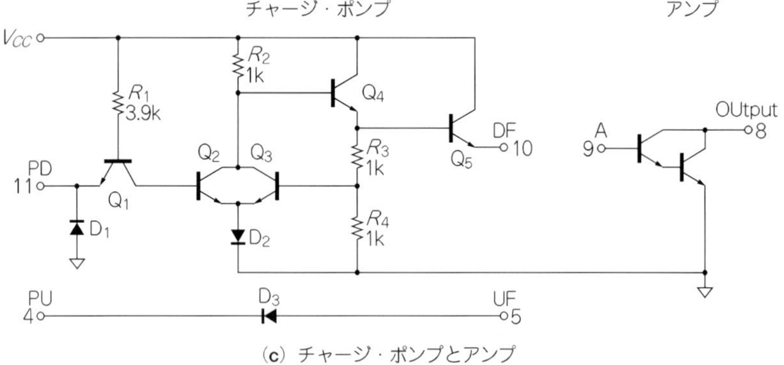

(c) チャージ・ポンプとアンプ

力は変化しません．次に，入力が0-0になるとすぐ左の5の状態になりますが，不安定なため同縦列で直下の(5)の状態で安定し，このとき出力は1-1に変化します．

入力信号の位相差がない場合はU_1-D_1出力は1-1のままです．そして，U_1-D_1出力が

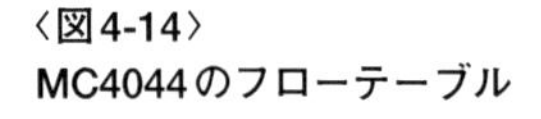
〈図4-14〉
MC4044のフローテーブル

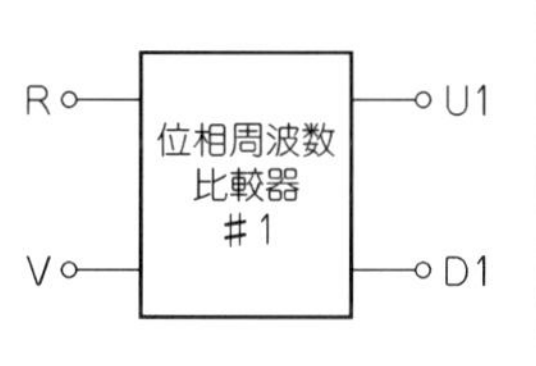

R-V 0-0	R-V 0-1	R-V 1-1	R-V 1-0	U1	D1
(1)	2	3	(4)	0	1
5	(2)	(3)	8	0	1
(5)	6	7	8	1	1
9	(6)	7	12	1	1
5	2	(7)	12	1	1
1	2	7	(8)	1	1
(9)	(10)	11	12	1	0
5	6	(11)	(12)	1	0

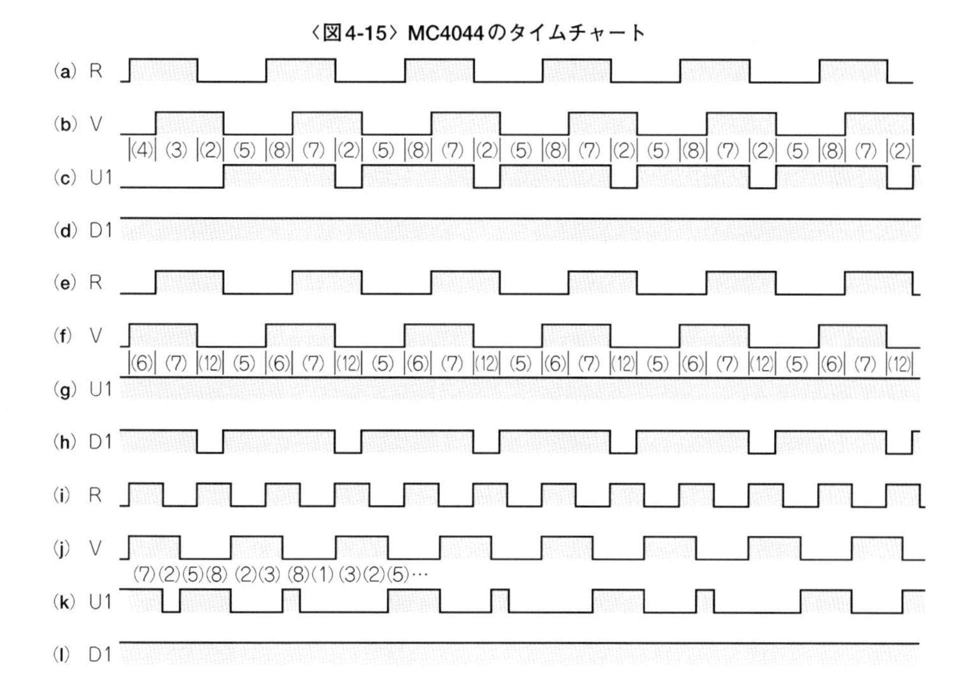

〈図4-15〉 MC4044のタイムチャート

0-0になることはありません．

このような動作をタイムチャートにまとめたのが**図4-15**です．(**a**) (**b**) (**c**) (**d**)は，R入力がV入力よりも位相が進んでいる場合で，U_1出力のみに0に向かうパルスが出力され，D出力は1のままです．

(**e**) (**f**) (**g**) (**h**)は，逆にR入力がV入力よりも位相が遅れている場合で，U_1出力は1のままで，D_1出力のみ0に向かうパルスが出力されます．

〈図4-16〉位相比較器とチャージ・ポンプを接続する

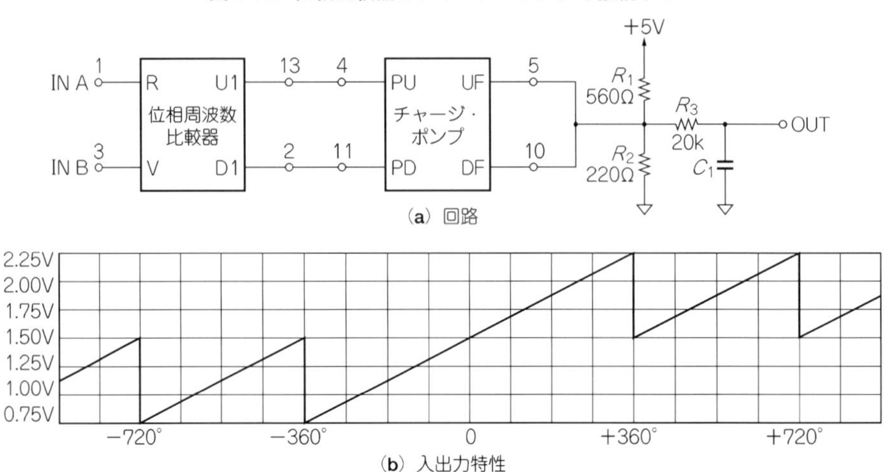

(a) 回路

(b) 入出力特性

(i)(j)(k)(l)は，R入力が周波数が高い場合で，U_1出力のみに0に向かうパルスが出力され，D_1出力は1のままです．ゲートのみではこのようなタイムチャートを実現することは不可能で，フリップフロップの記憶回路を内蔵したMC4044ならではの動作です．

このような記憶回路を含んだ回路構成のため，瞬時に入力信号が切り替えられると，入力信号が一巡するまで正常な位相比較動作ができません．また，二つの入力周波数がまったく同じで変化しない場合，タイミングによっては正常な位相比較動作ができません．

この位相比較器はチャージ・ポンプと呼ばれる駆動回路を通して，積分器あるいはCRのループ・フィルタを制御します．このチャージ・ポンプのPD入力が0になるとQ_1がON，Q_2がOFFになり，Q_3が能動状態になります．Q_3のベース電圧はD_2により2 V_{be}になり，$R_3 = R_4$からQ_4のエミッタ電位が4 V_{be}，したがってQ_5のエミッタ電位，DFは3 V_{be}になります．PUが0の場合はD_3がONするだけなので，UFの電位はV_{be}になります．

チャージ・ポンプを**図4-16**(a)に示すように接続し，入出力特性を表すと**図4-16**(b)になります．+360°以上と−360°以下では出力電圧が異なり，周波数も比較できることがわかります．

出力電圧が若干不思議な値と思われるかもしれませんが，次に接続されるトランジスタを2個使用したダーリントン型のアクティブ・ループ・フィルタのスレッショルド電圧に合わせるための値になっています．

〈図4-17〉4046のPC2タイプ位相比較器

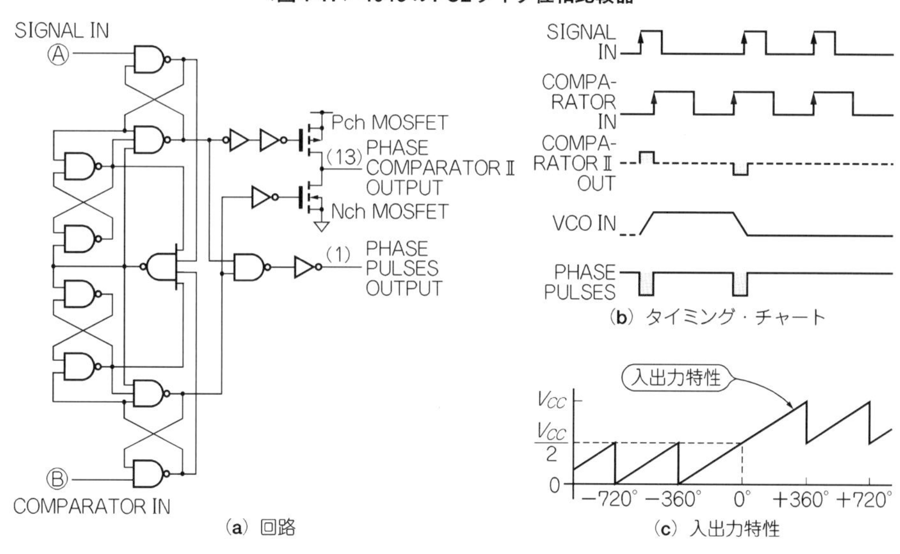

(a) 回路
(b) タイミング・チャート
(c) 入出力特性

● 4046のPC2タイプ位相比較器

このMC4044の位相周波数比較回路をCMOSに置き換え，出力を3ステートにしたのが**図4-17**に示す，4046のPC2などに使用されている位相比較器です．Ⓐ入力信号の位相が遅れているときは出力のPチャネルのMOSFETのみONし，電源電圧にほぼ等しいパルスを出力します．そして逆に，Ⓑ入力信号の位相が遅れているときは，NチャネルのMOSFETのみONし，0Vにほぼ等しいパルスを出力します．二つの入力信号が同位相のときはNチャネル，Pチャネル両方のMOSFETがOFFになり，出力がハイ・インピーダンスになります．

*CR*のパッシブ・ループ・フィルタを接続した場合，位相比較器の二つの入力信号が同位相でPLLがロックしたハイ・インピーダンスの状態では，ループ・フィルタのコンデンサに蓄えられた直流電圧がVCOに加わり，比較周波数成分がないので，リプルのないきれいな直流電圧になります．当然，実際にはコンデンサの電圧は漏れ電流により若干変化しますので，漏れ電流を補正する量のわずかなパルスが位相比較器から供給され完全にリプル成分がなくなることはありませんが，他の位相比較器に比べ比較周波数のリプル成分は非常に少なくなります．

そして，この位相比較器はCMOS構成のため出力が0V～V_{CC}まで変化し，*CR*だけで

〈**図4-18**〉
CMOSロジックの基本構成

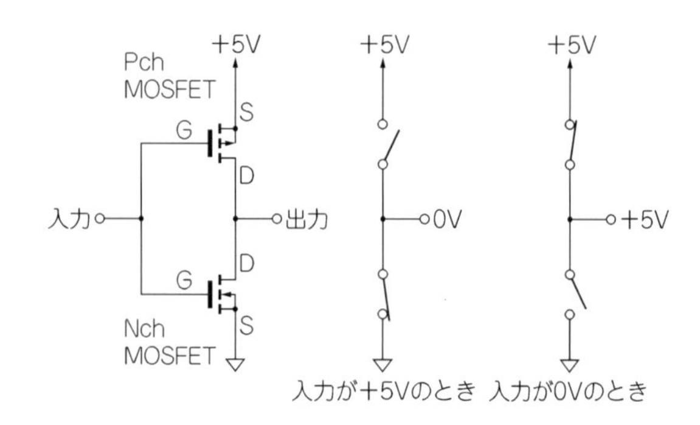

構成するパッシブ・ループ・フィルタでもVCOの制御電圧範囲がV_{CC}近くまで利用できます．入出力特性を**図4-17**(**c**)に示します．

この4046のPC2は入力信号の立ち上がりエッジで動作するため，入力に細いパルスが混入したり，信号の立ち上がりが遅いと誤動作します．入力信号パターンの引き回しは最短にし，他のディジタル信号が混入しないように注意しなくてはなりません．

単体の位相比較器では東芝のTC5081が同じ回路構成です．また，PLL用のLSIの多くがこの回路構成を採用しています．

● デッド・ゾーン

CMOSロジックICは**図4-18**に示すように，PチャネルのMOSFETとNチャネルのMOSFETがコンプリメンタリに接続され，基本ブロックを構成しています．入力電圧がHighレベルのときはNチャネルMOSFETがON，PチャネルMOSFETがOFFになり，出力レベルがLowになります．入力電圧がLowではON/OFFが逆になり，出力レベルがHighになります．

そして入力レベルが電源電圧の半分のとき，Nチャネル，Pチャネル両方のMOSFETがONしていると電源からグラウンドに向かって貫通電流が流れてしまいます．このため，入力レベルが中間電位のときにはNチャネル，PチャネルのMOSFETは両方ともOFFの状態になります．

図4-19に示すように，4046の位相比較器PC2の出力も同様な構成ですが，位相差が0のときハイ・インピーダンス(N/PチャネルのMOSFETともOFF)に保つためNチャネル，PチャネルのMOSFETの駆動回路は別になっています．また当然ですが，4046の応答速度には限度があり(74HC4046で約50 ns程度，100 kHzでは約1.8°に相当)，周波数が高く，

〈図4-19〉
4046の位相比較器PC2のブロック構成

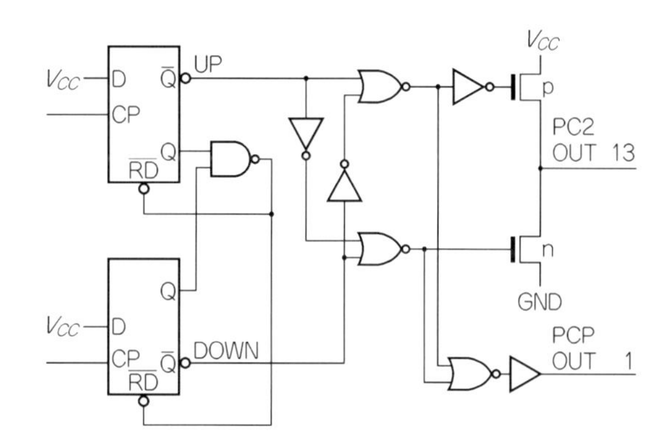

位相差が小さい場合には出力が変化できません．

一般的にパルス波形を出力する場合，信号源インピーダンスで出力に接続された浮遊容量を充放電しなくてはなりません．このときパルス波形の立ち上がり/立ち下がり時間は信号源インピーダンスと浮遊容量により遅くなります．

図4-20(**a**)に示すように，4046の位相比較器がHighレベルに出力をONするときには，PチャネルMOSFETのON抵抗(数十Ω程度)と位相比較器出力回路の浮遊容量で出力信号の立ち上がり時間が決定されます．そして，出力をOFF(ハイ・インピーダンス)にするときには，位相比較器の出力回路のインピーダンス(ループ・フィルタのR_1が支配的)と浮遊容量で立ち下がり時間が決定されます．MOSFETのON抵抗に比べ，ループ・フィルタのR_1は一般的に遙かに大きい値になります．このため，PC2の出力パルスの立ち上がりと立ち下がりには大きな時間差ができてしまいます．

以上のことから**図4-20**(**b**)に示すように，4046の位相比較器PC2は位相差が小さいときには応答しないので利得が0になり，応答できる位相差になると，立ち上がりと立ち下がりの時間が大きく異なり,位相差に比例したパルス幅よりも広いパルスを出力してしまい,等価的に利得が大きくなってしまいます．このため，4046の位相比較器PC2は**図4-20**(**c**)に示すように，理想応答特性に比べ0°付近が暴れた特性になります．

このデッド・ゾーンがあると，PLLのループ利得がデッド・ゾーン付近で大きく変化し，制御が不安定になり，PLLループが位相差0°の領域に入ったり出たりするハンチング現象が生じてしまいます．このハンチングによりPLL出力信号にスプリアスが生じたり，出力周波数がこのハンチング周期でドリフトすることになります．

〈図4-20〉4046の位相比較器PC2のデッド・ゾーン

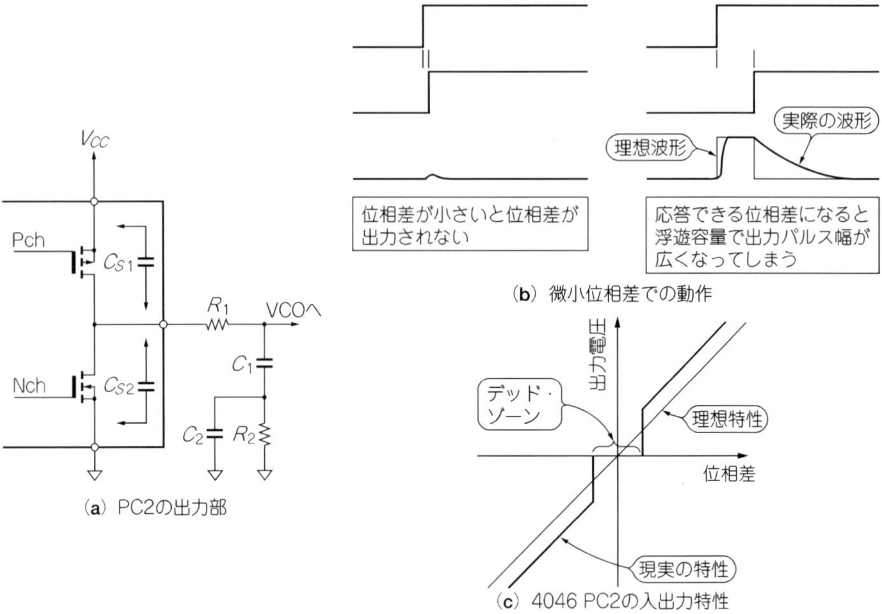

V_{CC}
Pch
C_{S1}
Nch
C_{S2}
R_1
VCOへ
C_1
C_2
R_2

（a）PC2の出力部

理想波形
実際の波形
位相差が小さいと位相差が出力されない
応答できる位相差になると浮遊容量で出力パルス幅が広くなってしまう

（b）微小位相差での動作

出力電圧
デッド・ゾーン
理想特性
位相差
現実の特性

（c）4046 PC2の入出力特性

〈図4-21〉位相比較器出力に定電流回路を挿入してデッド・ゾーンをなくす

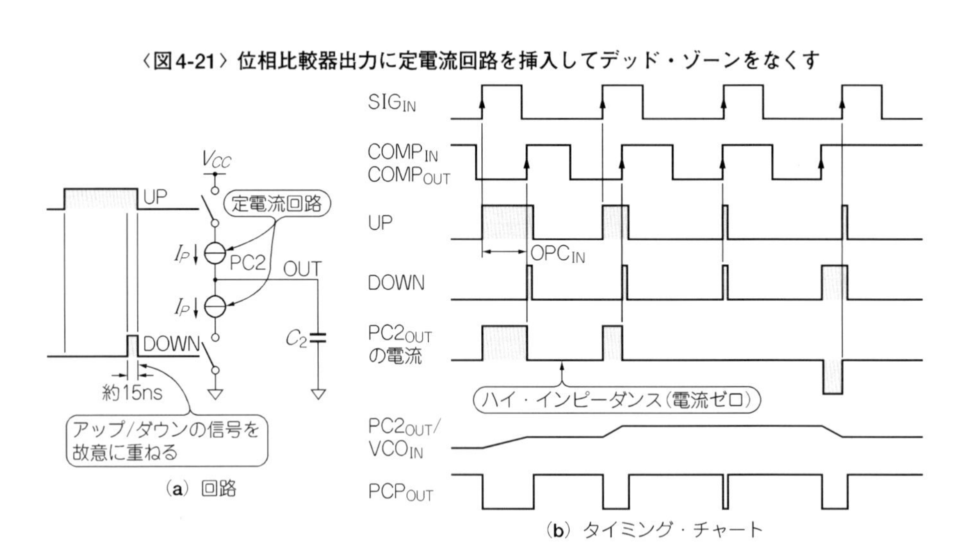

（a）回路

（b）タイミング・チャート

● 電流出力タイプ位相比較器

PC2タイプの位相比較器のデッド・ゾーンをなくすため考案されたのが，電流出力タイプの位相比較器です．**図4-21**に示すように，出力に定電流回路が追加され，PチャネルとNチャネルのMOSFETが同時にONになっても定電流回路で決定される電流以上の貫通電流が流れず，PチャネルとNチャネルのMOSFETが同時にOFFになる状態をつくら

〈図4-22〉74HCT9046のブロック構成と位相比較器の特性（フィリップス社）

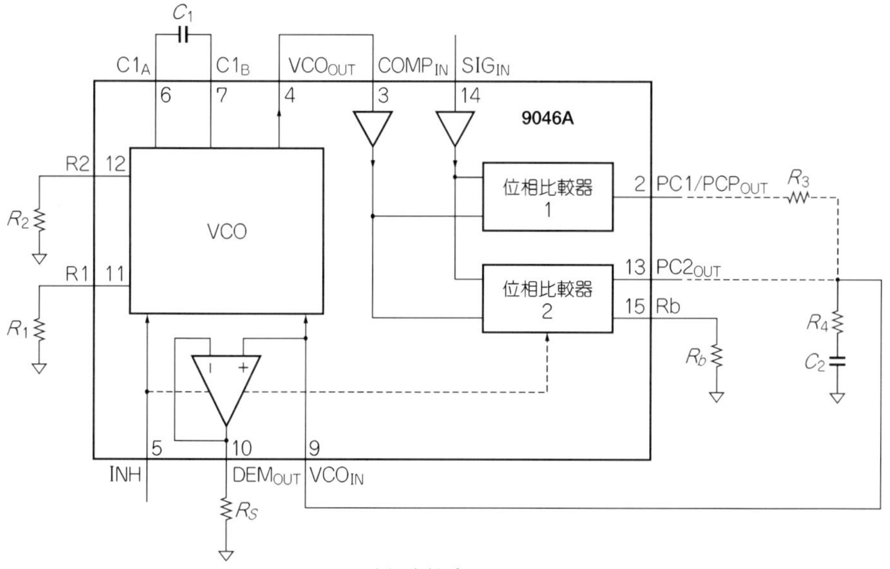

（a）内部ブロック

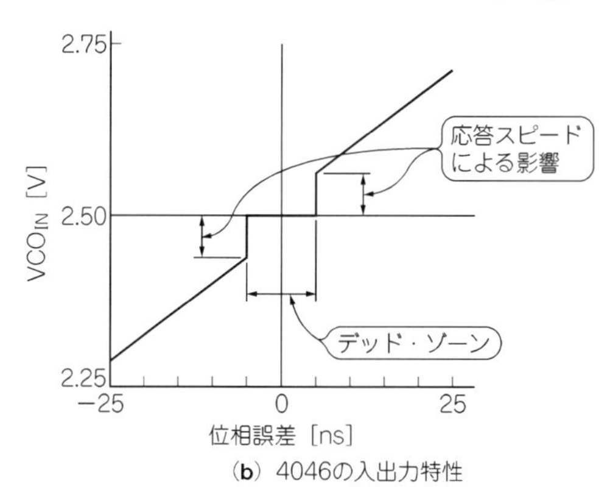

（b）4046の入出力特性

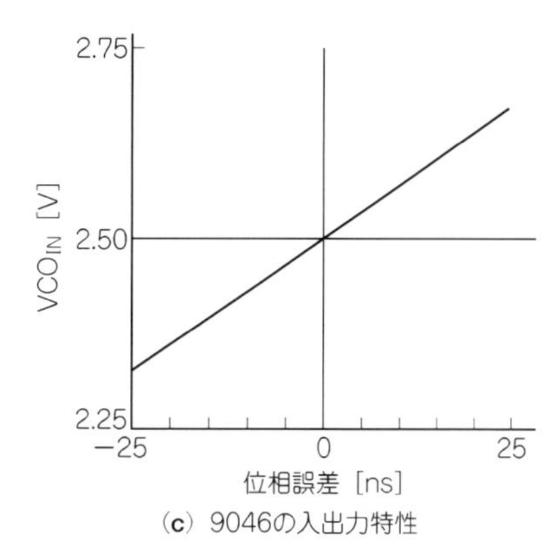

（c）9046の入出力特性

〈図4-23〉高速位相比較器AD9901のブロック構成と特性（アナログ・デバイセズ社）

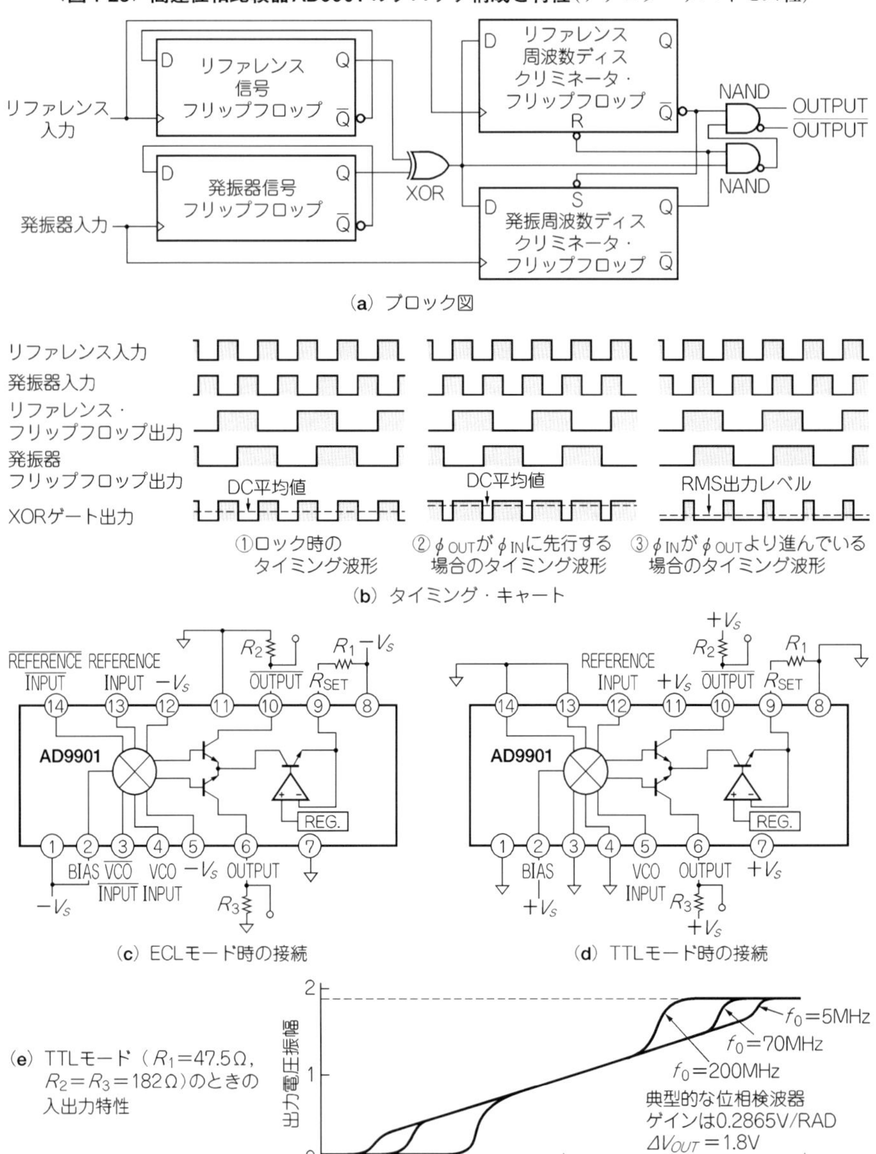

ないですみます．このためデッド・ゾーンが出にくく，高精度のPLLが実現できます．

このタイプの位相比較器を内蔵したICにはフィリップス社の74HCT9046（**図4-22**）やアナログ・デバイセズ社のADF411Xシリーズがあります（74HCT9046については次章の5.4項で応用例を解説している）．

74HCT9046の位相比較器出力の電流値は，15ピンに接続された抵抗R_bによって決定されます．データシートにより，R_bの値は25 kΩ～250 kΩに規定されています．位相比較器の出力電流は下式で決定され，R_b = 40 kΩのとき約1 mAになります．

$$I_p = 17 \times (2.5/R_b)$$

● 高速位相比較器AD9901

PLL回路で純度が高くきれいなスペクトラムの波形を得るには，ループ利得をできるだけ高くすることが必要です．ループ利得を高くするためには，できるかぎり比較周波数を高くする必要があります．高い比較周波数で高精度のPLLを実現するには，高速な位相比較器が必要になってきます．

高速位相比較器としては，従来はモトローラ社のECLタイプ位相比較器MC12040がありましたが，残念なことに現在は製造中止になり，会社名がオン・セミコンダクターに変わるとともにMCH12140，MCK12140，MC100EP40，MC100EP140がECLの位相比較器として販売されています．代わりに，マキシム社からMAX9382/9383が発売されています．また，ECLの位相比較器として使いやすいのが**図4-23**に示すアナログ・デバイセズ社のAD9901です．

AD9901は**図4-23**（**c**），（**d**）に示すように，電源の接続方法によってTTL/CMOSまたはECLと直接接続することができます．またデッド・ゾーンがなく，**図4-23**（**e**）に示すように入出力特性で－360°～0°の範囲で位相を検出します．位相比較器の入力位相差が180°のときPLLをロックさせ，そのとき位相比較器出力からは比較周波数でデューティ50 %の方形波が出力されます．具体的な使用例は第9章の9.4項で説明しています．

第5章
電圧制御発振器VCOの回路技術
VCOに求められる特性とさまざまな発振回路の方式

この章では，PLLシステムで使われるVCOに的を絞って，必要な特性とさまざまな回路方式を解説します．

5.1 VCOに要求される性能

● VCOのあらまし

電圧制御発振器(Voltage Controlled Oscillater ; VCO)は，入力の直流電圧(あるいは電流)で出力周波数を制御することのできる発振器です．発振方式には，周波数帯によってさまざまな種類があります．

発振器を大きく分類すると，

(1) コンデンサの充放電を利用した弛張(しちょう)発振器
(2) 出力信号を入力に戻して発振を行う帰還発振器
(3) 素子の遅延時間を利用した遅延発振器

の3種類に分類できます．これらの発振器を，入力直流信号によって発振周波数が可変できるいわゆるVCOにするためには，周波数を決定している回路素子(C, R, Lあるいは電流など)を入力信号で可変する工夫が必要になります．これらについてまとめたものが**表5-1**です．いずれの方式も性能は日々改良されており，この表に記入した評価はおよそのもので，筆者の主観が含まれています．

また，本書では述べませんがモータなどの回転機器も，PLL回路においてはVCOとして位置付けることができるものです．

それでは，はじめにVCOに要求されるパラメータから考察しましょう．VCOに要求されるパラメータの重要度は応用されるPLL回路の用途によって異なりますが，PLL回路

〈表5-1〉VCOの種類

名　称	周波数範囲[Hz]	可変範囲	位相ノイズ	歪　み	温度安定度
弛張発振器					
マルチバイブレータ	0.1～10M	1000倍	悪	悪	
ファンクション・ジェネレータ	1m～10M	1000倍	悪	普通	
ブロッキング発振器	1～1M	10倍	悪	悪	
帰還発振器					
・*RC*によるもの					
移相型発振器	1～1M	10倍	普通	良	
ウィーン・ブリッジ発振器	1～10M	10倍	普通	良	
ステート・バリアブル発振器	1～1M	10倍	普通	優	
変形ザルツァ発振器	1～10M	10倍	普通	優	
ブリッジドT発振器	1～10M	10倍	普通	良	
・*LC*によるもの					
コレクタ同調発振器	100k～300M	2倍	良	普通	
コルピッツ発振器	100k～300M	2倍	良	普通	
クラップ発振器	100k～300M	2倍	良	普通	
バッカー発振器	100k～300M	2倍	良	普通	
ハートレイ発振器	100k～300M	2倍	良	普通	
・振動子によるもの					
音叉発振器	100～100k	－	良	良	
セラミック発振器	100k～30M	5％	優	普通	5000ppm
リチウム・タンタレート発振器	3M～30M	0.5％	優	普通	200ppm
水晶発振器（VCXO）	1M～100M	0.1％	優	普通	20ppm
SAW発振器	30M～3G	0.5％	優	普通	
誘電体発振器（DRO）	1G～10G	－	優	普通	
YIG発振器（YTO）	500M～50G	2倍	優	普通	
・伝送線路によるもの					
ストリップライン発振器	1G～10G	－	良	普通	
ストリップリング発振器	1G～10G	－	良	普通	
同軸発振器	100M～1G	－	良	普通	
遅延発振器					
リング発振器	10M～200M	2倍	悪	悪	

を設計するにはVCOに対して，以下の項目を明確にしておく必要があります．

● 周波数可変範囲

もっとも重要な項目です．必要な出力周波数範囲をカバーしていることは当然ですが，周囲温度の変化に対しても余裕をもった周波数可変範囲になっていることが必要です．ただし，VCOの周波数可変範囲が広くなるほど出力波形のノイズ，歪(ひず)みなどの品位が悪化

〈図5-1〉VCOプリセット電圧加算によるロック速度の高速化

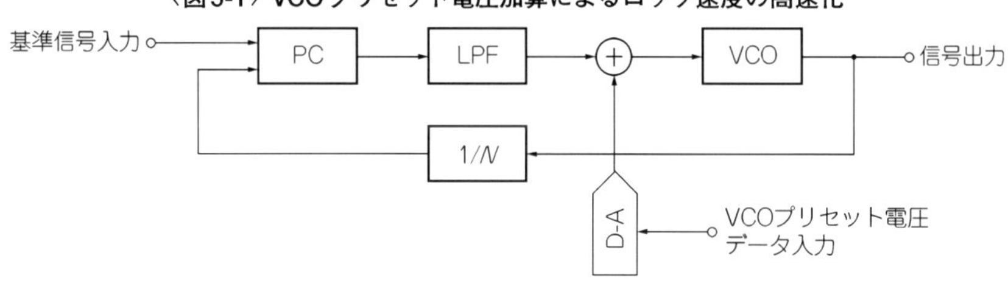

する傾向にあります．

周波数可変範囲と波形品位を両立させるには，VCOを構成する部品を周波数によって切り替えるなどの対策が必要になる場合もあります．

● 周波数制御の直線性

通常のPLL回路では，VCOの電圧入力対発振周波数の直線性は10 %以内であれば，ループ利得に大きく影響することはなく，問題になりません(負帰還がかかっているため)．しかし**図5-1**に示すように，周波数を可変するときにあらかじめF-V特性にそった直流電圧を加算し，ロック時間を最短にするなどの工夫をする場合は，直線性とともに制御電圧の周囲温度に対する安定性が必要になります．

また，PLL回路をFM検波など周波数変化の検出器として用いる場合には，当然のことながらVCOの直線性がそのまま検出回路の誤差になります．

逆に，出力周波数や分周数とも広範囲に可変する場合は，PLL回路のループ利得の変化が少なくなるよう，故意にF-V特性を対数的に工夫する場合もあります．

● 出力ノイズ

VCOの出力ノイズは，振幅に影響するAM性ノイズと周波数の変動となって現れるFM性ノイズに分けられます．FM性ノイズは原理的には，VCOをPLL回路のループ内に入れることによって負帰還量にしたがって改善されます．ただ，PLL回路の負帰還量をむやみに大きくすることは不可能なので，現実にはVCOのノイズ特性がPLL全体のノイズ特性を決定する大きな要因になります．

VCOの出力波形をスペクトラムで表すと**図5-2**のようになります．とくに発振周波数付近のノイズを位相ノイズと呼び，PLL回路の出力波形のジッタの一番の要因になります．

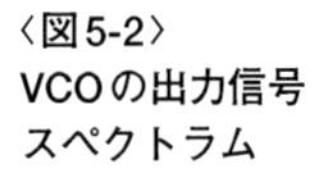
〈図5-2〉
VCOの出力信号
スペクトラム

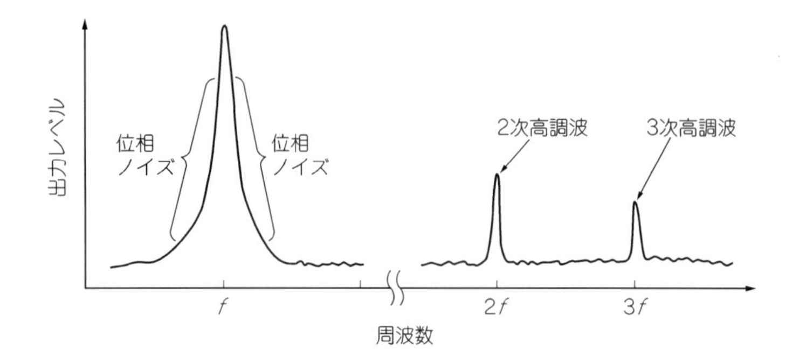

発振周波数から離れた2次や3次の高調波歪みはフィルタなどで除去できます．しかし，一度発生した発振周波数付近の位相ノイズは取り除くことが難しいので，VCOの位相ノイズ特性はたいへん重要です．

● 出力波形歪み

PLL回路から正弦波出力を得るようなときは，低歪み特性が必要になります．後述しますが，低周波の発振器としてはステート・バリアブル発振器や変形ザルツァ発振器と呼ばれるものが低歪みです．

水晶振動子などによる高周波発振器は原理的には低歪みですが，歪み特性は内部電子回路によって決定されます．発振周波数範囲が狭い高周波の場合には，同調増幅器で高調波を取り除くことができます．

● 電源電圧変動に対する安定度

周囲温度変化などによるゆっくりした電源電圧の変動は，PLL回路ではあまり問題になりません．しかし，電源に含まれるリプル電圧やスイッチング電源によるパルス性変動など比較的変化の速い電源変動は，VCOがFM変調を受けてしまう場合があります．

電源電圧変動に強いVCOを使用することは当然ですが，VCOに供給する電源はできる限り低ノイズにする必要があります(詳しくは第8章を参照)．

● 周囲温度変化に対する安定度

VCOの周囲温度変化による発振周波数の変動は，PLL回路によって取り除かれます．しかし，VCOの制御特性が温度変化によってあまりにも大きく変動する場合は，PLLのロックが外れる危険性が出てきます．また，使用温度範囲が広い場合には，最低温度と最高温度でVCOが発振停止などしないことの確認が必要です．

PLL回路の出力周波数確度は，基準入力信号の周波数確度で決定されます．したがって高確度の出力周波数が必要な場合には，基準入力信号に温度補償型水晶発振器TCXO(Temperature Compensated X-tal OSC，1 ppm程度)やディジタル温度補償型水晶発振器DTCXO(Digital Temperature Compensated X-tal OSC，0.1 ppm程度)，さらにはオーブン入り水晶発振器OCXO(Oven Controlled X-tal OSC，0.01 ppm程度)を使用することになります．

● 外部磁界や振動による影響

VCO回路に使用されているコイルは磁束の影響を受けやすいものです．また，50/60 Hzの商用電源周波数の低周波磁束は金属板によるシールド効果が期待できません．したがって，コイルを内蔵したVCO回路は，漏れ磁束を発生する電源トランスやライン・フィルタとは離して配置します．特殊な場合には，フェライトやパーマロイなどによる磁気シールド対策が必要になります．

VCOを装置に組み込んだ場合，ファンや電源トランスの振動によってコイルやコンデンサが影響を受け，FM変調がかかってしまう場合があります．コイルの固定方法やセラミック・コンデンサの選定にも注意が必要です．ケースなども必要によってはアルミ・ダイキャストのしっかりしたものを使用します．

5.2 弛張発振器によるVCOの構成

弛張発振器とはコンデンサを充放電し，コンデンサの両端に生じる電圧波形を利用する発振器です．代表的なものは汎用PLL ICである4046に内蔵されているVCOです．4046のVCOについては第3章の3.1節を参照してください．

● ファンクション・ジェネレータの基本動作

ここではファンクション・ジェネレータとして使用されている弛張発振器を説明します．**図5-3(a)**がその回路構成です．

OPアンプのU_1は，+入力にR_1とR_2によって出力信号を戻す正帰還が施されるコンパレータを構成しています．したがって出力電圧は，正または負のいずれかの飽和電圧の状態になります．U_2はR_3とC_1で反転積分器を構成しています．

〈図5-3〉ファンクション・ジェネレータ

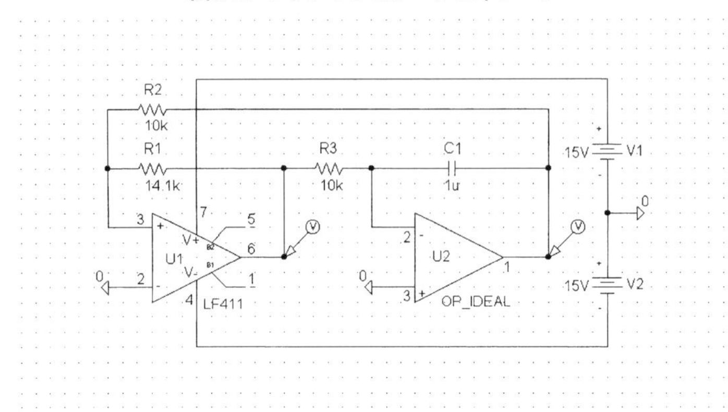

(a) 回路

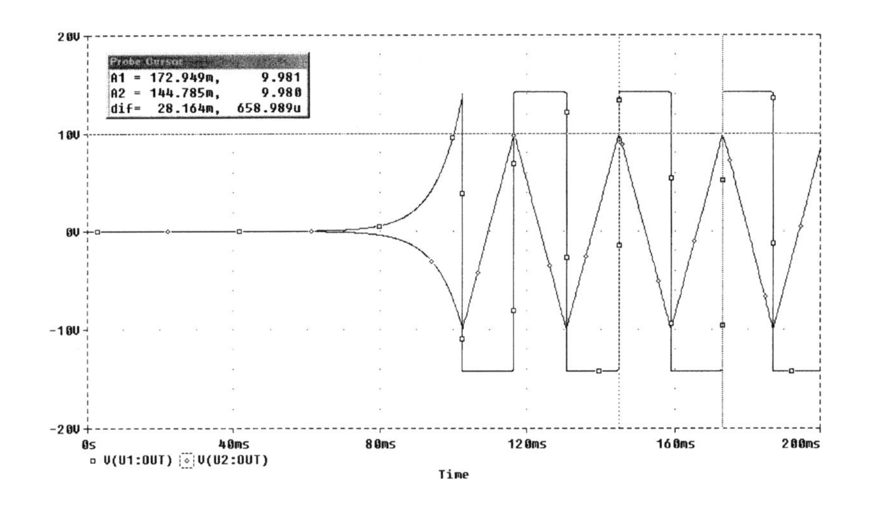

(b) シミュレーション結果

いま仮に，U_1の出力が$+E_s$の状態にあると，U_2の出力電圧は，$E_s/(RC)$の割合で下降し，ついには$-E_s(R_2/R_1)$に達すると，U_1の＋入力電圧は0Vをよぎり，－入力電圧になって，U_1の出力電圧は$+E_s$から$-E_s$に反転します．

すると，今度はU_2の積分器入力電圧が$-E_s$に変化したため，U_2出力は$E_s/(RC)$の割合で上昇します．そしてU_2出力が$+E_s(R_2/R_1)$に達すると，再びU_1出力は$-E_s$から$+E_s$に跳躍します．そして，この動作が繰り返し行われることになり，U_1出力からは方形波が，U_2出力からは三角波が出力されることになります．この二つの波形の周波数は同じで，90°位相差のある発振波形になります．

U_2の積分回路の出力は毎秒$E_s/(RC)$だけ変化するため，$-E_s(R_2/R_1)$から$+E_s(R_2/R_1)$まで$2E_s(R_2/R_1)$だけ変化するのに要する時間は，下記のように表せます．

$$\frac{2E_s \times (R_2/R_1)}{E_s/(R_3C_1)} = 2\frac{R_2}{R_1}R_3C_1$$

この時間は三角波の半周期に相当するので，発振波形の全周期Tは，

$$T = 4\frac{R_2}{R_1}R_3C_1$$

したがって発振周波数fは，

$$f = \frac{R_1}{4R_2R_3C_1}$$

で表せることになります．

なお，**図5-3(a)**におけるU_1出力の飽和電圧は約±14.1 Vなので，R_1の値を14.1 kΩに設定しました．**図5-3(b)**がシミュレーション結果です．R_1 = 14.1 k，R_2 = 10 kの値から，U_2出力がほぼ±10 Vの三角波になっています．

三角波出力は正弦波出力に変換することができます．**図5-4(a)**に示す折れ線回路に三角波を入力すると，出力から正弦波が得られます．シミュレーション結果を**図5-4(b)**に示します．実際の折れ線回路ではR_1，R_2とR_4，R_5による分圧比，およびR_{24}を調整して，最良の歪み率になるように調整する必要があります．最良に調整できると1 %以下の歪み率の正弦波が実現できます．

● ファンクション・ジェネレータによるVCOの構成

図5-3(a)のファンクション・ジェネレータをVCOに変更したのが**図5-5(a)**の回路です．積分器の入力電流を決定していたR_3の代わりに，トランジスタQ_1とQ_2から定電流を供給しています．

VCOの制御電圧であるV_3の電圧によってR_9に電流が流れると，Q_6のコレクタからは負荷インピーダンスの値にかかわらずR_9に流れる電流と等しい定電流が出力されます．これがR_8に流れ込みます．R_4～R_8まで同じ抵抗値なので，Q_1とQ_2に流れる電流もR_9に流れる電流にほぼ等しくなります．

〈図5-4〉三角波-正弦波コンバータ

(a) 回路

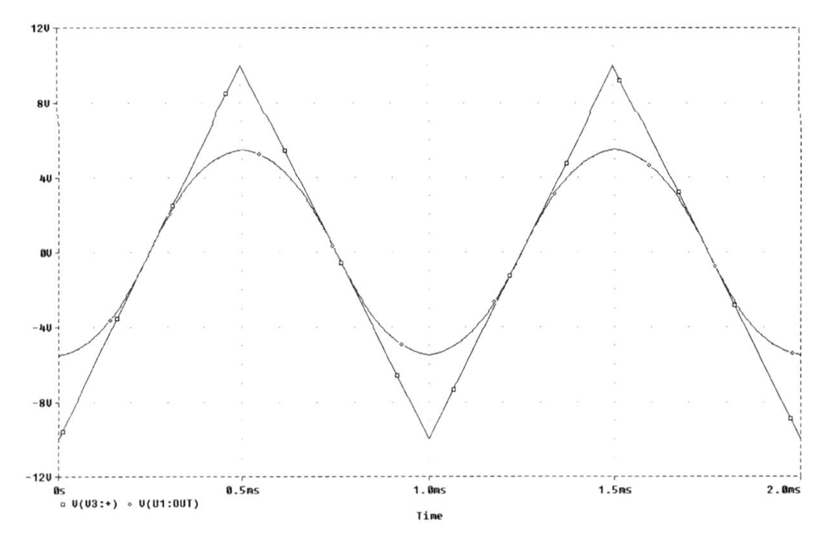

(b) シミュレーション結果

いま，U_1の出力が＋14.1 Vになっているとすると，ダイオードD_1とD_4はOFF，D_2とD_3がONの状態になり，Q_1からの電流はD_2を通ってC_3をチャージします．R_9に流れる電流をI_{in}とすると，U_2の出力はI_{in}/C_3の割合で下降し，$-E_s(R_2/R_1)$に達します．そして，

〈図5-5〉ファンクション・ジェネレータによるVCO

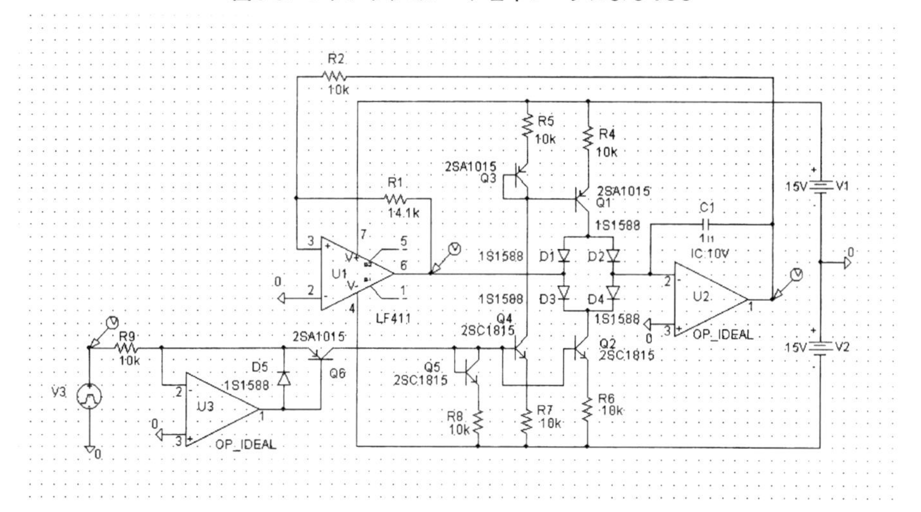

(a) 回路

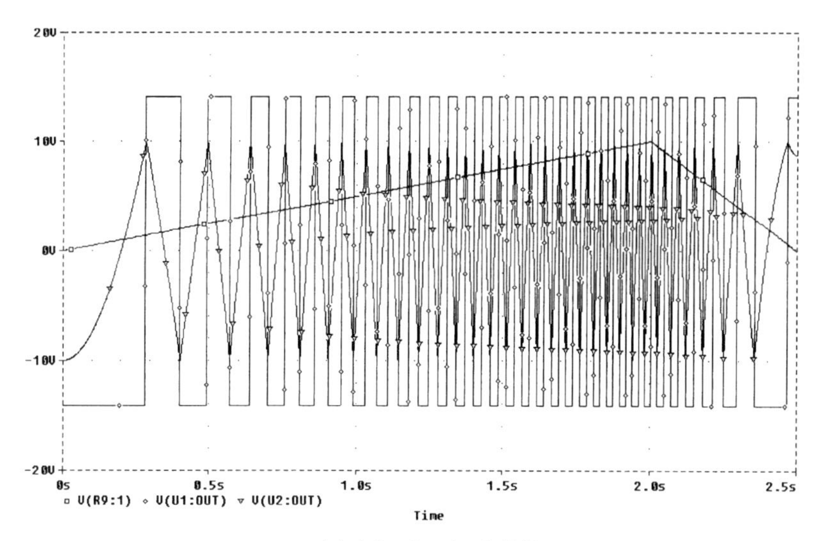

(b) シミュレーション結果

U_1の出力が-14.1 Vに反転すると，D_1とD_4はON，D_2とD_3がOFFの状態になります．C_3の電流がD_4を通ってQ_2を流れ，この電流はI_{in}に等しくなります．したがって，U_2の出力はI_{in}/C_3の割合で上昇し，これを繰り返すことにより，U_2から三角波が出力されることになります．

この三角波の全周期Tは，

$$T = \frac{4E_s C_1}{I_{in}}$$

になり，したがって周波数fは，

$$f = \frac{1}{4E_s C_1} \times I_{in}$$

で決定されます．こうして入力の電流，つまりは入力電圧に比例した出力周波数が得られることになります．

● ファンクション・ジェネレータIC MAX038の利用

先に示したファンクション・ジェネレータの原理にしたがったICがあります．ICL8038とMAX038（**図5-6**）です．

MAX038の基本回路では，半固定抵抗によって周波数を設定しています．これをPLL回路に使用するVCOとして設計したものが**図5-7**（**a**）の回路です．4046などの位相比較器出力からでも駆動できるように入力をハイ・インピーダンスにしており，0～5 Vの入力電圧範囲で動作します．MAX038の周波数制御の電流入力範囲は2 μA～750 μAなので，R_7によって最低電流を決定しています．

MAX038の発振周波数は，

f_o［MHz］＝制御電流［μA］÷ C_1［pF］

で求められ，C_1の容量を変えるだけでおよそ0.1 Hz～10 MHzの範囲で使用することができます．ちなみにC_1 = 10 nFのとき，5 kHz～100 kHzの周波数範囲をカバーします．このときの正弦波出力の歪み特性を**図5-7**（**b**）に示します．

MAX038を5個交換して10 kHzでの歪み特性を採ってみたところ，1.3～5 %という値でした．個々のばらつきがあるので，1 %以下の歪みをねらうのは少し無理なようです．**写真5-1**が発振周波数10 kHzのときの正弦波出力波形とひずみ成分です．

なお，このMAX038の出力波形は3ピン，4ピンのロジック・レベルを設定することによって正弦波，三角波，方形波が切り替えられます．出力振幅はいずれも2 V_{p-p}です．

SYNC出力からは方形波が得られます．SYNC出力は正弦波，三角波のときは同位相ですが，方形波のときは90°の位相差をもった出力になるので注意が必要です．

〈図5-6〉 MAX038のピン配置とブロック構成

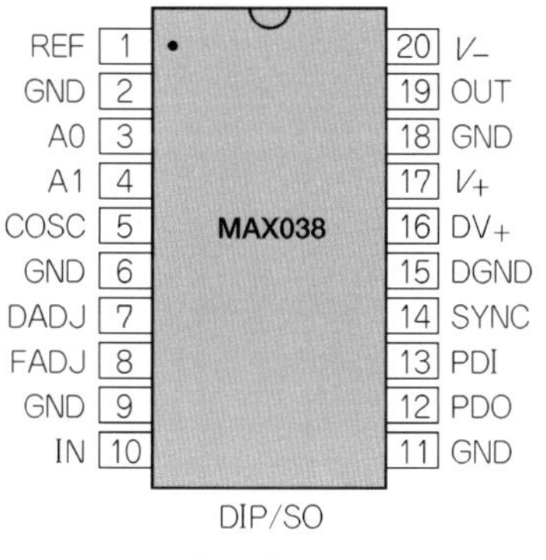

(a) ピン配置

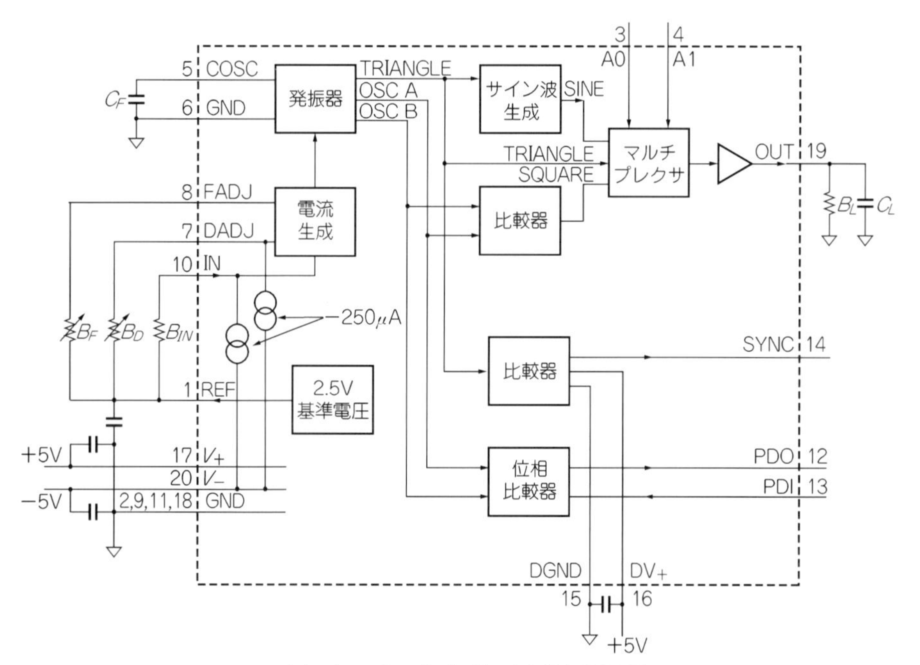

(b) ブロック・ダイヤグラムと基本動作回路

〈図5-7〉MAX038によるVCO

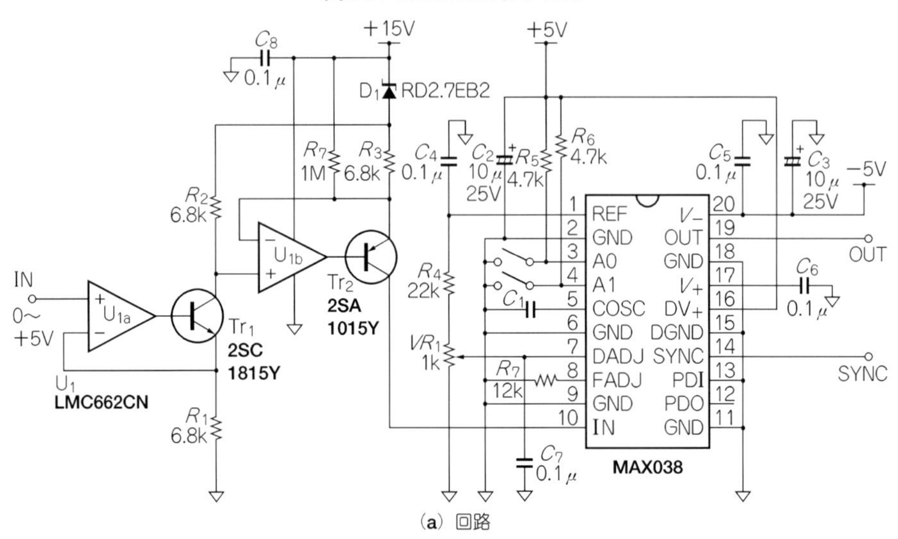

(a) 回路

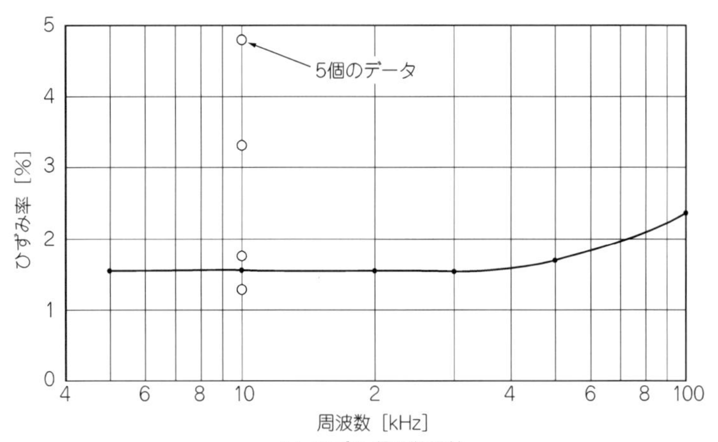

(b) ひずみ-周波数特性

〈写真5-1〉
図5-7(a)の出力10 kHz波形
(上：出力波形，下：歪み成分，
歪み率：1.54％)

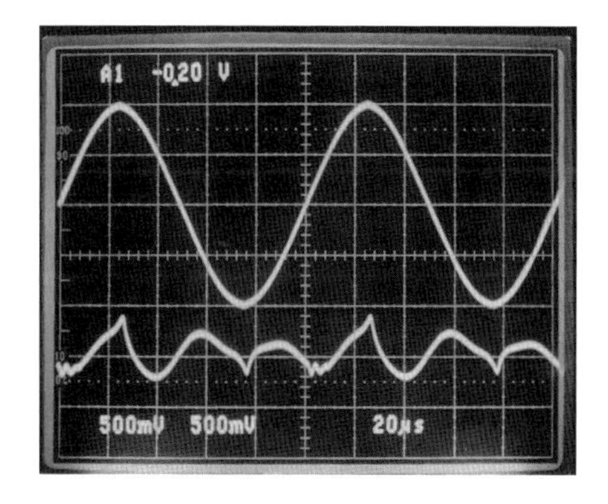

5.3 帰還発振器

● 帰還発振器の基本動作

帰還発振器は，**図5-8**に示すように増幅回路と帰還回路から構成されています．一般的な発振器では帰還回路に周波数選択性をもたせ，この周波数で安定に発振するように工夫されています．

図5-8の帰還発振器が安定に発振を続けるためには，増幅回路の利得Aと帰還回路の利得Fを乗じた$A \cdot F$が発振周波数でちょうど1にならなくてはなりません．ただし，このAやFはリアクタンス分が含まれる複素数です．したがって，

$$\mathrm{Re}(A \cdot F) = 1$$

$$\mathrm{Im}(A \cdot F) = 0$$

つまり，位相が0°でなくてはなりません．

$A \cdot F$が1よりも，ごくわずかに小さければ発振は減少し，ついには発振停止にいたります．また，$A \cdot F$が1よりもごくわずかに大きければ発振は増大し，ついには増幅器が飽和してしまいます．つまり，第2章の2.2節で説明した負帰還増幅器の理論で一番不安定な

〈図5-8〉
帰還発振器の基本ブロック

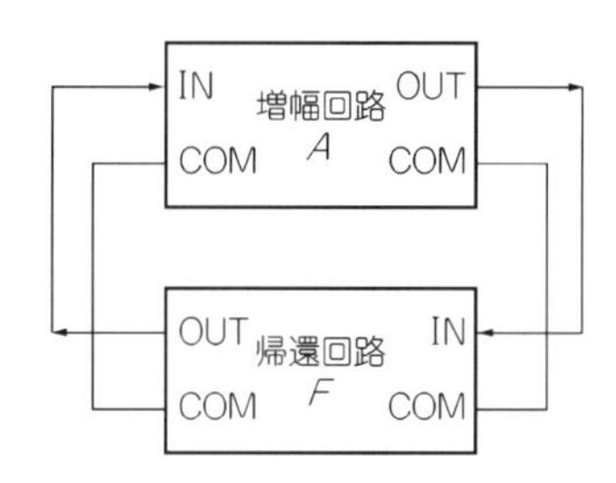

〈図5-9〉
クリッパによる帰還発振器

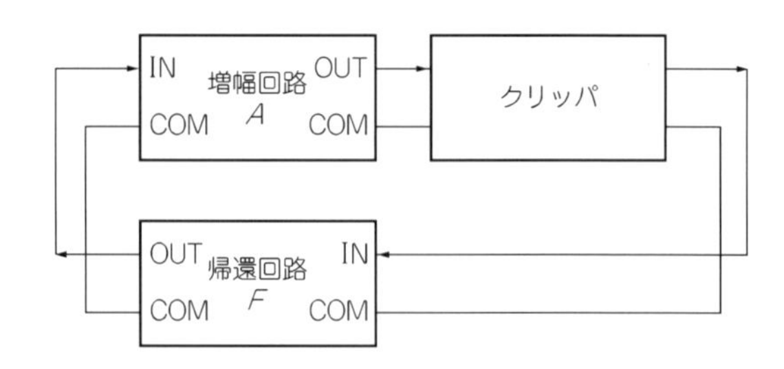

$$1 + A\beta = 0$$

の状態に常に留まらせなくてはならないということになります．

このように理論的に考えると，発振器を安定に持続発振させることは，ラクダが針の穴を通るくらいに難しく思えます．

● 帰還発振器を安定発振させる工夫

帰還発振器を安定に連続発振させるにはクリッパおよびAGCと呼ばれる二つの方法があります．

図5-9がクリッパによる帰還発振器の構成です．増幅回路の出力電圧が規定値を越えると出力振幅をクリップします．波形がクリップすると当然ながら振幅が制限されたことになり，等価的に利得が下がったことになります．したがって，クリッパが動作しない出力振幅では$A \cdot F > 1$に設定し，クリッパが動作した振幅では$A \cdot F < 1$になるように回路設計できれば，クリッパで決定される出力振幅で安定な連続発振が維持できることになります．

図5-10は自動利得制御(AGC；Automatic Gain Control)による帰還発振器の構成です．これは発振器の出力電圧を検出し，基準電圧と比較します．基準電圧よりも発振器出力が大きければ利得制御回路の利得を下げ，逆に小さければ利得を上げます．こうすることにより，基準電圧で決定される出力振幅で発振が安定に持続することになります．

クリッパによる発振器は回路が簡単ですみますが，低歪みを実現するのが困難です．一方，AGCによる発振は低歪みが実現できますが，回路が複雑になります．また，出力振幅をいったんリプルの少ない直流電圧に変換しなければならないので，規定の振幅に制御できるまでに時間がかかり，周波数が低いほど整定に時間が必要になります．

● *RC*による帰還発振器の構成

帰還回路に*CR*を使用して周波数選択性をもたせた発振器として代表的なものに，

〈図5-10〉AGC(自動利得制御)による帰還発振器

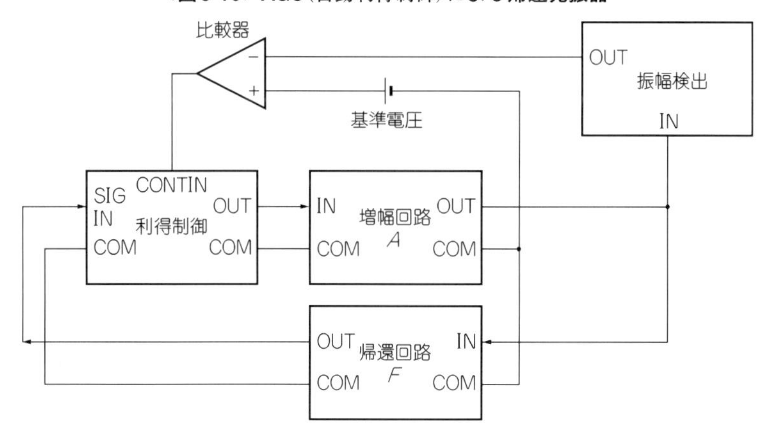

(1) ウィーン・ブリッジ

(2) 変形ザルツァ

(3) ブリッジドT

(4) ステート・バリアブル

などと呼ばれる発振器があります.

*CR*を**図5-11**(**a**)に示すように組み合わせたのがウィーン・ブリッジで,同図(**b**)のように周波数選択性を示します.最大利得の値が1/3なので,増幅器の利得を3倍にすると発振することになります.

図5-12(**a**)はクリッパ方式によるウィーン・ブリッジ発振器です.R_3とR_4によって増幅器の利得が3よりもわずかに大きくなるよう設定しています.そして定電圧ダイオードD_1で振幅をクリップするのですが,D_2〜D_5のブリッジ回路で正負等しい電圧でクリップするようにしています.**図5-12**(**b**)にそのシミュレーション結果を示しますが,比較的速い時間でスムーズに約11 $V_{0\text{-}p}$の振幅に達していることがわかります.

図5-13(**a**)はAGC方式によるウィーン・ブリッジ発振器です.OPアンプU_1の増幅器出力を絶対値検出回路“ABS”で両波検波し,U_2で基準電圧と比較するとともに,リプルの少ない直流信号に変換しています.“*GAIN*”回路で位相を反転し,AGCのための制御電圧を得ています.

このAGC制御電圧により利得が制御できる回路として**図5-13**(**a**)では乗算器を使用しています.乗算器ではGAIN(−1)からの直流信号でU_1からの交流発振波形の振幅を増減

〈図5-11〉ウィーン・ブリッジ回路とその特性

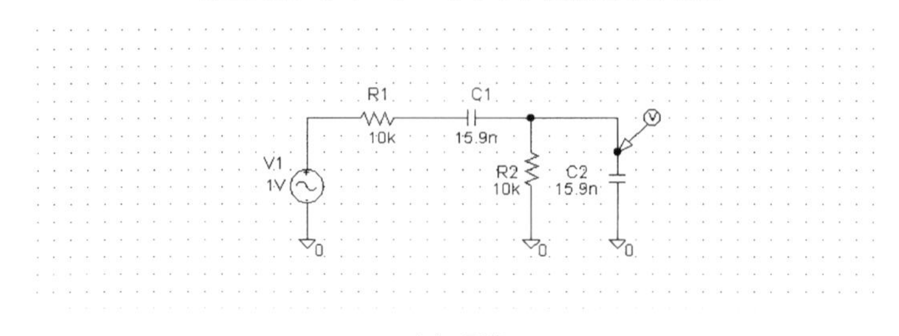

(a) 回路

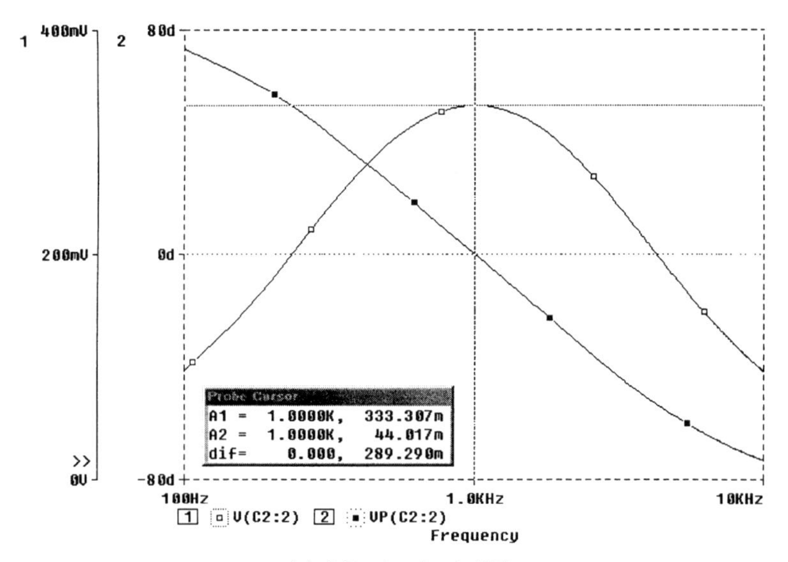

(b) シミュレーション結果

します．このように，U_1出力を乗算器に入力することで自動利得制御回路が実現できます．

ABS出力の両波波形のピークが5Vのとき，平均値電圧が3.18V($5\ V_{0\text{-}p} \times 2/\pi \fallingdotseq 3.18\ V$)になるので，$U_1$出力波形が$5\ V_{0\text{-}p}$になるよう自動制御されることになります．

図5-13(b)がそのシミュレーション結果です．いったん出力振幅が飽和した後，約80msで$5\ V_{0\text{-}p}$に収束しています．**図5-13(c)**が150～155msの間を拡大したグラフですが，きれいな正弦波が出力されていることがわかります．

〈図5-12〉クリップパ方式によるウィーン・ブリッジ発振器とその特性

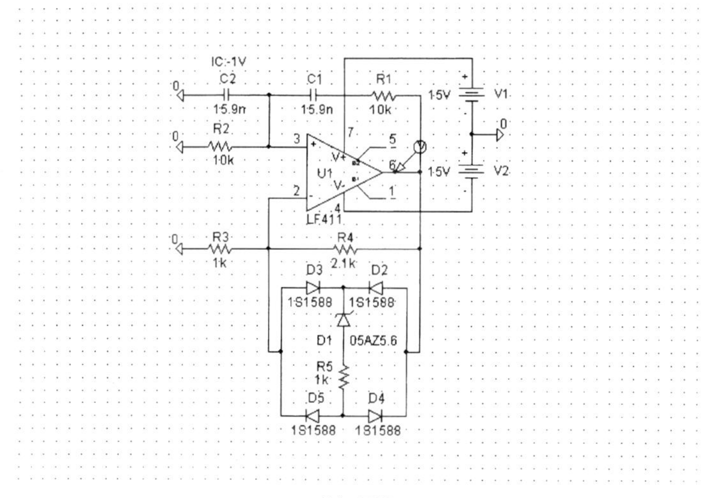

(a) 回路

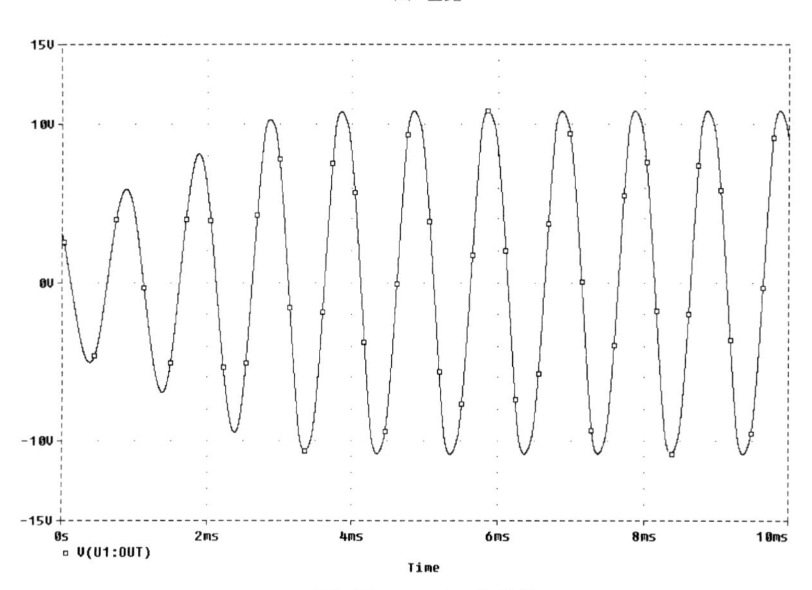

(b) シミュレーション結果

〈図5-13〉AGC制御ウィーン・ブリッジ回路とその特性

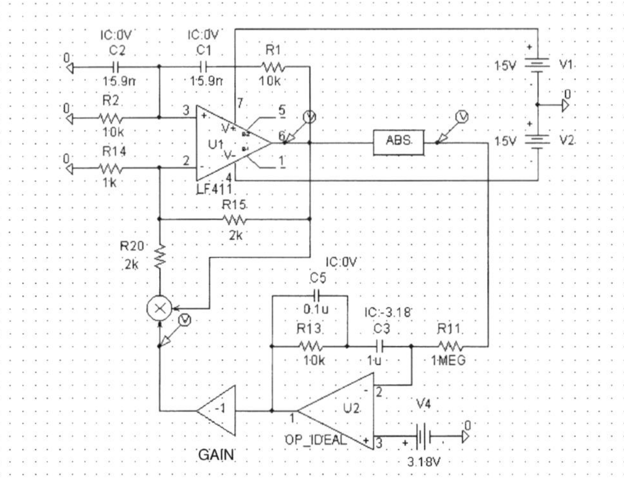

(a) 回路

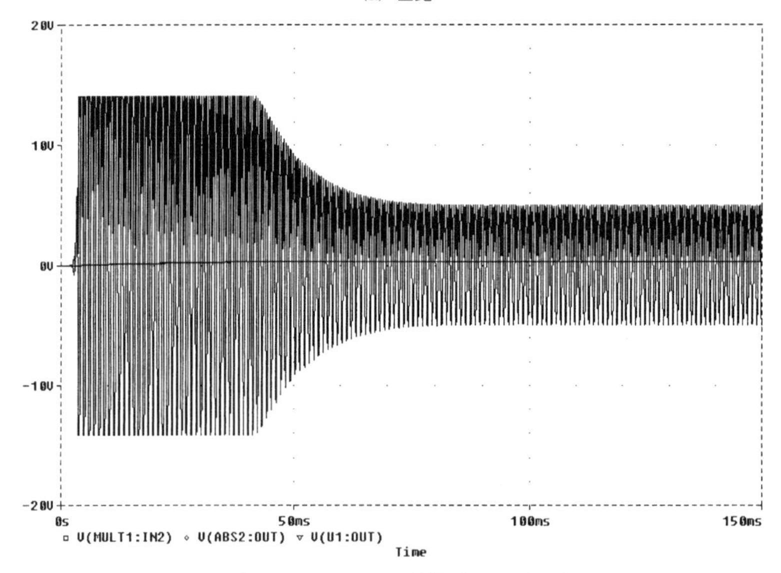

(b) シミュレーション結果（0～150 ms）

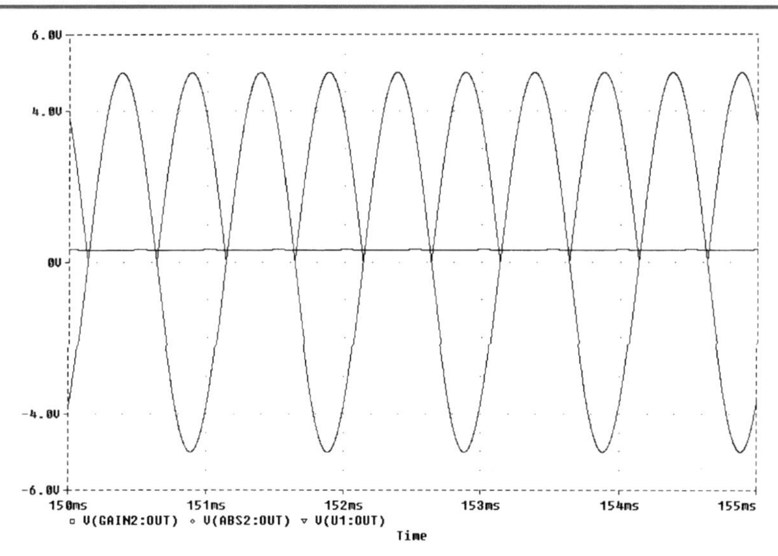

(c) シミュレーション結果（150～155 ms）

● ステート・バリアブルVCO

積分器を2個縦列接続した，設計しやすく安定なフィルタにステート・バリアブル・フィルタと呼ばれるものがあります．このステート・バリアブル・フィルタのバンドパス特性を利用して発振器を実現したのがステート・バリアブル発振器です．

図5-14に示すのは市販のステート・バリアブル発振器(CG-102R1，NF社製)で，外部に周波数設定用の抵抗を2本接続するだけで，低歪みで安定な発振器が完成します．

図5-14(b)がその内部ブロックです．VCAはVolotage Controlled Amplitudeの略です．VCAは，OUT2(18ピン)からの交流発振波形の振幅を9ピンからの制御信号で増減しています(CG-102R1/2の場合)．したがって，**図5-13(a)**での乗算器に相当します．

ステート・バリアブル発振器では，二つの積分器の出力から90°位相のずれた信号が同時に取り出せます．

さて，このステート・バリアブル発振器をVCOにアレンジするには，外付けする周波数設定用抵抗を何らかの方法で電圧制御に変える必要があります．ここでは外部周波数設定抵抗の代わりに，**図5-15**に示すCdSフォト・カプラ(P873-13，浜松ホトニクス社製)を使用することにします．簡単に低ひずみの低周波VCOが実現できます．**図5-16**がその

〈図5-14〉ステート・バリアブル発振器

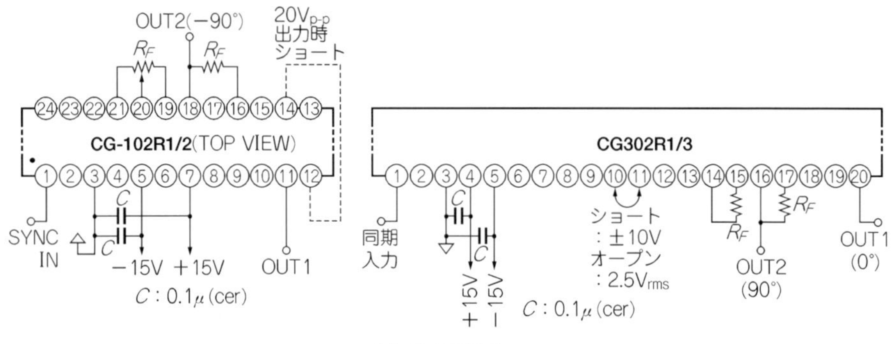

(a) 基本接続図

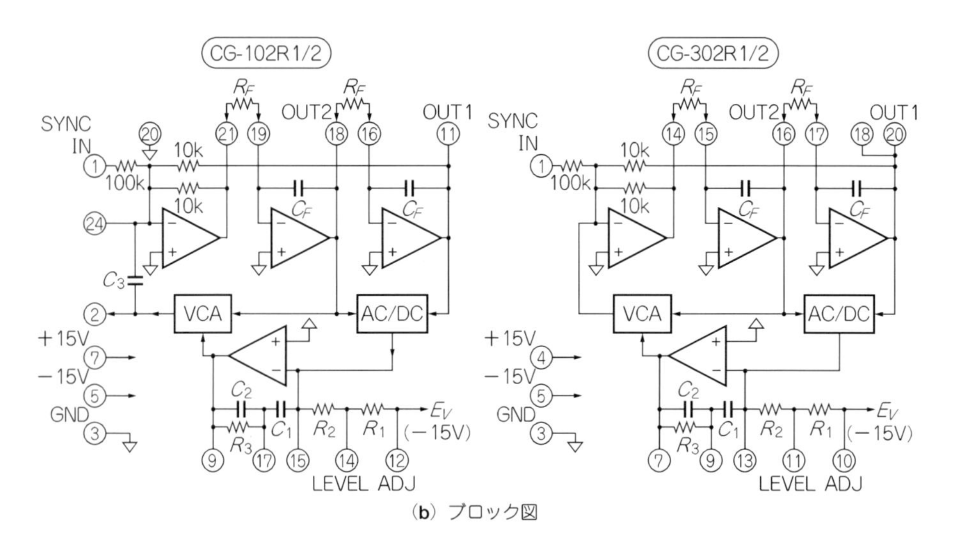

(b) ブロック図

回路構成です．

5.2節に示した例と同じように，R_1，R_2，D_1を工夫することによってVCOにおける電圧-周波数変換カーブ(V-F特性)を変化させることができます．**図5-17**が代表的なV-F特性，**図5-18**が歪み特性です．**写真5-2**に発振波形と歪み成分を示します．

発振器CG-102R1の場合，値のそろった固定抵抗を使用すれば0.005 %以下の歪み特性が実現できますが，CdSを使用してVCOとした場合には，CdSの非直線性やトラッキング・エラーによって，歪み特性が劣化してしまいます．また，CdSの非直線性は抵抗値が

〈図5-15〉CdS出力型フォト・カプラ

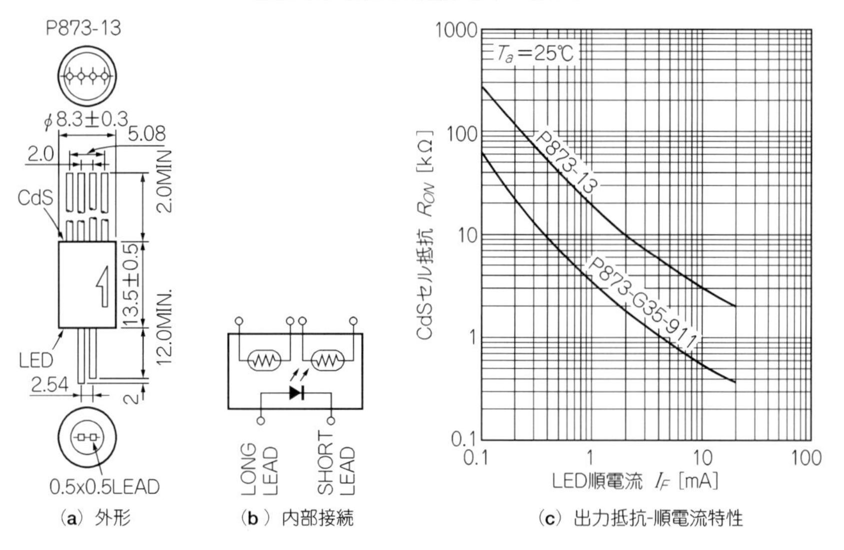

(a) 外形　(b) 内部接続　(c) 出力抵抗-順電流特性

〈図5-16〉ステート・バリアブル発振器を用いたVCOの回路

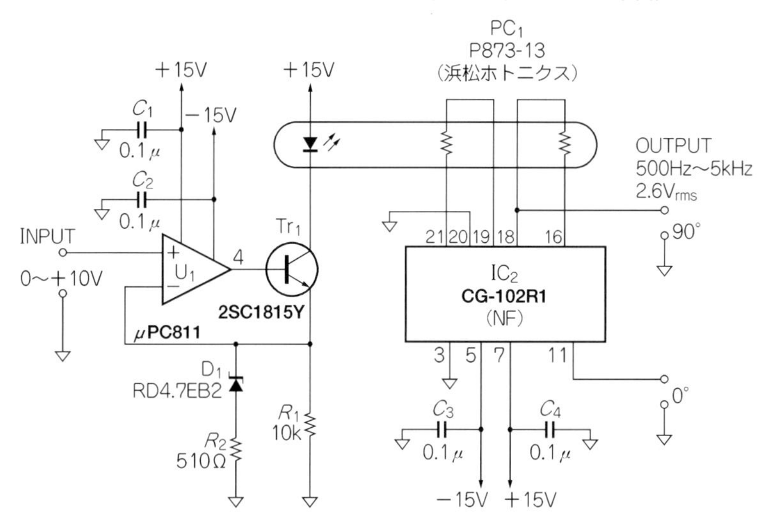

〈図5-17〉
***F-V*特性**

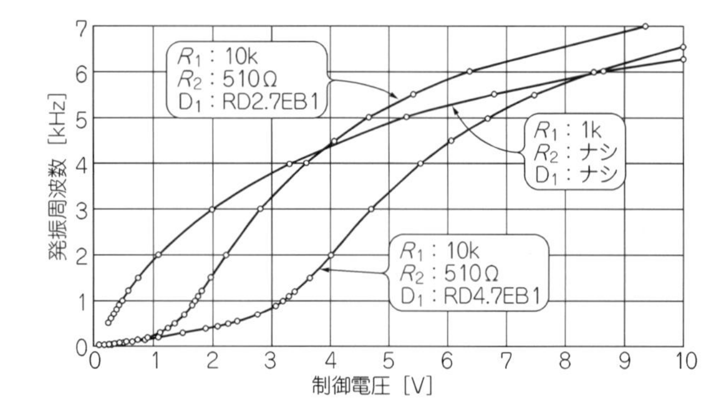

〈図5-18〉
歪み-周波数特性

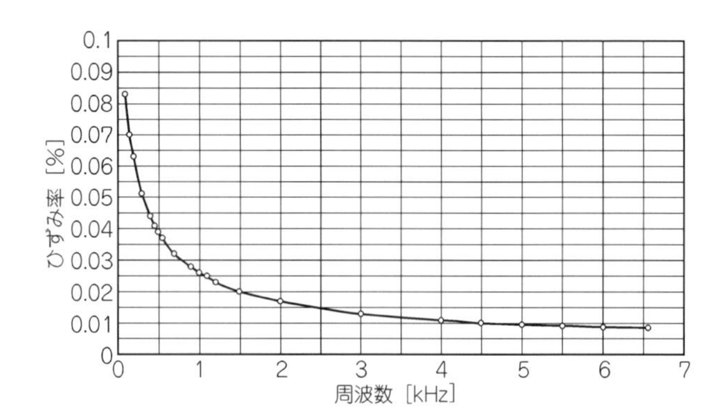

〈写真5-2〉
図5-16の回路の出力5 kHz波形
（上：出力波形，下：歪み成分，
歪み率：0.01％）

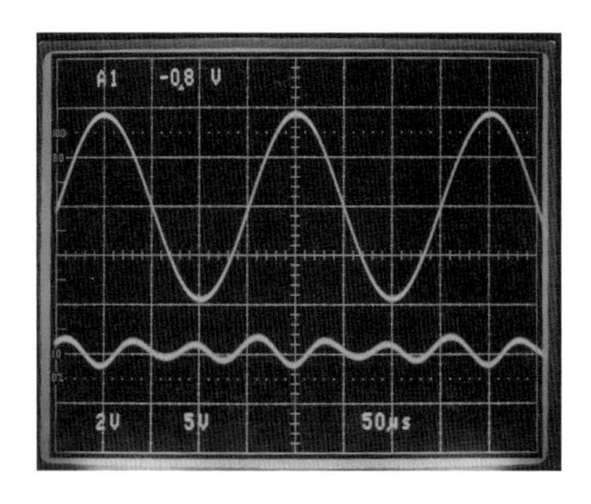

大きいほど増加するため，VCOの周波数が低くなるほど歪みが増加します．しかし，それでもファンクション・ジェネレータ・タイプのVCOに比べると，2桁ほど低い歪み特性が実現できます．

5.4 高周波で利用するLC発振回路とVCOへの利用

● 基本はハートレイ/コルピッツ発振回路

高周波で一番多く使用されているのがLC帰還発振器で，代表的な回路にハートレイ(Hartley)発振回路とコルピッツ(Colpitts)発振回路があります．

図5-19(**a**)に示すのがハートレイ発振回路の動作原理図です．増幅回路の入出力で位相が反転しています．また，帰還回路はLCの3次ハイパス・フィルタで構成され，位相が180°進む1点の周波数があり，この周波数では一巡の位相が0°になります．この周波数で増幅回路，帰還回路で一巡する利得が1になると，安定な発振を続けることになります．**図5-19**(**a**)を書き直すと同図(**b**)となり，おなじみのハートレイ発振回路の基本回路になっています．

〈図5-19〉
ハートレイ発振回路

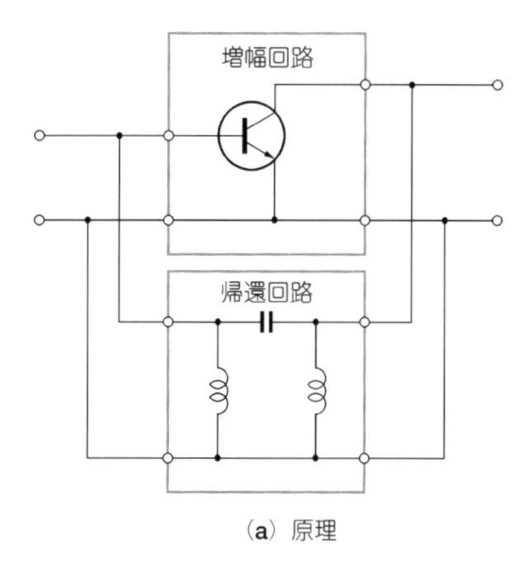

(**a**) 原理

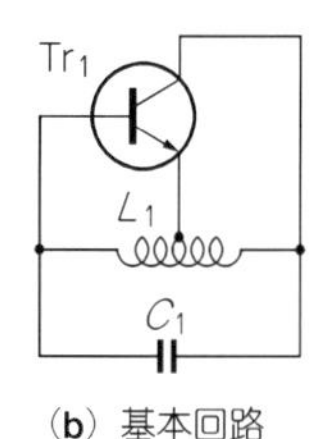

(**b**) 基本回路

〈図5-20〉コルピッツ発振回路

増幅回路

帰還回路

(a) 原理

Tr_1　C_1　C_2　L_1

(b) 基本回路

〈図5-21〉クラップ発振回路

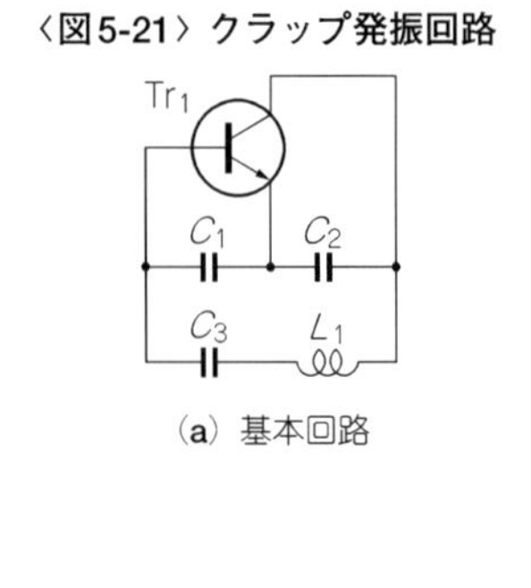

(a) 基本回路

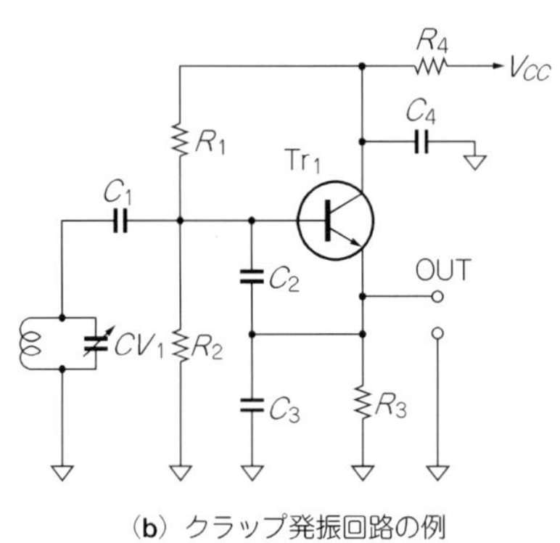

(b) クラップ発振回路の例

同様に，**図5-20(a)**に示すコルピッツ発振回路は，帰還回路が3次LCローパス・フィルタで構成されています．この帰還回路で位相が180°遅れる周波数で一巡の利得が1になると，安定な発振器が実現します．

● コルピッツを改善したクラップ発振回路

コルピッツ発振器では，発振周波数が増幅回路のパラメータに大きく影響します．この影響を軽減させるために考えられたのが**図5-21(a)**に示すクラップ(Clapp)発振回路と呼ばれるものです．L_1に直列にC_3を入れることによりC_1とC_2の値を大きくし，増幅器のパラメータの変動に対する周波数の変動を小さくしています．

図5-21(b)がトランジスタを使用したクラップ発振回路の例です．回路が発振して振幅が大きくなっていくと，コレクタ電流が増加します．すると，R_4の電圧降下によってバイアス電圧が減少し，コレクタ電流も減少します．そして回路の利得が下がり，一巡の利得が1になる点の振幅で連続発振することになります．

〈図5-22〉反結合発振回路

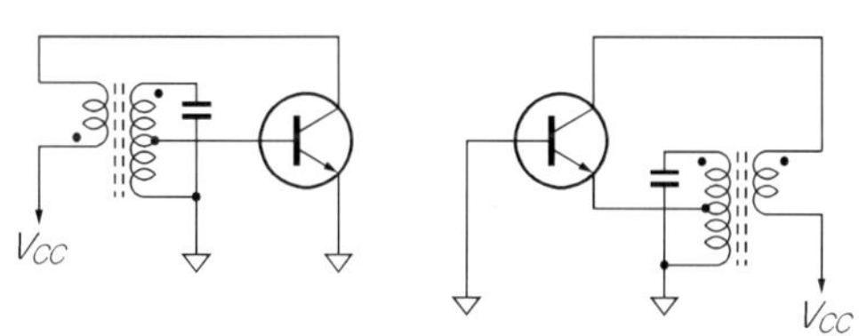

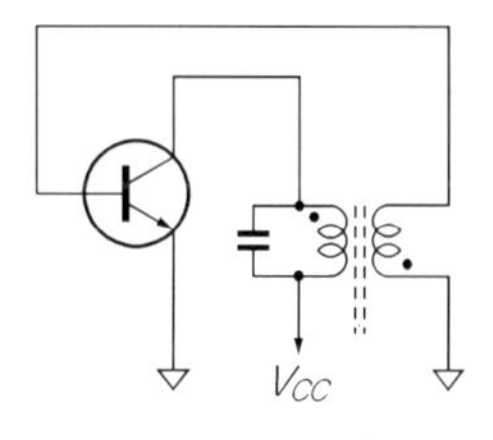

(c) コレクタ同調発振回路

〈図5-23〉AGCによるコレクタ同調帰還*LC*発振器(3～10 MHz)

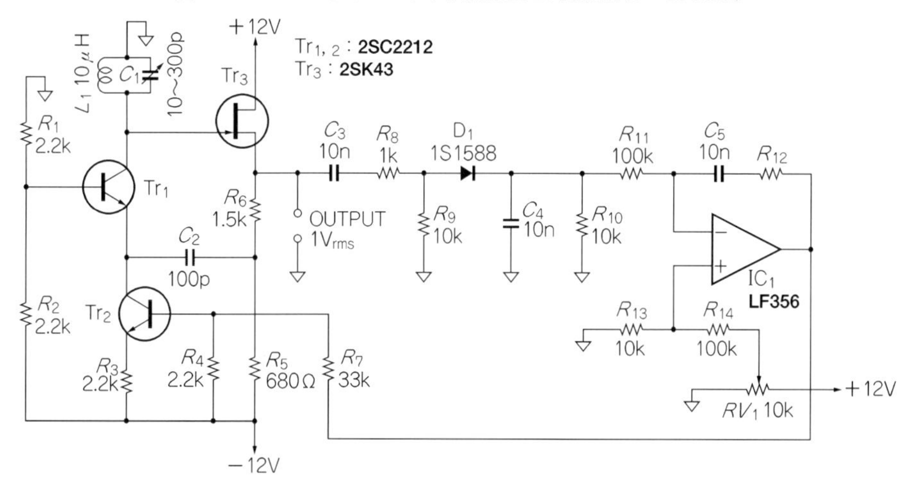

● 反結合発振回路

図5-22は反結合発振回路と呼ばれるものです．ハートレイ発振回路では帰還回路がハイパス・フィルタで構成されていますが，反結合発振回路では同調回路(バンドパス・フィルタ)になっています．同調回路の場合，同調周波数で入出力の位相が0°になります．そこで，同図(**a**)(**c**)の反転増幅器の場合には1次-2次の巻き線を反転して接続し，同調周波数で一巡の位相を0°にしています．同図(**b**)の場合は増幅回路が非反転なので，巻き線を反転する必要はありません．

図5-23が実際の反結合コレクタ同調帰還*LC*発振器です．部品点数がいくぶん多いのですが，動作原理がわかりやすく，また実際の動作も非常に安定していて，歪みが少なく，製作しやすい回路です．

〈図5-24〉可変容量ダイオードの動作

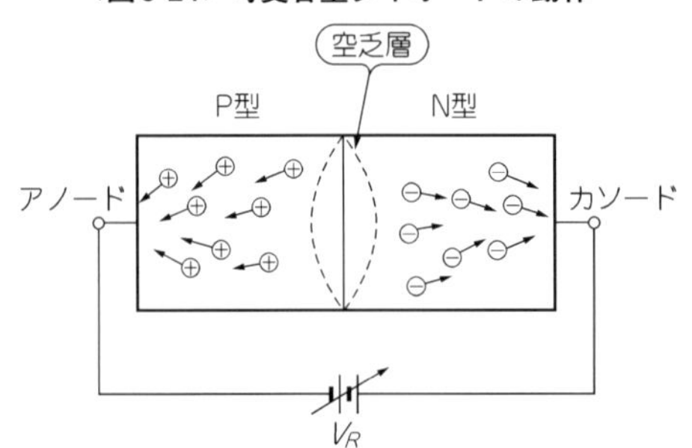

〈図5-25〉可変容量ダイオードの等価回路

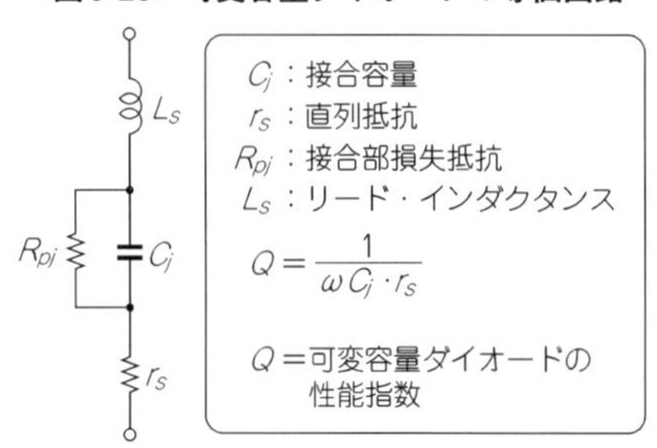

トランジスタTr_1のコレクタ同調回路から，Tr_3のバッファ回路を通り，同相でエミッタに正帰還しています．Tr_1のコレクタ電流が増加するとTr_1の利得が上昇し，逆にコレクタ電流が減少すると利得が下降します．そこで，発振器出力をダイオードD_1で検波/平滑し，この直流電圧が一定値になるようIC_1でTr_1のコレクタ電流を制御することにより自動制御(AGC)を実現しています．

この回路定数ではR_{12}は不要なのですが，別の周波数に回路を変更し，周波数が低く，平滑時定数が大きくなったとき，動作が間欠発振になってしまう場合があります．自動制御の位相遅れが原因です．このようなときはR_{12}を挿入して，自動制御ループの位相遅れを戻します．

● *LC*発振器をVCOにする可変容量ダイオード

*LC*発振器そのままではVCOになりません．このため可変容量ダイオードを使用してVCOの機能をもたせます．

図5-24に示すように，ダイオードに逆電圧を加えると接合面に荷電粒子の存在しない空乏層ができます．この空乏層の幅が印加する逆電圧によって変わり，ダイオードの容量の変化が起こります．この特性を利用したのが可変容量ダイオードです．可変容量ダイオードは，バリキャップまたはバラクタ(varactor)とも呼ばれます．

可変容量ダイオードの等価回路を**図5-25**に示します．接合容量とコイルで共振回路を形成しており，このときのQはr_sの影響が大きくなります．r_sは0.1Ω～数Ωで，逆電圧の値によっても変動し，逆電圧が低いほどr_sは大きくなります．

*LC*発振器のコンデンサの代わりにこの可変容量ダイオードを用いると，印加電圧によって周波数が変化するVCOが実現できます．

〈図5-26〉可変容量ダイオードのC-V特性例

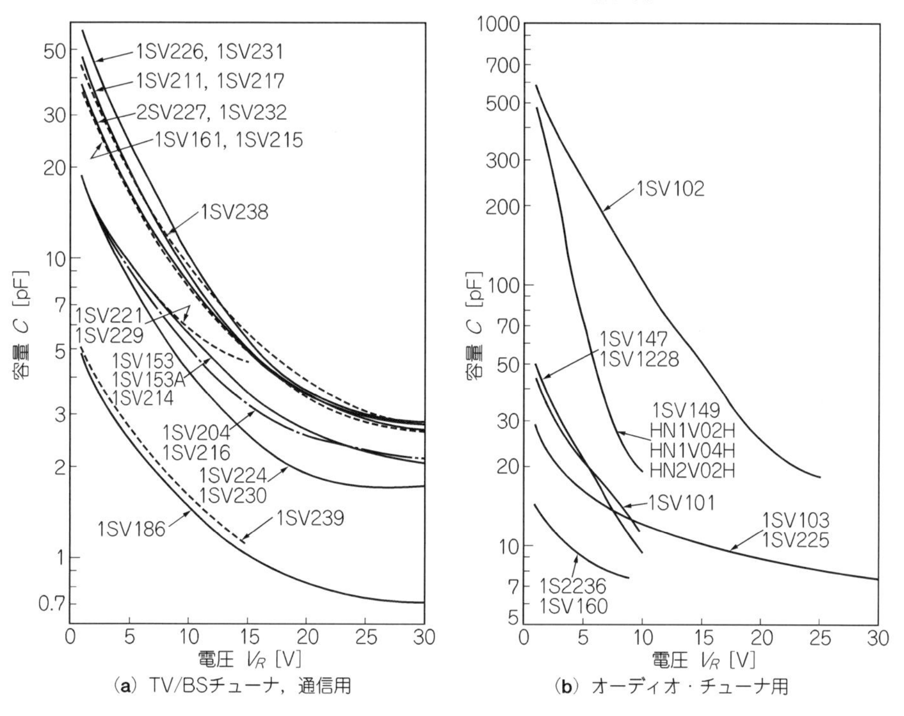

(a) TV/BSチューナ，通信用

(b) オーディオ・チューナ用

図5-26は可変容量ダイオードの容量-逆電圧特性です．可変容量ダイオードは用途に合わせて製造されており，容量の大きいものからAMチューナ用，CATV用，FMチューナ用，TVチューナ用，BSチューナ用となっています．目的に適切な容量がない場合には，可変容量ダイオードを並列に接続して容量を大きくすることもできます．

図5-27はクラップ発振回路を使用した，周波数変化が少ないときのVCOの回路例です．$\mathrm{Tr_2}$のバッファ出力に同調回路を設けているので，高調波歪みの少ない波形が得られます．

図5-28はコルピッツ発振回路を使用した，3倍の周波数変化が得られるVCOです．$\mathrm{Tr_1}$の利得はコレクタ電流によって変化し，コレクタ電流が増加すると，利得も大きくなります．この特性を利用して出力振幅を$\mathrm{D_3}$，$\mathrm{D_4}$で直流電圧に変換し，R_{14}に流れる電流とR_{15}に流れる電流が等しくなるように$\mathrm{Tr_4}$で誤差増幅し，$\mathrm{Tr_1}$のコレクタ電流を制御して，AGCを実現しています．AGCの効果により歪みが少なく，大きな周波数変化に対して，少ない出力電圧変動が期待できます．

〈図5-27〉クラップ発振回路によるVCO(64 MHz ± 0.5 MHz)

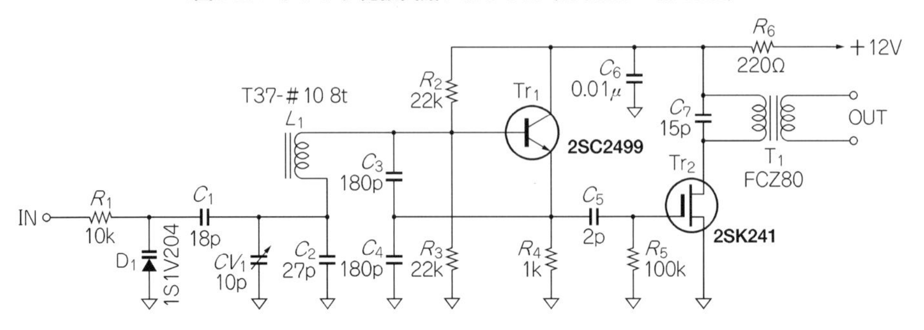

〈図5-28〉コルピッツ発振回路によるVCO(40～120 MHz)

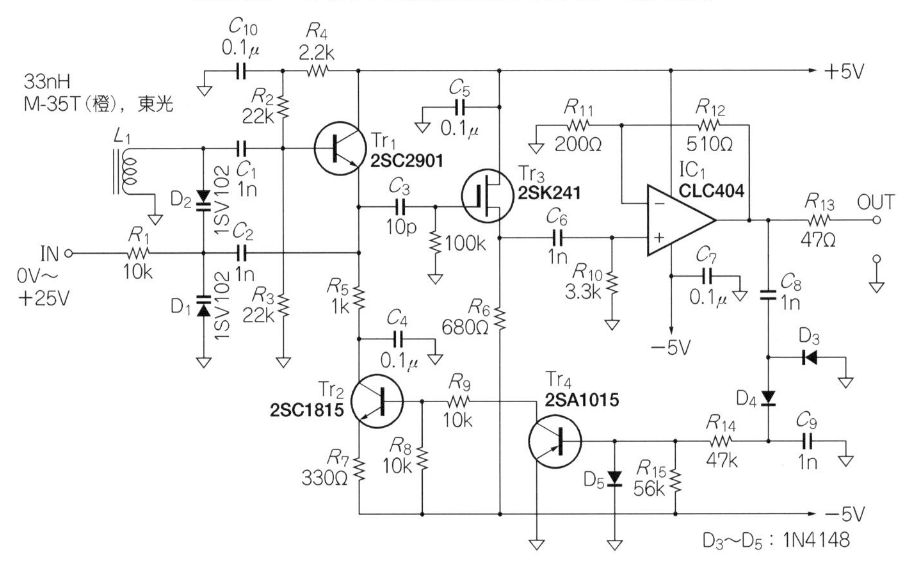

図5-29はソース結合ゲート同調発振器の例で，電池動作の機器などにも使用できるように低い電源電圧で動作します．

● 市販されている*LC*発振VCO

広い温度範囲で安定に動作し，低雑音の*LC*発振VCOを設計/製作することはなかなか難しいものです．しかし無線通信機器などの需要は多く，内外のたくさんのメーカから販

〈**図5-29**〉
ソース結合ゲート同調発振器によるVCO
(144～146 MHz)

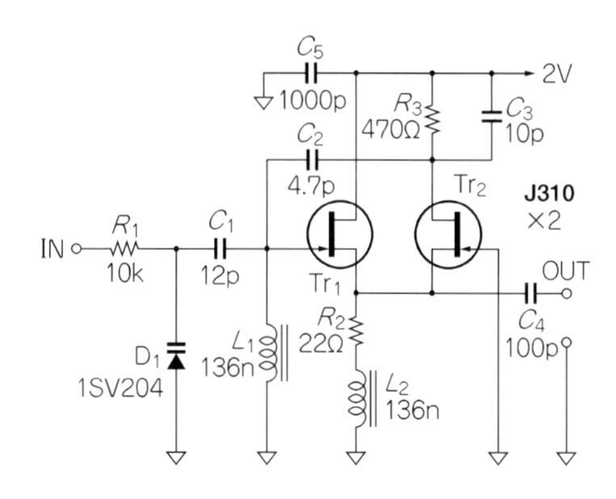

売されています．ただし，アプリケーション専用に特化したものが多くなっています．

汎用の*LC*型VCOとして有名なのがMini-Circuits社のPOSシリーズです．このシリーズは比較的入手性もよく，数種類は秋葉原などでも購入できます．**図5-30**(**b**)に示すように15 MHz～2.12 GHzまでたくさんの種類が揃っており，すべて同じ大きさの金属ケースに封入されています．

5.5　その他のVCO

● 振動子による帰還発振器

PLL回路には位相ノイズやスプリアスの少ないVCOが望まれます．とくに純度の良い信号が必要なとき使用されるのが，物理的な振動を電気に変換して使用する振動子によるVCOです．

振動子としては水晶発振子が一番ポピュラですが，**表5-1**に示したようにいろいろな振動子によるVCOが発売されています．これらの振動子は専門メーカによって製造されていますが，水晶発振子を除くと任意の周波数での製作依頼に応えてくれるメーカは少ないようです．

水晶発振子によるVCO，すなわちVCXO(Voltage Controlled X-tal Oscillater)は水晶発振子さえ手に入れば比較的簡単に製作することができます．水晶発振子によるVCXOは位相ノイズが非常に少ない(きれいな)波形が得られるのですが，最大の欠点は周波数変化幅が少ないことです．VCXO回路の代表的な例を**図5-31**(**a**)～(**g**)に示します．

図5-31(**a**)は74HCU04APを使用したVCXOです．HSタイプのCMOSインバータには内部回路が3段構成(バッファ・タイプと言う)になった74HC04と，1段構成(アンバッフ

〈図5-30〉市販されているVCOの例（POSシリーズ，Mini-Circuits社製）

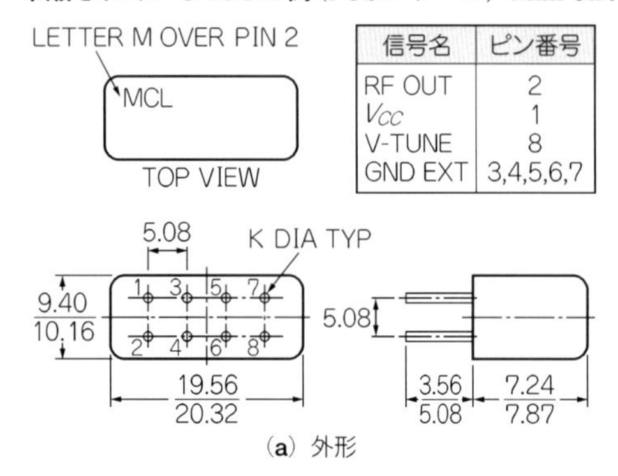

（a）外形

型番	周波数 [MHz]	出力 [dBm]	入力 [V]		位相雑音 [dBc/Hz SSB @ offset frequencies:] (typ.)				感度 [MHz/V]	高調波 [dBc]		電源	
					1 kHz	10 kHz	100 kHz	1 MHz	(typ.)	(typ.)	(max.)	[V]	[mA] Max.
POS-25	15-25	+ 7	1	11	− 86	− 105	− 125	− 145	1-4	− 26	− 15	12	20
POS-50	25-50	+ 8.5	1	16	− 88	− 110	− 130	− 150	2.0-2.6	− 19	− 12	12	20
POS-75	37.5-75	+ 8	1	16	− 87	− 110	− 130	− 150	3.1-3.8	− 27	− 16	12	20
POS-100	50-100	+ 8.3	1	16	− 83	− 107	− 130	− 150	4.2-4.8	− 23	− 18	12	20
POS-150	75-150	+ 9.5	1	16	− 80	− 103	− 127	− 147	5.8-6.7	− 23	− 17	12	20
POS-200	100-200	+ 10	1	16	− 80	− 102	− 122	− 142	7.1-8.6	− 24	− 20	12	20
POS-300	150-280	+ 10	1	16	− 78	− 100	− 120	− 140	9.5-13	− 30	− 20	12	20
POS-400	200-380	+ 9.5	1	16	− 76	− 98	− 120	− 140	13.7-16.9	− 28	− 20	12	20
POS-500W	250-500	+ 10	1	16	− 79	− 100	− 120	− 140	17-23	− 25	− 18	12	25
POS-535	300-525	+ 8.8	1	16	− 70	− 93	− 116	− 139	10.5-24	− 26	− 20	12	20
POS-765	485-765	+ 9.5	1	16	− 61	− 85	− 108	− 129	18-27	− 21	− 17	12	22
POS-800W	400-800	+ 8.0	0.5	18	− 71	− 93	− 115	− 137	18-50	− 26	− 18	10	25
POS-900W	500-900	+ 7	1	20	− 75	− 95	− 115	− 135	16-40	− 26	− 20	12	25
POS-1000W	500-1000	+ 7	1	16	− 73	− 93	− 113	− 133	30-42	− 26	− 20	12	20
POS-1025	685-1025	+ 9	1	16	− 65	− 84	− 104	− 124	21-36	− 23	− 18	12	22
POS-1060	750-1060	+ 12	1	20	− 65	− 90	− 112	− 132	18-32	− 11	−	8	30
POS-1400	975-1400	+ 13	1	20	− 65	− 95	− 115	− 135	21-43	− 11	−	8	30
POS-2000	1370-2000	+ 10	1	20	− 70	− 95	− 115	− 135	30-50	− 11	−	8	30
POS-2120W	1060-2120	+ 8	0.5	20	− 70	− 97	− 117	− 137	35-120	− 11	−	12	28

（b）シリーズの仕様

ァ・タイプと言う）の74HCU04がありますが，この回路では利得の少ない1段構成の74HCU04のほうが素直な発振動作が得られました．

発振周波数は1 MHz～20 MHz程度をカバーすることができます．R_3とC_3は高次周波数で異常発振してしまうのを防ぐためのローパス・フィルタです．電源投入時などに高調波で発振してしまうときには，R_3とC_3の定数を調整します．この回路では約±100 ppmの周波数変化が得られます．

HS CMOSを使用した水晶発振回路は簡単で安定な発振出力が得られるのですが，電源電圧が変化するとHS CMOSのスレッショルド電圧が変化します．このためHS CMOSを使用した水晶発振回路は，電源リプル成分が発振出力信号にスプリアス成分として現れやすい欠点があります．

また，HS CMOSの同一パッケージで使用していないインバータを他の回路と共用すると(74HCU04はインバータを6回路内蔵)，その信号の影響を受ける恐れがあります．したがって，同一パッケージで使用していないインバータは入力をグラウンドに接続して，動作しないようにします．

図5-31(**b**)はトランジスタを使用したVCXOです．周波数の変化範囲は同図(**a**)の74HCU04によるものと同じですが，電源電圧変動に対するスプリアスの発生が少なくなっています．

図5-31(**c**)，(**d**)は周波数の変化幅を拡大するために，水晶振動子に直列にインダクタンスを挿入した例です．インダクタンスが大きいほど周波数の変化幅が広くなります．しかし逆に，信号純度や温度安定性は悪化します．

図5-31(**a**)～(**d**)は水晶発振子の基本波による発振回路ですが，同図(**e**)，(**f**)は高次オーバトーン水晶発振子のための回路です．同図(**e**)の回路では74HCU04APでは利得が低くてうまく発振しないことがあったので，利得の大きな74HC04APを使用しています．

図5-31(**f**)の回路では，T_1のインダクタンスを調整すると次第に出力レベルが上がっていきます．最大レベルよりも10～20 %低下したレベルでLを固定します．

水晶発振子は基本波におけるQに比べて高次高調波でのQが大きく，高次オーバトーン水晶発振子によるVCXOの周波数変化幅はごく狭くなります．VCXOで高い周波数を広く可変したい場合には，基本波の水晶発振子で発振させてから逓倍回路で周波数を高くしていきます．

また，水晶発振子は物理的振動を利用しており，電子回路の動作とは異なります．このため，高次高調波での共振は基本波の正確な整数倍にはなりません．少しずれた周波数になります．したがって，基本波用水晶発振子でオーバトーン発振させようとしても正確な周波数にはならず，同様に高次オーバトーン用の水晶発振子を基本波周波数で発振させようとしても正確な周波数で発振しません．

〈図5-31〉VCXOの代表的な回路

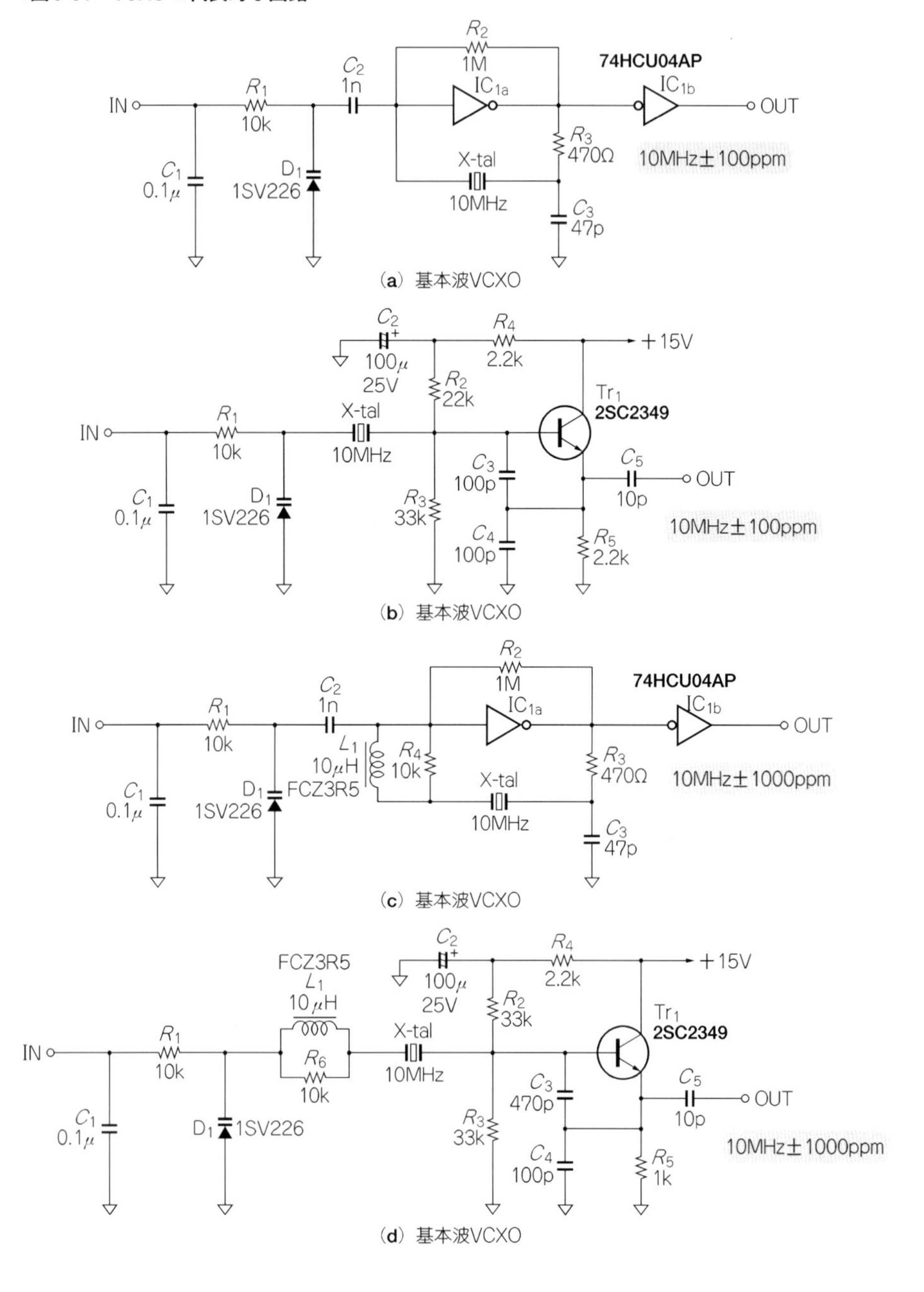

(a) 基本波VCXO

(b) 基本波VCXO

(c) 基本波VCXO

(d) 基本波VCXO

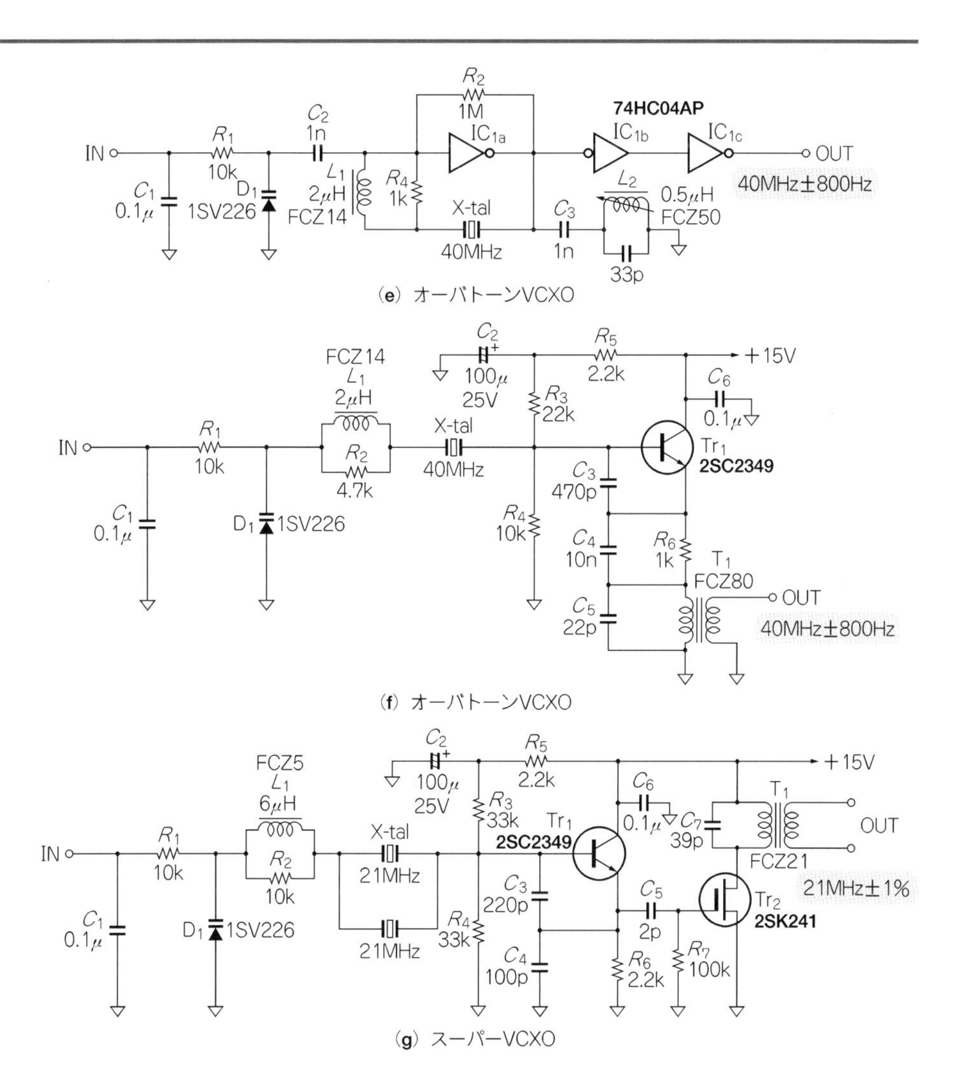

(e) オーバトーンVCXO

(f) オーバトーンVCXO

(g) スーパーVCXO

〈図5-32〉
リング・オシレータ

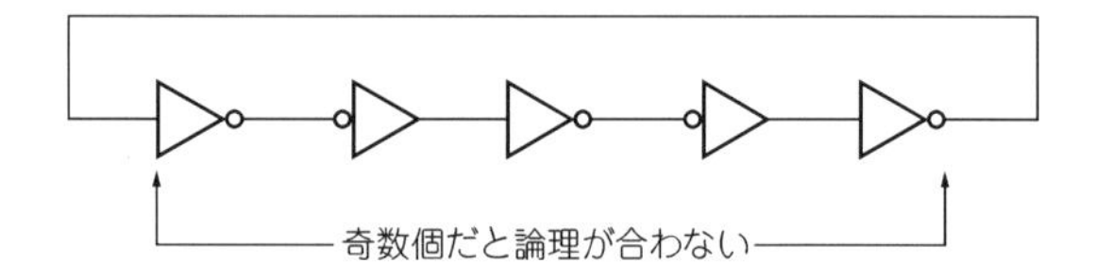

〈表5-2〉電源電圧による伝搬遅延時間の変化

AC電気的特性（C_L = 50 pF, INPUT t_r = t_f = 6 ns）

項目	記号	測定条件	T_a = 25℃			T_a = − 40～85℃		単位
		V_{CC}	MIN.	TYP.	MAX.	MIN.	MAX.	
出力上昇，下降時間	t_{TLH} t_{THL}	2.0 4.5 6.0	−	30 8 7	75 15 13	−	95 19 16	ns
伝搬遅延時間	t_{pLH} t_{pHL}	2.0 4.5 6.0	−	40 10 9	90 18 15	−	115 23 20	ns
入力容量	C_{IN}		−	5	10	−	10	pF
等価内部容量	C_{PD}		−	23	−	−	−	pF

V_{CC}で変化→（伝搬遅延時間）

図5-31(g)はスーパーVCXOと呼ばれる，水晶発振子を二つ並列に接続したVCXOです．インダクタンスを挿入すると，水晶発振子が1個のときに比べて10倍ほど変化幅が広がります．インダクタンスがない場合には，1個のときに比べて2倍ほどの周波数変化幅になります．

水晶発振子に似た動作をするものにセラミック振動子があります．市販品で手に入る周波数の種類は少なくなりますが，水晶発振子と同様な回路でVCOが構成でき，1 %～10 %程度の広い周波数変化幅を得ることができます．

● 遅延発振器

図5-32に示すように，HS CMOSなどのインバータを3個または5個の奇数個で従属接続すると安定した状態が得られず，インバータの伝搬遅延時間で決定される周波数で発振します．これがリング・オシレータと呼ばれる発振回路です．

HS CMOSなどのロジックICは，電源電圧によってこの伝搬遅延時間が**表5-2**のように変化します．したがって，リング・オシレータの電源電圧を可変すると発振周波数が変化し，VCOを実現することができます．

テキサス・インスツルメンツ社のPLL ICであるTLC293xシリーズが，このリング・

オシレータのVCOを内蔵しています．同シリーズでは11 M～25 MHz，22 M～50 MHz，43M～100 MHzの発振範囲をカバーしています．

リング・オシレータによるVCOはコイルやコンデンサがなくても発振回路が構成でき，IC化に適した回路ですが，残念ながら若干ジッタが多いようです．

第6章
プログラマブル分周器の種類と動作
PLLシンセサイザを構成するためのディジタル回路

PLL回路における出力周波数は，VCOの発振周波数とディジタル回路による分周器の分周数によって決定されます．この分周器の分周数を自由に設定できる素子がプログラマブル分周器と呼ばれるICです．最近のPLL IC(シンセサイザIC)には，このプログラマブル分周器が内蔵されてしまっていますが，この章ではプログラマブル分周器の動作説明のために単機能のプログラマブル分周器ICを例にとって解説します．

6.1 プログラマブル分周器の基本はダウン・カウンタ

プログラマブル分周器は入力クロックを任意の整数で分周します．この動作を実現するのがダウン・カウンタです．

HS CMOSシリーズの74HC191はバイナリ・アップ/ダウン・カウンタです．この74HC191をダウン・カウンタ専用の接続にしたのが**図6-1**です．74HC191は入力クロック

〈図6-1〉ダウン・カウンタ74HC191によるプログラマブル分周器

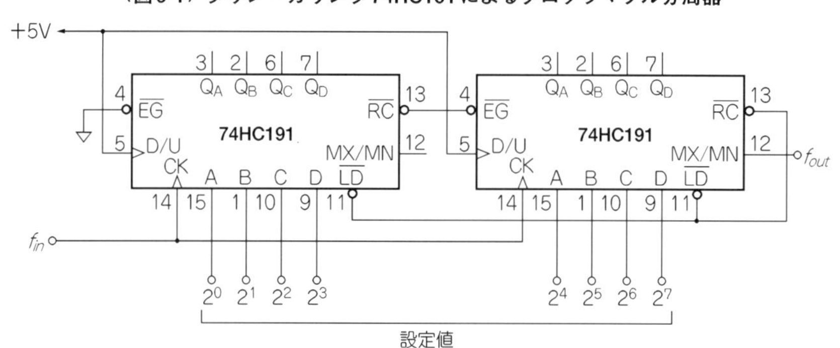

〈図6-2〉 74HC40102/3によるプログラマブル分周器

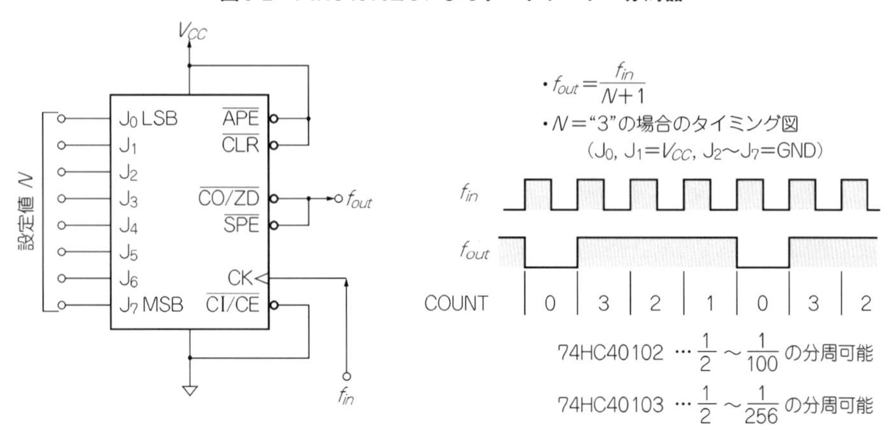

〈図6-3〉 74HC40102/3の従属接続

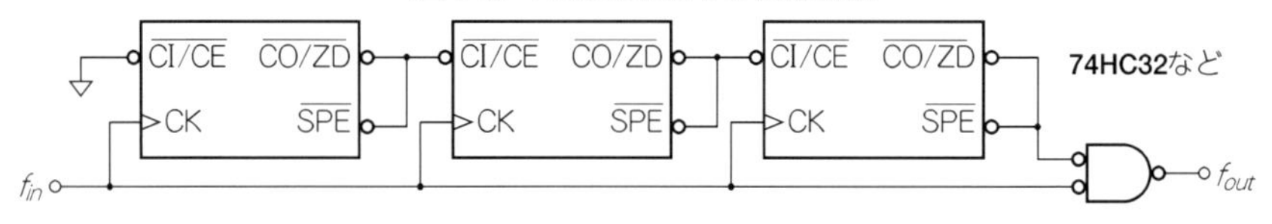

の立ち上がりで，出力値を8→7→6…と1ずつダウン・カウントしていきます．そしてカウンタの出力値が0になり，入力クロックが“L”になると，リプル・クロックが出力されて“L”になります．するとリプル・クロックとロード端子が接続されているため，リプル・クロックの“L”で入力データがカウンタにロードされ，次のクロックの立ち上がりで，またカウンタの値をダウン・カウントしていきます．

この動作を繰り返すことにより，MAX/MIN出力は入力クロックが設定数だけ分周された信号を出力し，プログラマブル分周器としての動作になります．

● 74HC40102/40103

74HC40102/40103はダウン・カウンタ専用に作られたHS CMOSで，74HC40102はBCDダウン・カウンタが2回路，74HC40103は4ビット×2回路で8ビット・ダウン・カウンタが構成されています．したがって，74HC40102では10進数2桁の分周数(1～99)を，74HC40103では8ビットでバイナリの分周数(1～255)を設定することができます．

図6-2が74HC40102/40103をプログラマブル分周器として使用するための接続図です．

74HC40102/40103を多段従属接続するときの接続方法が**図6-3**です．

74HC40102/40103でプログラマブル分周器を構成するときに注意しないといけないのは，入力データが$\overline{\mathrm{SPE}}$(Synchronous Preset Enable)により内部カウンタにロードされる動作が，入力クロックの立ち上がりに同期して行われることです．このためややこしいのですが，入力クロックの分周数が「設定値＋1」になります．

● **TC9198**

図6-4に示すTC9198P(東芝)は，PLL回路のプログラマブル分周器専用に作られたICです．いくつかの機能が盛り込まれていて，使いやすく便利なデバイスです．

最近のPLL回路用ICは使い道が限定された専用LSI(カスタムLSI)になり，用途に必要なほとんどの機能が1チップに内蔵されています．このため，TC9198PのようなPLL回路の一部を構成するICは使用される数量が少なくなり，製造中止になってしまうものが多くなっています．

産業用や計測器用などの特殊な用途のPLL回路の場合，専用LSIでは「帯に短し，たすきに長し」と不都合な場合も多く，またデータ設定がシリアルで行われる例が多く，CPU使用が前提になっているようです．TC9198Pは残り少ない，パラレル・データ入力のプログラマブル分周器です．末永く生き残って欲しいものです．

TC9198は単純プログラマブル分周器とパルス・スワロウ・カウンタの両方に使用できます．しかも，単純プログラマブル分周器のときにはBCDとバイナリいずれでも使用できます．BCDのときは設定範囲が5～15999，バイナリのときの設定範囲は5～65535と広範囲になっています．

パルス・スワロウ・カウンタとしては，1/16，1/32，1/64，1/128の4種の分周数が選べ，これらの分周数のデュアル・モジュラス・プリスケーラに対応できるようになっています．

6.2 プリスケーラ(prescaler)

TC9198などのプログラマブル分周器はビット数が多く，分周数が広範囲に設定できます．しかし，そのぶん内部の素子数が多く複雑になり，最高使用可能な周波数は10 MHz程度に制限されてしまいます．しかし，10 MHzを越える周波数を扱うケースは多くなってきています．10 MHzを越える周波数を扱うときは，分周器としてプリスケーラが使用されます．

〈図6-4〉PLL用プログラマブル分周器TC9198（東芝）①

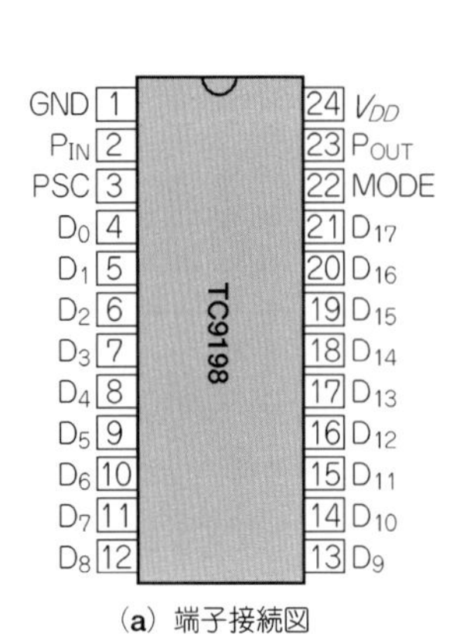

（a）端子接続図

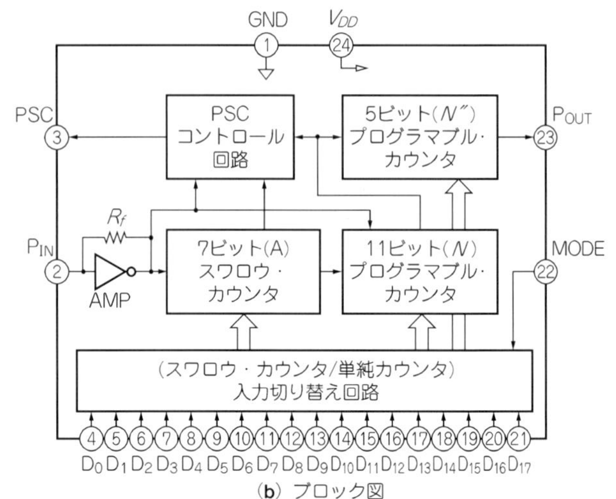

（b）ブロック図

● プリスケーラIC

プリスケーラは種類にもよりますが，従来からECL(Emiter Coupled Logic)で構成されたものが使われています．ECLは内部トランジスタを非飽和で使用するので，非常に高速です．種類にもよりますが数GHzまで動作するものがあります．

図6-5はプリスケーラIC TD6127BP(東芝)の例です．6ピンを“L”レベルに接続すると1/128，1/129分周モードになり，7ピンが“H”レベルで1/128分周，“L”レベルで1/129分周のデュアル・モジュラス動作になります．

図6-6はTD6127BPの入力感度特性です．この特性レベルから，最大250 mV_{RMS}までの間で安定に動作します．ただし，出力は電源電圧まで振幅が得られるわけではなく，1.2 $V_{p\text{-}p}$と小さな値になっています．したがって，直接ロジックICを接続することはできません．ただし，TC9198はこのプリスケーラと組み合わせて使用されることを前提にしているので，コンデンサで直流成分をカットして接続するだけで安定動作します．

一般的に，プリスケーラは高い周波数で安定に動作するように作られています．したがって，10 MHz以下の低い周波数を入力すると異常発振を起こすことがあります．最低動作周波数も確認しておくことが大切です．

ピン番号	記号	端子名称	機能・動作説明	備考
1	GND	接地端子		
24	V_{DD}	電源端子		
2	P_{IN}	プログラマブル・カウンタ入力	プログラマブル・カウンタの入力端子．プリスケーラの出力をコンデンサ・カップルで入力する．	アンプ回路内蔵
3	PSC	プリスケーラ・コントロールの出力	プリスケーラの分周数制御信号出力． “H” レベルでP，“L” レベルでP＋1となる．	
22	MODE	カウンタ動作切り替え入力	スワロウ・カウンタ動作および単純カウンタ動作の切り替え入力． “L” レベルまたはオープンでスワロウ・カウンタ，“H” レベルで単純カウンタ動作となる．	プルダウン抵抗内蔵
4	D_0	分周数設定用入力	プログラマブル・カウンタの分周数を設定する入力端子． 1) MODE(22ピン)＝“L”レベルのとき ・D_0～D_6→スワロウ・カウンタ：A ・D_7～D_{17}→プログラマブル・カウンタ：N 2) MODE＝“H”およびD_{17}＝“L”レベルのとき ・バイナリ・コード設定の単純カウンタ動作 ・D_0～D_{15}→プログラマブル・カウンタ：N ・D_{16}→NC 3) MODE＝“H”およびD_{17}＝“H”レベルのとき ・BCDコード設定の単純カウンタ動作 ・D_0～D_3→N＝1～9設定 ・D_4～D_7→N＝10～90設定 ・D_8～D_{11}→N＝100～900設定 ・D_{12}～D_{15}→N＝1000～15000設定 ・D_{16}→NC	
5	D_1			
6	D_2			
7	D_3			
8	D_4			
9	D_5			
10	D_6			
11	D_7			
12	D_8			
13	D_9			
14	D_{10}			
15	D_{11}			
16	D_{12}			
17	D_{13}			
18	D_{14}			
19	D_{15}			
20	D_{16}			
21	D_{17}			
23	P_{OUT}	プログラマブル・カウンタ出力端子	P_{IN}入力周波数の$1/N$が出力される．パルス幅は，入力周波数の4サイクル分．	

(c) 各端子の機能説明

● パルス・スワロウ方式

VCOの発振周波数が高い場合には固定分周数のプリスケーラを使用します．ところが**図6-7**に示すように，固定分周数のプリスケーラを挿入すると，同じ基準信号周波数ではその分周数だけ設定分解能が粗くなってしまいます．そして設定分解能を拡大しようとすると，位相比較周波数である基準周波数がそのぶん低くなり，PLL回路の帰還量が減少

〈図6-4〉PLL用プログラマブル分周器TC9198(東芝)②

MODE入力を“L”レベル(またはオープン)とすると，プログラマブル・カウンタはスワロウ方式となる．

① $P=128$のプリスケーラの場合

D_0	D_1	D_2	D_3	D_4	D_5	D_6	D_7	D_8	D_9	D_{10}	D_{11}	D_{12}	D_{13}	D_{14}	D_{15}	D_{16}	D_{17}
2^0	2^1	2^2	2^3	2^4	2^5	2^6	2^7	2^8	2^9	2^{10}	2^{11}	2^{12}	2^{13}	2^{14}	2^{15}	2^{16}	2^{17}

※：分周数のバイナリ・コードDは原則として，$16,384 \leqq D \leqq 262,143$

② $P=64$のプリスケーラの場合

D_0	D_1	D_2	D_3	D_4	D_5	D_6	D_7	D_8	D_9	D_{10}	D_{11}	D_{12}	D_{13}	D_{14}	D_{15}	D_{16}	D_{17}
2^0	2^1	2^2	2^3	2^4	2^5	“0”	2^6	2^7	2^8	2^9	2^{10}	2^{11}	2^{12}	2^{13}	2^{14}	2^{15}	2^{16}

※1：分周数のバイナリ・コードDは原則として，$4,096 \leqq D \leqq 131,071$

※2：D_6はGNDまたはオープンで使用する．

③ $P=32$のプリスケーラの場合

D_0	D_1	D_2	D_3	D_4	D_5	D_6	D_7	D_8	D_9	D_{10}	D_{11}	D_{12}	D_{13}	D_{14}	D_{15}	D_{16}	D_{17}
2^0	2^1	2^2	2^3	2^4	“0”		2^5	2^6	2^7	2^8	2^9	2^{10}	2^{11}	2^{12}	2^{13}	2^{14}	2^{15}

※1：分周数のバイナリ・コードDは原則として，$1,024 \leqq D \leqq 65,535$

※2：D_5およびD_6はGNDまたはオープンで使用する．

④ $P=16$のプリスケーラの場合

D_0	D_1	D_2	D_3	D_4	D_5	D_6	D_7	D_8	D_9	D_{10}	D_{11}	D_{12}	D_{13}	D_{14}	D_{15}	D_{16}	D_{17}
2^0	2^1	2^2	2^3	“0”			2^4	2^5	2^6	2^7	2^8	2^9	2^{10}	2^{11}	2^{12}	2^{13}	2^{14}

※1：分周数のバイナリ・コードDは原則として，$256 \leqq D \leqq 32,767$

※2：D_4～D_6はGNDまたはオープンで使用する．

(d) スワロウ方式プログラム・カウンタ

して，出力信号のスペクトラムが悪化してしまいます．

このプリスケーラによる設定分解能の悪化を改善するのが**図6-8**に示すパルス・スワロウ方式のカウンタで，パルス・スワロウ方式に使用されるのがデュアル・モジュラスのプリスケーラです．デュアル・モジュラスのプリスケーラにはコントロール端子MDがあり，この端子を制御することによって分周数が「M」と「$M+1$」に切り替わります．

図6-8に示すように，パルス・スワロウ方式ではプログラマブル分周器のほかにスワロウ・カウンタを設けます．基準入力周波数の1周期のうち，スワロウ・カウンタに設定された数だけプリスケーラの分周数を「$M+1$」に設定し，残りの数はプリスケーラの分周数を「M」に設定します．この動作により，分周数1周期における分周数の分解能をスワロウ・カウンタの数だけ細かくすることができます．

ここで，名称として使用されているスワロウ(swallow)は「ついばむ」という意味です．

MODE入力を“H”レベルとすると単純カウンタとなる．
D_{17}を“H”レベルにするとBCDモードで動作し，“L”レベルにするとバイナリ・モードで動作する．
① バイナリ・モード動作：D_{17}＝D_{16}＝“L”レベルまたはオープン

D_0	D_1	D_2	D_3	D_4	D_5	D_6	D_7	D_8	D_9	D_{10}	D_{11}	D_{12}	D_{13}	D_{14}	D_{15}
2^0	2^1	2^2	2^3	2^4	2^5	2^6	2^7	2^8	2^9	2^{10}	2^{11}	2^{12}	2^{13}	2^{14}	2^{15}

※：分周数のバイナリ・コードDは，$5 \leqq D \leqq 65{,}535$となる．

② BCDモード動作：D17＝“H”，D16＝“L”レベルまたはオープン

D_0	D_1	D_2	D_3	D_4	D_5	D_6	D_7	D_8	D_9	D_{10}	D_{11}	D_{12}	D_{13}	D_{14}	D_{15}
1	2	4	8	1	2	4	8	1	2	4	8	1	2	4	8
×1				×10				×100				×1000			

※1：D_0～D_3，D_4～D_7，D_8～D_{11}はBCDコードで分周数を設定する．
　N＝10以上の設定では動作しない．
※2：D_{12}～D_{15}は，バイナリ・コードで分周数設定ができる．
　D_{12}～D_{15}＝0101（A）→N＝10,000
　D_{12}～D_{15}＝1101（B）→N＝11,000
　D_{12}～D_{15}＝0011（C）→N＝12,000
　D_{12}～D_{15}＝1011（D）→N＝13,000
　D_{12}～D_{15}＝0111（E）→N＝14,000
　D_{12}～D_{15}＝1111（F）→N＝15,000
※3：分周数のBCDコードDは，$5 \leqq D \leqq 15{,}999$となる．

(e) 単純プログラム・カウンタ

分周パルスを部分的についばむことにより，高分解能を得ていることになります．

● フラクショナル*N*方式

パルス・スワロウ方式に似た方式で，プログラマブル分周器の分解能を上げるフラクショナルN(Fractional-N)と呼ばれる方式があります．

この方式は**図6-9**に示す構成で，基準周波数のクロックでアキュムレータを加算し，加算器のオーバフローが生じたときだけプログラマブル分周器の分周数を1増やします．こうするとアダーのビット数だけ分解能を増やすことができ，分周数が，

$$M + \frac{n}{2^N}$$

M：プログラマブル分周器の分周数

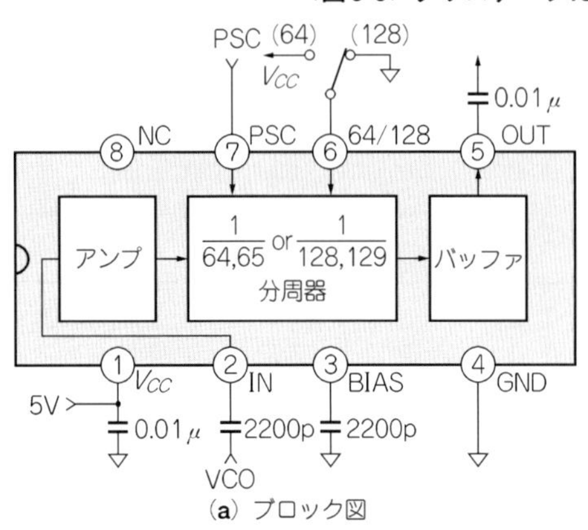

(a) ブロック図

ピン番号	記号	機能
1	V_{DD}	電源端子
2	IN	局発信号入力端子
3	BIAS	バイアス端子 パスコンを外付けする
4	GND	接地端子
5	OUT	分周信号出力端子
6	64/128	分周モード切り替え端子 "H"レベルで64, 65 "L"レベルで128, 129
7	PSC	2モジュラス制御端子 "H"レベルで N "L"レベルで $N+1$
8	NC	無接続端子

(b) 端子の説明

(特に指定のない限り, V_{CC} = 4.5～5.5V, T_a = 30～85℃, f_{in} = 400～1000MHz)

項目		記号	測定条件	最小	標準	最大	単位
動作電源電圧		V_{CC}		4.5	5.0	5.5	V
動作電源電流		I_{CC}	V_{CC} = 5.0V	－	4.0	7.0	mA
動作周波数範囲		f_{IN}		400	－	1000	MHz
入力電圧範囲		V_{IN}		50	－	250	mV_{rms}
出力振幅		V_{OUT}		1.0	1.2	－	$V_{p\text{-}p}$
入力電圧	"L"レベル	V_{IL}	PSC	0	－	0.3V_{CC}	V
	"H"レベル	V_{IH}	PSC	0.7V_{CC}	－	V_{CC}	V
入力電流	"L"レベル	I_{IL}	PSC　V_{CC} = 5.0V, V_{IL} = 1.0V	－700	－	－200	μA
	"H"レベル	I_{IH}	PSC　V_{CC} = 5.0V, V_{IH} = 4.0V	－200	－	－50	μA

(c) 電気的特性

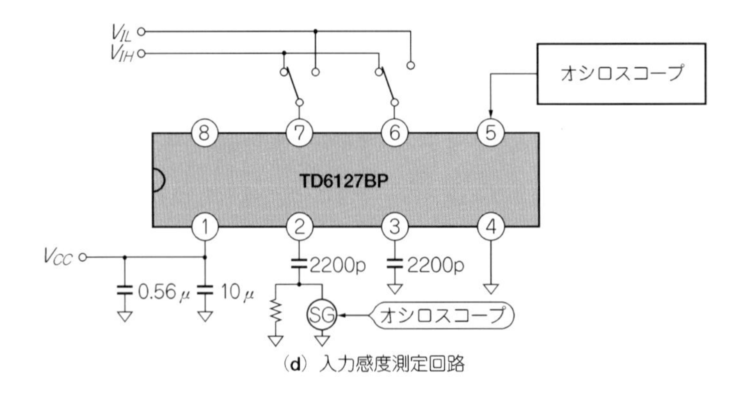

(d) 入力感度測定回路

〈図6-6〉
TD6127BPの入力感度特性

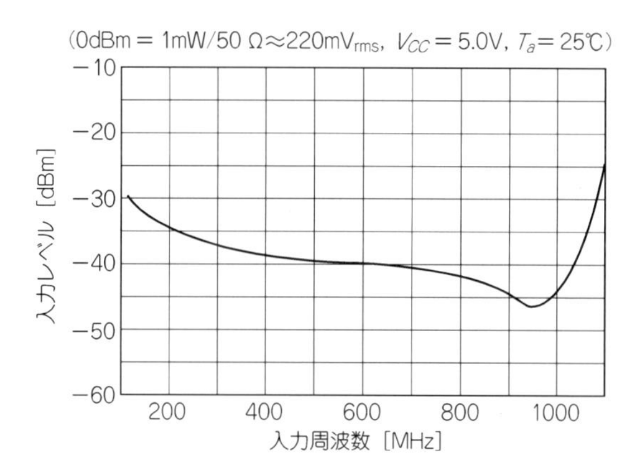

〈図6-7〉**VCOの周波数が高くプログラマブル分周器の動作周波数を越える場合にはプリスケーラを使用する**

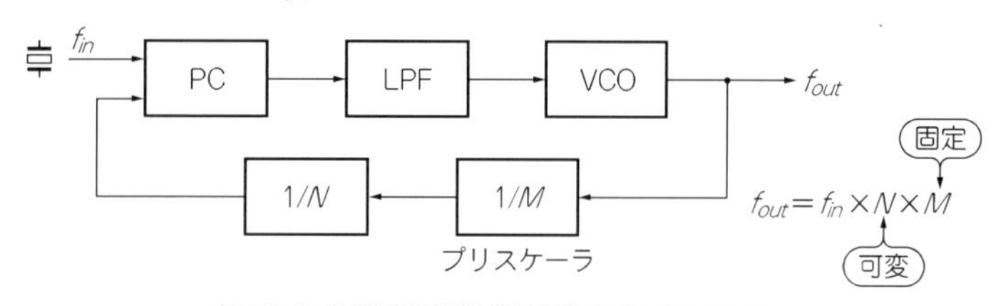

プリスケーラを使用すると分解能が犠牲になる

n ：アダーの設定値

N ：アダーのビット数

になり，分数での分周数が設定でき，アダーの数だけ分解能が向上します．

6.3 PLL用のLSI

● PLL専用LSIの構成

本書ではPLL回路入門ということで，PLL回路の各ブロックを個別ICで構成して動作を説明してきました．しかし現在では内外の半導体メーカから，通信器やAM，FM，TVチューナなどへのPLL用LSIが市販されており，多くの種類が使用されています．PLL用LSIの基本的な内部ブロックは，多くが**図6-10**に示すような構成になっています．

リファレンス分周器は基準周波数分周用のプログラマブル分周器で，水晶発振器で発振

〈図6-8〉パルス・スワロウ方式による分周

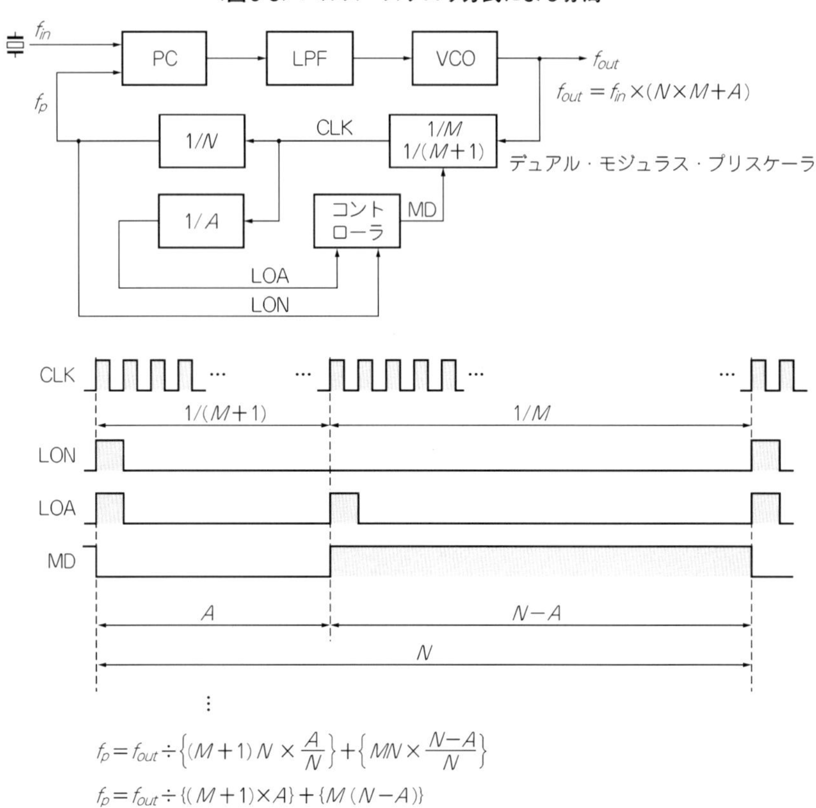

した数MHz～十数MHzの基準周波数を位相比較周波数に分周します．このリファレンス分周器の入力インバータが水晶発振回路として使用できるものも多くあります．

VCOからの信号を分周し，出力周波数を決定するプログラマブル分周器にはプリスケーラとスワロウ・カウンタが内蔵され，GHzまで対応できるPLL用LSIが多くなっています．また，より高分解能の得られるフラクショナルN方式を採用したものもあります(富士通：MB15F83UL，Phllips：SA8025など)．

位相比較器は，アンロック時にロック・スピードを上げるための端子がついたものや，デッド・ゾーンのない電流出力タイプも多くなっています．そして，ループ・フィルタに

〈図6-9〉フラクショナル*N*方式の構成

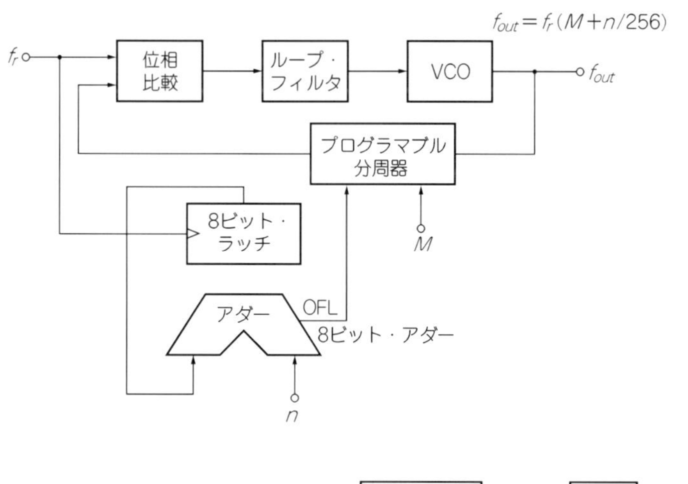

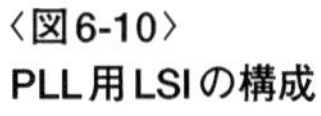
〈図6-10〉
PLL用LSIの構成

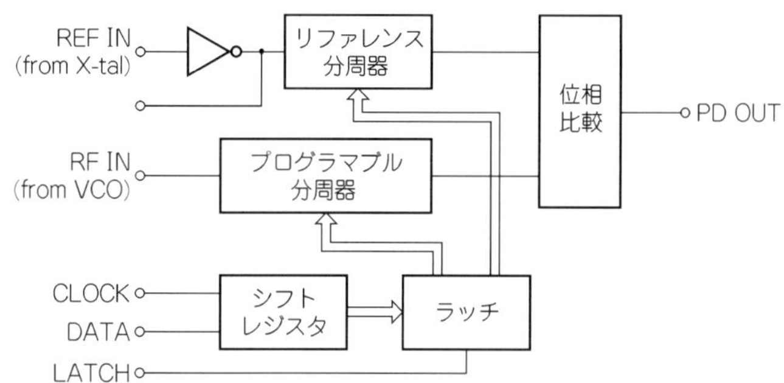

アクティブ・タイプを使用するとループの極性が反転してしまいますが，位相比較器にモード設定の端子を設けて位相比較器の極性が選べるタイプも多くなっています．

通信機用では，受信と送信のローカル・オシレータのためにプログラマブル分周器と位相比較器が2組入ったデュアルPLL用LSIになっています．さらに，VCO用トランジスタを内蔵したタイプもあります(三菱：M64884FPなど)．

これらのLSIの分周数などの設定データはデータ，クロック，ラッチ信号の3本でシリアル・データにして設定します．したがって，CPUなどと一緒に使用することが前提になっていてます．

また，よりピン数を減らして小型化が可能なように，アプリケーションに合わせた固定分周数のPLL用LSIもあります(富士通：MB15C100など)．

〈図6-11〉高周波PLL用LSI ADF4110/4111/4112/4113(アナログ・デバイセズ)

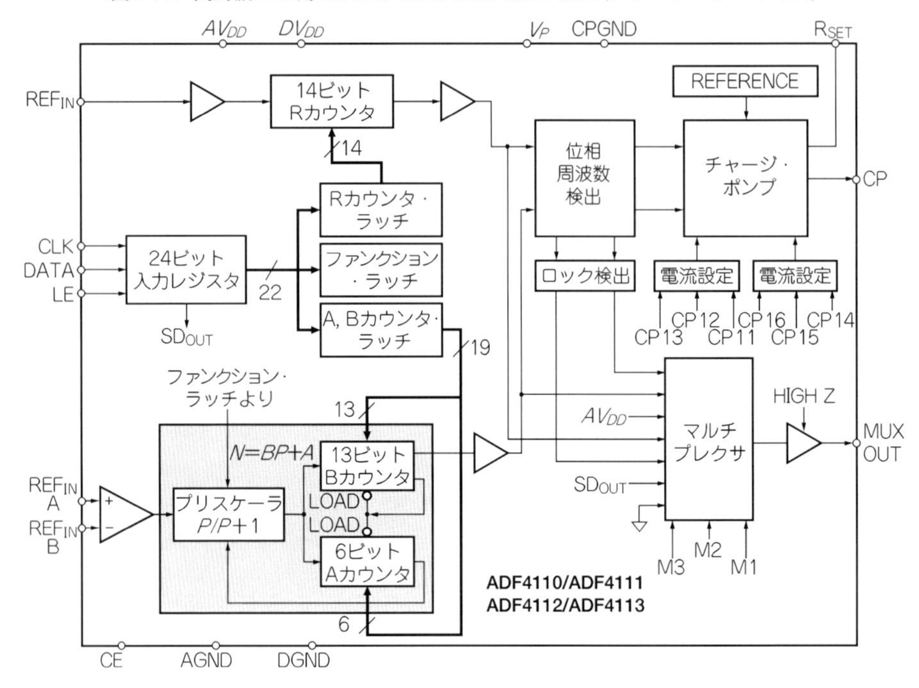

● ADF4110/4111/4112/4113

図6-11にPLL用LSIの一例としてADF4110/4111/4112/4113(アナログ・デバイセズ)の内部ブロックを示します．それぞれ550 MHz～4 GHzまでの周波数を扱うことができ，プリスケーラの分周比も4段階のディジタル設定ができます．したがって，より広範囲の周波数が扱え，さまざまなアプリケーションに対応できます．

内蔵の位相比較器はデッド・ゾーンのない電流出力タイプになっており，出力電流値がディジタル設定で8段階に設定できます．また，その絶対値は外付け抵抗によって決定されるので，0.29 mA～8.7 mAまで広範囲に選べます．

このため，プログラマブル分周器の分周設定によって変化するPLLのループ・ゲインをこの8段階の電流設定により補正し，つねに位相戻りの最大値でループ利得が1になるようにループ利得を補正することができます．つまり，ロック速度やスプリアスの低減に役立ちます．

電流出力の位相比較器の場合には，**図6-12**に示すループ・フィルタが使用されます．

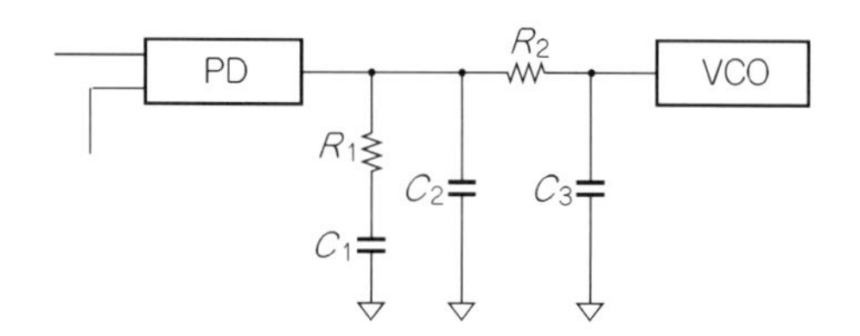

〈図6-12〉
電流出力の位相比較器とループ・フィルタ

〈図6-13〉電流出力の位相比較器を使用した場合のループ特性

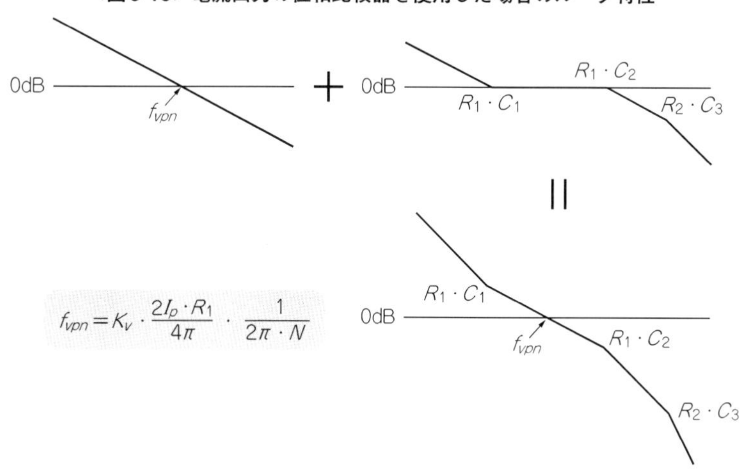

〈図6-14〉電流出力位相比較器の入出力特性

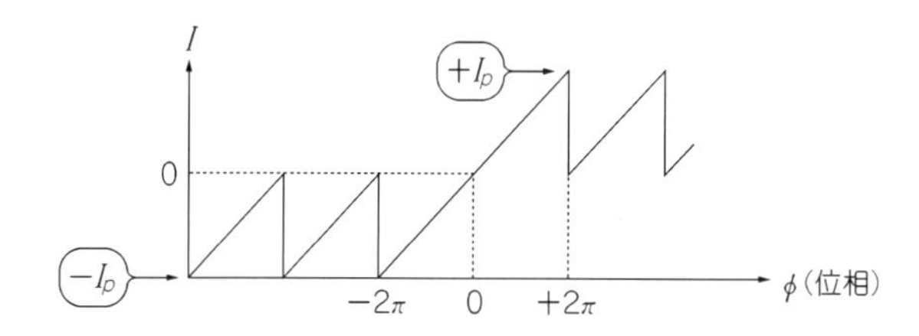

R_2とC_3は位相比較器からのスイッチング・ノイズを低減し，比較周波数でのスプリアス成分を低減します

ループ・フィルタの定数計算のための位相比較器の利得は，次の式から求めます．

$$K_p = \frac{2I_p \times R_1}{4\,\pi}$$

I_p：位相比較器の出力電流

ループ・フィルタの時定数は，ループ・フィルタの平坦部を0 dBとすると，**図6-13**で決定されます．R_1とC_2に比べてR_2とC_3の時定数が無視できないときには，シミュレーションなどで位相余裕をチェックして定数を決定する必要があります．

第7章
PLL回路の計測と評価法
パッシブ/アクティブ・ループ・フィルタのループ利得

PLLは負帰還回路であることから，第2章では負帰還の基礎理論からPLL回路の設計法，そしてループ・フィルタの定数算出について説明しました．この章では，算出した定数が正しいかどうかを検証するための実際の計測方法について説明します．

7.1 負帰還回路のループ利得の計測

● ループ利得の計測は難しい

これまでに説明してきたように，負帰還回路のブロック図は**図7-1**のように書き表せます．これを具体的なOPアンプ回路にすると，一例が**図7-2**の非反転増幅器のようになります．このときの仕上がり利得A_Cは，

$$A_C = \frac{1}{1 + A_O \cdot \beta}$$

で決定され，$A_O \cdot \beta = -1$にならないように回路定数を決定します．

一般にOPアンプを用いた非反転増幅回路では，負帰還のβ回路が抵抗で構成されます．そのためβ回路での入出力位相の遅れはごくわずかです．したがって，OPアンプの負帰還を施すまえの裸特性の利得A_Oが，

〈図7-1〉負帰還のブロック図

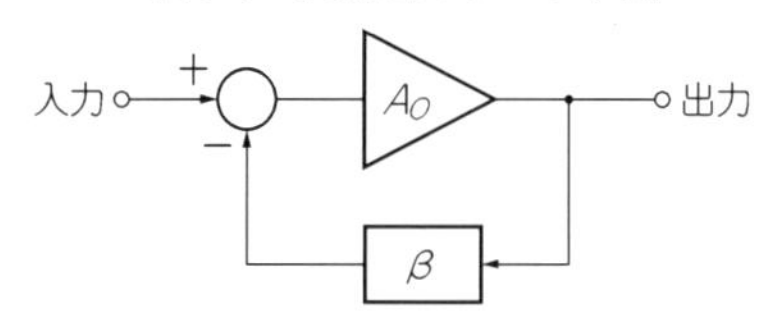

〈図7-2〉非反転増幅回路

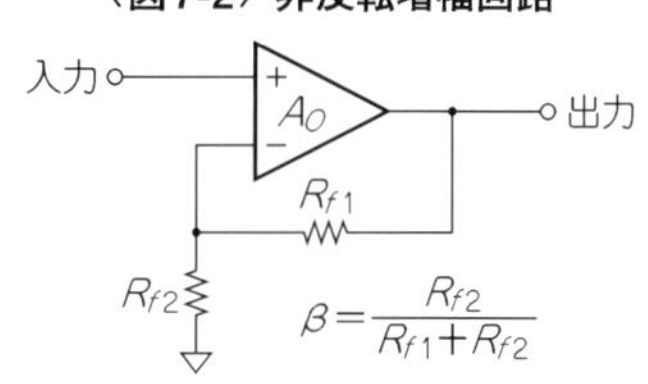

〈図7-3〉
ループ利得の計測①

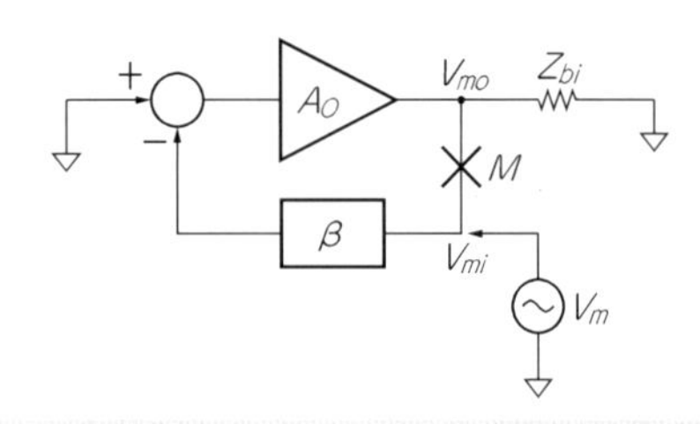

Mの点で切断しV_{mi}からV_{mo}の伝達特性を計測する
Z_{bi}：β回路の入力インピーダンスに等しいインピーダンス

$$A_O = \frac{1}{\beta}$$

になる周波数での位相遅れ(交流増幅器では進みもある)が120°以上にならないことを，あらかじめデータシートで確かめておけばよいことになります．

しかし，PLL回路などを含めて普遍的に負帰還回路を考えるときには，β回路での位相変化も考慮に入れなければなりません．そのため，負帰還が安定に施されているかを検証するには，A_Oとβの総合伝達特性が1になる周波数で，位相が±120°以上変化しないことを確かめることになります．

図7-1に示したように，負帰還回路では$A\beta$がループになっています．そのため伝達特性を計測するには，**図7-3**に示すように任意の部分を切断して信号を注入し，切断した箇所での一巡の利得/位相-周波数特性を計測すればよいことになります．しかし，OPアンプ回路では直流利得が非常に大きいので，わずかな(数mVの)直流入力オフセット電圧でもOPアンプが飽和してしまい，安定に計測することができません．

PLL回路の伝達特性の測定でも同様です．位相を比較し，周波数を制御するというメカニズムのために，理論的には直流利得が無限大になり，ループの一部分を切断するとPLL回路が正常に動作しません．

● 負帰還を施したままループ利得を計測

負帰還回路では**図7-4**に示すように，外部から計測用の信号を注入します．そして，注入した箇所で一巡の信号レベルと位相を計測し，$A_O \cdot \beta$の伝達特性(ループ利得)を求めることができます．

この計測方法ではループを切断しません．そのため実際の動作に近い状態で計測でき，切断した場合に必要なインピーダンス終端の必要もありません．この計測方法を数式で説

〈図7-4〉
ループ利得の計測②

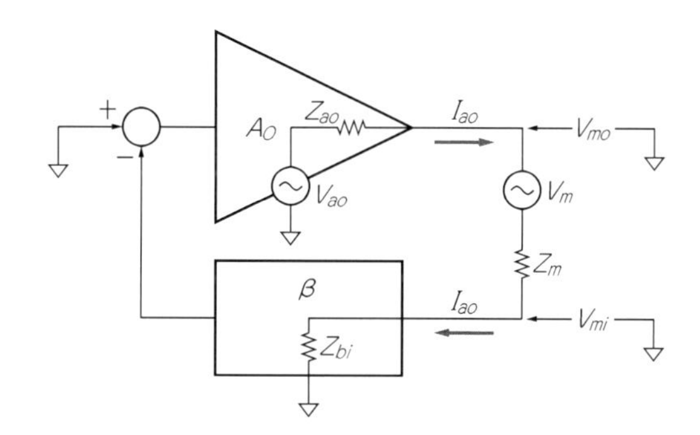

明すると，**図7-4**から，

$$V_{mo} = V_{ao} - I_{ao} \cdot Z_{ao} \quad \cdots\cdots (7\text{-}1)$$

$$I_{ao} = \frac{V_{mi}}{Z_{bi}} \quad \cdots\cdots (7\text{-}2)$$

式(7-2)を式(7-1)に代入すると，

$$V_{mo} = V_{ao} - \frac{V_{mi} \cdot Z_{ao}}{Z_{bi}}$$

$$V_{ao} = V_{mo} + V_{mi}\frac{Z_{ao}}{Z_{bi}} \quad \cdots\cdots (7\text{-}3)$$

一方，負帰還回路，**図7-4**において，入力電圧からβ回路出力電圧を引いたものがA回路の入力電圧となっており，入力電圧を0Vとすると，

$$A_O \cdot \beta = -\frac{V_{mo}}{V_{mi}} \quad \cdots\cdots (7\text{-}4)$$

$$V_{mo} = V_{ao} - I_{ao} \cdot Z_{ao} \quad \cdots\cdots (7\text{-}5)$$

$$I_{ao} = \frac{V_{ao}}{Z_{ao} + Z_{bi} + Z_m} \quad \cdots\cdots (7\text{-}6)$$

式(7-6)を式(7-5)に代入すると，

$$V_{mo} = V_{ao} - \frac{V_{ao} \cdot Z_{ao}}{Z_{ao} + Z_m + Z_{bi}}$$

$$= \frac{V_{ao}(Z_m + Z_{bi})}{Z_{ao} + Z_m + Z_{bi}} \cdots\cdots (7\text{-}7)$$

式(7-7)を式(7-4)に代入すると，

$$A_O \cdot \beta = -\frac{V_{ao}(Z_m + Z_{bi})}{V_{mi}(Z_{ao} + Z_m + Z_{bi})}$$

$$A_O \cdot \beta = -\frac{\dfrac{V_{ao}\left(1+\dfrac{Z_m}{Z_{bi}}\right)}{V_{mi}}}{1+\dfrac{Z_{ao}}{Z_{bi}}+\dfrac{Z_m}{Z_{bi}}} \cdots\cdots (7\text{-}8)$$

式(7-3)を式(7-8)に代入すると，

$$A_O \cdot \beta = -\frac{\dfrac{\left(V_{mo}+V_{mi}\dfrac{Z_{ao}}{Z_{bi}}\right)\left(1+\dfrac{Z_m}{Z_{bi}}\right)}{V_{mi}}}{1+\dfrac{Z_{ao}}{Z_{bi}}+\dfrac{Z_m}{Z_{bi}}}$$

$$A_O \cdot \beta = -\frac{\left(\dfrac{V_{mo}}{V_{mi}}+\dfrac{Z_{ao}}{Z_{bi}}\right)\left(1+\dfrac{Z_m}{Z_{bi}}\right)}{1+\dfrac{Z_{ao}}{Z_{bi}}+\dfrac{Z_m}{Z_{bi}}} \cdots\cdots (7\text{-}9)$$

したがって，式(7-9)から$Z_{bi} \gg Z_{ao}$，$Z_{bi} \gg Z_m$の条件が成立すれば，

$$A_O \cdot \beta \fallingdotseq -\frac{V_{mo}}{V_{mi}} \cdots\cdots (7\text{-}10)$$

となります．つまり，負帰還ループに信号を注入し，その前後の信号を計測して，比を計算すればループ利得が求められることになります．また，式(7-10)には負記号がついていることから，位相遅れが0°の場合には180°，180°位相が遅れた場合には0°の位相として計測されることになります．

● 負帰還ループ計測をシミュレーション

図7-5(a)がループ計測のシミュレーション回路です．これはAppendix Aの**図A-7**(p.44)と同じ定数になっています．つまり，利得10倍では20 dB弱のピークが生じ，位相

〈図7-5〉ループ特性計測のシミュレーション

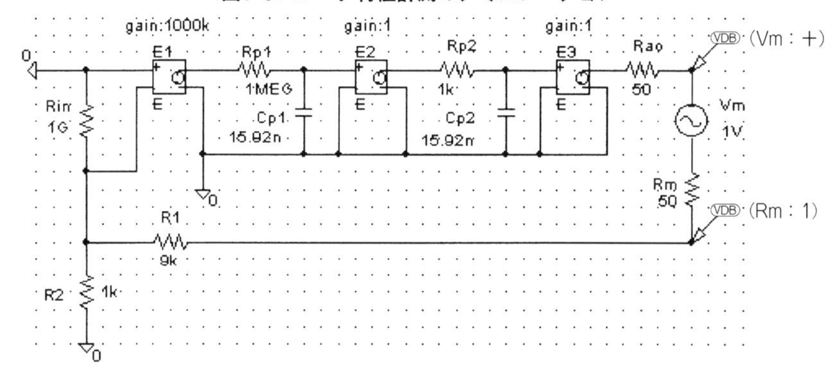

（a）シミュレーション回路

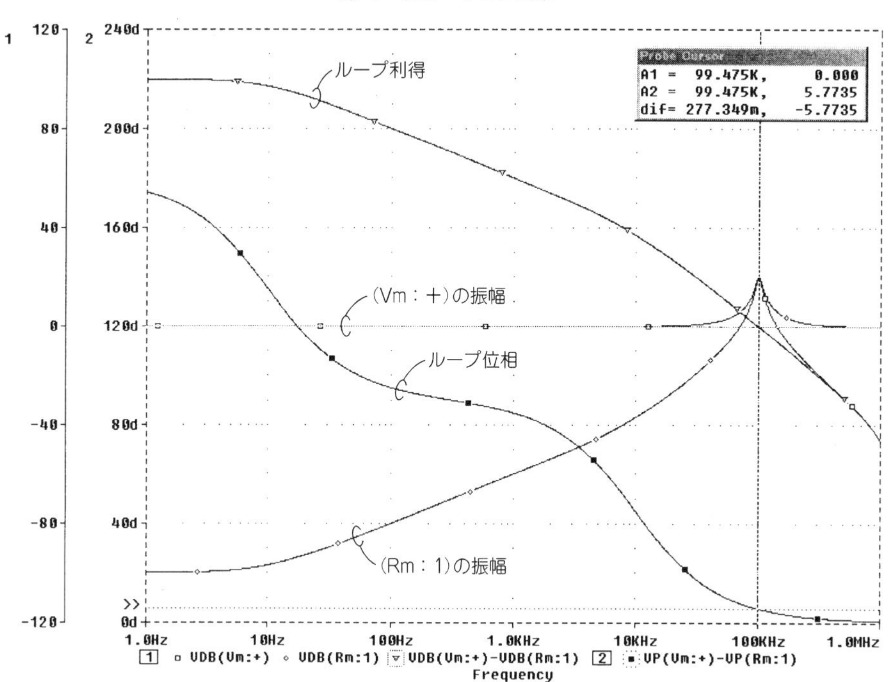

（b）シミュレーションの結果

余裕が少ない不安定な定数です．

$E_1 \sim E_2$，$R_{in} \sim R_{ao}$で構成された回路がOPアンプの等価回路です．内部に二つの時定数をもっています．R_1とR_2がβ回路で，$\beta = 0.1$になっています．V_mが計測用の信号で，$R_m = 50\ \Omega$のインピーダンスにしました．

図7-5(b)がシミュレーション結果です．β回路の入力がノード(R_m：1)，A回路の出力がノード(V*m*：+)になっています．両方の振幅ともdBで表し，0 dBが1 Vです．ループ利得はこの二つの振幅比ですが，dBで表示しているので差をとればよいことになります．つまり，VDB(V*m*：+) − VDB(R_m：1)がループ利得になり，99.475 kHzでループ利得が0 dB(＝1)になっています．このときの位相は5.7735°です．ほとんど位相余裕がなく，不安定であることがわかります．

● 実際に信号を注入するには

以上に示したように，負帰還回路のループ利得を計測するには出力インピーダンスが低く，入力インピーダンスが高い箇所を選んで計測用信号を注入します．そして，その前後信号の振幅と位相から利得を計算します．この信号注入方法には以下に説明するいくつかの方法があります．

図7-6(a)は信号注入用抵抗を回路に挿入しておき，その両端に信号を注入します．この場合，注入信号は負帰還回路のグラウンドからフローティングされていなければなりません．

図7-6(b)はOPアンプ回路を挿入し，信号を注入する方法です．この場合は信号がフローティングされている必要はありません．ただし，挿入するOPアンプ回路は被計測回路の特性に影響を与えない程度の周波数特性が必要になります．

図7-6(c)はトランスを使用した例です．トランスのインダクタンスは被計測回路に影響を与えない程度に小さい必要があります．トランスの入出力周波数特性は計測値には影響を与えませんが，低周波でトランスの利得が落ちると計測信号が小さくなりS/Nが悪化します．

図7-6(d)は電流トランスCTを使用した例です．交流用カレント・プローブを逆に信号源とすれば，取り扱いが便利になります．トランスと同様に低周波で信号の注入量が少なくなるとS/Nが悪化します．

いずれの方法も被計測回路に影響を与えないよう，ケーブルや計測器による浮遊容量に注意する必要があります．そして注入する信号レベルは被計測回路が飽和しないように十

〈図7-6〉ループ利得計測のための信号注入方法

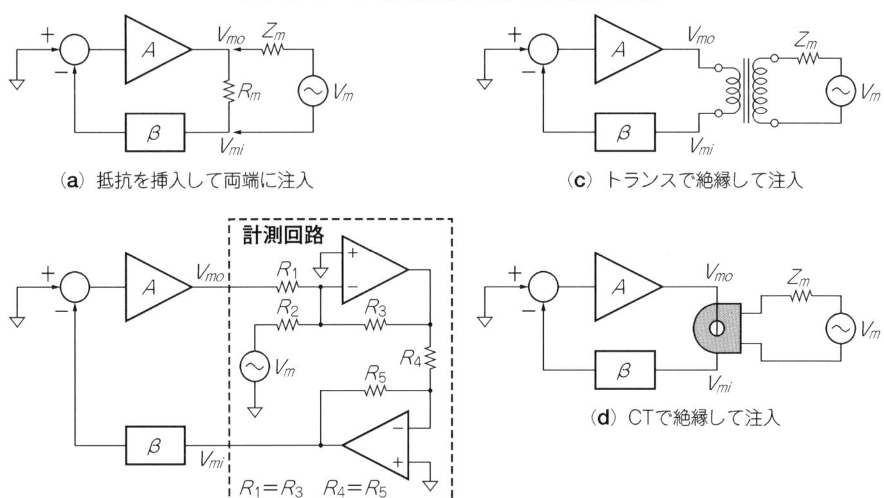

(a) 抵抗を挿入して両端に注入

(b) OPアンプ回路を挿入して注入

(c) トランスで絶縁して注入

(d) CTで絶縁して注入

分小さなレベルで，負帰還回路の出力をオシロスコープで観測して，被計測回路が飽和していないことを確かめながら計測します．

なお，計測の目的から広帯域で計測する必要はありません．ループ利得が1になる周波数を中心にして1/10～10倍の2ディケード程度で計測します．

これら負帰還回路のループ利得計測は，ケーブルなどの取り扱いを考えると100 kHz以上では回路に与える影響が大きく，100 kHz程度以下の負帰還回路で有用な方法といえます．

7.2　FRAを利用する

● 負帰還ループ特性計測のためのFRA

さて，負帰還回路の安定性を検証するためのループ利得の計測法を説明しましたが，このような負帰還ループ利得を計測するために作られた測定器があります．**写真7-1**に示すFRA（Frequency Responce Analyzer）と呼ばれるものです．

FRAの内部ブロックを**図7-7**に示します．1チャネルの信号発生部，2チャネルの信号処理部，信号分析を行うDFT演算部，そしてパネル操作部，表示部，外部インターフェースで構成されています．

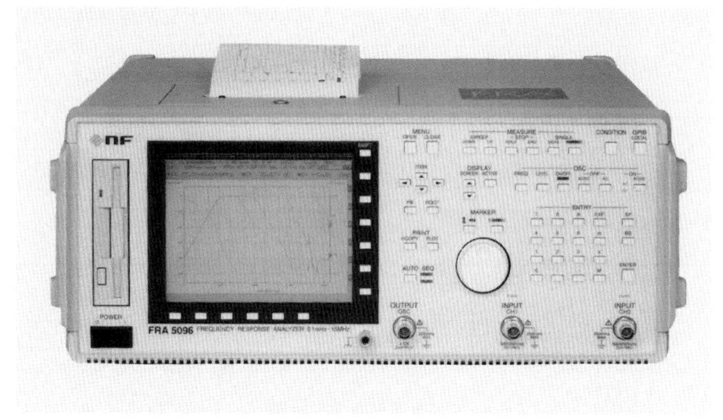

〈写真7-1〉
0.1 mHz～15 MHzの測定が可能なFRAの概観
［FRA5096,（株）エヌエフ回路設計ブロック］

〈図7-7〉FRAのブロック・ダイヤグラム

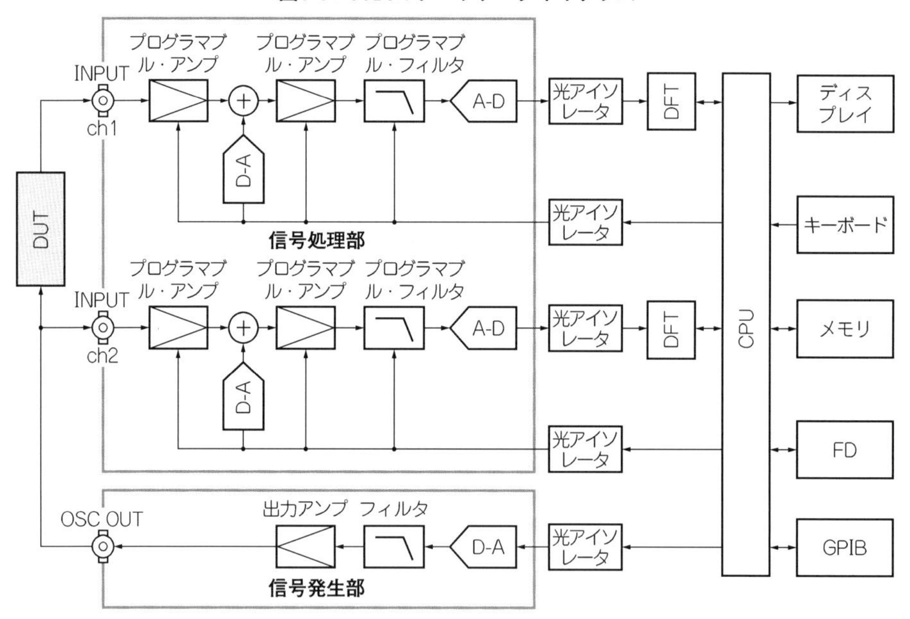

特徴的なのは，ループ利得計測のために信号出力と信号処理部が独立してフローティングされていることです．したがって，**図7-6(a)**で示した信号注入方法が使用でき，ケーブルを接続するだけで簡単にループ利得が計測できます．

DFT演算部のブロックを**図7-8**に示します．内部で発生した信号と入力信号を乗算す

〈図7-8〉DFT演算のブロック

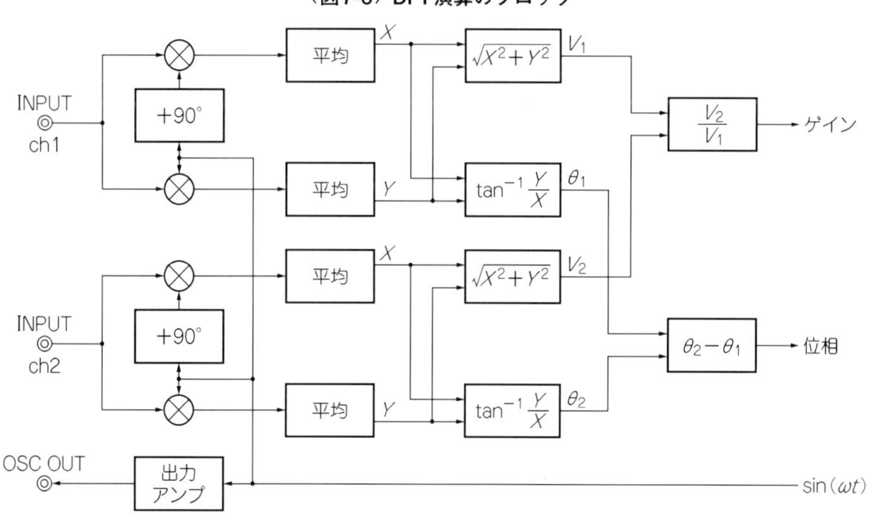

ることによって入力信号の振幅と位相を算出します．内部で発生した信号は出力信号としても使用されます．

FRAの信号分析方法は，指定された周波数の信号を内部発振器から外部に出力し，被計測回路を通過したあとの信号を再び入力して，内部発振器の周波数でDFT演算し，被計測回路の利得と位相を求めます．そして，単一周波数の分析が終了したら次の周波数にスイープし，繰り返し分析を行い，指定された帯域を指定された分解能で計測していきます．

単一周波数で分析するため，そのつど信号入力の状態に合わせて内部増幅器の利得や直流オフセット，そしてフィルタの遮断周波数などを最適に再設定し，計測していきます．このため，被計測回路の利得変化が大きくても正確に計測することができ，計測のダイナミック・レンジはプリアンプの利得が信号レベルに合わせて最適に設定されます．A-Dコンバータの分解能に左右されません．

また，DFT演算は基本的にノイズに強く，オシロスコープではとても信号成分が見えないようなノイズに埋もれた信号でも，アベレージング回数を増やすことによって安定に計測できます．

● FFTとの違い

FRAと似た動作を行う計測器にFFT(Fast Fourier Transform)アナライザがあります．FFTは，正確には信号処理のアルゴリズムを指しますが，このアルゴリズムを使用してCPUとA-Dコンバータなどを組み込んだ計測装置をも一般的にはFFTと呼んでいます．

FFTの場合は単一周波数ではなく，一定帯域の信号を一度に取り込んで分析します．このため必要な帯域幅を高速で分析できます．しかし信号を一度に取り込むため，単一周波数あたりの情報量はFRAに比べて少なくなり，取り込んだ信号の分解能はA-Dコンバータの分解能で制限されます．したがって，一般に精度とダイナミック・レンジはFRAに比べて劣ったものになります．

しかし，機械的構造物の応答を計測するときなどはFFTが適しています．FRAを使用して正弦波スイープしていたのでは構造物が共振して破壊してしまう恐れがあります．

● ネットワーク・アナライザとの違い

被測定回路の利得と位相を計測するという機能においては，FRAとネットワーク・アナライザは同じです．しかし，ターゲットとする応用分野が異なるため，それぞれ性能/機能において異なった特徴をもっています．

FRAは機械系も含めた負帰還回路のループ利得計測を主目的においています．そのため，1 Hz以下の周波数でも信号1波形ぶんの時間で計測処理が終了します．また，DC成分が含まれていても，信号処理部でDCキャンセルを行い，*CR*で直流を阻止したときのような過渡応答がありません．結果，A-Dコンバータのダイナミック・レンジを損なうこともありません．また信号出力，分析入力がフローティングされているのもFRAならではの機能です．

ただし，その目的から上限周波数は低く，十数MHzになっています．

ネットワーク・アナライザは高周波での回路解析を主目的にしています．そのため，上限周波数がGHzを越えているものもあります．また機能的にも，利得/位相を計測するだけではなく，スペクトラム計測やインピーダンス計測の機能をも可能にした，多機能な機種が多くなっています．ただ，本書で扱っているような数百Hz以下のループ利得計測では計測時間が遅く，信号出力がフローティングされておらず，下限周波数も10 Hz程度なので不適当です．

7.3 PLL回路のループ利得測定

● パッシブ・ループ・フィルタを使用したPLL

PLL回路の場合，ループ制御のためのリニア信号が現れているのはループ・フィルタ出力の部分しかありません．この部分に信号を注入し，測定します．

しかし，パッシブ・ループ・フィルタの出力インピーダンスは構成しているCRの値で決定され，一般的に数kΩ以上と高くなっています．そのため出力インピーダンスが低く，入力インピーダンスが高いという信号注入のための条件を満たす場所がありません．

このような場合は**図7-6**(**b**)に示したように，OPアンプ回路を挿入してPLL回路のループ利得を計測します．

図7-9が今回使用したOPアンプ回路です．重要な点は，信号入力から出力までの利得が1で，計測周波数範囲では位相遅れが生じないことです．RV_1で利得を1に調整します．74HC4046などを使用したパッシブ・フィルタのPLL回路の場合，VCOはMOSFETで構成され，入力インピーダンスが非常に高くなっています．このため，U_1にFET入力OPアンプを使用して入力インピーダンスを高くしています．

OPアンプ回路の信号入力インピーダンスは，使用しているVCOの入力インピーダンスと等しいことが必要になります．74HC4046のVCOはCMOS構成のため，非常に高い入力インピーダンスになっています．**図7-9**ではFET入力のOPアンプを使用し，入力オープンになったときの保護のためにR_1として100 M Ωの抵抗を挿入しました．

R_3で発振器からの注入信号の振幅が決定されます．PLLのループ利得計測では，注入信号の振幅がごく微少である必要があります．発振器の出力振幅の1/10が注入されるように100 kΩの値にしました．

図7-9の回路では10 kHz程度までのループ利得が計測できます．

〈**図7-9**〉**ループ利得計測用OPアンプ回路**

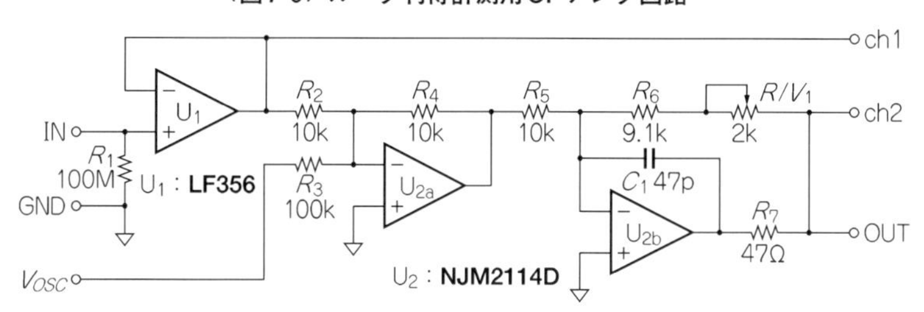

〈図7-10〉
PLL回路のループ利得計測

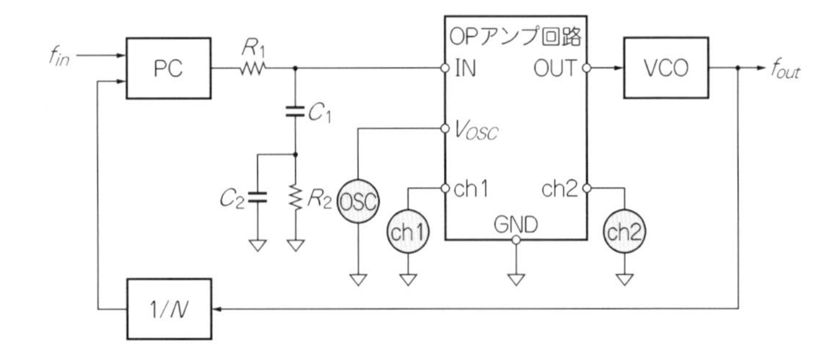

〈写真7-2〉
図7-9の治具(左)を使用して計測中のようす

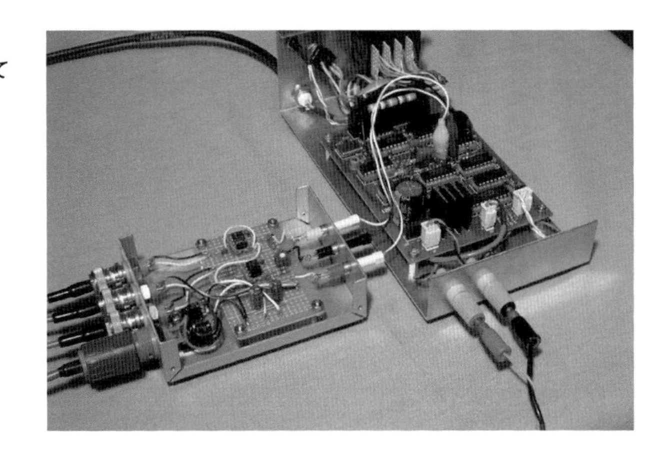

図7-10がPLL回路に挿入したときのブロック図です．ループ・フィルタの出力とVCO入力の部分の結線を外し，ここに**図7-9**のOPアンプ回路を挿入することになります．V_{osc}はFRAの発振器出力を，ch1，ch2はFRAの分析入力を接続します．**写真7-2**に測定中のようすを示します．

図7-11が，図3-11の回路で時定数を中，設定周波数を100 kHzと10 kHzにしてループ利得を計測した結果です．100 kHzのときシミュレーションでは図3-17(b)に示すようにループ利得1になる周波数が44.476 Hz，そのときの位相余裕が53.1°でした．これに対して計測結果が50 Hz，51°で，理論値とほぼ一致しています．

10 kHzのときはシミュレーションでは169.242 Hz，51.3°，計測結果が150 kHz，52°になりループが切れる点の数値は一致しています．しかし，位相グラフが理論値とは少しずれた結果になっています．VCOの制御電圧が低く，理論通りにはPLL回路が動作していないのかもしれません．

〈図7-11〉図3-11の回路で時定数：中のときのループ利得実測値

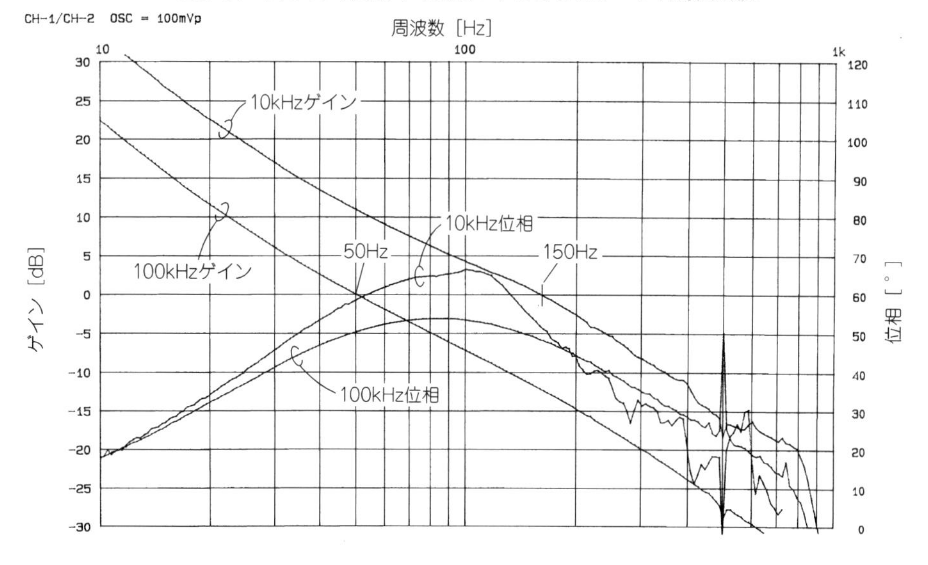

〈図7-12〉アクティブ・ループ・フィルタの場合の測定法

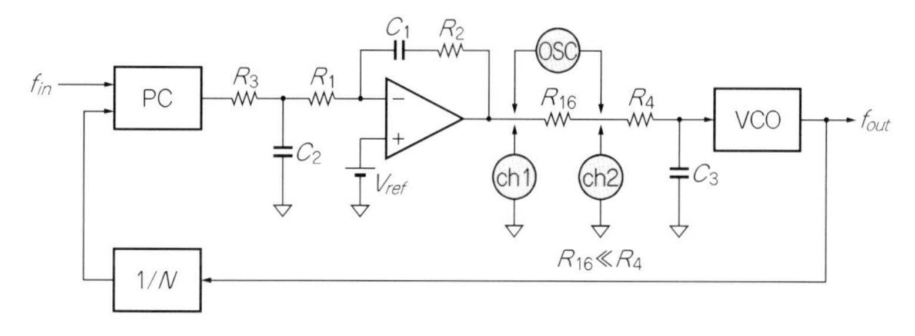

全体的には定数算出の計算結果がほぼ正しいことが実証されています．

● アクティブ・ループ・フィルタを使用したPLL

アクティブ・ループ・フィルタを使用したPLLの場合は，OPアンプ出力が低インピーダンスなので**図7-12**に示すようにR_{16}を挿入し，その両端にFRAからの発振器出力を接続することができます．注意しなくてはならないのは，VCOの入力インピーダンスに対してR_{16}の値を十分小さな値にすることです．

3.4節の図3-26の回路で，時定数を中，設定周波数を25 MHzと50 MHzにしてループ

〈図7-13〉図3-26の回路で時定数：中のときのループ利得実測値

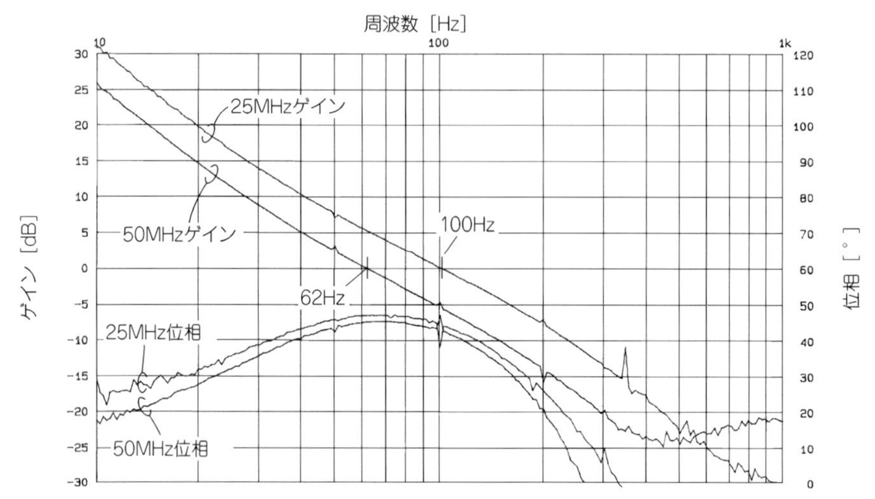

利得を計測したのが**図7-13**です．

シミュレーションでは図3-32(b)に示すように，50 MHzと25 MHzでループ利得1になる周波数が63.884 Hz，100.028 Hz，そのときの位相余裕が49.381°，49.777°でした．

これに対して計測結果では，ループ利得が1になる周波数が62 Hz，100 Hzになり，ほぼ理論値と一致しています．位相の戻りが45° 程度なので若干の差異がありますが，ループ・フィルタ定数の正しさは実証されたといえるでしょう．

第8章
PLLの特性改善ノウハウ
信号純度やロック・スピードを向上させるテクニック

PLL回路では，出力信号にスプリアスや位相ノイズが多い，ロック・スピードが遅いなどのトラブルがつきものです．この章では，これらのトラブルの原因になる事項と，解決のためのヒントを解説します．

8.1　電源をきれいにする

電源はどのような電子回路でも重要ですが，とくにPLL回路の場合，VCOや位相比較器の電源にノイズが含まれていると出力波形にスプリアスが生じたり，位相ノイズが増加するなどのトラブルが生じます．

また，位相比較器では常に入力信号と分周器からの信号をディジタル処理で比較しています．このため位相比較器で入力周波数とその高調波成分からなるノイズが発生しやすく，このノイズが電源を経由してVCOに影響を与えて，出力信号のスペクトラムを悪化させてしまう大きな原因になります．

● CMOSインバータ回路で実験してみると

PLL回路の位相比較はロジック・レベルの方形波で行われます．そのため入力信号が正弦波のときは，正弦波信号をロジック・レベルの方形波に変換する必要があります．このようなときは**図8-1**に示す，CMOSインバータを使用した回路がよく使用されます．

図8-1においてR_1は，入力のバイアス電圧を決定しているとともに負帰還の動作をします．使用している74HCU04は内部構成が1段のインバータで，増幅利得は低いのですが，位相遅れが少なく負帰還を施しても安定に動作します．

これに対して，同じインバータでも74HC04は内部が3段インバータで構成されており，

〈図8-1〉
正弦波-方形波変換回路

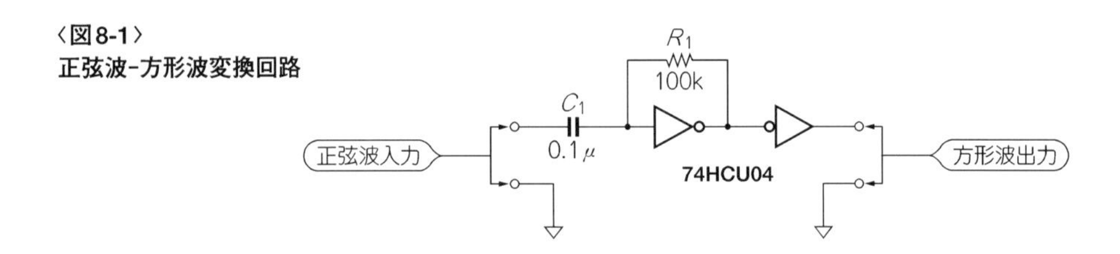

〈図8-2〉CMOSロジックICを使用したリニア増幅回路の実験

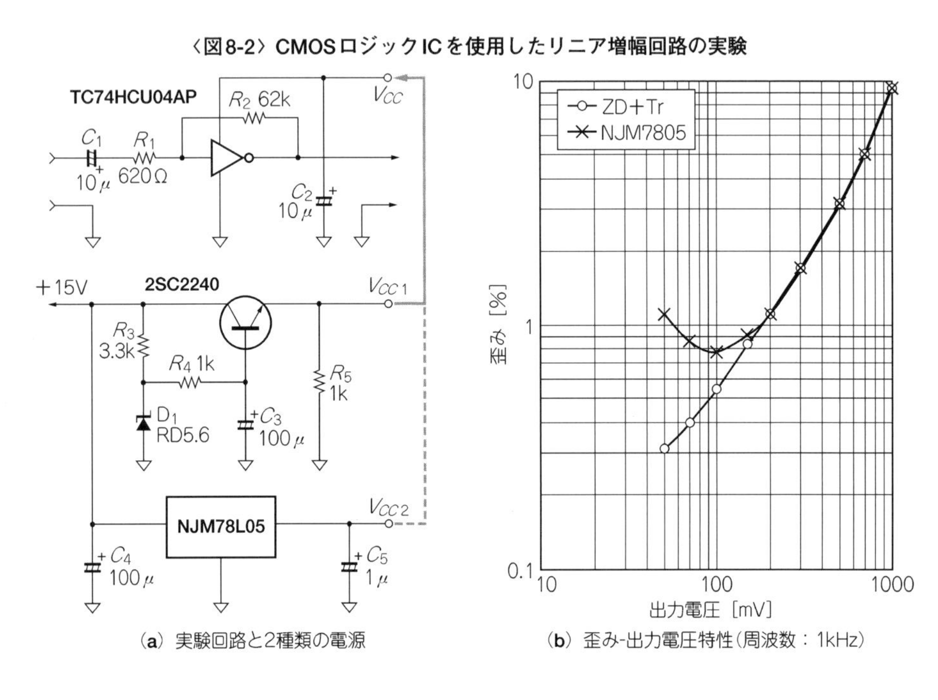

(a) 実験回路と2種類の電源

(b) 歪み-出力電圧特性(周波数：1kHz)

利得が多い代わりに位相遅れが多く，**図8-1**の回路では発振したり，不安定になる危険があります．

74HC04などのCMOSロジックICのスレッショルド(しきい値)電圧は，電源電圧のほぼ半分になるように設計されています．したがって電源電圧が変動すると，スレッショルド電圧もそれにつれて変動します．その結果，入力の正弦波を方形波に変換する際のデューティ・サイクルが変動することになり，方形波にジッタが付加され，PLL回路における入力波形のスペクトラム悪化につながります．

図8-2(a)はCMOSインバータTC74HCU04をリニア増幅器として動作させる回路です．この回路の電源として，ディスクリート部品で構成したリプル・フィルタ(V_{CC1})と3端子

〈図8-3〉CMOSロジックICを使用したリニア増幅回路の特性

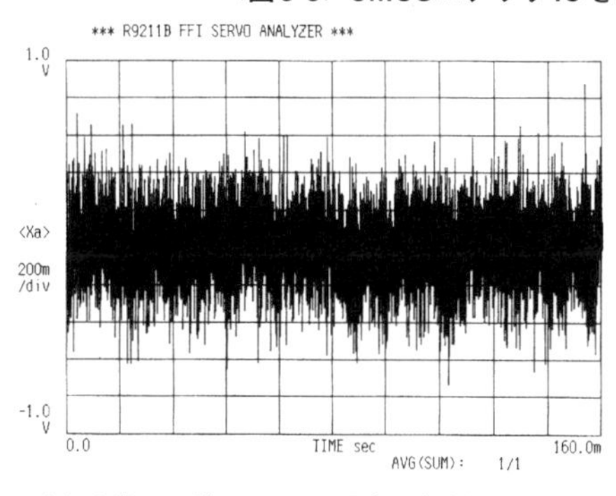

(a) 3端子レギュレータの場合の出力雑音波形

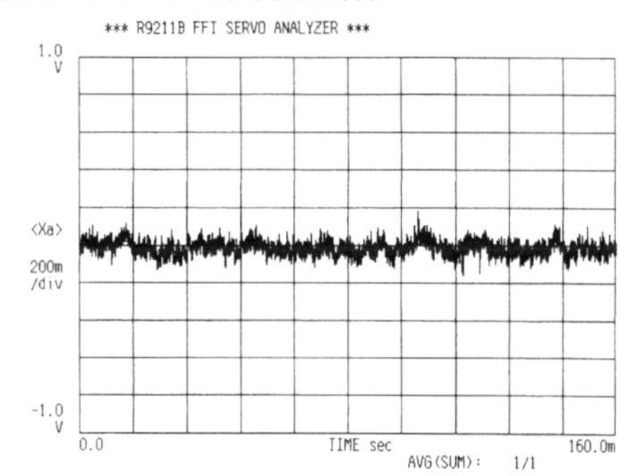

(b) リプル・フィルタの場合の出力雑音波形

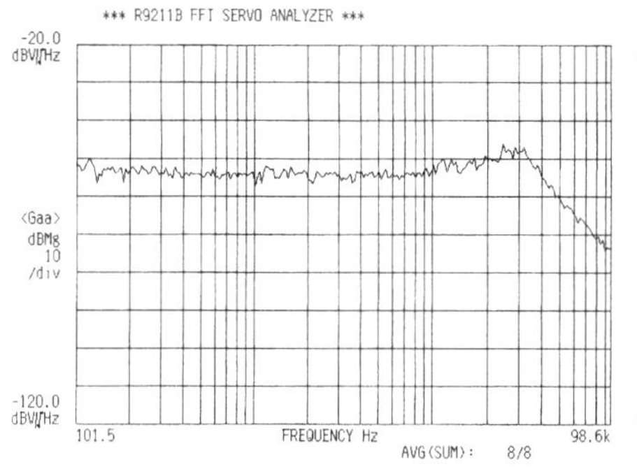

(c) 3端子レギュレータの場合の出力雑音スペクトラム

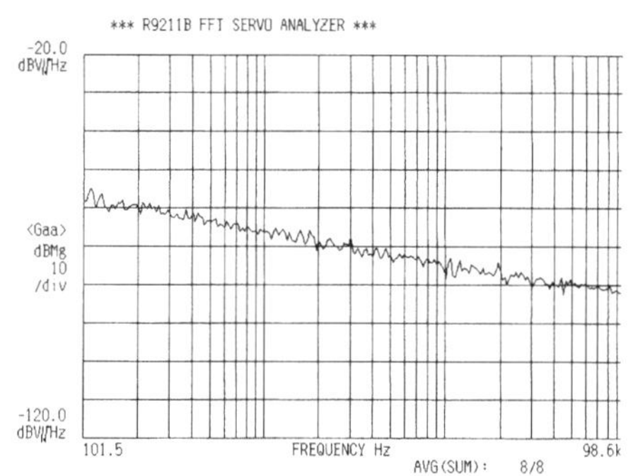

(d) リプル・フィルタの場合の出力雑音スペクトラム

レギュレータ(V_{CC2})の二つを使用して，電源変動(リプル)による影響を実験してみました．

図8-2(**b**)が出力波形の歪み特性です．3端子レギュレータを使用したときには，200 mV_{RMS}以下で歪みが増加しています．この増加は純粋な高調波歪みではなく，出力波形に含まれるノイズのために悪化しているものです．

図8-3(**a**)，(**b**)は入力短絡時のアンプとして動作しているインバータの出力(ノイズ波形)を1000倍増幅した波形です．また(**c**)，(**d**)はその出力ノイズ波形をFFTアナライザで分析したスペクトラムです．100 Hz付近のノイズ密度は同程度ですが，それ以上の周波数ではディスクリート部品で構成したリプル・フィルタよりも3端子レギュレータを使

用したほうがノイズ密度が多く，とくに30 kHz付近にピークが見られます．

このノイズのピークは3端子レギュレータの出力ノイズによるものです．3端子レギュレータは負荷が軽いと内部負帰還回路にピークが生じ，ノイズが増加するようです．

したがって，**図8-1**のような回路で正弦波を方形波に変換する場合，**図8-2(a)**に示す3端子レギュレータよりもディスクリート構成のリプル・フィルタのほうがジッタが付加される度合いが少ないことになります．

● 水晶発振回路で実験

図8-4(a)に示すのは，非常にポピュラなCMOSインバータを使用した水晶発振回路です．この発振回路が，電源に含まれるリプルによってどのような影響を受けるかを実験してみました．U_{1a}が発振回路ですが，U_{1a}で生じた周波数変動成分のみを検出するために別パッケージのIC U_{2a}でバッファし，U_{2a}には出力の振幅成分に電源電圧変動の影響が出ないように別の低雑音電源より＋5 Vを供給しています．

図8-4(b)が電源にリプルがないときのスペクトラムです．キャリアよりも－80 dB下がったところに電源周波数によるものと思われるスプリアスが見られます．これは計測の限界によるもので，水晶発振回路によるものではありません．

図8-4(c)はモジュレーション・ドメイン・アナライザ(HP-53310A)で計測した結果で，横軸が時間，縦軸が周波数になっています．周波数変動の最大が84.4 mHzと観測されています．

次に，3端子レギュレータにダミーの負荷抵抗R_5を接続し，**写真8-1**に示すように電源リプルが5 mV_{peak}現れるように設定しました．この状態での発振波形のスペクトラムを**図8-5(a)**に示します．キャリアから100 Hz離れた周波数に，電源リプルの影響と思われるスプリアスが約－55 dBcも現れています．**図8-5(b)**が周波数変動のようすで，2.359 Hzの周波数変動が電源リプルの周期で生じているのがわかります．

このように，非常に安定した周波数が得られる水晶発振回路であっても，電源にわずかなリプルがあると出力信号にその影響が現れてきます．スペクトラム純度の高い信号をPLL回路で得たい場合には，電源の純度が重要な項目になります．

● シリーズ・レギュレータの雑音特性を比較する

上の二つの実験をふまえ，**図8-6**に示す接続で各種レギュレータICの出力ノイズ特性を観測した結果が**図8-7(a)**～**(f)**です．レギュレータ出力電圧を直流カットして低雑音増

〈図8-4〉電源リプルによる影響の実験

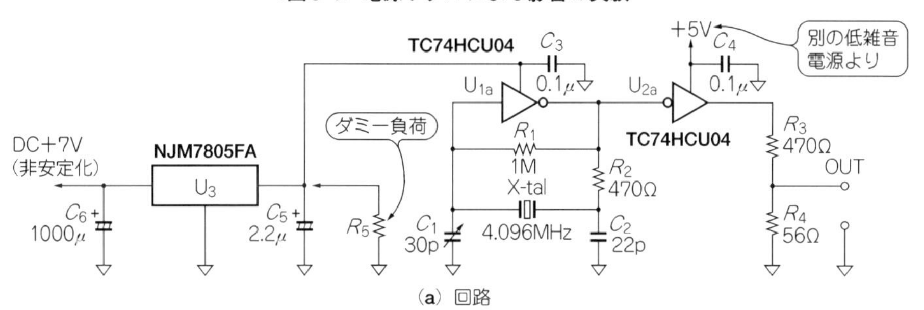

(a) 回路

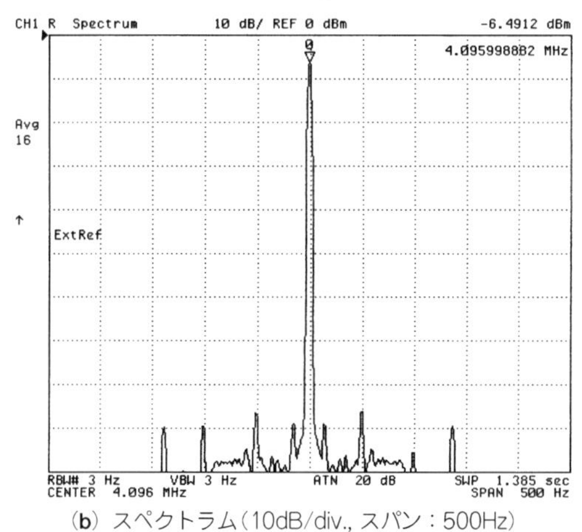

(b) スペクトラム(10dB/div., スパン:500Hz)

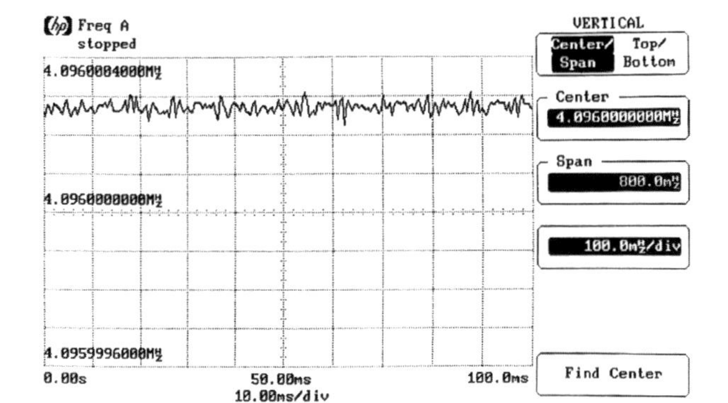

(c) 時間による周波数変動(0.1Hz/div., 10ms/div.)

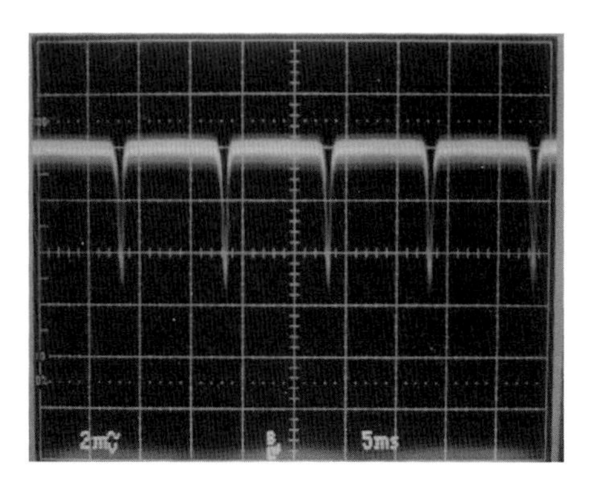

〈写真8-1〉
電源リプルのようす
(2 mV/div., 5 ms/div.)

〈図8-5〉電源にリプルを加えたときの出力特性

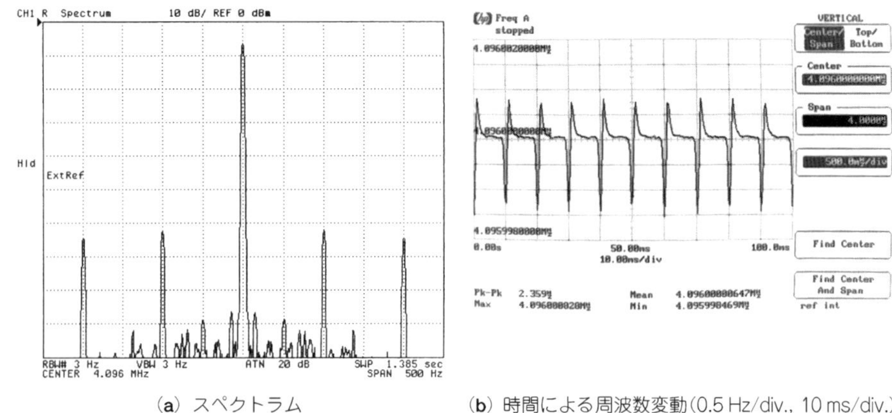

(a) スペクトラム　(b) 時間による周波数変動(0.5 Hz/div., 10 ms/div.)

幅器で1000倍に増幅し，その出力をFFTアナライザで雑音分析しています．したがって，－120 dBV/$\sqrt{\text{Hz}}$の目盛りが1 nV/$\sqrt{\text{Hz}}$のノイズ密度になります．

図8-7(a)～(f)を比べると，3端子レギュレータのノイズ密度が多いのが目立ちます．理由は，3端子レギュレータでは端子が3本に制限されているため，IC内部の電圧基準素子で発生したノイズをコンデンサで減衰させることができず，このノイズが出力に現れてしまうためです．

ノイズを抑えるには出力端にコンデンサを挿入することが考えられますが，3端子レギュレータの出力インピーダンスはごく小さい(数十mΩ)ので，**図8-8**に示すように出力端子に大容量電解コンデンサを付加しても，電解コンデンサの等価直列抵抗ESR(数十mΩ)

〈図8-6〉レギュレータの出力ノイズを計測する

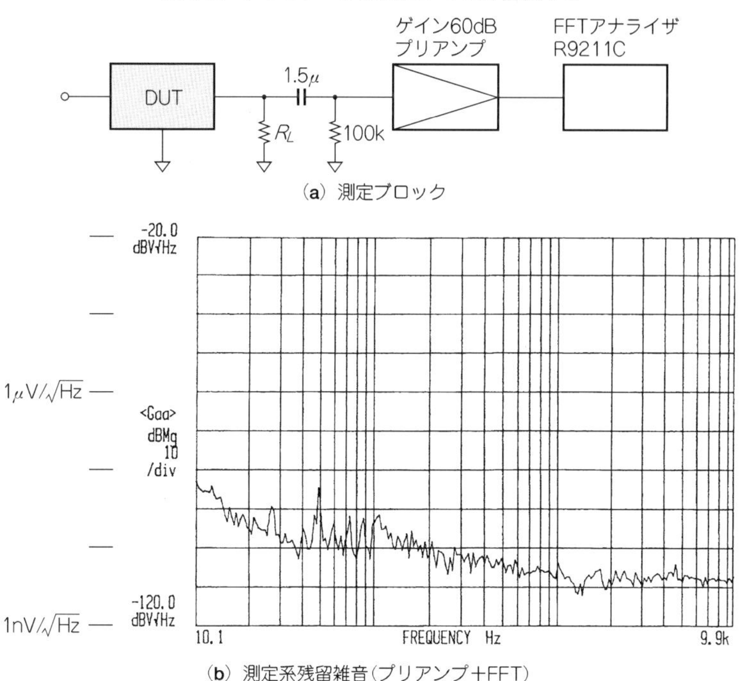

(a) 測定ブロック

(b) 測定系残留雑音(プリアンプ＋FFT)

のために3端子レギュレータから出力されるノイズは効果的に減衰させることはできません．3端子レギュレータの出力インピーダンスと電解コンデンサの*ESR*が同じ値の場合は，ノイズ電圧が半分になるだけです．

なお，最近では出力ノイズ低減のためのコンデンサ接続端子のついたレギュレータも発売されているので，それらを使用すれば低ノイズが期待できます．

一方，図(**e**)，(**f**)に示すようにトランジスタを使用したリプル・フィルタ回路では，簡単なわりに低ノイズが実現できています．

電源のハム成分を小さくすることはなかなか大変です．基本的には電源トランスなどは漏れ磁束が大きいので，漏れ磁束が交差しない場所を選び，できる限り小さく実装することが重要です．

〈図8-7〉各種レギュレータのノイズ特性①

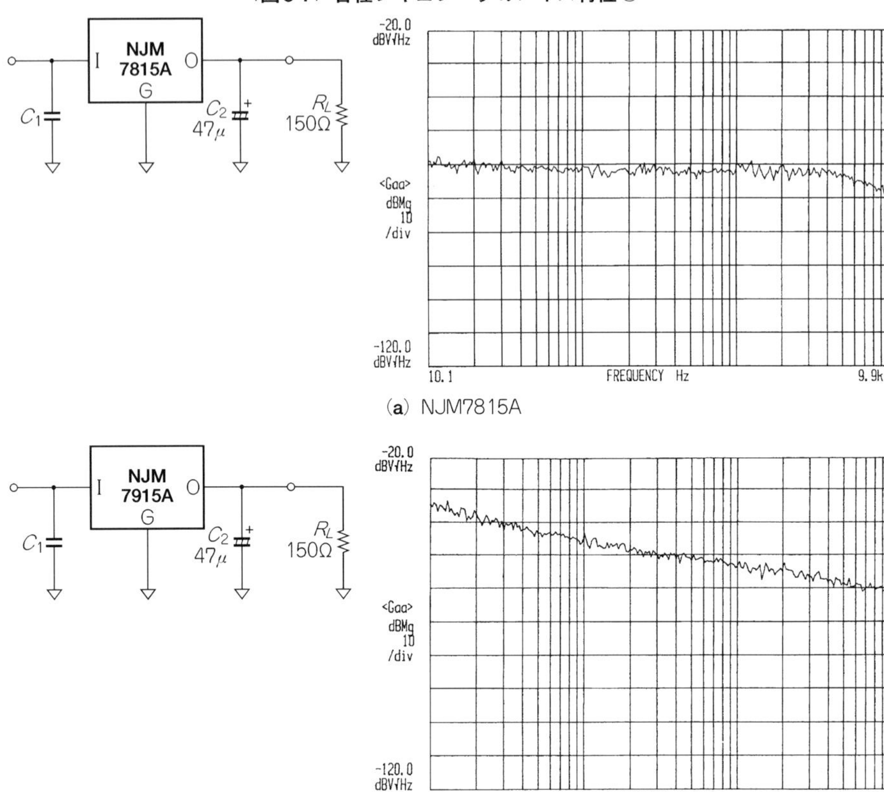

(a) NJM7815A

(b) NJM7915A

〈図8-7〉各種レギュレータのノイズ特性②

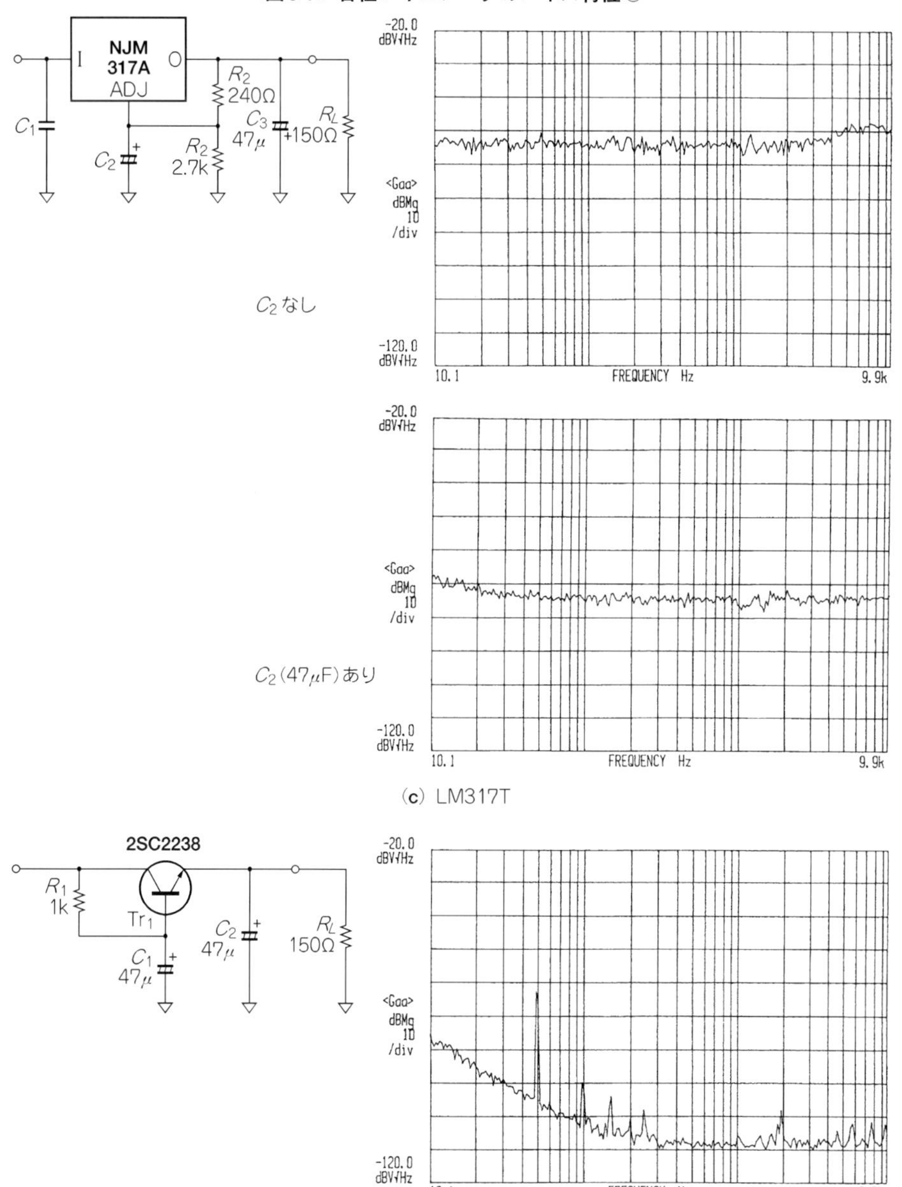

(c) LM317T

(e) リプル・フィルタ

〈図8-7〉各種レギュレータのノイズ特性③

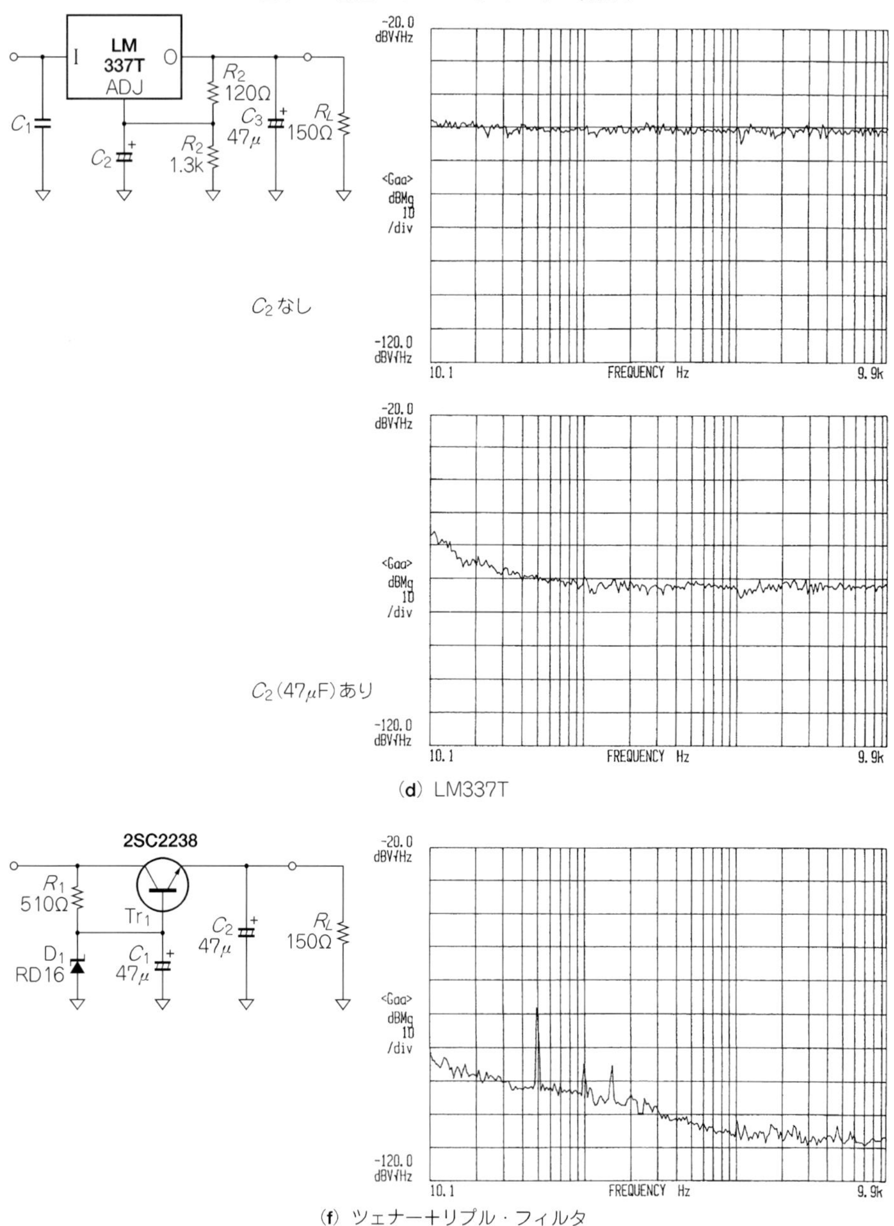

(d) LM337T

(f) ツェナー+リプル・フィルタ

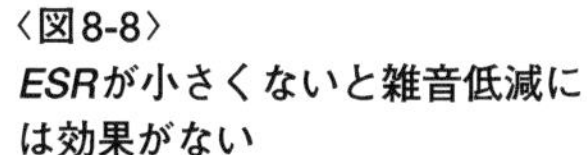
〈図8-8〉
ESRが小さくないと雑音低減には効果がない

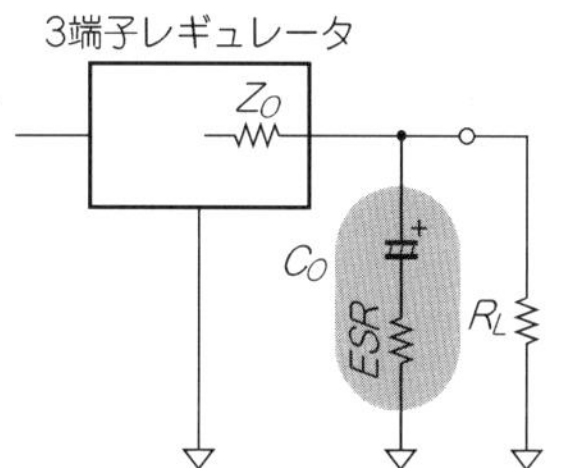

8.2 VCOの制御電圧特性を改善する

74HC4046は手軽なPLLデバイスですが，出力周波数の可変範囲を10倍確保したり，PPL方式で直線性のよいF- Vコンバータを実現するには，VCO特性が若干ネックになります．この節ではVCOのF- V特性改善の例を紹介します．

● CD74HC4046のVCOの直線性を改善する

第4章の4.1節で説明したように，定番のPLL ICである4046の電圧制御発振器VCOは，マルチバイブレータ方式でコンデンサに充電する電流を制御することによって出力周波数を可変しています．そして，内部回路を見ると**図8-9**に示すように，入力電圧を内部MOSFETによって電流に変換していることがわかります．

CD74HC4046AEに入っているVCOの出力周波数-制御電圧特性を**図8-10**に示します．この特性を見ると，入力制御電圧の0.8 V付近でカーブが急に変化しています．これはV-I変換のためのMOSFET Q_1のI_D- V_{GS}特性が**図8-11**のようになっているためで，Q_1のピ

〈図8-9〉
4046の内蔵VCOの構成

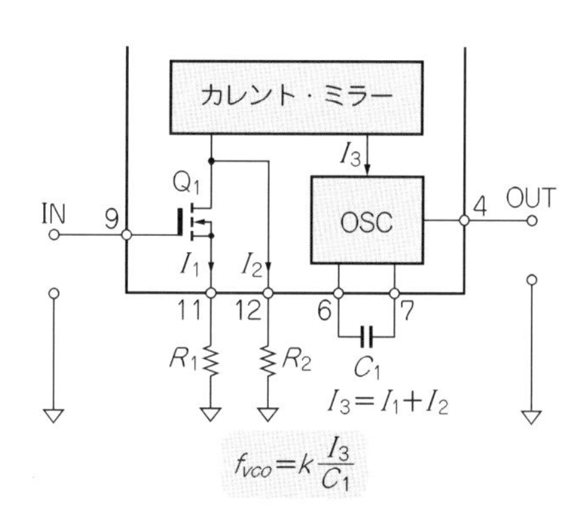

〈図8-10〉 4046の内蔵VCOの出力周波数-制御電圧特性

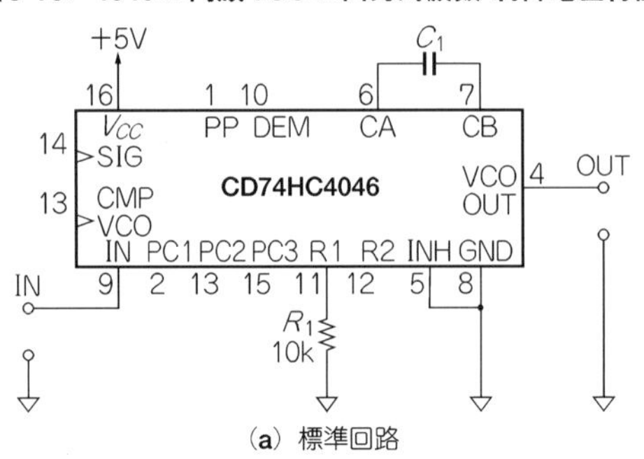

(a) 標準回路

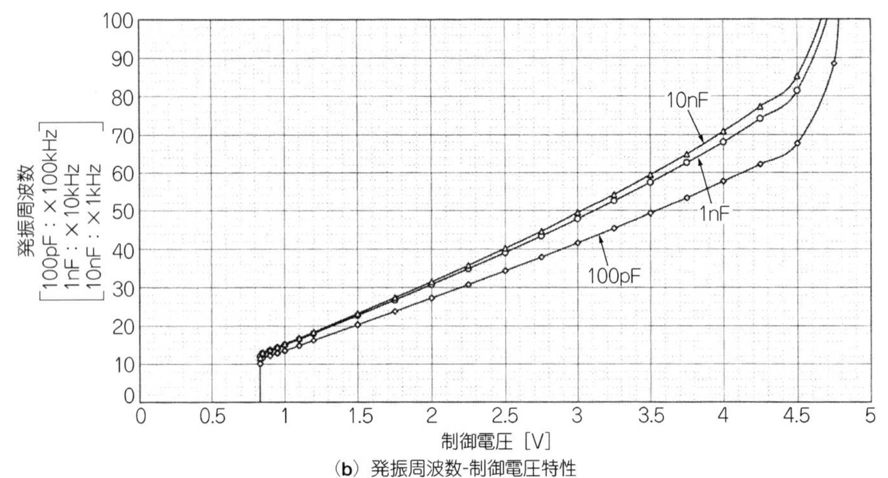

(b) 発振周波数-制御電圧特性

〈図8-11〉
Q_1の推定I_D-V_{GS}特性

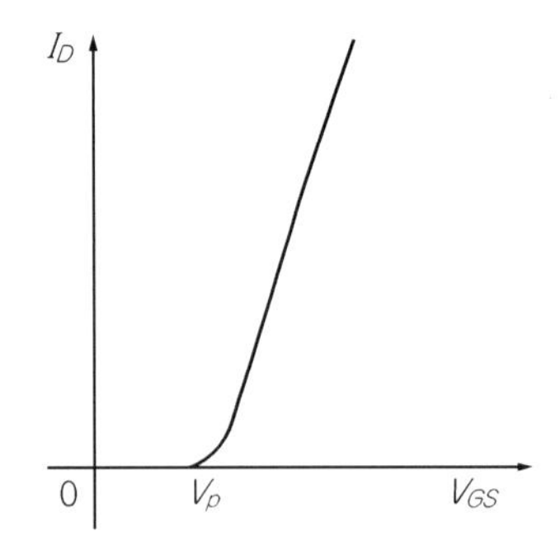

ンチオフ電圧V_Pが0.8 V付近であると推測できます．

そこで，このQ$_1$の代わりに正確なV-I変換回路を外部に付加することができれば，74HC4046のF-V特性をもっと改善することができるはずです．幸いなことに74HC4046は，最低周波数を決定するためのR_2を接続する12ピンを備えています．この12ピンの電位はR_2に流れる電流には影響されず，電源電圧よりも0.5 V程度低い電位で一定です．

この12ピンに直線性の良いV-I変換回路を付加し，**図8-12**(**a**)の回路で実験してみました．その結果が同図(**b**)(直線目盛り)，および同図(**c**)(対数目盛り)です．非常に直線性の良い電圧-周波数特性が得られました．

しかし，制御電圧が3.5 Vを越えたところに，制御特性のピークができています．この理由は，制御電流が増加していくとR_1の両端の電圧が増加していきますが，Tr$_1$のコレクタ電位が一定なため，Tr$_1$のV_{DS}が0 Vになって飽和してしまうためです．この3.5 Vの値はTr$_1$に使用しているFET 2SK30AGRのI_{DSS}などによって異なります．

このピーク特性から電圧-周波数変換特性が逆になってしまうと，PLL回路の閉ループによって，出力周波数が低い→制御電圧を高くする→さらに周波数が下がる…という正帰還になってしまい，制御電圧の最大点でラッチアップしてしまう危険があります．このため**図8-12**(**a**)の回路では，制御電圧を定電圧ダイオードなどで3.5 V以上にならないようにクリップする必要があります．

図8-13(**a**)はTr$_1$の飽和による特性を改善するための回路です．OPアンプU$_{1b}$の＋入力がグラウンドされているため，U$_{1b}$が正常に動作しているかぎり，Tr$_1$のソースはほぼグラウンド電位になり，Tr$_1$が飽和することがありません．ただし，U$_{1b}$の入力電圧が負になるので，前段U$_{1a}$で反転回路を付加しています．

図8-13(**b**)，(**c**)が改善したときの特性です．＋1 mV～＋5 Vまできれいな特性が得られています．なお，ここで使用しているOPアンプLMC662は出力がレール・ツー・レールのOPアンプで，電源電圧は±5 Vで動作させています．

また，実際のPLL回路に使用するときには，**図8-14**に示すように，U$_{1a}$の部分をアクティブ・タイプのループ・フィルタとして使用することもできます．

● CD74HC4046のVCOの周波数可変範囲を広げる

CD74HC4046を低周波のクロック・シンセサイザとして使用する場合，前述のようなVCOの直線性はあまり問題になりません．しかし，周波数変化幅を10倍以上確保したいような場合は，CD74HC4046内蔵のVCOそのままでは安定した10倍の周波数変化幅は確

〈図8-12〉直線性の良いV-I変換回路①を付加した回路と特性

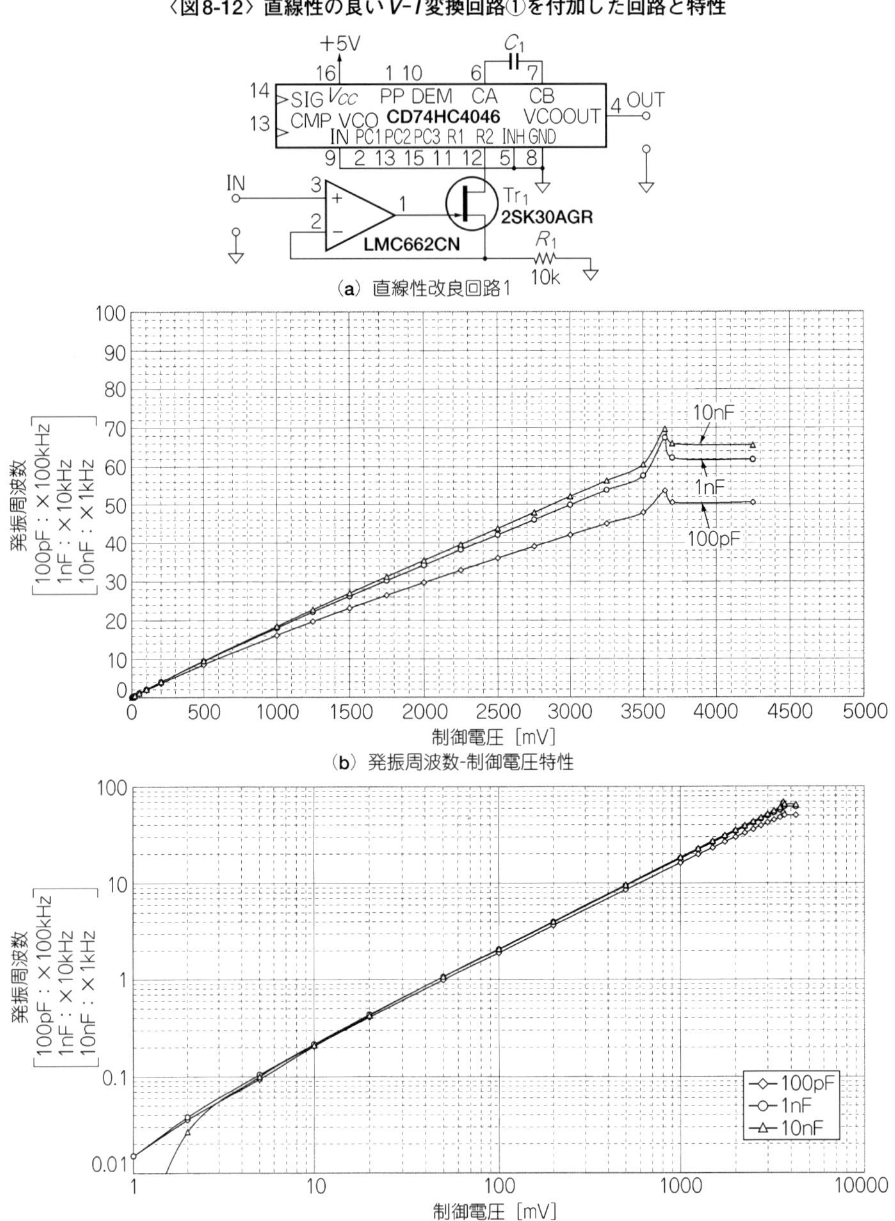

（a）直線性改良回路1

（b）発振周波数-制御電圧特性

（c）発振周波数-制御電圧特性

〈図8-13〉直線性の良いV-I変換回路②を付加した回路と特性

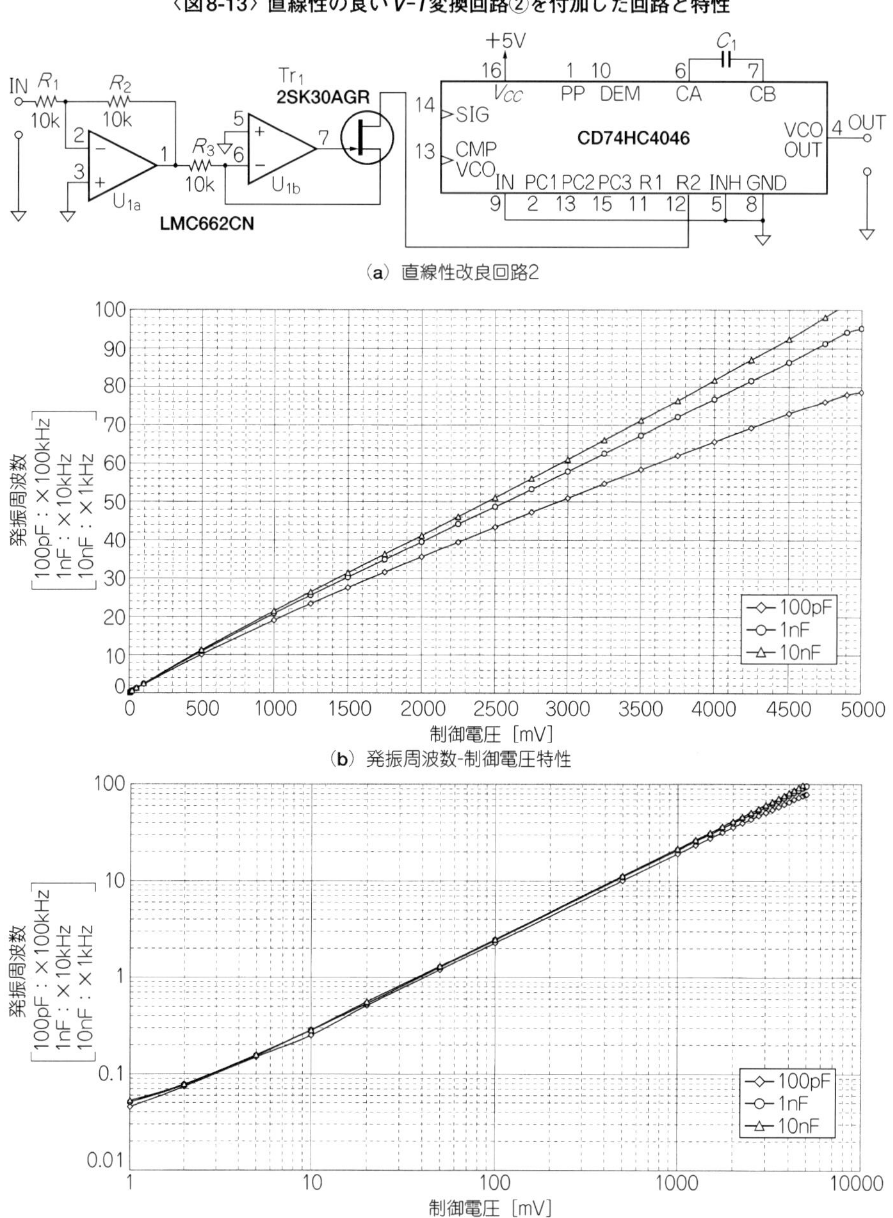

(a) 直線性改良回路2

(b) 発振周波数-制御電圧特性

(c) 発振周波数-制御電圧特性

〈図8-14〉
前段をアクティブ・フィルタとして利用する

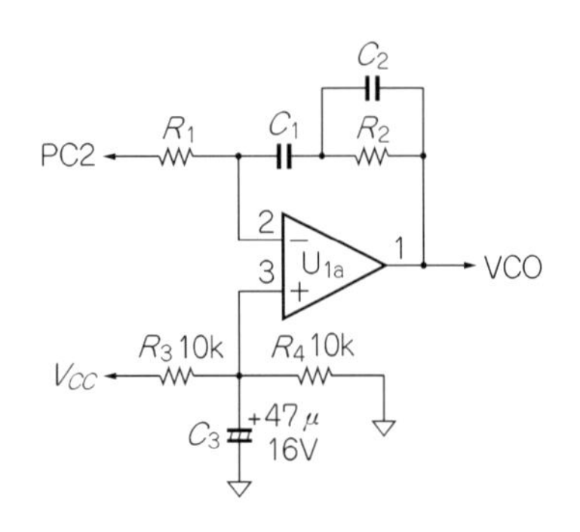

保できません．

CD74HC4046内蔵のVCOのV-F変換特性は，**図8-9**に示したQ_1とR_1によって決定されています．したがって，制御電圧が低いときにはR_1の抵抗値が大きくなり，制御電圧が高くなるとR_1の抵抗値が小さくなるような非線形特性をもった素子をR_1として使用すれば，周波数変化幅が広がることになります．

両端電圧が低いときは抵抗値が高く，両端電圧が高くなると抵抗値が低くなる素子といえばまさにダイオードがその特性です．そこで，**図8-15(a)**の回路で，ダイオートの数を変えながら特性を採ってみたのが**図8-15(c)**です．ダイオード1N4148の8本直列と抵抗1kΩを接続すると3桁以上，比較的素直に周波数変化幅が広がりました．ダイオード5本だと2桁の周波数変化幅です．

しかしダイオードをたくさん使うのはあまりスマートではありません．周波数の変化幅は，余裕をもって10倍とれればよいという場合がほとんどです．そこで，**図8-15(b)**に示すように，ダイオード複数直列の代わりに定電圧ダイオードRD2.7EB2と抵抗3.3kΩを直列に接続した回路にすると，周波数の変化幅が10倍必要な場合のVCOとしてほぼ満足な電圧-周波数特性の回路が得られます．

8.3　VCOと位相比較器の干渉

PLL回路では，入力信号とVCOで発振した信号を分周器を通してフイードバックして比較し，この比較周波数成分をループ・フィルタで取り除いています．しかし，ループ・フィルタで比較信号周波数の減衰量をいくら大きくしても，VCOの比較周波数成分のスプリアスが減らないというトラブルに遭遇することがあります．原因の一つは，VCOと位相比較器の干渉です．

〈図8-15〉周波数変化幅を拡張する回路

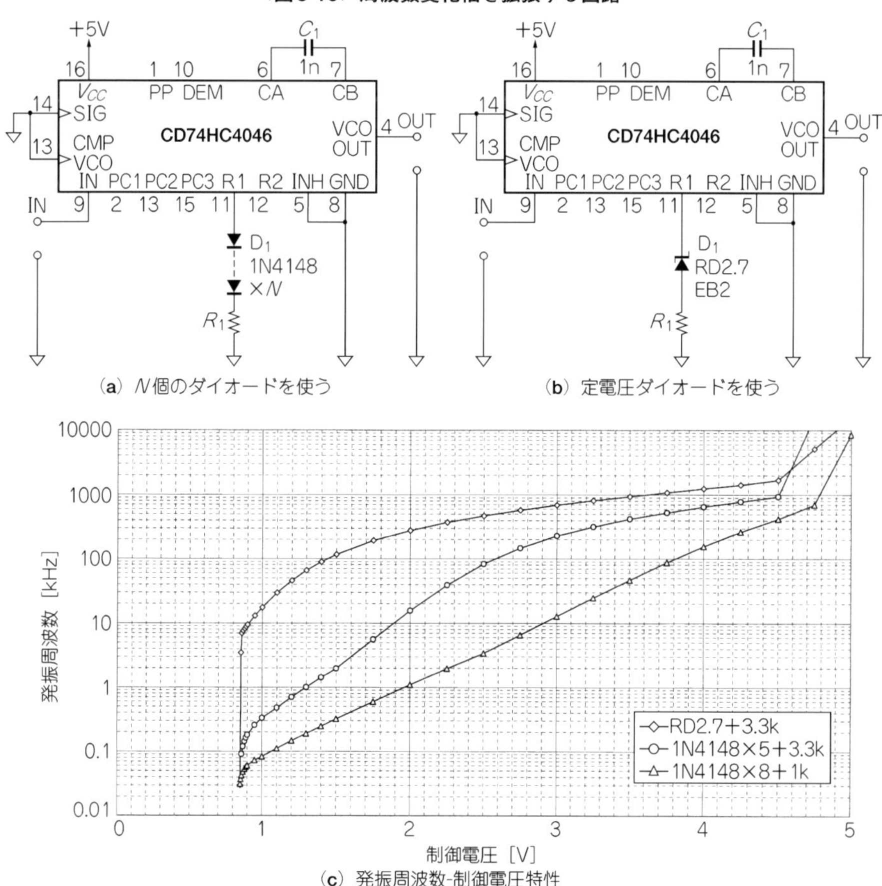

(a) N個のダイオードを使う　(b) 定電圧ダイオードを使う

(c) 発振周波数-制御電圧特性

● 74HC4046はVCOと位相比較器が同居

74HC4046はVCOと位相比較器の二つが1個のチップに収納されており，とても便利なICですが，それゆえに不都合が生じる場合があります．

図8-16に示すように，74HC4046の内部には位相比較器とVCOの二つの回路がありますが，パッケージのGNDは1本で共通です．したがって，わずかとは思われますが，GNDラインに共通インピーダンスZ_Cが発生することになります．このインピーダンスにはインダクタンス成分が含まれ，周波数が高くなるほどインピーダンスが高くなります．

位相比較器が動作すると，GNDラインには比較周波数の周期で電源電流I_{PD}が流れます．

〈図8-16〉
共通グラウンドによる雑音の混入

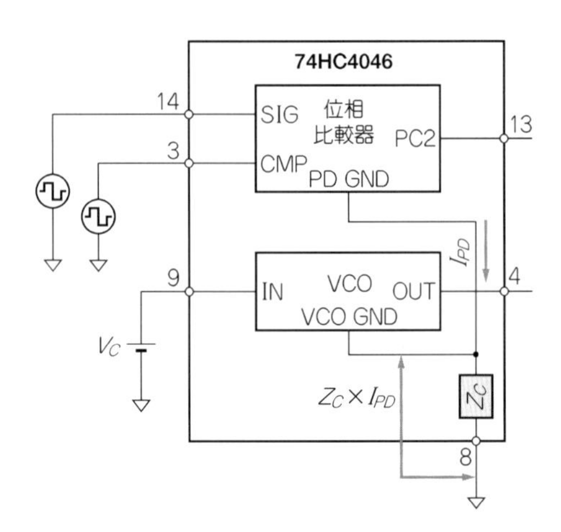

すると，このI_{PD}とZ_CによってZ_Cの両端には比較周波数によるパルス電圧Z_C・I_{PD}が生じることになります．

一方VCOは，「VCO GND」と「IN」との間の電圧を制御電圧として発振します．したがって，Z_Cの両端に位相比較器電源電流によるパルス電圧が発生すると，VCOの入力信号は$V_C + Z_C \cdot I_{PD}$となって，比較周波数成分がVCOの制御入力信号に混入してしまうことになります．

● まずは74HC4046を1個で実験する

図8-17(**a**)は，CD74HC4046AEを使用した基本的なPLL回路です．プログラマブル・ディバイダ74HC40103によって1/10～1/100まで分周し，入力周波数の10～100倍までの周波数を得る回路です．出力のR_5とR_6はスペクトラム・アナライザの入力インピーダンス50 Ωにマッチングさせるために挿入してあります．

図8-17(**b**)がループ・フィルタの周波数特性です．比較周波数1 kHzでの減衰量が32.789 dBになっています．

図8-18(**a**)，(**b**)は，それぞれ出力周波数が10 kHzと100 kHzのときのスペクトラムです．比較周波数1 kHzおよび高調波スプリアスは，出力周波数から1 kHzずつ離れた両端に現れてきます．図(**a**)，(**b**)とも比較周波数成分のスプリアスが若干見られますが，そう大きな値ではありません．

次に，同じ回路でCRの定数を変え，入力周波数を100 kHzにしてみました．**図8-17**(**c**)

〈図8-17〉出力周波数10 k～100 kHzの基本PLL回路

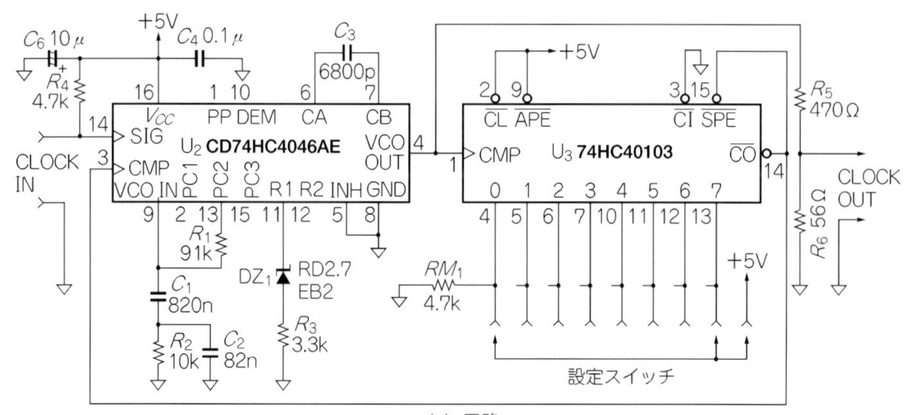

(a) 回路

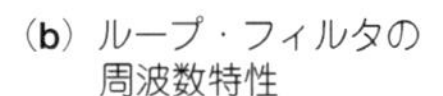

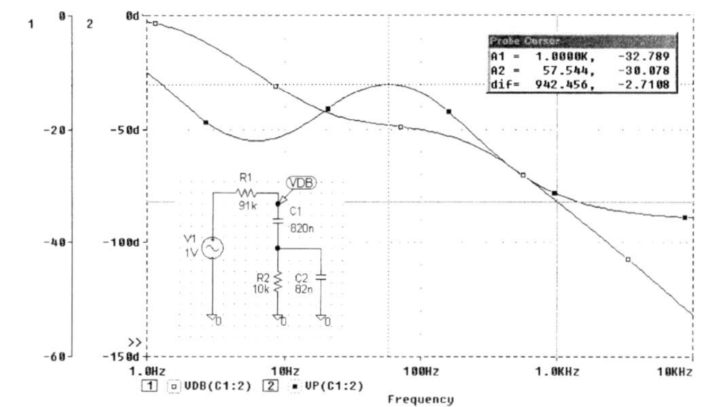

(b) ループ・フィルタの周波数特性（R_1：91k R_2：10k C_1：820n C_2：82n）

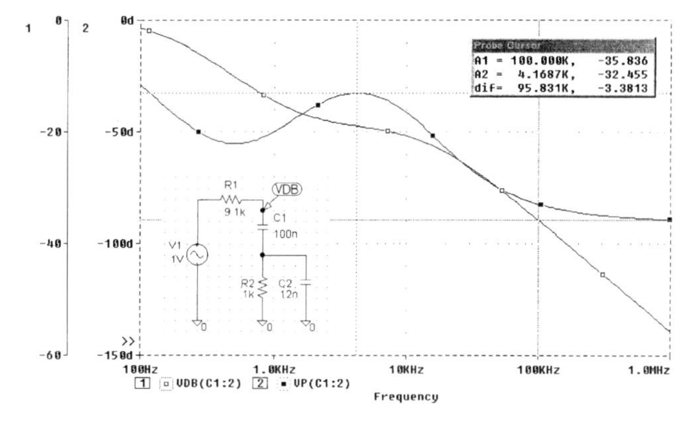

(c) ループ・フィルタの周波数特性（R_1：9.1k R_2：1k C_1：100n C_2：12n）

〈図8-18〉基本PLL回路の10 k～100 kHz出力時のスペクトラム（R_1 = 91 kΩ，R_2 = 10 kΩ，C_1 = 820 nF，C_2 = 82 nF，C_3 = 6.8 nF）

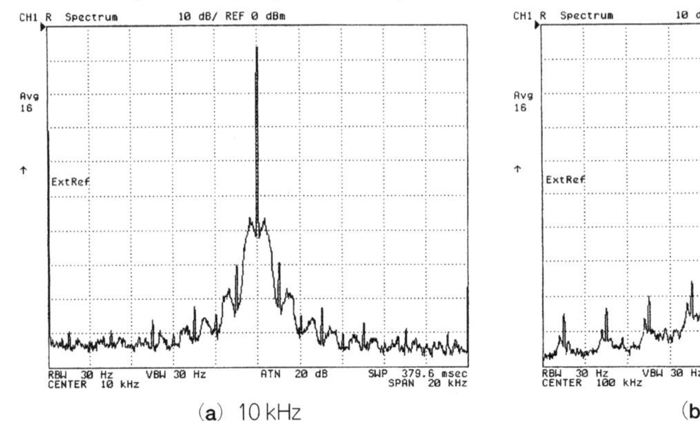

（a）10 kHz

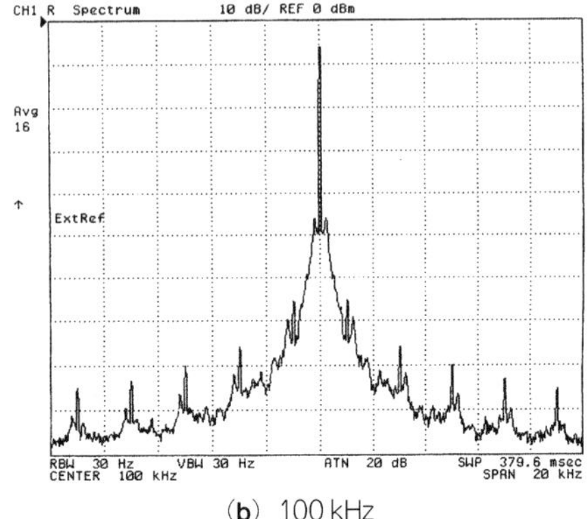

（b）100 kHz

〈図8-19〉基本PLL回路の1 M～10 MHz出力時のスペクトラム（R_1 = 9.1 kΩ，R_2 = 1 kΩ，C_1 = 100 nF，C_2 = 12 nF，C_3 = 82 pF）

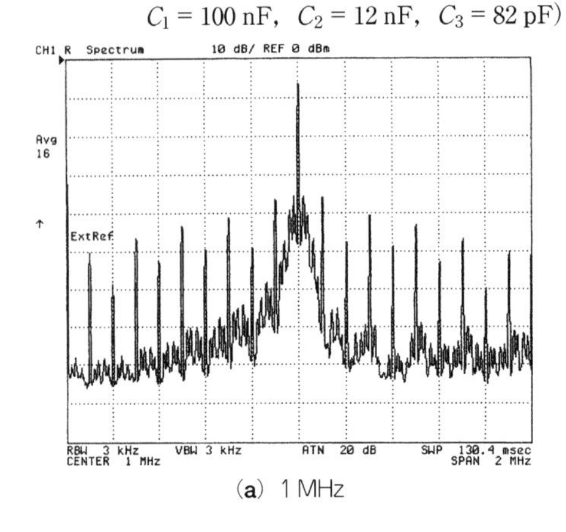

（a）1 MHz

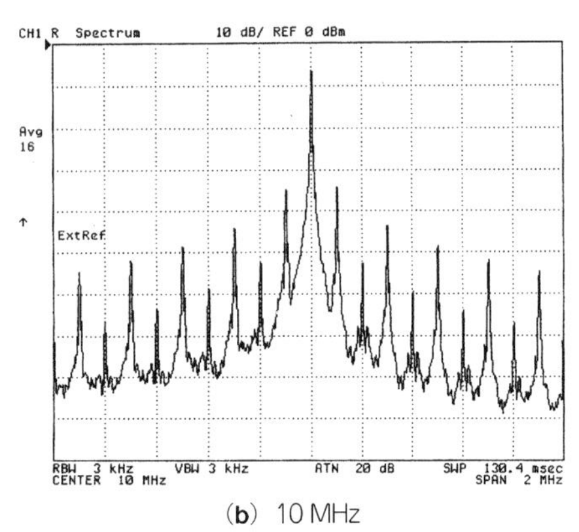

（b）10 MHz

がループ・フィルタの周波数特性です．比較周波数100 kHzでの減衰量が－35.836 dBになっています．したがって，比較周波数での減衰量は**図8-17**（**b**）と同じ程度です．

図8-19（**a**），（**b**）がそれぞれ出力周波数1 MHzと10 MHzのときのスペクトラムです．**図8-18**と比べると，比較周波数成分のスプリアスが格段に増加しているのがわかります．

ループ・フィルタによる比較周波数の減衰量が同じなら，スプリアスも同じ程度になるはずです．それが格段に増加しているのは，ループ・フィルタ以外のところから比較周波数成分がVCOに混入してしまっていると考えられます．

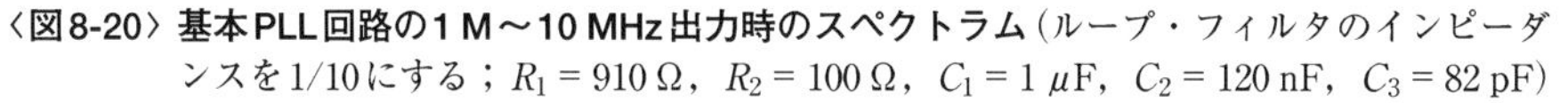
〈図8-20〉基本PLL回路の1 M～10 MHz出力時のスペクトラム（ループ・フィルタのインピーダンスを1/10にする；R_1 = 910 Ω，R_2 = 100 Ω，C_1 = 1 μF，C_2 = 120 nF，C_3 = 82 pF）

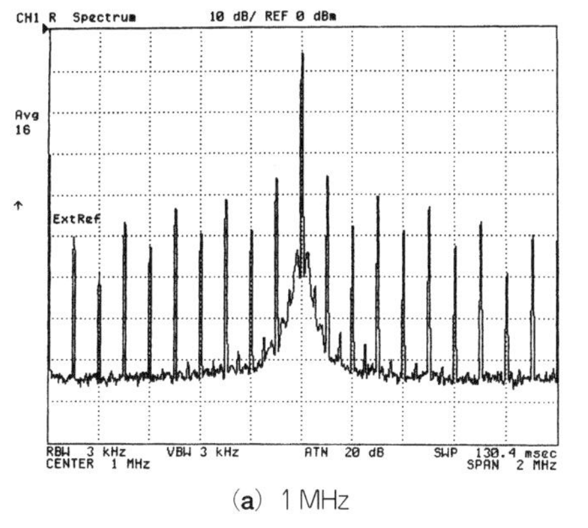

（a）1 MHz

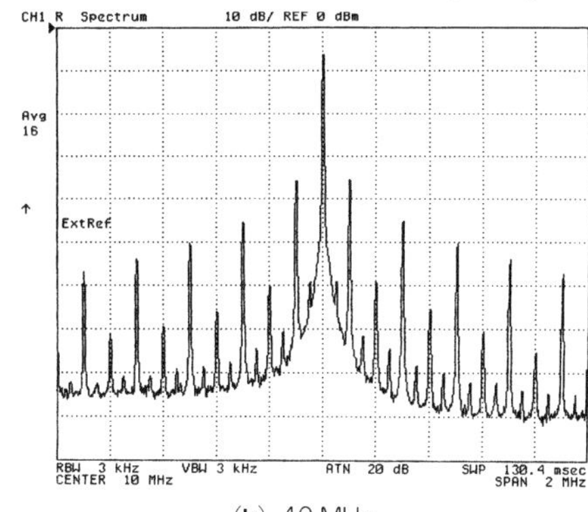

（b）10 MHz

次節で解説するデッド・ゾーンの影響も考えられるので，ここではループ・フィルタの周波数特性は変えずに，インピーダンスを1/10に（抵抗値を1/10に，コンデンサ値を10倍にする）したときのスペクトラムが**図8-20**（**a**），（**b**）です．比較周波数によるスプリアスの谷間がスッキリした感じですが，比較周波数成分によるスプリアスの量は減少していません．

● 74HC4046を2個使用し，VCOと位相比較器を分離する

VCOと位相比較器の干渉を避けるために，CD74HC4046AEを2個使用し，それぞれVCOと位相比較器のパッケージを分けた使用例が**図8-21**です．

図8-22がこのときのスペクトラムで，比較周波数100 kHzによるスプリアスが激減しているのがわかります．これは最初に説明した共通インピーダンスによる位相比較器からVCOへの干渉が減少したためと考えられます．

次に，ループ・フィルタのインピーダンスを1/10にしたときのスペクトラムが**図8-23**です．**図8-19**とは比べものにならないほど，きれいなスペクトラムが得られています．

8.4　位相比較器のデッド・ゾーン

4046に内蔵されている位相比較器PC2は周波数の比較ができ，さらに位相差がないときにはハイ・インピーダンスになります．このためループ・フィルタの位相比較周波数での減衰量が少なくてすみ，PLL回路のロック・スピードを高速にすることができます．

〈図8-21〉VCOと位相比較器を別パッケージにしたPLL回路

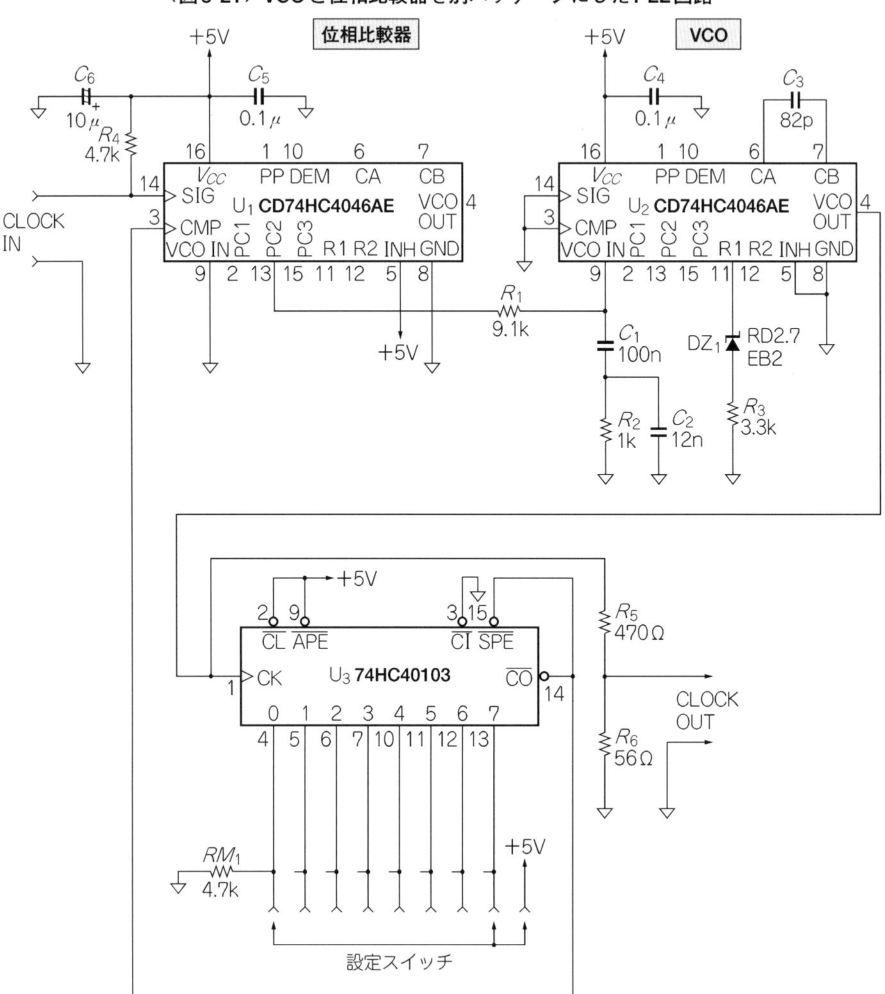

ところが高純度の信号をPLL回路で得ようとすると，第4章の4.2節で解説した位相比較器PC2のデッド・ゾーン(dead zone)が厄介な問題としてクローズアップしてきます.

● 74HC4046でデッド・ゾーンの影響を実験する

デッド・ゾーンの影響のようすを観測するために，デッド・ゾーンの出やすい高い比較

〈図8-22〉VCOと位相比較器を別パッケージにしたPLL回路の1 M～10 MHz出力時のスペクトラム
($R_1 = 9.1\ \mathrm{k\Omega}$，$R_2 = 1\ \mathrm{k\Omega}$，$C_1 = 100\ \mathrm{nF}$，$C_2 = 12\ \mathrm{nF}$，$C_3 = 82\ \mathrm{pF}$)

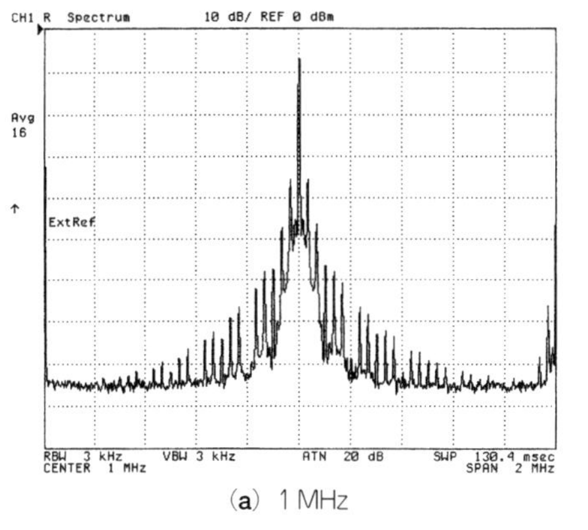

(a) 1 MHz

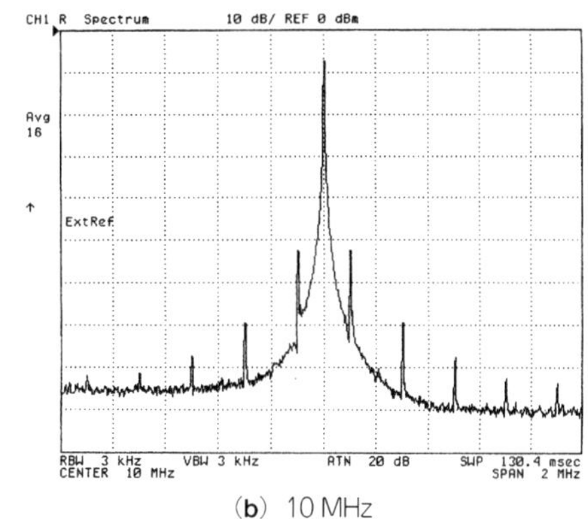

(b) 10 MHz

〈図8-23〉VCOと位相比較器を別パッケージにしたPLL回路の1 M～10 MHz出力時のスペクトラム
(ループ・フィルタのインピーダンスを1/10にする；$R_1 = 910\ \Omega$，$R_2 = 100\ \Omega$，
$C_1 = 1\ \mu\mathrm{F}$，$C_2 = 120\ \mathrm{nF}$，$C_3 = 82\ \mathrm{pF}$)

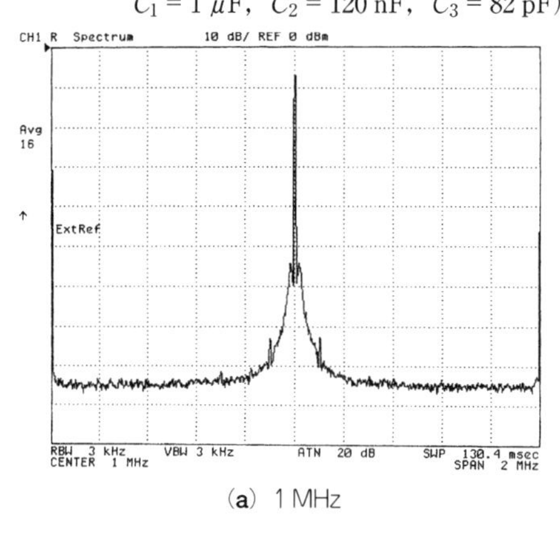

(a) 1 MHz

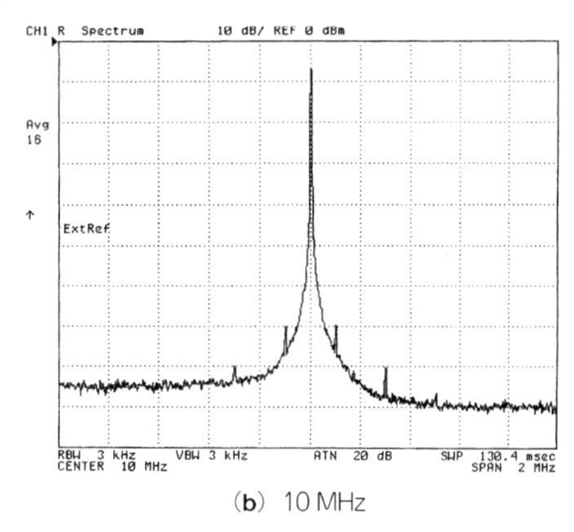

(b) 10 MHz

周波数100 kHzでPLL回路を構成した**図8-21**の回路で実験してみました．VCO用のIC U_2は換えずに，位相比較器U_1だけを3種類の74HC4046に換えています．そのときの出力スペクトラムが**図8-24**(**a**)～(**c**)です．

同じ74HC4046でも，メーカによってスプリアスの出かたが若干異なることがわかります．また，ループ・フィルタの周波数特性は同じにしてインピーダンスを下げると，**図**

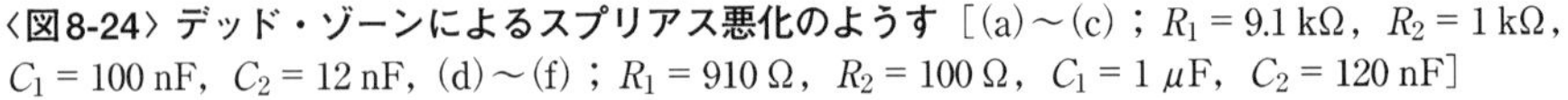
〈図8-24〉デッド・ゾーンによるスプリアス悪化のようす［(a)～(c)；R_1 = 9.1 kΩ，R_2 = 1 kΩ，C_1 = 100 nF，C_2 = 12 nF，(d)～(f)；R_1 = 910 Ω，R_2 = 100 Ω，C_1 = 1 μF，C_2 = 120 nF］

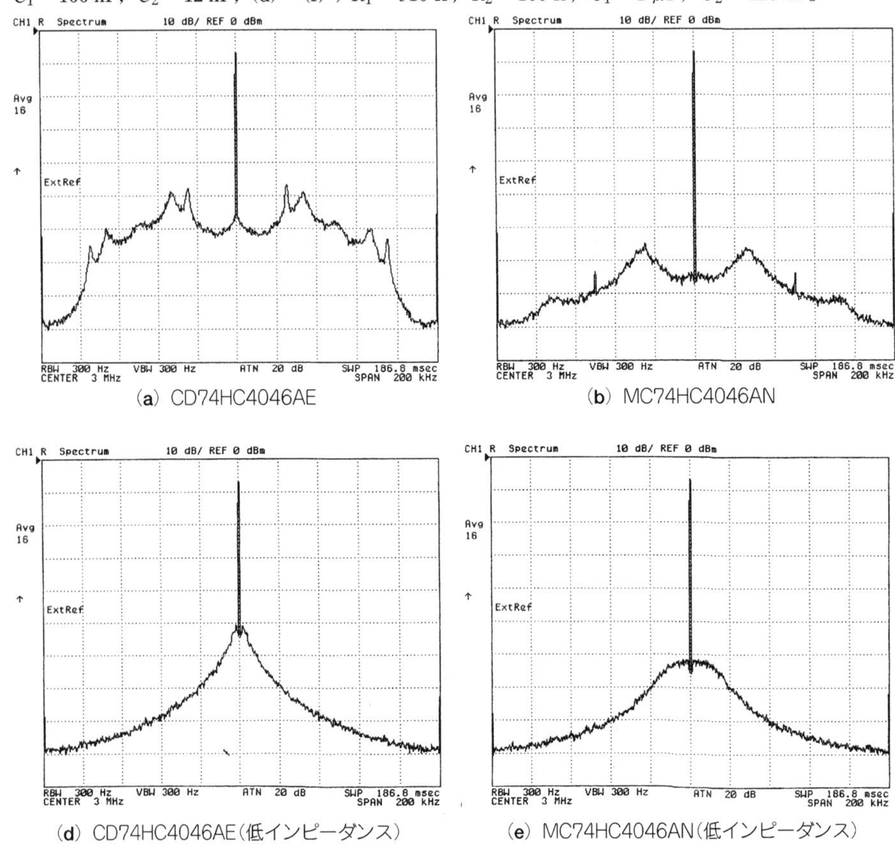

(a) CD74HC4046AE

(b) MC74HC4046AN

(d) CD74HC4046AE(低インピーダンス)

(e) MC74HC4046AN(低インピーダンス)

8-24(**d**)～(**f**)に示すようにスプリアスが改善されます．しかしスプリアスがまったくなくなるわけではなく，さらにスパンを拡大するとその影響が確認できます．

● PC2とバリメガVCOを組み合わせる

4046に内蔵されているマルチバイブレータ方式VCOでは出力スペクトラムの改善には限度があるので，次にリチウム・タンタレート($LiTaO_3$)の振動子を使用したVCOで実験を行いました．

リチウム・タンタレートの振動子は**表8-1**に示すように，水晶振動子とセラミック振動

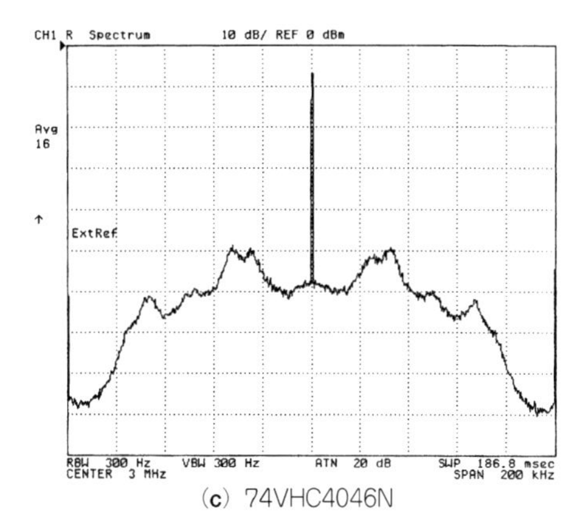

(c) 74VHC4046N

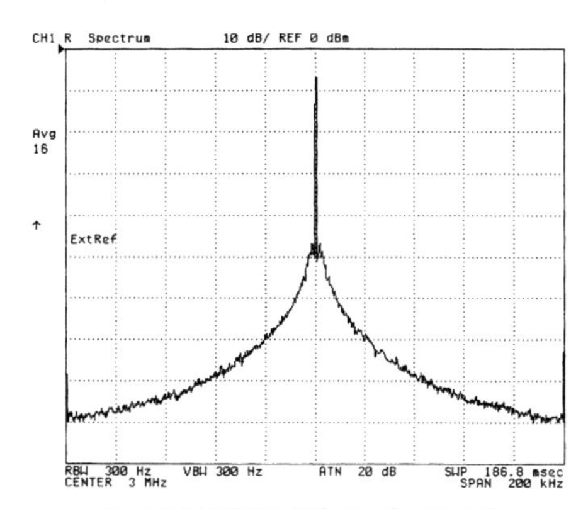

(f) 74VHC4046N(低インピーダンス)

〈表8-1〉各種圧電振動子の特性

	$LiTaO_3$	水晶(ATカット)	セラミック	備　考
電気・機械結合係数 k	0.43	0.07	0.50	
機械的性能指数 Q	5,000	200,000	1,250	
等価直列インダクタンス L_S	4.1 mH	13 mH	0.4 mH	
等価直列容量 C_S	0.39 pF	0.012 pF	4.3 pF	
等価並列容量 C_D	3 pF	4 pF	40 pF	
共振周波数温度特性	200 ppm	20 ppm	5,000 ppm	－10～60℃の例

〈図8-25〉「バリメガモジュール」のブロック・ダイアグラム

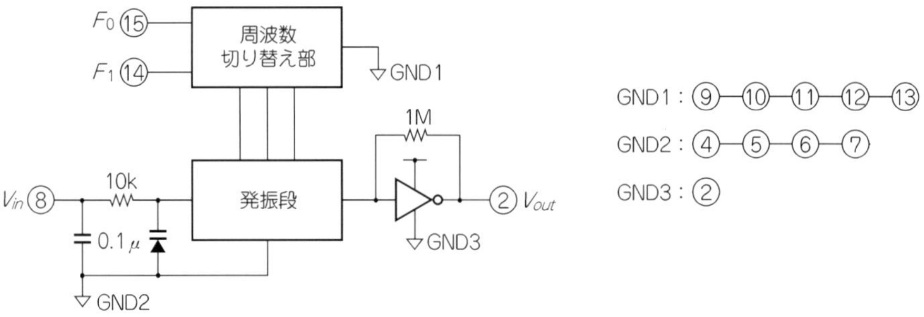

子の中間的な特性をもち，この素子でVCOを構成すると位相ノイズの少ない純度の優れた信号を得ることができます．このVCOは富士通メディアデバイスから発売され「バリメガモジュール」という商品名がつけられています．今回使用したVCOは，ディジタル・オーディオに数多く使用されているものです．

バリメガモジュールの内部回路を**図8-25**に示しますが，VCOの制御入力には0.1 μFのコンデンサがすでに内蔵されています．したがって，この容量を考慮してループ・フィルタの定数を決定しなければなりません．

図8-26がバリメガモジュールを使用したPLL回路です．入力の44.1 kHzクロックを384倍の16.9344 MHzに変換しています．C_2の挿入箇所がいままでと若干異なりますが，VCOの入力に0.1 μFが含まれるのでこの接続にしました．ほぼ同じ周波数特性が得られます．

また，位相比較器とVCOの干渉を除くために別々のリプル・フィルタから電源を供給しています．

図8-27がバリメガモジュールの入力制御電圧-出力周波数特性です．ほぼ直線になっており，0 V～5 Vで約0.7 %の周波数変化になっています．

ループ・フィルタを除いた周波数特性が0 dBになる周波数は，次のように計算されます．

$$f_{vcn} = \frac{16.9344\ \mathrm{MHz} \times 0.7\ \% \times 2\pi}{5\ \mathrm{V}} \times \frac{5\ \mathrm{V}}{4\pi} \times \frac{1}{384 \times 2\pi} \fallingdotseq 24.57\ \mathrm{Hz}$$

VCOの周波数可変範囲が狭いため，かなり低い周波数になります．

この回路の場合，位相比較周波数が44.1 kHzと比較的高くなっています．そのためル

〈図8-26〉バリメガモジュールを使用したPLL回路

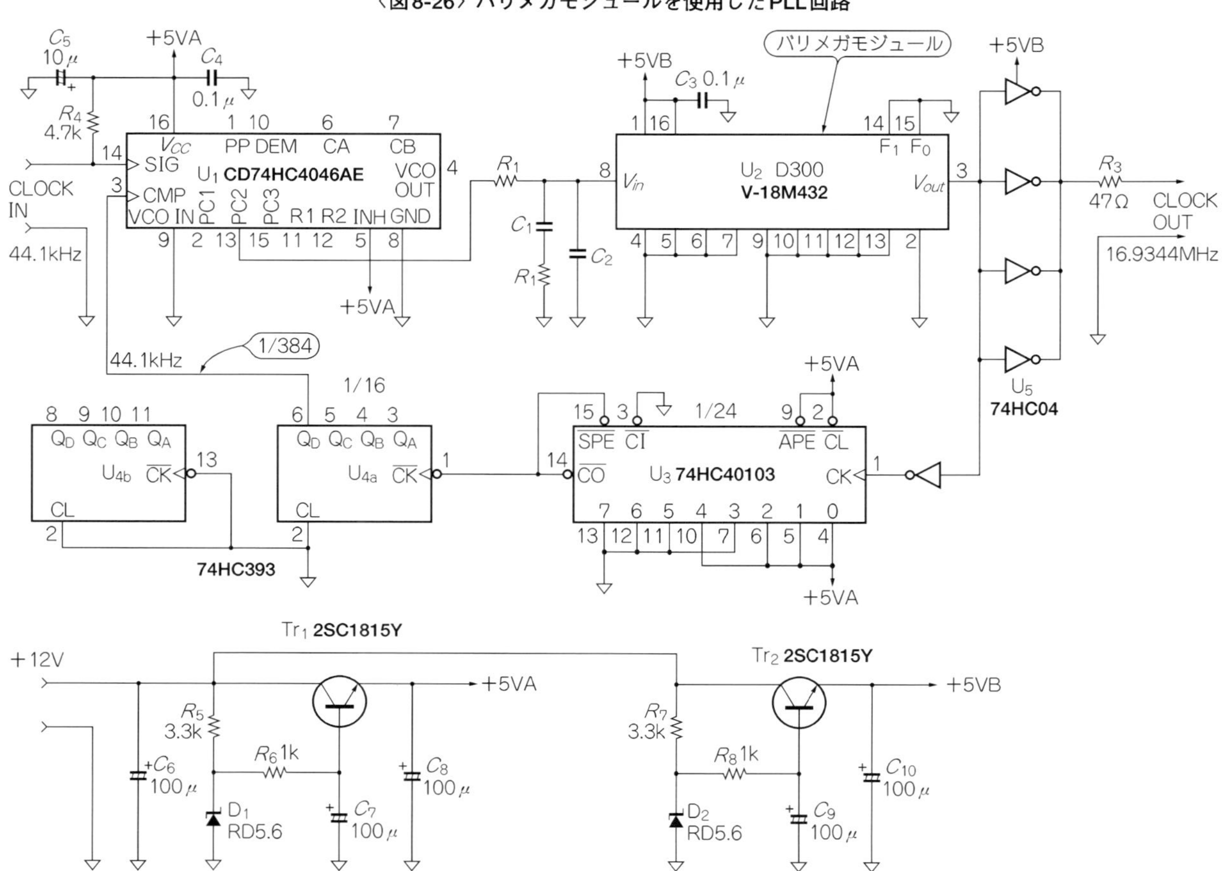

〈図8-27〉
バリメガモジュールの*F*-*V*特性

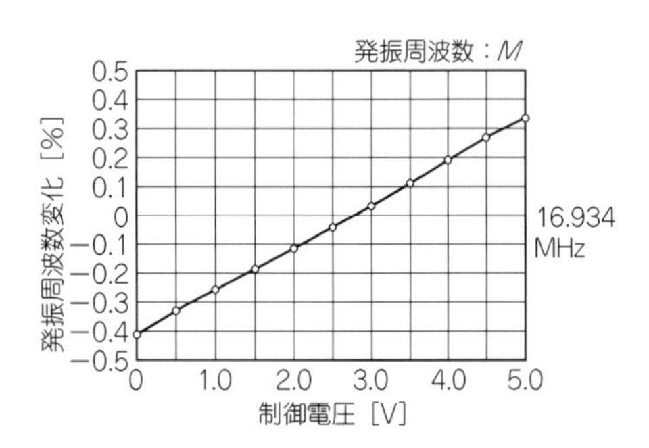

ープ・フィルタの平坦部分の減衰が小さくても，ループ・フィルタの44.1 kHzにおける減衰量が十分確保できるので，平坦での減衰量を－10 dBにしています．したがってループの切れる周波数は，

24.57 Hz ÷ 3.16 ≒ 7.78 Hz

となります．

すると，Appendix B(pp.304～315)に示したパッシブ・ループ・フィルタM＝－10 dBの正規化表から，f_L＝0.55，f_H＝2.88の値が得られます．したがって，

f_L＝7.78 Hz × 0.55 ＝ 4.279 Hz

f_H＝7.78 Hz × 2.88 ＝ 22.41 Hz

でループ・フィルタの値を計算します．

まずはR_2を10 kΩとすると，f_H＝22.41 Hzより，C_2＝710 nFです．VCOの入力に100 nFが挿入されているので，C_2＝680 nFとすると100 nF＋680 nF＝780 nFとなり，R_2を補正するとR_2≒9.1 kΩとなります．

R_2＝9.1 kΩとf_L＝4.279 Hzから，

$C_1 + C_2$ ≒ 4.09 μF

したがってC_1＝3.3 μF，M＝－10 dBより，

$R_1 = R_2 \times 2.16$ ≒ 20 kΩ

以上の定数でループ・フィルタの特性をシミュレーションしたのが**図8-28**です．比較周波数44.1 kHzでの減衰量が－72.709 dBで，十分な値になっています．

図8-29がPLL回路全体のオープン・ループ特性です．ループが切れる周波数が7.9434 Hzで，そのときの位相遅れが－125.428°，位相余裕が約55°と適度な値です．

図8-30が得られたスペクトラムです．スパン100 kHzでは比較周波数44.1 kHzによる

〈図8-28〉PC2のときのループ・フィルタ特性

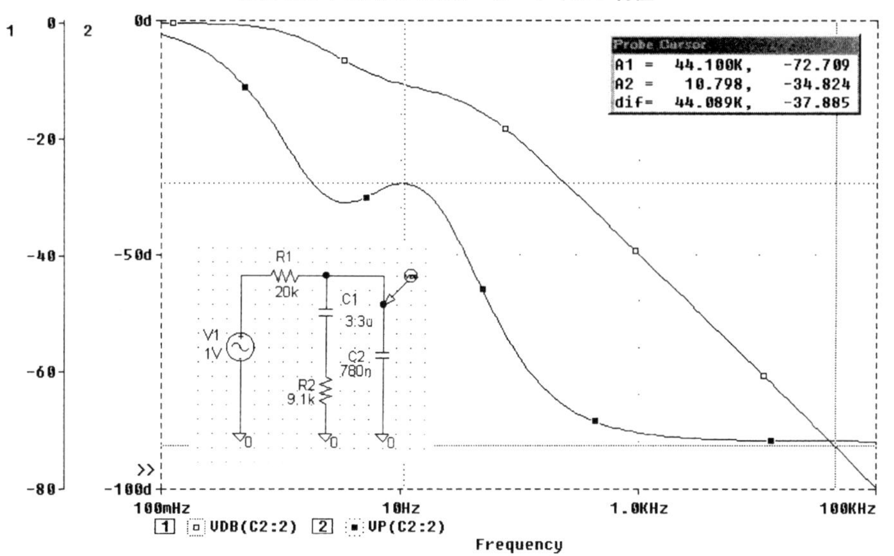

〈図8-29〉PC2のときの全体ループ特性

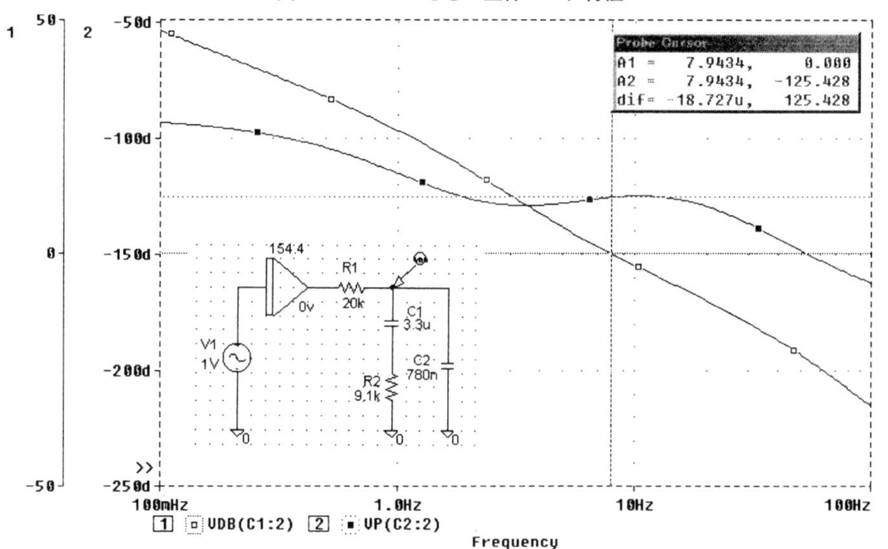

〈図8-30〉PC2を使用したときのスペクトラム特性

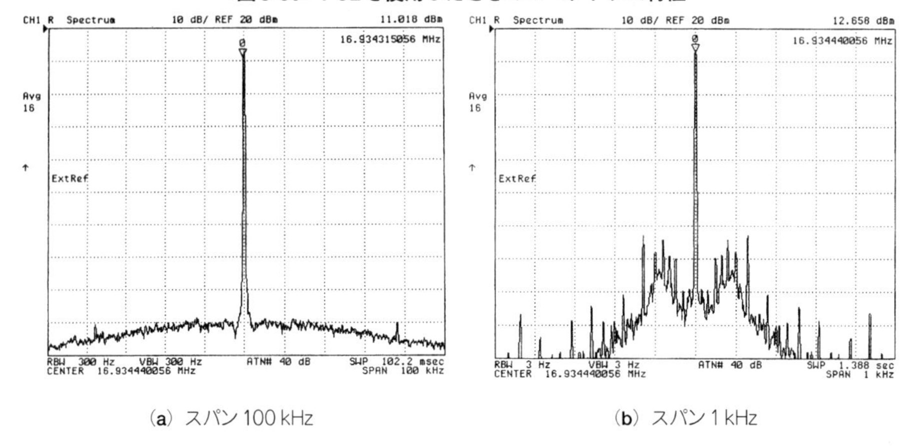

(a) スパン100 kHz　　(b) スパン1 kHz

スプリアスが観測されず，きれいなスペクトラムが得られています．しかしスパンを1 kHzと拡大すると，デッド・ゾーンの影響と思われる不安定なスプリアスが観測されます．このスプリアスは，ループ・フィルタのインピーダンスを上げるとさらに悪化します．

● 4046のPC1とバリメガVCOを組み合わせる

前項の実験で，位相比較器PC2を使用するとデッド・ゾーンの影響できれいなスペクトラムが得られないことがわかりました．

第4章の4.2節で解説したように，4046はEX-ORゲートで構成された位相比較器PC1も内蔵しています．このPC1は周波数の比較ができないため，VCOの発振周波数範囲すべてでPLLをロックさせることができません．また，ロックしたときには位相比較器からデューティ50 %で位相比較周波数の倍の周波数のクロックが常に出力されます．したがって，ループ・フィルタにはこのクロックを十分減衰できる周波数特性が要求されます．そのかわり，PLLがロックしているときはクロックが常に出力されているため，位相比較特性のロック付近に非直線性が生じることがありません．

今回のPLL回路はVCOの周波数可変範囲が狭く，ループの切れる周波数が低くなり，位相比較周波数が44.1 kHzと高いので，必然的に比較周波数での減衰量が多くなり，デッド・ゾーンのないPC1を使うメリットが出てきます．回路構成は**図8-26**のU_1のPC2(13ピン)に接続している結線をPC1(2ピン)に変更するだけです．

位相比較器PC1とPC2では利得が異なるので，ループ・フィルタの設計を再度行いま

す．ループ・フィルタを除いた周波数特性が0 dBになる周波数は，

$$f_{vcn} = \frac{16.9344\ \mathrm{MHz} \times 0.7\ \% \times 2\pi}{5\ \mathrm{V}} \times \frac{5\ \mathrm{V}}{\pi} \times \frac{1}{384 \times 2\pi} \fallingdotseq 98.26\ \mathrm{Hz}$$

PC1を使った構成では，PC2のときに比べて比較周波数で大きな減衰量が必要になること，PC2よりも利得が大きいことからループ・フィルタの平坦部分の減衰量を－20 dBにします．したがってループの切れる周波数は，

$$98.26\ \mathrm{Hz} \div 10 \fallingdotseq 9.826\ \mathrm{Hz}$$

Appendix Bに示したパッシブ・ループ・フィルタM＝－20 dBの正規化表から，位相遅れ－40°として，$f_L = 0.43$，$f_H = 2.55$の値が得られます．

$$f_L = 9.826\ \mathrm{Hz} \times 0.43 = 4.225\ \mathrm{Hz}$$

$$f_H = 9.826\ \mathrm{Hz} \times 2.55 = 25.06\ \mathrm{Hz}$$

からループ・フィルタの値を計算します．まずはR_2を10 kΩとすると，$f_H = 25.06$ Hzより，

$$C_2 = 635\ \mathrm{nF}$$

VCOの入力に100 nFが挿入されているので$C_2 = 560$ nFとすると，

$$100\ \mathrm{nF} + 560\ \mathrm{nF} = 660\ \mathrm{nF}$$

となり，R_2は24系列から$R_2 = 10$ kΩにします．

$R_2 = 10$ kΩと$f_L = 4.225$ Hzから，

$$C_1 + C_2 \fallingdotseq 3.767\ \mu\mathrm{F}$$

したがって，

$$C_1 = 3.3\ \mu\mathrm{F}$$

M＝－20 dBより，

$$R_1 = R_2 \times 9 \fallingdotseq 91\ \mathrm{k\Omega}$$

以上の定数でループ・フィルタの特性をシミュレーションしたのが**図8-31**です．比較周波数44.1 kHzでの減衰量が－84.418 dBになっています．

図8-32がPLL全体のオープン・ループ特性です．ループが切れる周波数が9.0731 Hzで，そのときの位相遅れが－131.634°，位相余裕が約48°と適度な値です．

図8-33が得られたスペクトラムです．スパン100 kHzでは比較周波数44.1 kHzによるスプリアスが観測されず，きれいなスペクトラムが得られています．そしてスパンを1 kHzに拡大しても，不安定なスプリアスは観測されません．商用周波数の影響と思われるスプリアスがありますが，これはシールドと電源を対策することにより減少させることができるはずです．

〈図8-31〉PC1のときのループ・フィルタ特性

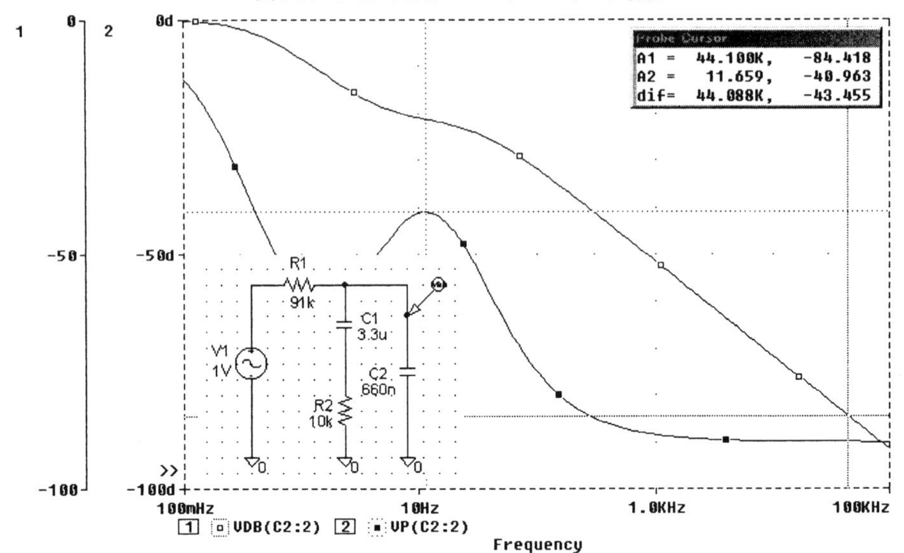

〈図8-32〉PC1のときの全体ループ特性

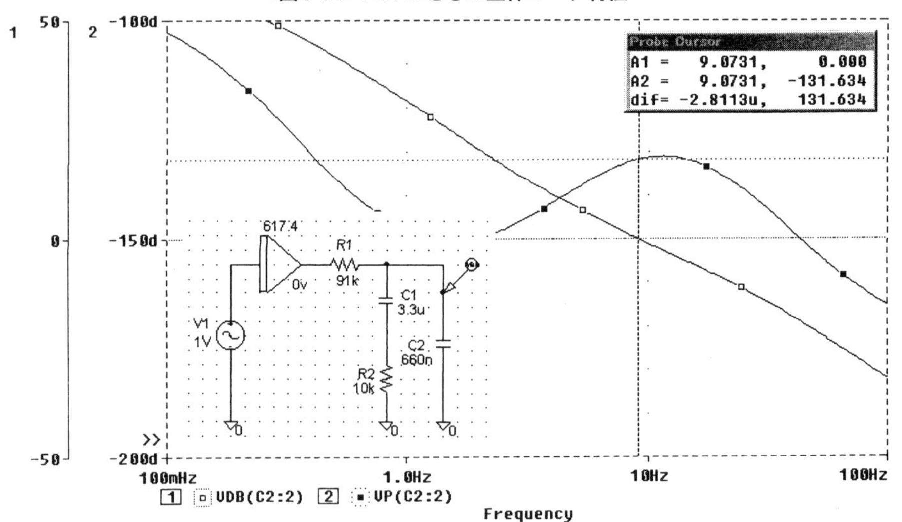

〈図8-33〉PC1を使用したときのスペクトラム特性

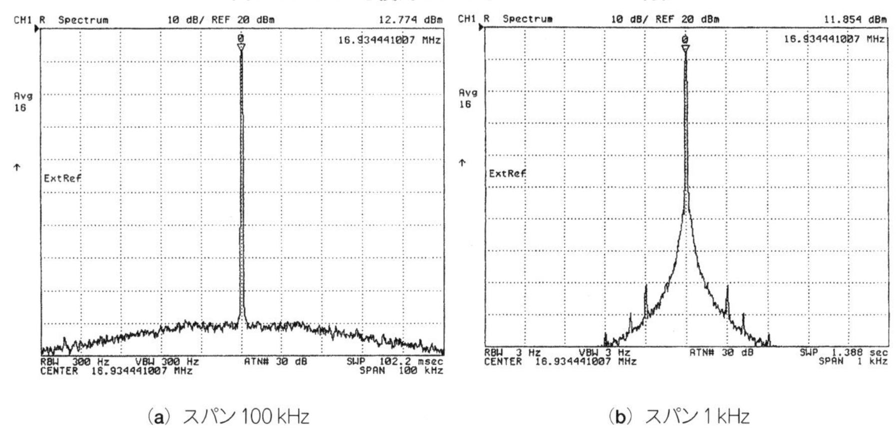

(a) スパン100 kHz　　(b) スパン1 kHz

この回路ではPC1を使用しているので，VCOの発振周波数範囲すべてでロックさせることはできません．

ロックが外れている状態で，入力周波数をロックする周波数に近づけていき，ロックしたときの周波数範囲をキャプチャ・レンジと呼びます．この場合のキャプチャ・レンジは44.04 kHz～44.12 kHzでした．

一方，ロックしている状態から入力周波数をずらしていき，ロックが外れる周波数範囲をロック・レンジと呼びます．この場合のロック・レンジは44.00 kHz～44.20 kHzでした．

● 74HCT9046とバリメガVCOを組み合わせる

4.2節で紹介したように，74HCT9046は74HC4046の位相比較器PC2を電流出力タイプに改良したICで，デッド・ゾーンの影響が少なくなっています．そこで，**図8-26**の位相比較器とループ・フィルタのみを**図8-34**のように変更して，実験を行ってみました．

74HCT9046では位相比較器の電流出力値が，R_B端子(15ピン)に接続された抵抗で決定されます．また74HCT9046のデータシートによると，ループ・フィルタの設計値は，

$$R_1 = R_B \div 17$$

で計算するように示され，R_Bの値は25 k～250 kΩの範囲に制限されています．したがって，ループ・フィルタのR_1の等価的な使用可能範囲は，R_Bを17で割った1.47 k～14.7 kΩと狭くなります．

〈図8-34〉74HCT9046を位相比較器に使用する

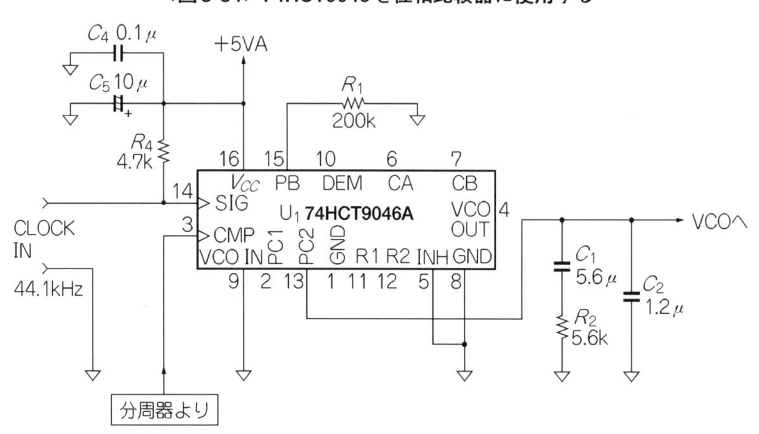

ループ利得は74HC4046のPC2を使用したときと同じです．ここではR_Bに200 kΩを使用したので，ループ・フィルタのR_1は等価的に200 kΩ/17 ≒ 11.8 kΩになります．ループ・フィルタを同じ周波数特性にするためには，下記のように変換します．

R_2 = 9.1k × (11.8 k/20 k) ≒ 5.4 kΩ

C_1 = 3.3 μ ÷ (11.8 k/20 k) ≒ 5.6 μF

C_2 + 100 nF = 780 n ÷ (11.8 k/20 k) ≒ 1.32 μF

以上から，E12系列でR_2 = 5.6 kΩ，C_1 = 5.6 μF，C_2 = 1.2 μFとしました．

図8-35がこの回路から得られたスペクトラムです．スパンを1 kHzに拡大しても不安定なスプリアスが観測されず，明らかにデッド・ゾーンの影響がなくなっています．商用周波数の影響と思われるスプリアスが若干ありますが，使用した計測器の限界に近い値です．

また，当然ですがPC2を使用しているので，VCOの発振周波数範囲全域でロックさせることができます．

8.5　ロック・スピードの改良

PLLを使用してシンセサイザなどを実現するとき，目的の周波数にロックするまでの時間はできる限り短いことが要求されます．一方，位相比較周波数成分によるスプリアスの低減を考慮すると，ループ・フィルタの遮断周波数は低いほど(ロック・スピードが遅

〈図8-35〉74HCT9046を使用したときのスペクトラム

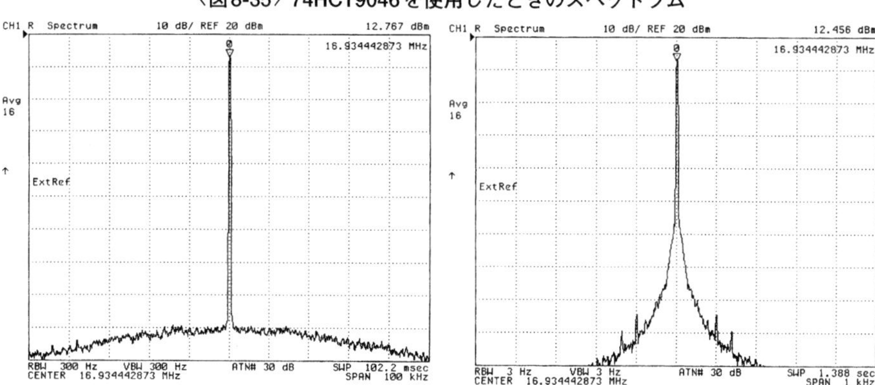

(a) スパン 100 kHz　　(b) スパン 1 kHz

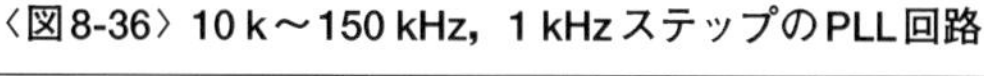
〈図8-36〉10 k～150 kHz，1 kHzステップのPLL回路

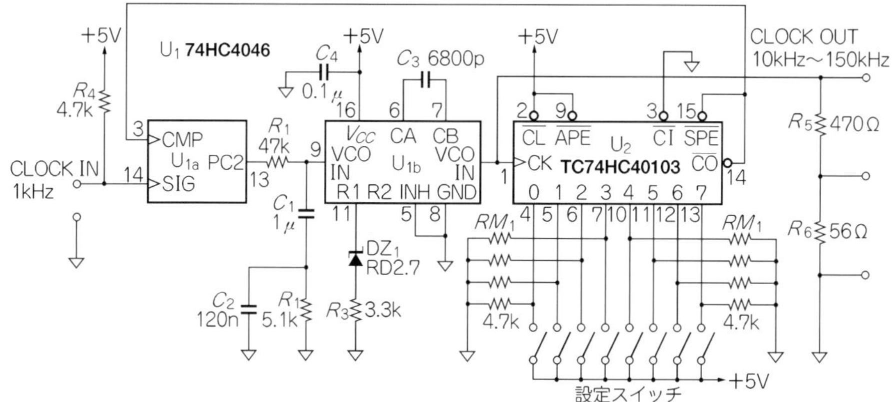

いほど)有利になります．

このようにPLL回路におけるロック・スピードとスプリアス低減は，原理的にはトレードオフ関係になりますが，この二つを両立させるための工夫が数多く発表されています．ここでは代表的な3例について解説します．

図8-36が，ロック・スピードを改善するまえのPLL回路です．CD74HC4046を使用した10 k～150 kHzを1 kHzステップで出力するシンセサイザです．

〈図8-37〉
ロック・スピードを速くする方法

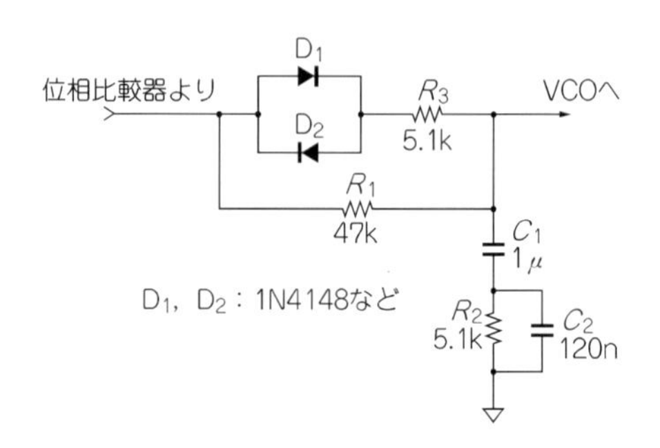

● ダイオードによるループ・フィルタ定数の切り替え

部品点数が少なく一番手軽なのが，**図8-37**に示す方法です．ループ・フィルタR_1に並列にダイオートと抵抗を挿入します．

周波数が大きく離れロックが外れているときは，位相比較器から大量のパルスが出力されダイオードD$_1$，D$_2$がONしてループ・フィルタの時定数は速くなります．PLLがロックすると位相比較器からのパルスがなくなり，R_1の両端電圧はほぼ等しくなり，今度はD$_1$，D$_2$がOFFして，ループ・フィルタはスプリアス低減に有利な遅い時定数になるというものです．

図8-38がロック・スピード特性の比較で，**図8-39**がスプリアス特性の比較です．ロック・スピードでは，変更前には50 kHz～150 kHzの周波数変化に70 ms程度のロック時間必要でしたが，変更後には20 ms程度に短縮されています．

しかし，出力波形のスプリアス特性を観測すると**図8-39(b)**に示すように，比較周波数成分のスプリアスが悪化してしまっています．これはPLLがロックしたあとも，コンデンサの漏れ電流やVCOの周波数ドリフトを補正するために位相比較器から細いパルスが出力されており，この細いパルスでD$_1$，D$_2$がONして，比較周波数成分の減衰量が悪化してしまうためです．

● アナログ・スイッチによるループ・フィルタ定数の切り替え

PLLがロックするまでの状態とロックした後の状態で，ループ・フィルタの定数をアナログ・スイッチなどで切り替えることができれば，出力波形のスプリアスを悪化させずにロック・スピートを改善して速くすることができます．

都合の良いことに，74HC4046には**図8-40**に示すように，位相がずれている状態のとき

〈図8-38〉ロック・スピードの比較

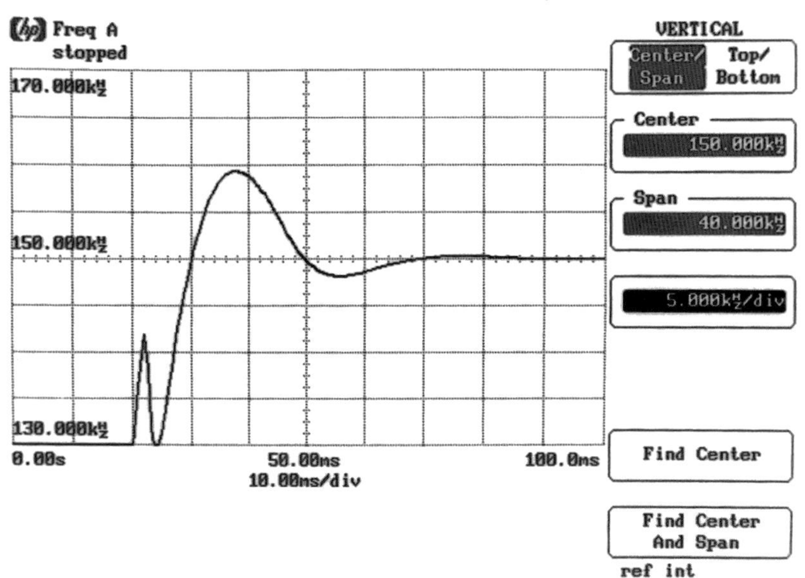

(a) 変更前

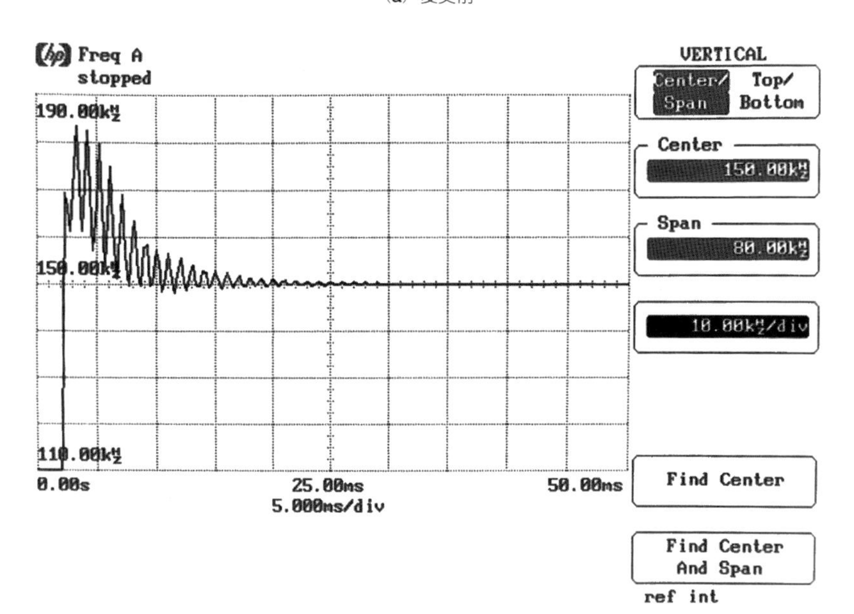

(b) 変更後

〈図8-39〉スプリアス特性の比較

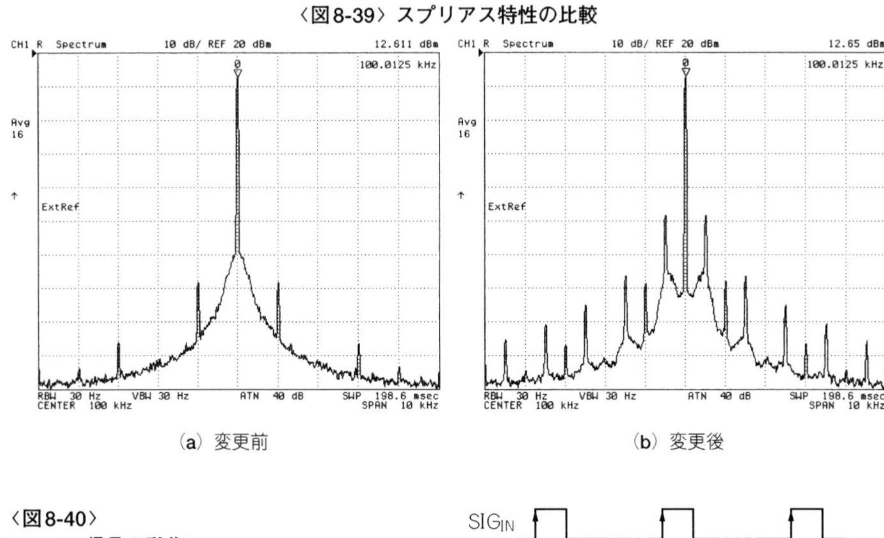

(a) 変更前　　(b) 変更後

〈図8-40〉
PCP_{OUT}信号の動作

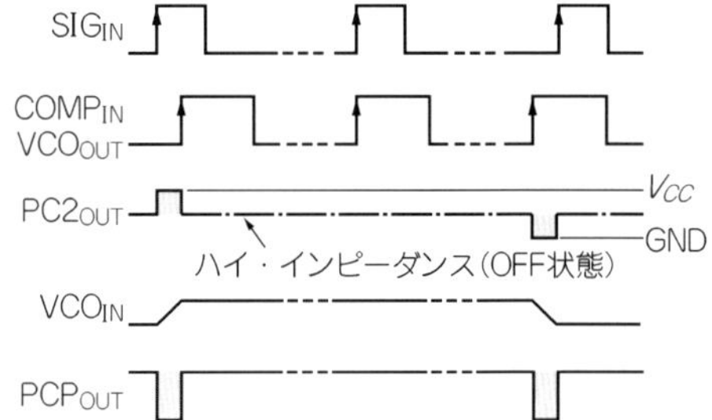

だけ“L”になるPCP_{OUT} (Phase Pulses Output)信号があります．この信号を利用すると，PLLがロックしているかしていないかを判断することができます．

PCP_{OUT}信号によりループ・フィルタの定数を切り替えたのが**図8-41**に示す回路です．PCPからのパルスを平均化し，ロックが外れていることを示す“L”レベルではコンパレータ出力が“H”になり，アナログ・スイッチ74HC4066をONにし，時定数を速くします．PLLがロックするとアナログ・スイッチはOFFになり，位相比較周波数成分を十分に減衰できる定数に切り替わります．

図8-41に示す回路で得られた特性が**図8-42**です．**図8-38**(**a**)に比べるとロックするまでに若干のうねりがありますが，改造前よりも速いロック時間(20 ms程度)に収まっています．また，ロック後の出力信号のスプリアス特性も，改造前の**図8-39**(**a**)と同じレベルで，位相比較周波数成分によるスプリアスの悪化は見られません．

〈図8-41〉
PCPOUTを利用してループ・フィルタの時定数を切り替える

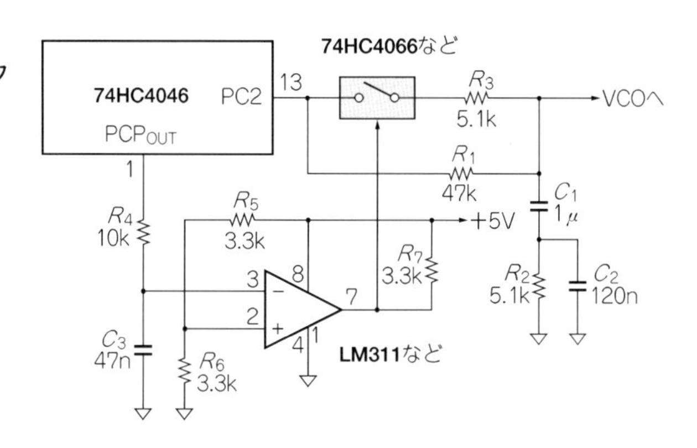

図8-41では簡易的にR_1の値のみ切り替えましたが，R_2の値も同時に適切な値に切り替えればうねりが最適化され，さらに速いロック・スピードが期待できます．

● D-Aコンバータによるプリセット電圧の加算

PLL回路ではVCOの周波数-制御電圧特性が安定であれば，設定周波数におけるVCO制御電圧はあらかじめ定められた値となります．したがって**図8-43**に示すように，設定周波数を変化させる場合，CPUなどからD-Aコンバータを使用して，分周器のデータを設定するタイミングと同時に設定周波数に対応するプリセット電圧をループ・フィルタ電圧に加算すれば，ループ・フィルタ出力の電圧は誤差分を補正するだけのわずかな電圧変動で，PLL回路がロックし，ロック時間を大幅に短縮することができます．

D-Aコンバータなどによる電圧加算はOPアンプの使用が考えられます．しかし，**図8-44**に示すような二つの制御入力をもったVCOを使用すれば，回路が簡単です．OPアンプの追加などによる雑音の混入も同時に防ぐことができます．

さらにCPUによる制御機能を強化し，**図8-45**に示すようにループ・フィルタの出力電圧をA-DコンバータでCPUに取り込めるようにPLL回路を構成することもできます．そして，あらかじめ各設定周波数でのループ・フィルタ出力電圧が一定値になるD-Aコンバータの補正値を求めれば，経年変化や周囲温度の変化によりVCOの制御電圧特性が変化しても誤差電圧を増大させることなく，最短のロック時間を実現することができます．

〈図8-42〉
PCPOUTを利用した回路の特性

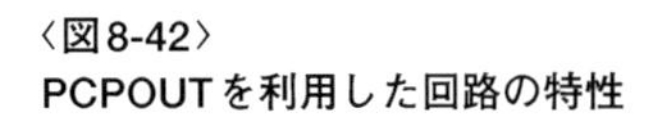

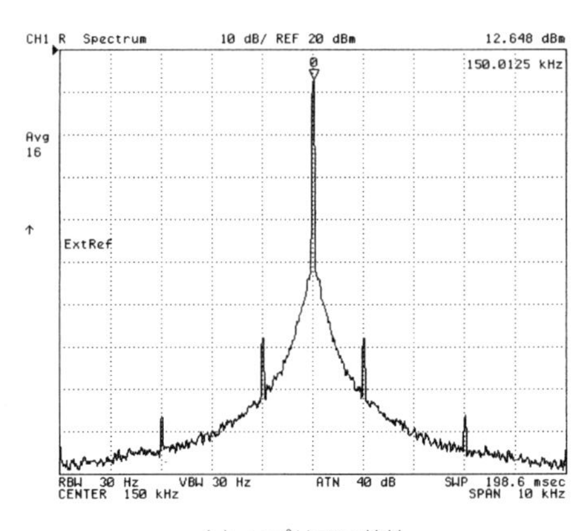

(a) スプリアス特性

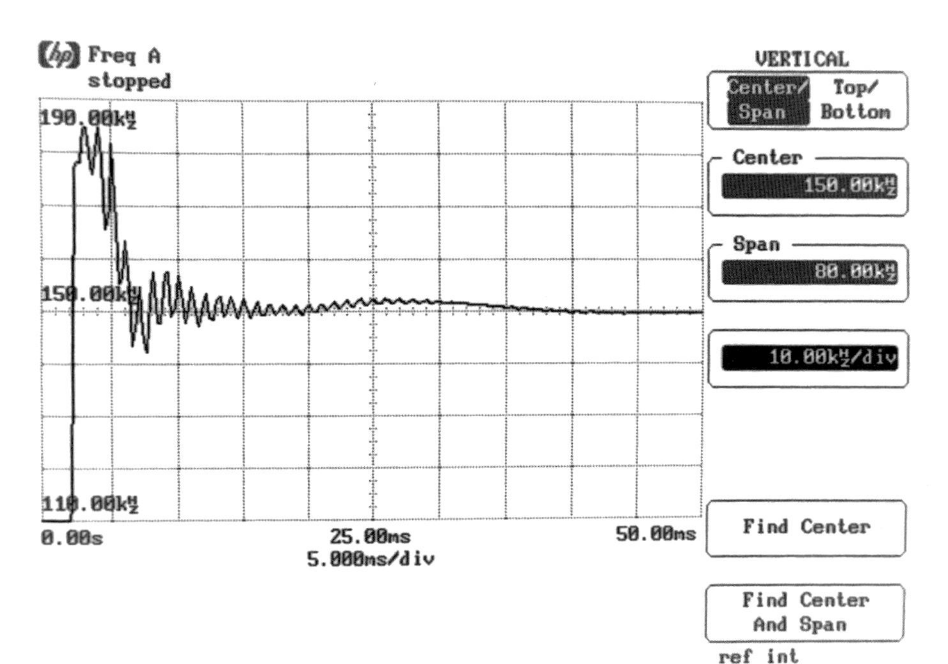

(b) ロック・スピード

〈図8-43〉プリセット電圧を加算してロック・スピードを改善する

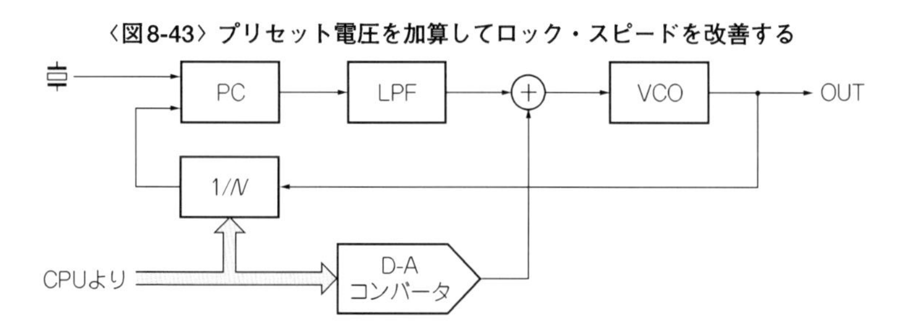

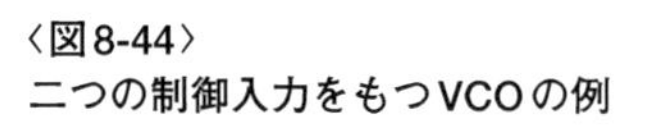
〈図8-44〉
二つの制御入力をもつVCOの例

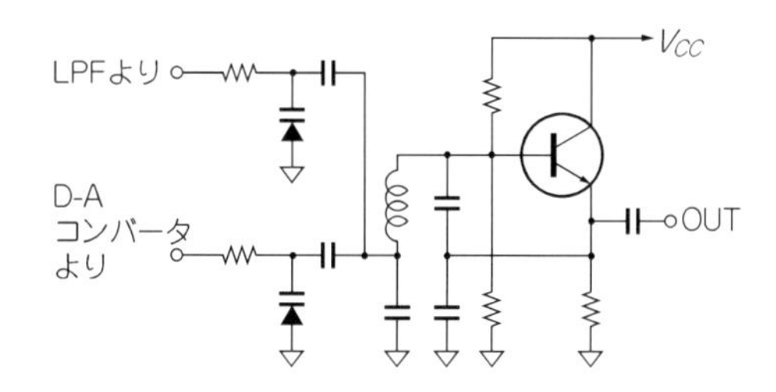

〈図8-45〉ループ・フィルタの出力電圧をCPUに取り込む

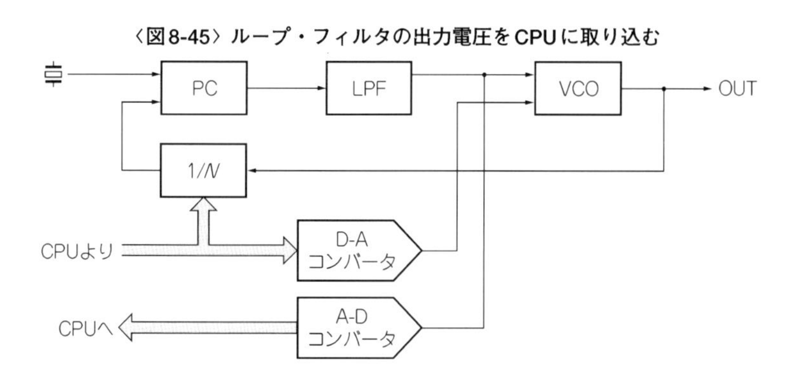

第9章
実用PLLシンセサイザの設計/製作
ループ・フィルタの詳細設計と実測特性で示す

本章では，回路の実験や調整に実際に役立つ各種PLLシンセサイザ回路の設計/製作事例を解説していくことにします．

9.1 74HC4046を使用したクロック・シンセサイザ

● 実験などに便利な1 Hz～10 MHzの水晶代用シンセサイザ

ディジタル回路では，さまざまな周波数のクロックが使用されます．これらの多くは水晶発振器でクロックを発生させ，分周して希望の周波数を得ています．しかし特殊な周波数のクロックの場合には，水晶発振器を注文しても納品されるまでに時間が必要です．このようなときには，ここで紹介するクロック・シンセサイザを代用すると便利です．また，周波数が変化したときの回路応答などを実験する場合にも，周波数が可変できるクロック・シンセサイザがあると重宝します．実際に製作したものの外観を**写真9-1**に示します．

図9-1が，ここで設計/製作するクロック・シンセサイザのブロック図です．10.24 MHzの水晶振動子を発振させ，分周して10 kHzの基準周波数を得ています．PLL回路では分周器の設定を1/100～1/1000にし，VCOで1 MHz～10 MHz，10 kHz分解能の周波数を発生させています．そしてPLL回路の出力クロックを1/10分周器に入力し，6段接続して選択することにより，下記の7レンジの出力周波数範囲が得られるようにしました．

- 10 Hzレンジ　：1 Hz～10 Hz，10 mHz分解能
- 100 Hzレンジ：10 Hz～100 Hz，100 mHz分解能
- 1 kHzレンジ　：100 Hz～1 kHz，1 Hz分解能
- 10 kHzレンジ：1 kHz～10 kHz，10 Hz分解能
- 100 kHzレンジ：10 kHz～100 kHz，100 Hz分解能

〈写真9-1〉
製作したクロック・ジェネレータの外観

〈図9-1〉クロック・ジェネレータのブロック図

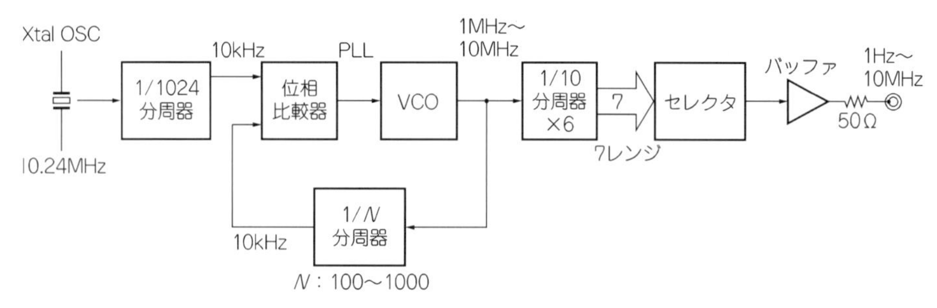

・1 MHzレンジ　：100 kHz～1 MHz，1 kHz分解能
・10 MHzレンジ：1 MHz～10 MHz，10 kHz分解能

● 回路構成の特徴…すべてCMOS ICを使用

図9-2が全回路図です．3端子レギュレータ以外はすべてCMOS ICです．

74HC4060は発振回路を内蔵した分周器です．10.24 MHzの水晶発振子を発振させ，1/1024に分周して安定な10 kHzの基準クロックを得ています．可変コンデンサCV_1で周波数を微調整することにより，50 ppm程度の確度を得ることができます．

さらに高確度の周波数が必要な場合は，**写真9-2**に示すような温度補償型の水晶発振器TCXOを使用すれば1 ppm程度，オーブン入りの水晶発振器OCXOを使用すれば0.1 ppm程度の高確度の周波数が得られます．

〈図9-2〉10 MHzクロック・シンセサイザの回路

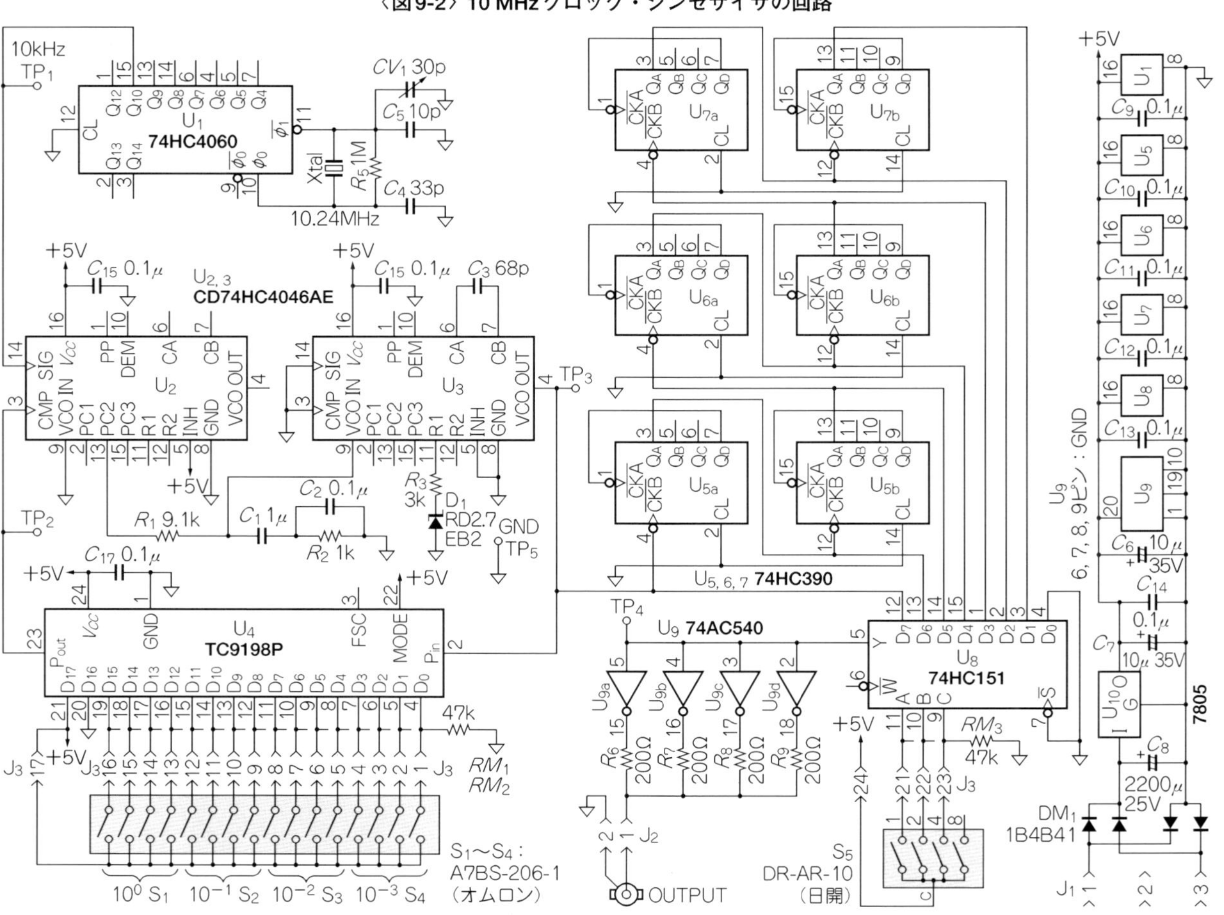

〈写真9-2〉
高安定の水晶発振モジュールの例

PLL ICのCD74HC4046には位相比較器とVCOが内蔵されていますが，ここでは位相比較器とVCOは別パッケーシのものを使用し，位相比較器のパルスがVCOに影響を与えないようにしています．

また，CD74HC4046の基本VCO回路のままでは10倍の発振周波数範囲を得るのが苦しいので，定電圧ダイオードD_1を挿入して，VCOの制御電圧に対して制御電流が指数関数的に増加するようにしています．

74HC390は10進カウンタを2回路内蔵したICです．3個使って1/10分周器6段を構成しています．そして，1/10分周器の各出力をセレクタIC 74HC151で切り替え，7レンジの周波数範囲を得ています．

出力段は，高速で大出力電流の得られるバッファIC 74AC540を使用しています．1回路だけでは50Ω負荷をドライブする電流が不足するので，4回路をパラレルにして使っています．同じパッケージ内のICだけに使えるテクニックです．

また，出力端に直列にR_6～R_9の抵抗を挿入して，合計の出力インピーダンスを50Ωにしているので，負荷に50Ωを接続したときには出力電圧は半分の2.5Vになります．出力ケーブルに50Ωの同軸ケーブルを使用すれば，受信端がハイ・インピーダンスでも送信出力インピーダンスが50Ωになっているので反射の発生は少なく，5$V_{0\text{-}p}$の安定したクロックが得られ，ロジックICを駆動することができます．

● ループ・フィルタの設計

まずは分周数が最小と最大のときの位相比較器，VCO，分周器の合成伝達特性f_{vpn}を求めます．**図9-3**が本回路でのVCOの発振周波数-制御電圧特性です．

〈図9-3〉VCOの発振周波数-制御電圧特性

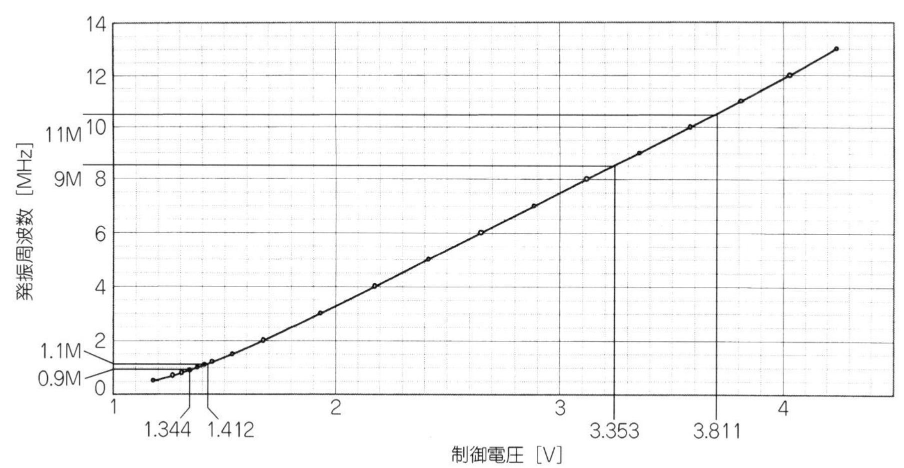

出力周波数1 MHz(分周数100)のときの$f_{vpn(1\,\mathrm{MHz})}$は，

$$f_{vpn(1\,\mathrm{MHz})} = \frac{(1.1\,\mathrm{MHz} - 0.9\,\mathrm{MHz}) \cdot 2\pi}{(1.412\,\mathrm{V} - 1.344\,\mathrm{V})} \cdot \frac{5\,\mathrm{V}}{4\pi} \cdot \frac{1}{2\pi \cdot 100} \fallingdotseq 11.7\,\mathrm{kHz}$$

出力周波数10 MHz(分周数1000)のときの$f_{vpn(10\,\mathrm{MHz})}$は，

$$f_{vpn(10\,\mathrm{MHz})} = \frac{(11\,\mathrm{MHz} - 9\,\mathrm{MHz}) \cdot 2\pi}{(3.811\,\mathrm{V} - 3.353\,\mathrm{V})} \cdot \frac{5\,\mathrm{V}}{4\pi} \cdot \frac{1}{2\pi \cdot 1000} = 1.737\,\mathrm{kHz}$$

となります．

定数を変えて実験した結果から，位相ノイズとスプリアスの量をトレードオフし，$M = -20$ dB，位相余裕50°で設計しました．位相余裕を50°確保するためには，ループ・フィルタでの位相遅れが40°になります．

ループ・フィルタでの位相遅れを40°確保する上限/下限の周波数は，M：-20 dB(0.1)から，

$$f_{(-40^\circ\mathrm{H})} = 11.7\,\mathrm{kHz} \times 0.1 \fallingdotseq 1.17\,\mathrm{kHz}$$

$$f_{(-40^\circ\mathrm{L})} = 1.737\,\mathrm{kHz} \times 0.1 \fallingdotseq 174\,\mathrm{Hz}$$

したがって，位相遅れ40°を確保する上限/下限周波数の比は，

$$1.17\,\mathrm{kHz} \div 174\,\mathrm{Hz} \fallingdotseq 6.72$$

位相遅れ40°を確保する周波数の中心値は，

$$f_m = \sqrt{1.17\,\mathrm{kHz} \times 174\,\mathrm{Hz}} \fallingdotseq 451\,\mathrm{Hz}$$

〈図9-4〉ループ・フィルタのシミュレーション

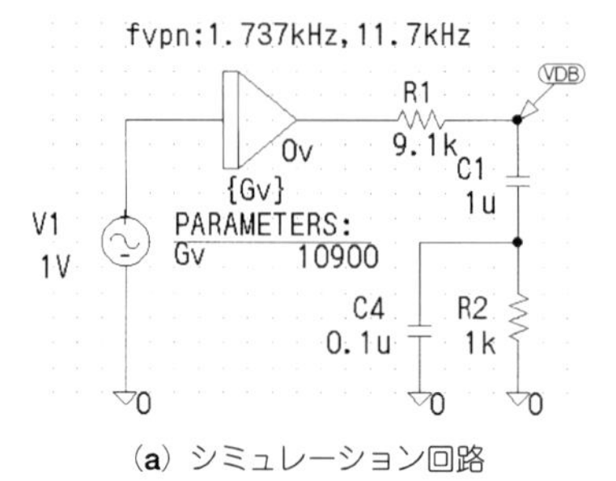

(a) シミュレーション回路

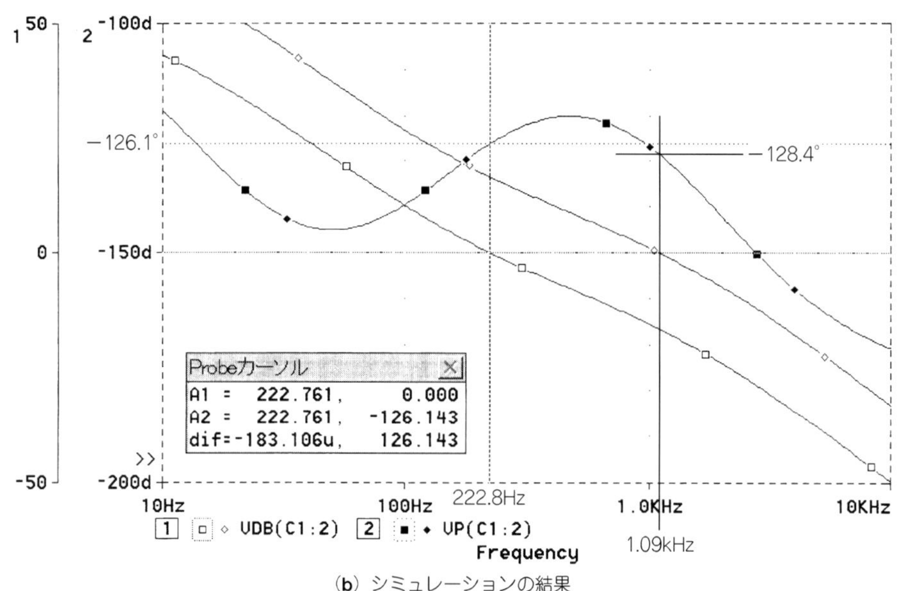

(b) シミュレーションの結果

Appendix Bの**図B-3(b)**からf_Hの正規化値を求めると，X軸：6.72，$-40°$の交点から3.5なので，

$f_H = 451\ \mathrm{Hz} \times 3.5 \fallingdotseq 1.58\ \mathrm{kHz}$

同じく，**図B-3(c)**からf_Lの正規化値を求めると，X軸：6.72，$-40°$の交点から0.317なので，

$f_L = 451\ \mathrm{Hz} \times 0.317 \fallingdotseq 143\ \mathrm{Hz}$

となります．まず，$R_2 = 1\ \mathrm{k}\Omega$とすると，$f_H \fallingdotseq 252\ \mathrm{Hz}$より，

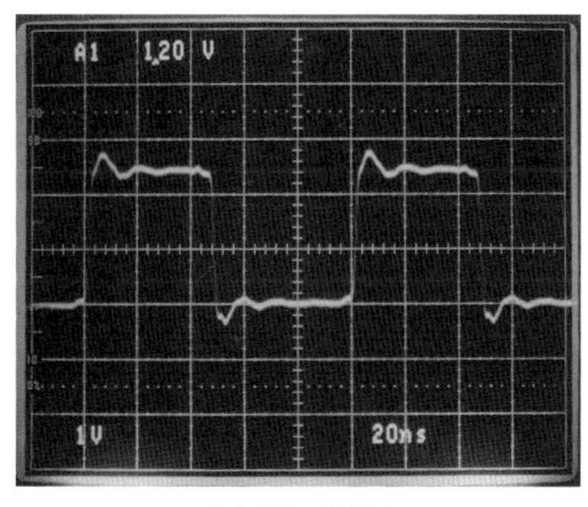

(a) 50Ωで終端

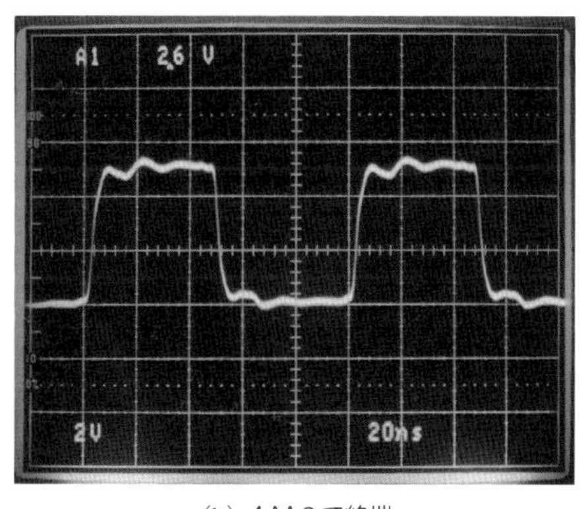

(b) 1MΩで終端

〈写真9-3〉最高周波数10 MHzでの出力波形

$C_2 \fallingdotseq 101$ nF

$f_L = 143$ Hzより，$C_1 + C_2 \fallingdotseq 1.11\ \mu$F，したがって，

$C_1 \fallingdotseq 1.01\ \mu$F

$M = -20$ dBより，

$R_1 \fallingdotseq 1\ \text{k}\Omega \times (10 - 1) \fallingdotseq 9\ \text{k}\Omega$

抵抗をE24，コンデンサをE12系列から選択すると，

$R_1 = 9.1\ \text{k}\Omega$，$R_2 = 1\ \text{k}\Omega$，$C_1 = 1\ \mu$F，$C_2 = 0.1\ \mu$F

と，きりのよい値になりました．

これらの値から，**図9-4(a)**の条件でシミュレーションした結果が**図9-4(b)**です．出力周波数1 MHzでのループの切れる周波数が約1.09 kHzで，そのときの位相遅れが128.4°(位相余裕51.6°)，出力周波数10 MHzでのループの切れる周波数が約222.8 Hzで，そのときの位相遅れが126.1°(位相余裕53.9°)と，ほぼ目標の位相余裕が得られています．

● 出力波形

写真9-3が最高周波数10 MHzでの出力波形です．本器とオシロスコープ(テクトロニクス2465)をRG58AU同軸ケーブル1 mで接続しています．**写真9-3(a)**がオシロスコープの入力インピーダンスが50Ωのとき，**写真9-3(b)**が1 MΩのときの波形です．CMOS出力に抵抗を挿入して出力インピーダンスを50Ωに整合しているので，いずれも大きなリンギングは生じていません．

〈図9-5〉10 MHzレンジでのスペクトラム

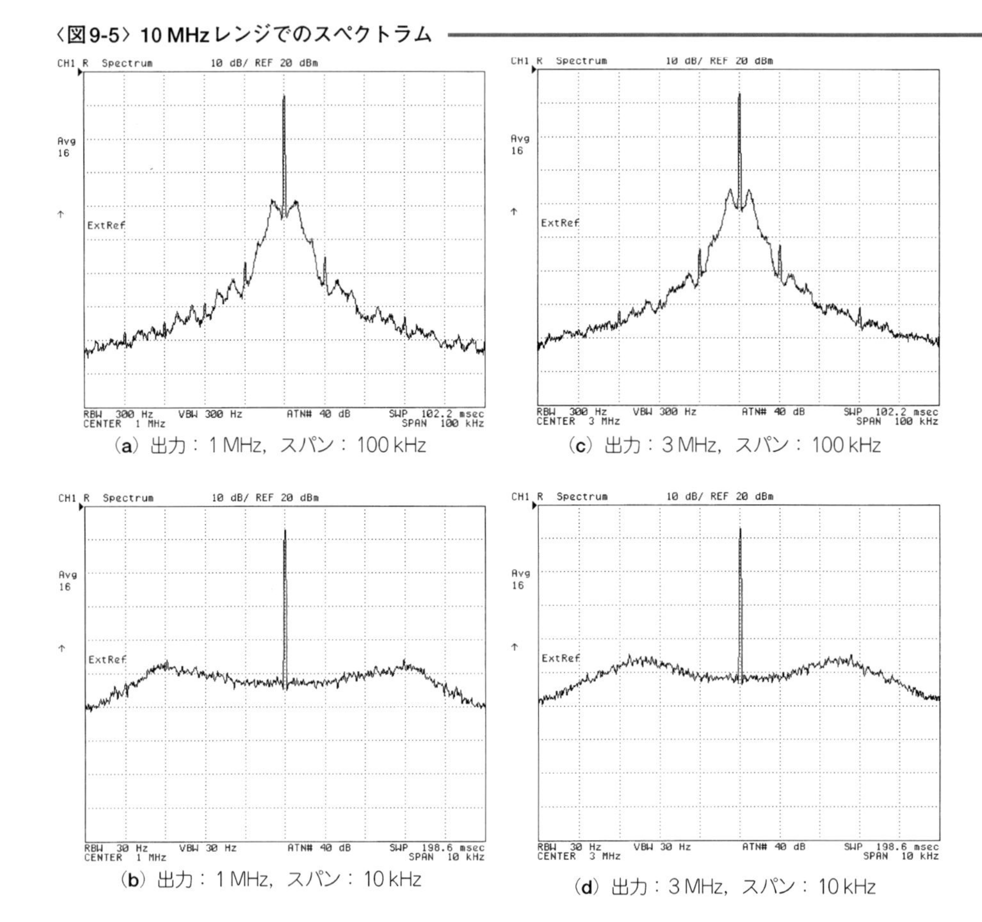

(a) 出力：1 MHz，スパン：100 kHz

(c) 出力：3 MHz，スパン：100 kHz

(b) 出力：1 MHz，スパン：10 kHz

(d) 出力：3 MHz，スパン：10 kHz

● スペクトラム

図9-5(10 MHzレンジ)，**図9-6**(1 MHzレンジ)，**図9-7**(100 kHzレンジ)がスペクトラム・アナライザで計測した本器の出力波形の発振周波数近傍のスペクトラムです．本器の出力波形は方形波なので，当然，奇数次の高調波はたくさん含まれています．

本器の電圧制御発振器VCOは*CR*によるマルチバイブレータ発振器なので，基本的にはあまりきれいなスペクトラムは得られません．**図9-5**(**a**)，(**c**)，(**e**)は，それぞれ発振周波数が1 MHz，3 MHz，10 MHzのときのスパン(分析周波数範囲)100 kHzでのスペクトラムです．比較周波数10 kHzの影響によるスプリアスが－45 dBc(発振周波数のスペク

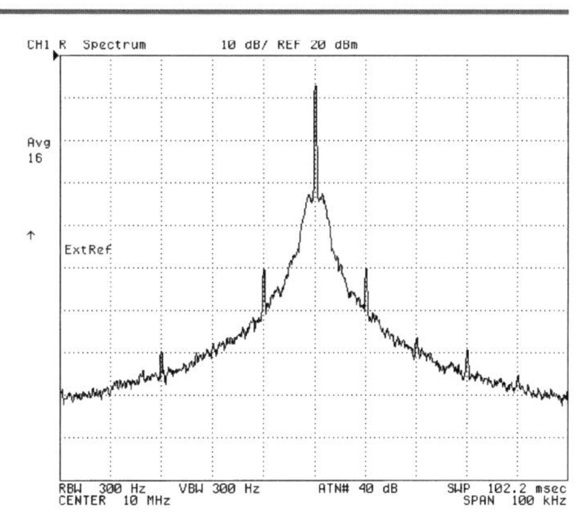

(e) 出力：10 MHz，スパン：100 kHz

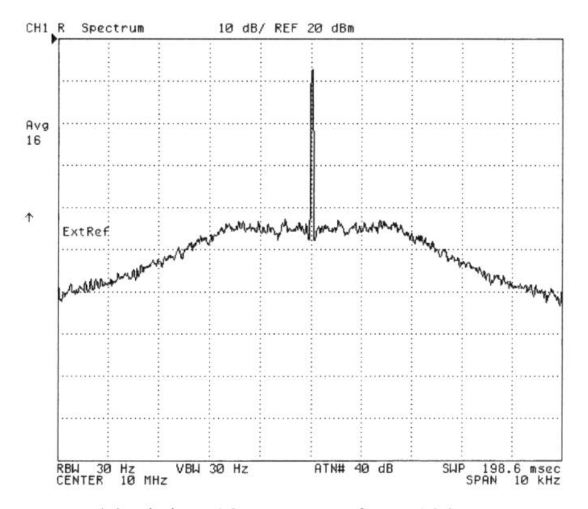

(f) 出力：10 MHz，スパン：10 kHz

トラムに対して－45 dBの振幅)程度になって現れています．

図9-5(b)，(**d**)，(**f**)は，スペクトラム・アナライザのスパンを10 kHzと狭め，分解能帯域幅RBWを30 Hzにしたときのスペクトラムです．発振周波数1 MHz［**図9-5(b)**］のほうが10 MHz［**図9-5(f)**］のときに比べてPLL回路のループ利得が大きいので，位相ノイズ(発振周波数近傍のノイズ)が小さくなっています．

図9-6と**図9-7**はそれぞれ1 MHz，100 kHzレンジのときのスペクトラムです．分周器によってPLL回路の出力波形を1/10，1/100にしているので，そのぶんジッタが改善され，分周数が増えるにつれて位相ノイズが少なくなっています．

〈図9-6〉1 MHzレンジでのスペクトラム

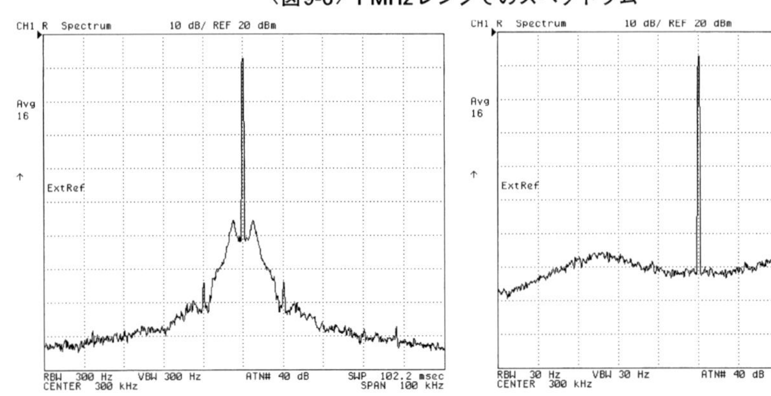

(a) 出力：300 kHz，スパン：100 kHz　(b) 出力：300 kHz，スパン：10 kHz

〈図9-7〉100 kHzレンジのスペクトラム

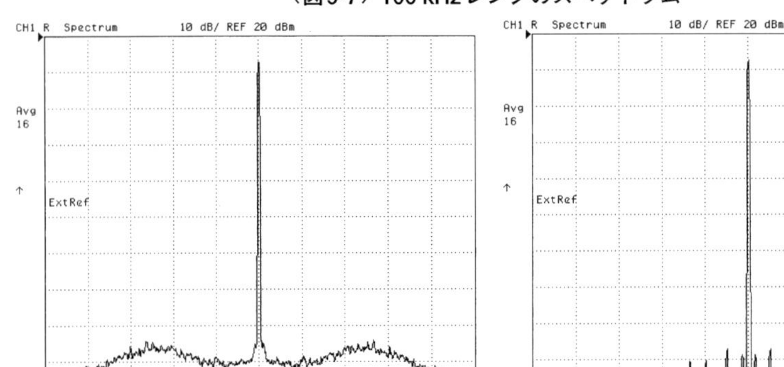

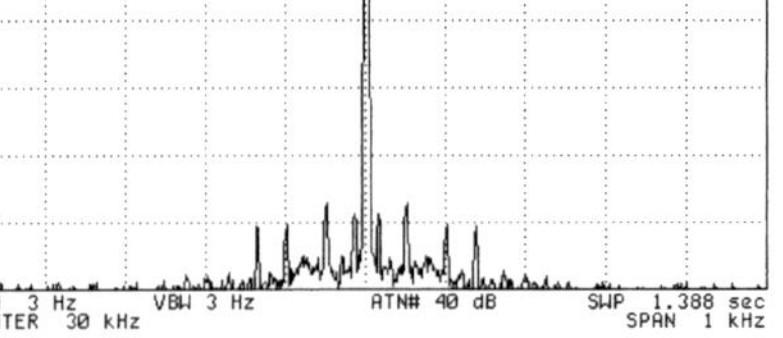

(a) 出力：30 kHz，スパン：10 kHz　(b) 出力：30 kHz，スパン：1 kHz

図9-7(b)に見られる発振周波数付近のスプリアスは，スペクトラム・アナライザの残留スプリアスです．本器の出力波形に含まれるものではありません．したがって，分析帯域幅3 Hzでは－90 dBc以上の*C*/*N*(Carrier vs Noise)が得られていることになります．

このようにマルチバイブレータ型VCOを使用したPLL回路でも，高い周波数で発振させてから出力波形を分周すれば，ジッタの少ないきれいな方形波が得られます．

● ロック・スピード

写真9-4がPLLのロック・スピードを示すVCO制御電圧波形です．このままでは応答

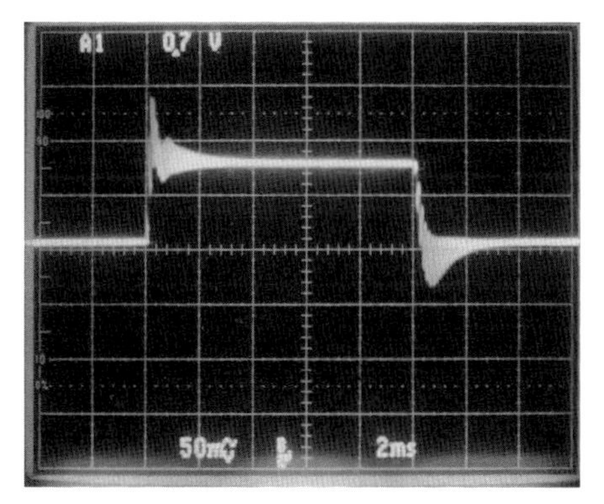

(a) 分周数100のとき(出力：0.8 MHzと1 MHz)

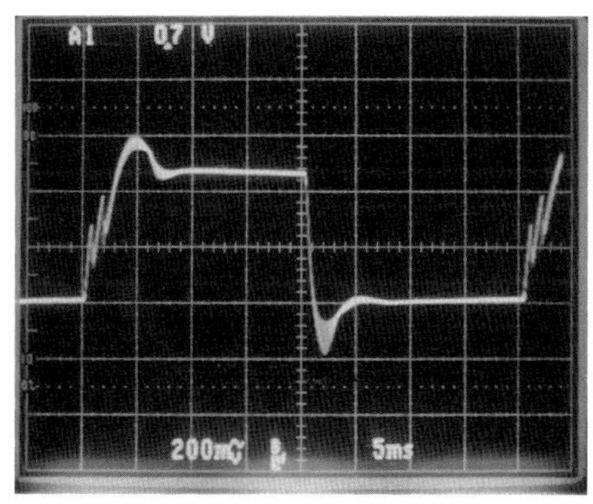

(b) 分周数1000のとき(出力：8 MHzと10 MHz)

〈写真9-4〉 ロック・スピード

時間が計測できないので，10 kHzの基準信号を外部の発振器から供給し，この基準信号の周波数を8 kHzと10 kHzに交互に切り替えて，そのときのVCO制御電圧波形を観測しています．

写真9-4(**a**)が分周器の設定100のとき(PLL出力周波数は0.8 MHzと1 MHz)，**写真9-4**(**b**)が分周器の設定1000のとき(出力周波数は8 MHzと10 MHz)の変化のようすです．分周器の設定が100のときのほうがループが切れる周波数が高く，しかもVCO制御電圧の変化が少ないので，ロック・スピードが速く(約3 msに)なっています．分周数1000では約10 msのロック・スピードです．いずれも手動でサムホイール・スイッチを切り替えるには十分速いスピードといえます．

なお，**写真9-4**には変化時に発振のような細かい波形が含まれていますが，これは発振ではありません．比較周波数成分が完全に取り除けなくて現れているものです．完全にロックしてしまうと位相比較器からはパルスが出力されないため，この波形はほとんどなくなります(観測は難しいが，VCOの周波数ドリフトを補正するために細いパルスがときどき出力される)．

9.2 TLC2933を使用したクロック・シンセサイザ

● TLC29xxシリーズのあらまし

74HC4046は便利なワンチップPLL ICですが，VCOの周波数上限が10 MHz程度です．10 MHzを越える周波数を発振できるVCOを内蔵したPLL ICが，**図9-8**に示すテキサ

〈図9-8〉TLC293xシリーズ（テキサス・インスツルメンツ社）

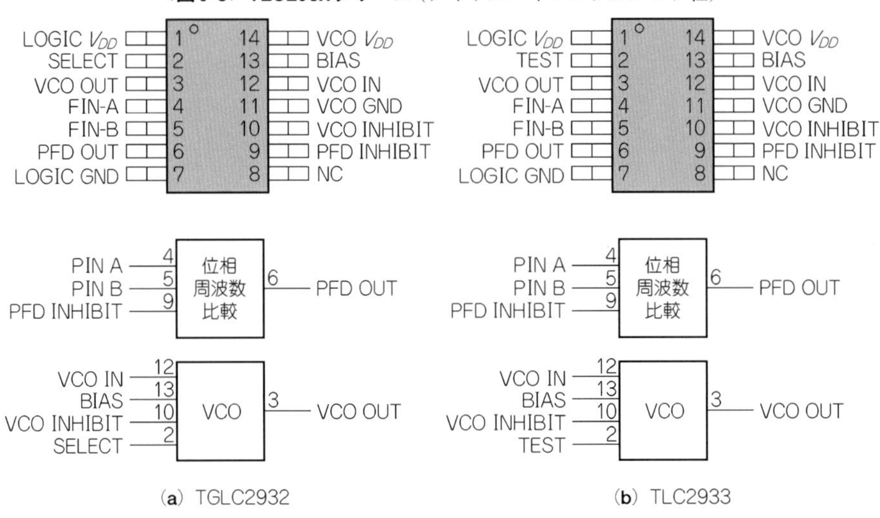

（a）TGLC2932　（b）TLC2933

ス・インスツルメンツ社のTLC293xシリーズです．

TLC2932は分周器も内蔵しています．この分周器を選択することにより，11 MHz～25 MHz，22 MHz～50 MHzの発振周波数範囲を選択できます．またTLC2933では，50 MHz～100 MHzの発振周波数範囲になっています．したがってTLC293xシリーズでは，74HC4046では実現できなかった10 MHzから100 MHzまでのPLL回路を簡単に実現することができます．

内蔵されている位相比較器は，74HC4046のPC2と同じく位相周波数比較型方式です．ロックすると出力がハイ・インピーダンスになります．

● クロック・シンセサイザの回路

図9-9がTLC2933を使用した50 MHz～100 MHz，分解能25 kHzのクロック・シンセサイザの全回路です．この回路に1/2分周器を縦列接続して任意の出力を選択すれば，低周波から100 MHzまで連続して周波数が設定できるクロック・シンセサイザを実現することもできます．

TLC2933のVCOは，抵抗(回路図ではR_3に相当)でバイアス電流を与えて動作させます．この抵抗で発振周波数範囲が若干変化します．電源電圧を＋5 Vで使用するときは，R_3＝

〈図9-9〉50 MHz～100 MHz，分解能25 kHzのクロック・シンセサイザ

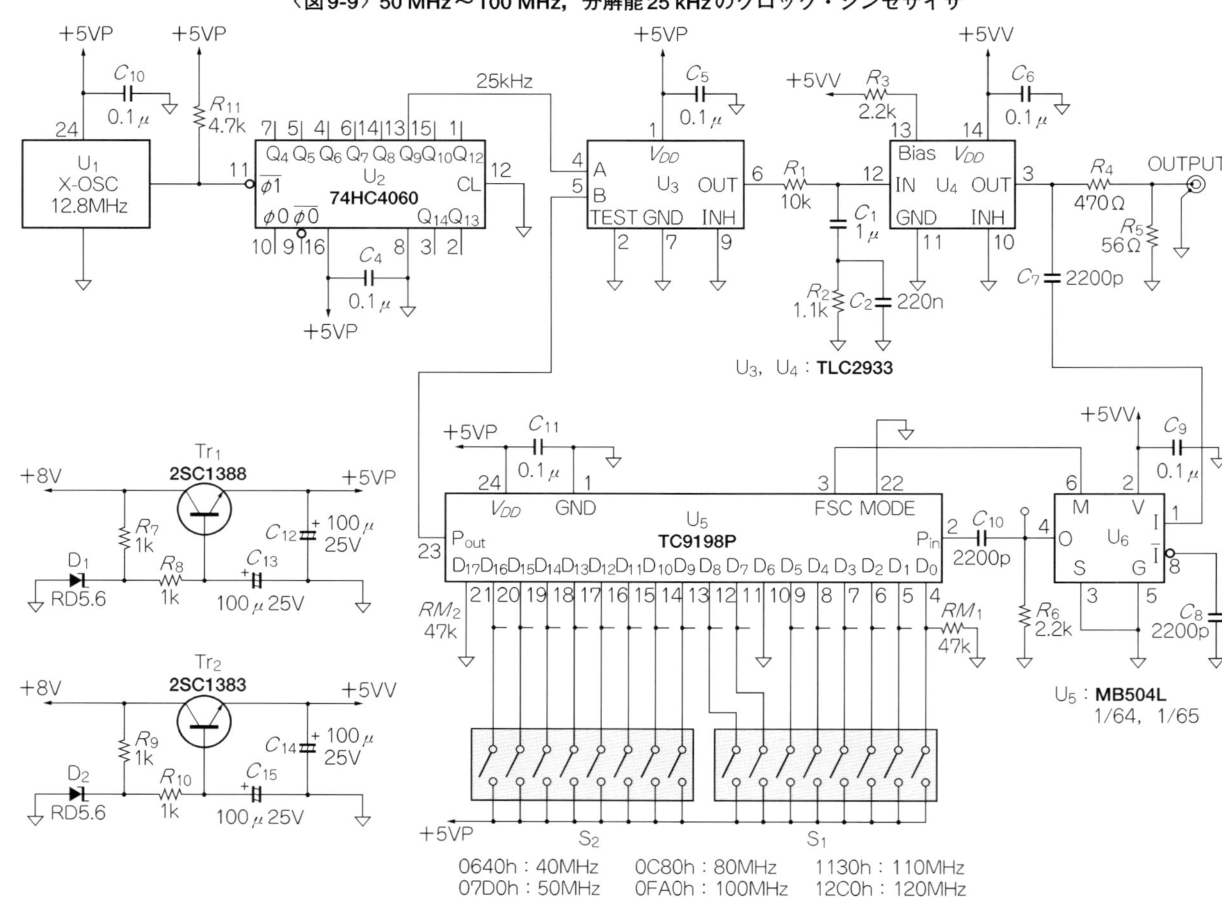

〈図9-10〉
TLC2933の内蔵VCOの発振周波数-制御電圧特性

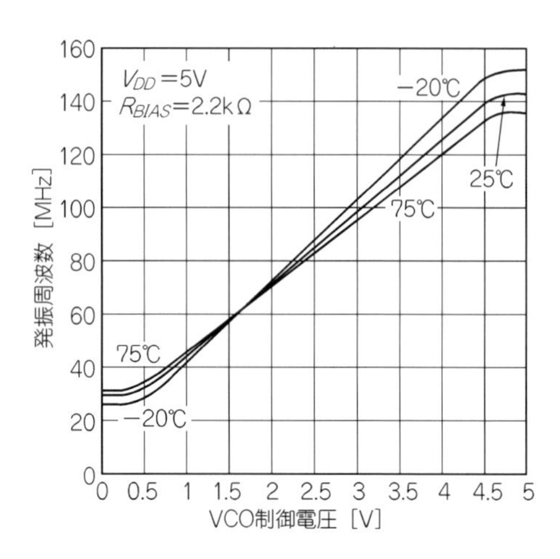

2.2 kΩを接続すると50 MHz～100 MHzまで余裕をもってカバーすることができます．

TLC2933でも74HC4046のときと同じように，VCOと位相比較器のパッケージを別々にしてスプリアスを改善しています．図の回路では，VCO電源は他の回路からの干渉を避けるために，Q_2で専用の＋5 Vを生成しています．

分周器にはMB504L（富士通）とTC9198P（東芝）を使用し，パルス・スワロウ方式で50 MHz～100 MHzの間を分解能25 kHzで設定します．

VCOと出力端子間に挿入したR_4，R_5はスペクトラム・アナライザなどで観測するとき，50 Ωにマッチングするためのものです．実際に信号源として使用するときには不要で，代わりにバッファなどを接続してロジック回路を駆動することになります．

● ループ・フィルタを設計する

図9-10が電源電圧5 V，バイアス抵抗2.2 kΩのときの制御電圧-発振周波数特性です．

50 MHzを発振させるときは，分解能が25 kHzですから分周数は2000になります．したがって，**図9-10**の特性からf_{vpn}は，

$$f_{vpn\,(50\,\mathrm{MHz})}=\frac{(60\,\mathrm{MHz}-40\,\mathrm{MHz})\cdot 2\pi}{1.6\,\mathrm{V}-0.8\,\mathrm{V}}\cdot\frac{5\,\mathrm{V}}{4\pi}\cdot\frac{1}{2\pi\cdot 2000}\fallingdotseq 2.49\,\mathrm{kHz}$$

100 MHzを発振させるときは，分解能25 kHzより分周数は4000になります．したがって，**図9-10**の特性からf_{vpn}は，下記のように計算できます．

$$f_{vpn\,(100\,\mathrm{MHz})} = \frac{(110\,\mathrm{MHz} - 90\,\mathrm{MHz}) \cdot 2\pi}{3.4\,\mathrm{V} - 2.7\,\mathrm{V}} \cdot \frac{5\,\mathrm{V}}{4\pi} \cdot \frac{1}{2\pi \cdot 4000} \fallingdotseq 2.84\,\mathrm{kHz}$$

定数を変えて実験した結果から，M：-20 dB，位相余裕50°で設計しました．

ループ・フィルタでの位相遅れを40°確保する上限/下限の周波数はM：-20 dB(0.1)から，

$$f_{(-40^\circ\mathrm{H})} = 2.84\,\mathrm{kHz} \times 0.1 \fallingdotseq 284\,\mathrm{Hz}$$

$$f_{(-40^\circ\mathrm{L})} = 2.49\,\mathrm{kHz} \times 0.1 \fallingdotseq 249\,\mathrm{Hz}$$

位相遅れ40°を確保するための上限/下限周波数の比は，

$$284\,\mathrm{Hz} \div 249\,\mathrm{Hz} \fallingdotseq 1.14$$

位相遅れ40°を確保する周波数の中心値f_mは，

$$f_m = \sqrt{284\,\mathrm{Hz} \times 249\,\mathrm{Hz}} \fallingdotseq 266\,\mathrm{Hz}$$

Appendix Bの**図B-3**(**b**)からf_Hの正規化値を求めると，X軸：1.14，-40°の交点から2.55，

$$f_H = 266\,\mathrm{Hz} \times 2.55 \fallingdotseq 678\,\mathrm{Hz}$$

同じく，**図B-3**(**c**)からf_Lの正規化値を求めると，X軸：1.14，-40°の交点から0.435，

$$f_L = 266\,\mathrm{Hz} \times 0.435 \fallingdotseq 116\,\mathrm{Hz}$$

となります．まず，$R_2 = 1\,\mathrm{k\Omega}$とすると，$f_H \fallingdotseq 678\,\mathrm{Hz}$より，

$$C_2 \fallingdotseq 235\,\mathrm{nF}$$

$f_L = 116\,\mathrm{Hz}$から，$C_1 + C_2 \fallingdotseq 1.372\,\mu\mathrm{F}$，

したがって，$C_1 \fallingdotseq 1.14\,\mu\mathrm{F}$，$M = -20\,\mathrm{dB}$より，

$$R_1 \fallingdotseq 1\,\mathrm{k\Omega} \times (10 - 1) \fallingdotseq 9\,\mathrm{k\Omega}$$

C_1をキリのよい1 μFにすると，下記のように計算できます．

$$C_2 = 235\,\mathrm{nF} \times (1/1.14) \fallingdotseq 206\,\mathrm{nF}$$

$$R_1 = 9\,\mathrm{k\Omega} \times (1.14/1) \fallingdotseq 10.26\,\mathrm{k\Omega}$$

$$R_2 = 1\,\mathrm{k\Omega} \times (1.14/1) \fallingdotseq 1.14\,\mathrm{k\Omega}$$

抵抗をE24系列，コンデンサをE12系列から選択すると，

$$R_1 = 10\,\mathrm{k\Omega},\ R_2 = 1.1\,\mathrm{k\Omega},\ C_1 = 1\,\mu\mathrm{F},\ C_2 = 220\,\mathrm{nF}$$

になりました．

以上から，**図9-11**(**a**)の回路でシミュレーションした結果が**図9-11**(**b**)です．出力周波数50 MHzでのループの切れる周波数が約299 Hzで，そのときの位相遅れが131°(位相余裕49°)，出力周波数100 MHzでも同様の位相余裕になっています．

〈図9-11〉ループ特性のシミュレーション

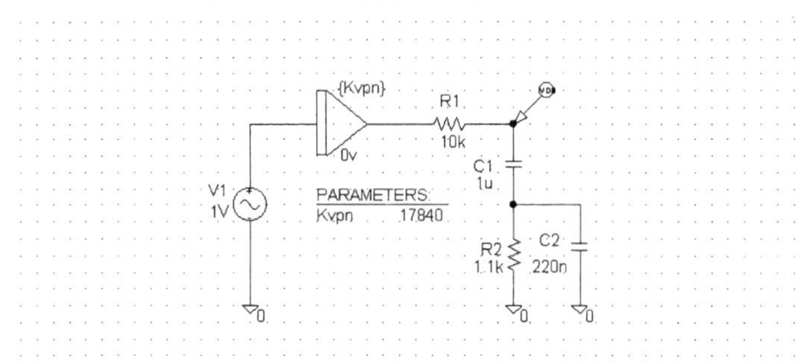

(a) シミュレーション回路

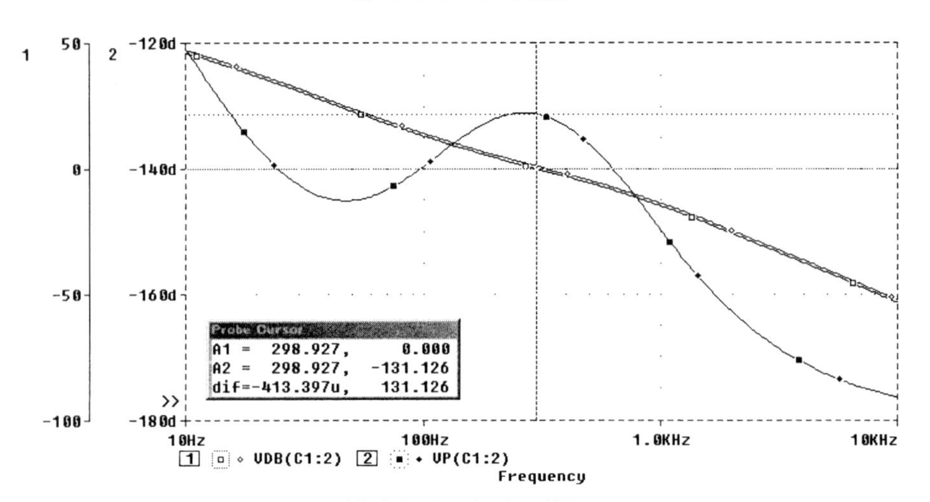

(b) シミュレーションの結果

● 出力波形のスペクトラムを計測

図9-12～**図9-14**に示すように，40 MHz～120 MHzの範囲でロックさせることができました．

出力周波数40 MHzではVCOの制御電圧が低いためか，比較周波数でのスプリアスが現れています．スパン50 kHzでは位相雑音が目立ちます．TLC293xに使用されているリング・オシレータ型VCOでは，*LC*によるVCOと同等の信号純度を期待するのは無理なようです．しかし，外付けVCOなしに低価格で100 MHzまで出力できるのはたいへん魅力的です．

〈図9-12〉40 MHz出力時のスペクトラム

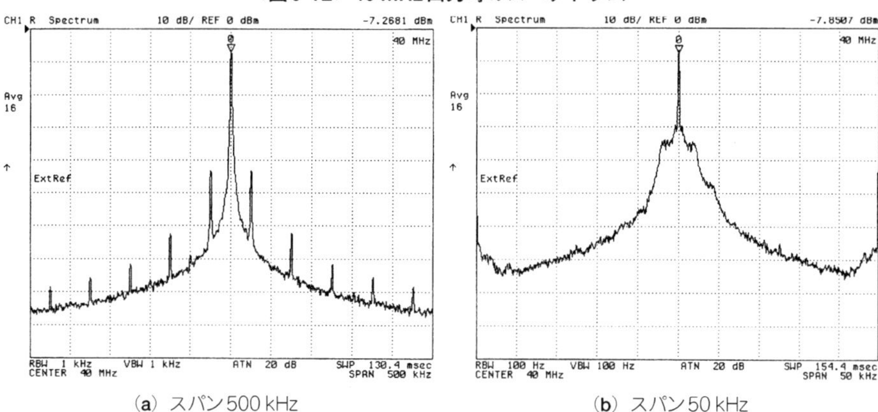

(a) スパン500 kHz　(b) スパン50 kHz

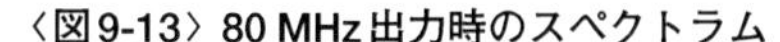
〈図9-13〉80 MHz出力時のスペクトラム

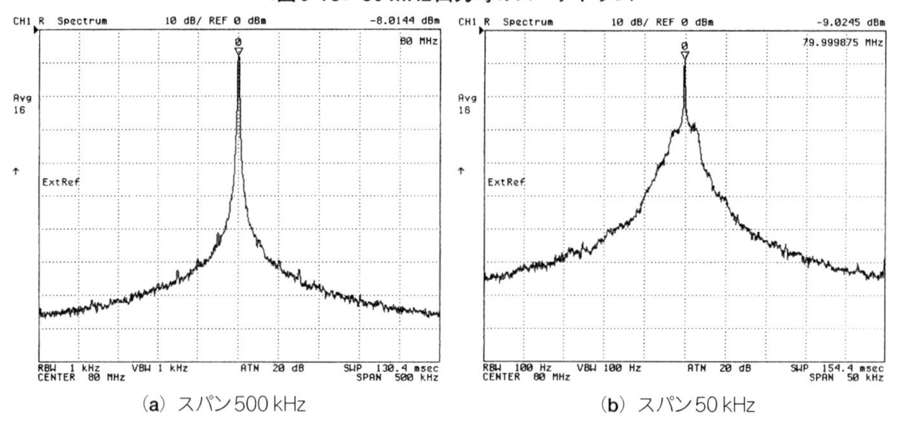

(a) スパン500 kHz　(b) スパン50 kHz

9.3 HFシンセサイザ

*CR*を使用したマルチバイブレータ型VCOの上限周波数は10 MHz程度が限界で，位相ノイズ特性も優れているとは言えません．それに比べて*LC*発振によるVCOは，コイルとコンデンサの定数を選ぶことによりGHz帯にもおよぶ発振周波数帯域をカバーし，位相ノイズ特性も優れた信号が得られます．ここではミニサーキット社の*LC*-VCO POS200を使用したHFシンセサイザの設計を紹介します．製作した基板の外観を**写真9-5**に示します．

〈図9-14〉 120 MHz出力時のスペクトラム

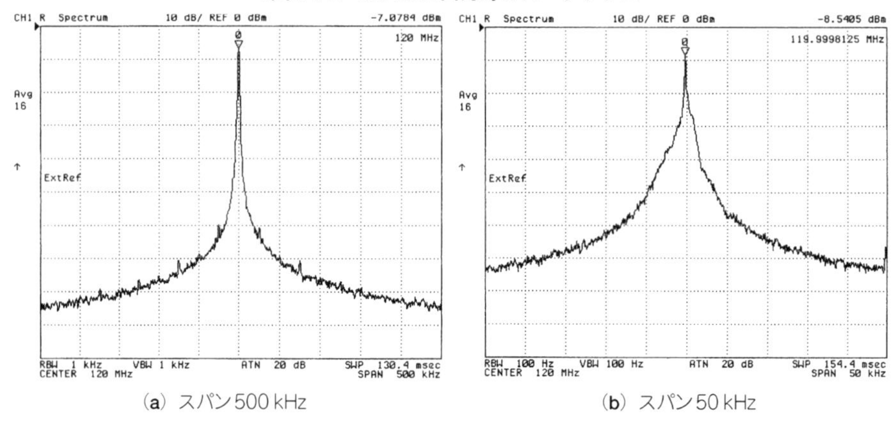

(a) スパン500 kHz　　(b) スパン50 kHz

〈写真9-5〉
HFシンセサイザ基板の外観

ミニサーキット社のPOSシリーズVCOは，同形状で15 MHz～2 GHzの周波数範囲を約20種類におよぶファミリでカバーしています．ここに紹介している回路を使用してプリスケーラを選択することにより，発振周波数をこの範囲で自由に選ぶことができます．なお，POSシリーズVCOの発振周波数範囲は2倍程度になっています．

● HFシンセサイザの回路

図9-15が試作するPLLシンセサイザのブロック図です．10.24 MHzの水晶発振子から

〈図9-15〉HFシンセサイザのブロック構成

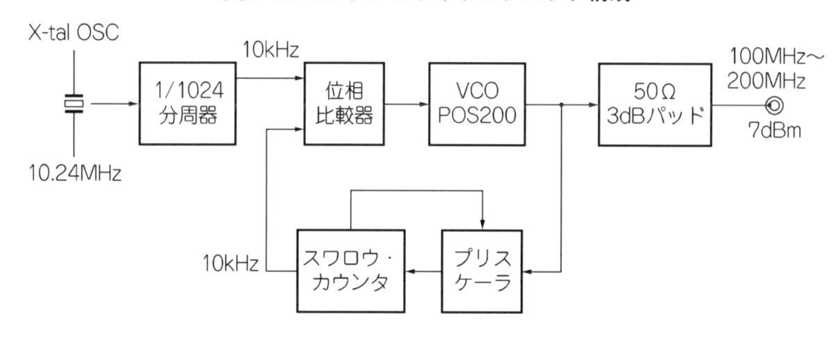

分周して10 kHzの基準周波数を得ています．

分周数はスワロウ・カウンタ内蔵のプログラマブル分周器を使用して，プリスケーラと組み合わせることにより10000～20000としています．これよりPOS200の発振周波数範囲は100 MHz～200 MHzをカバーし，周波数分解能は10 kHzになります．

出力の*VSWR*を下げ，インピーダンス・ミスマッチの影響を緩和するために，POS200の出力と出力コネクタの間に3 dBのパッドを挿入しています．POS200の出力レベルが＋10 dBmなので，約＋7 dBmの出力レベルが得られることになります．

図9-16が全回路図です．PLL回路は電源ノイズの影響を受けやすいので，位相比較器，アクティブ・ループ・フィルタ，VCOの電源はそれぞれにリプル・フィルタを入れています．また，電源とリプル・フィルタを構成する定電圧ダイオードからは100 nV/$\sqrt{\text{Hz}}$程度のホワイト・ノイズが発生するので，1 kΩと100 μFの*CR*ローパス・フィルタでこのノイズを除去しています．

位相比較器には74HC4046のPC2(EX-ORタイプ)を使用しています．浮遊容量による位相比較器の直線性悪化(デッド・ゾーン)を少しでも緩和するため，R_{14}とR_{15}の抵抗を挿入し，インピーダンスを下げています．

PLLがロックしたときには位相比較器の出力がハイ・インピーダンスになるので，アクティブ・ループ・フィルタU_{3a}の入力電圧は，R_{14}とR_{15}によって位相比較器の電源電圧の半分になります．したがって，U_{3a}の＋入力にはこの電圧に等しくなるようなバイアス電圧を与えます．可変抵抗のRV_1はU_{3a}の入力オフセット電圧や抵抗の誤差を調整するためのものです．U_{3a}は比較周波数成分をできるだけ減衰させるため，3次アクティブ・ループ・フィルタにしています．

分周器にはTC9198P(東芝)を使用し，プリスケーラMB501SL(富士通)とでパルス・ス

〈図9-16〉100 MHz～200 MHz HFシンセサイザの回路

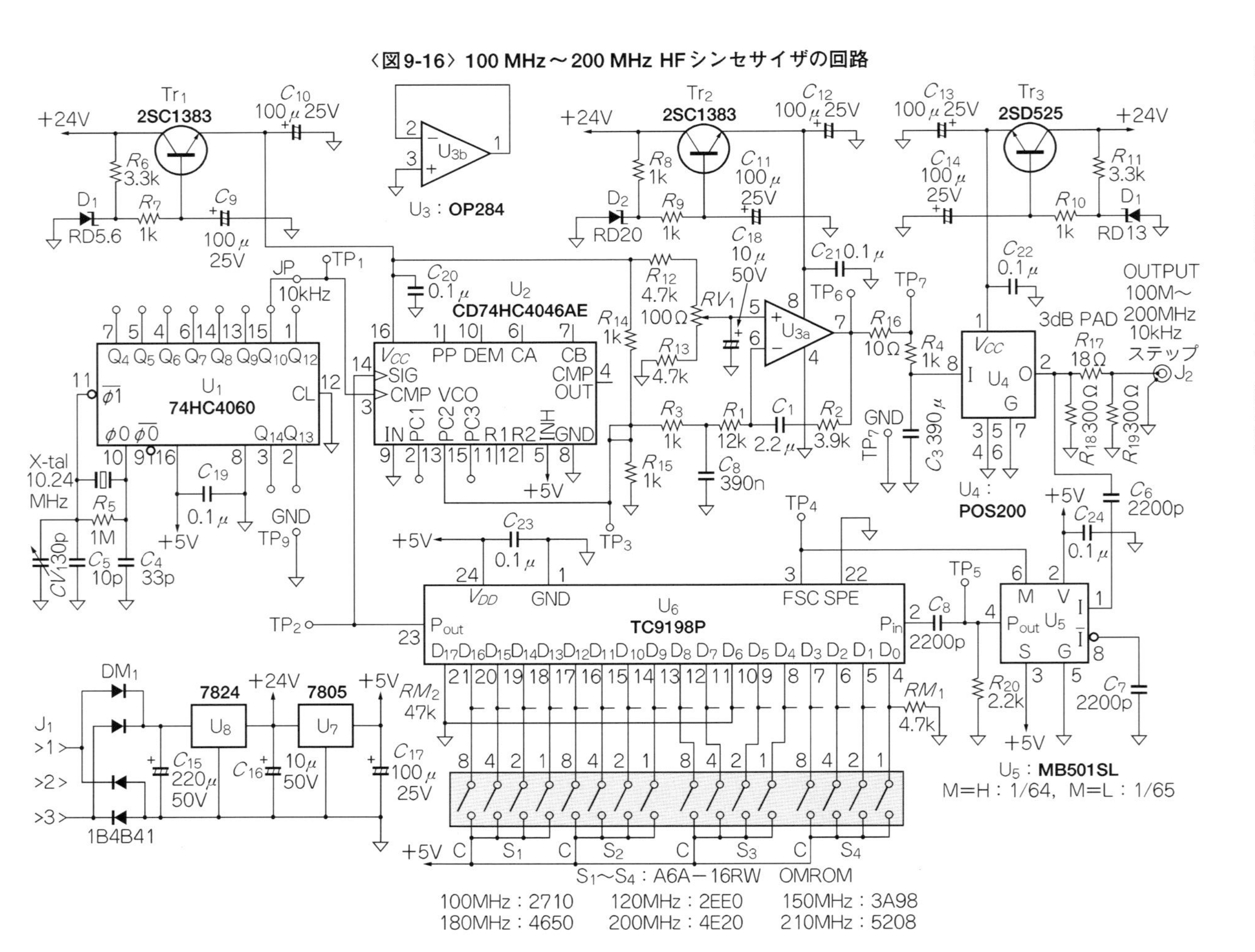

〈図9-17〉POS-200の発振周波数-制御電圧特性

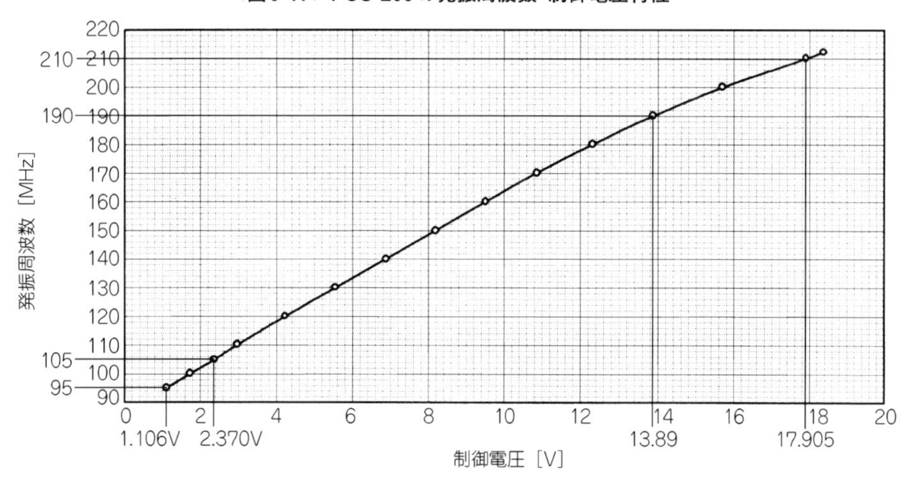

ワロウ方式のプログラマブル分周器を構成しています．TC9198Pは設定によっていろいろなモードで動作しまますが，パルス・スワロウ・カウンタを使用する際の入力コードはバイナリ設定になり，BCDコードは使用できません．

● ループ・フィルタの定数を求める

図9-17が使用するVCO(POS200)の発振周波数-制御電圧特性です．

はじめに，分周数が最小と最大のときの位相比較器，VCO，分周器の合成伝達特性f_{vpn}を求めます．まず，出力周波数100 MHz(分周数10000)のときの$f_{vpn\,(100\ \mathrm{MHz})}$は，

$$f_{vpn\,(100\mathrm{MHz})}=\frac{(105\ \mathrm{MHz}-95\ \mathrm{MHz})\cdot 2\pi}{2.37\ \mathrm{V}-1.106\ \mathrm{V}}\cdot\frac{5\ \mathrm{V}}{4\pi}\cdot\frac{1}{2\pi\cdot 10000}\fallingdotseq 315\ \mathrm{kHz}$$

出力周波数200 MHz(分周数20000)のときの$f_{vpn\,(200\ \mathrm{MHz})}$は，

$$f_{vpn\,(200\ \mathrm{MHz})}=\frac{(210\ \mathrm{MHz}-190\ \mathrm{MHz})\cdot 2\pi}{17.905\ \mathrm{V}-13.89\ \mathrm{V}}\cdot\frac{5\ \mathrm{V}}{4\pi}\cdot\frac{1}{2\pi\cdot 20000}\fallingdotseq 99.1\ \mathrm{Hz}$$

となります．実験の結果から位相雑音とスプリアスの量をトレードオフし，$M=-10$ dB，位相余裕50°の設計値を採用しました．

位相余裕を50°に設計するときのループ・フィルタでの位相遅れは40°です．したがって，ループ・フィルタでの位相遅れ40°を確保する上限/下限の周波数は，M：-10 dB(0.316)から，

$f_{(-40°H)} = 315\ \mathrm{Hz} \times 0.316 \fallingdotseq 99.5\ \mathrm{Hz}$

$f_{(-40°L)} = 99.1\ \mathrm{Hz} \times 0.316 \fallingdotseq 31.3\ \mathrm{Hz}$

位相遅れ40°を確保する上限/下限周波数の比は,

$99.5\ \mathrm{Hz}/31.3\ \mathrm{Hz} \fallingdotseq 3.18$

位相遅れ40°を確保する周波数の中心値は,

$f_m = \sqrt{99.5\ \mathrm{Hz} \times 31.3\ \mathrm{Hz}} \fallingdotseq 55.8\ \mathrm{Hz}$

Appendix Bの**図B-9**(**b**),(**c**)の正規化値からf_H, f_Lを求めると,

$f_H = 55.8\ \mathrm{Hz} \times 6.8 \fallingdotseq 379\ \mathrm{Hz}$

$f_L = 55.8\ \mathrm{Hz} \times 0.332 \fallingdotseq 18.5\ \mathrm{Hz}$

ここで,$R_1 \gg R_3 = R_4 = 1\ \mathrm{k\Omega}$とすると,$f_H = 379\ \mathrm{Hz}$より,

$C_2 = C_3 = 420\ \mathrm{nF}$

$C_1 = 2.2\ \mu\mathrm{F}$とすると,$f_L = 18.5\ \mathrm{Hz}$より,

$R_2 = 3.91\ \mathrm{k\Omega}$

$M = 10\ \mathrm{dB}$より,

$R_1 + R_3 = R_2 \times 3.16$

したがって,$R_1 = 11.4\ \mathrm{k\Omega}$となります.

抵抗をE24系列,コンデンサをE12系列から選択すると,下記のようになります.

$R_1 = 12\ \mathrm{k\Omega}$,$R_2 = 3.9\ \mathrm{k\Omega}$,$R_3 = R_4 = 1\ \mathrm{k\Omega}$,$C_1 = 2.2\ \mu\mathrm{F}$,$C_2 = C_3 = 390\ \mathrm{nF}$

これらの値から,**図9-18**(**a**)の回路でシミュレーションした結果が**図9-18**(**b**)です.出力周波数100 MHzでのループの切れる周波数が92.058 Hzで,そのときの位相遅れが125.868°(位相余裕約54.1°).出力周波数200 MHzでのループの切れる周波数が約33.736 Hzでそのときの位相遅れが127.896°(位相余裕約52.1°)と,ほぼ目標の位相余裕が得られています.

● スペクトラム

図9-19(出力100 MHz),**図9-20**(出力150 MHz),**図9-21**(出力200 MHz)がスペクトラム・アナライザで計測した本器の出力波形の発振周波数近傍のスペクトラムです.(**a**),(**b**),(**c**)はそれぞれ分析周波数範囲(SPAN)が100 kHz,10 kHz,1 kHzとなっています.

図9-19(**a**)では,比較周波数10 kHzの影響によるスプリアスが－60 dBcになって現れています.このスプリアスはループ・フィルタの時定数を低くすれば少なくなりますが,時定数を低くすると**図9-19**(**c**)の位相ノイズ(発振周波数付近のノイズ)が悪化してしまい

〈図9-18〉ループ特性のシミュレーション

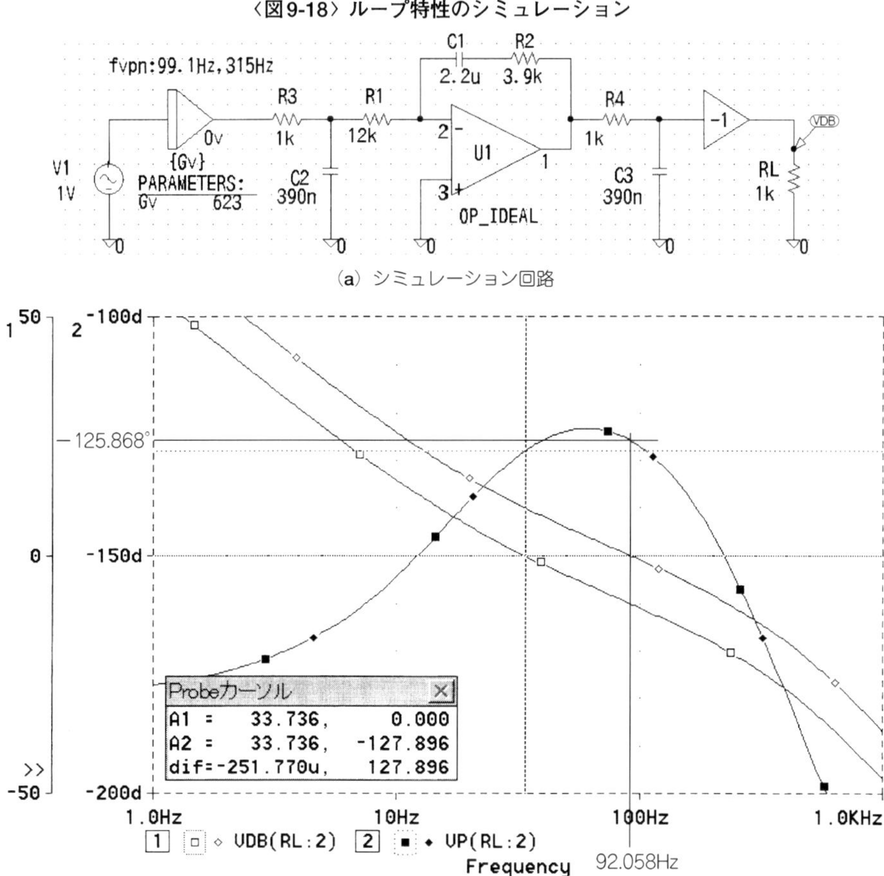

(a) シミュレーション回路

(b) シミュレーションの結果

ます．

図9-19(c)を見ると，中心周波数の左右約100 Hz離れたところから中心にかけて，位相ノイズの増加が減少していきます．理由は**図9-18**(b)に示したように，出力周波数100 MHzのときのPLLのループ利得が0 dBになる周波数が約92 Hzで，これより低い周波数になるにつれてPLLのループ利得が大きくなるからです．VCOの裸の位相ノイズが，このループ利得にしたがって抑制された結果がこの位相ノイズの特性です．

図9-21(c)の出力周波数が200 MHzのときはループが切れる周波数が約30 Hzと低いので，そのぶん位相ノイズも増加しています．

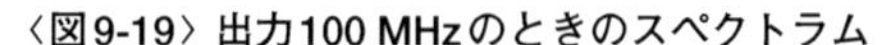

〈図9-19〉出力100 MHzのときのスペクトラム

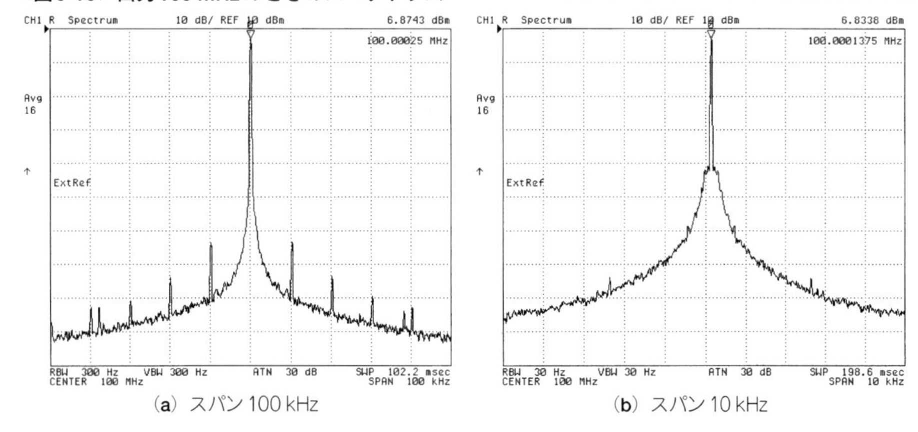

(a) スパン100 kHz　(b) スパン10 kHz

〈図9-20〉出力150 MHzのときのスペクトラム

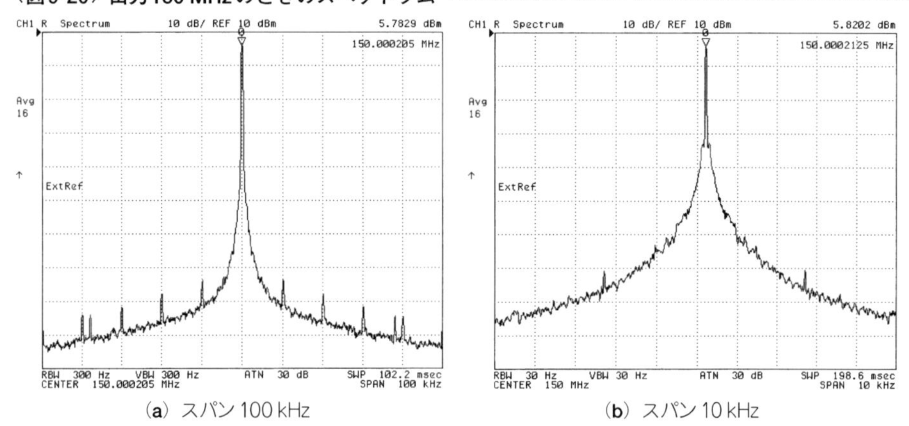

(a) スパン100 kHz　(b) スパン10 kHz

● ロック・スピード

写真9-6がロック・スピードを示すVCO制御電圧波形です．基準信号の周波数を外部から供給し，その周波数を9 kHzと10 kHzに交互に切り替えて，VCO制御電圧波形を観測しています．

写真9-6(a)が分周器の設定10000のとき(PLL出力周波数は90 MHzと100 MHz)，**写真9-6**(b)，(c)は分周器の設定が，それぞれ15000と20000のときの変化のようすです．それぞれの写真の過渡応答に角が見えます．これは周波数が大きく変化し，位相が360°回ることのビートが現れているものです．比較周波数の漏れでも，ループの不安定さを示す

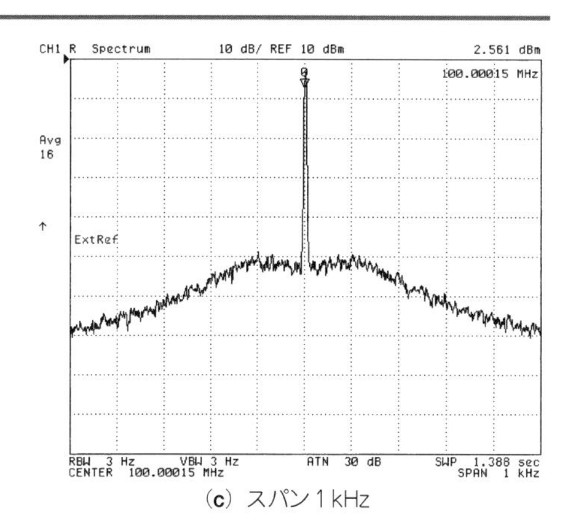

(c) スパン1kHz

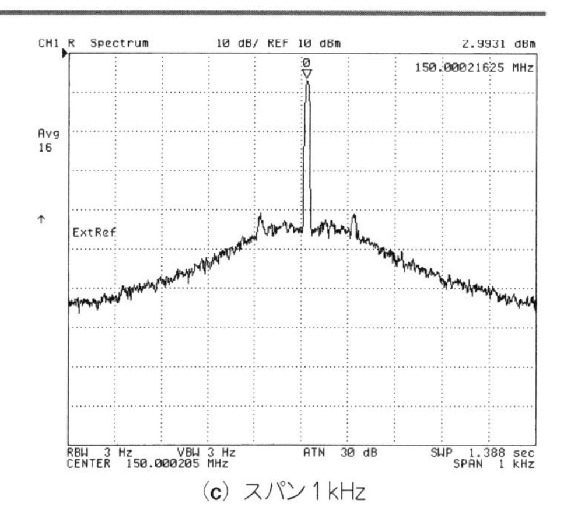

(c) スパン1kHz

ものでもありません．

図9-22(a)は設定周波数の最下位ビット(10 kHz)をON/OFFし，そのときの周波数変化をモジュレーション・ドメイン・アナライザで観測したものです．10 kHzステップのセトリング時間が25 ms程度であることを示しています．

図9-22(b)は設定周波数スイッチS_1の1(U_6の17ピン)をON/OFFして，120 MHzと160.96 MHzの設定を交互に切り替え，周波数変化のようすを観測したものです．周波数が大幅に変化したため位相比較器が飽和し，周波数変化速度が一定でロックしていくようすがわかります．**図9-22**(c)は(a)と同じ目盛りにしたときのようすです．40.96 MHzス

〈図9-21〉出力200 MHzのときのスペクトラム

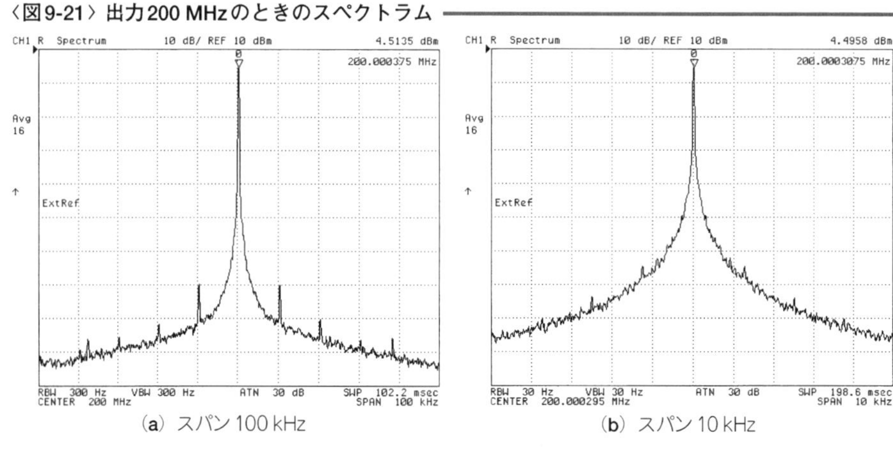

(a) スパン100 kHz　　(b) スパン10 kHz

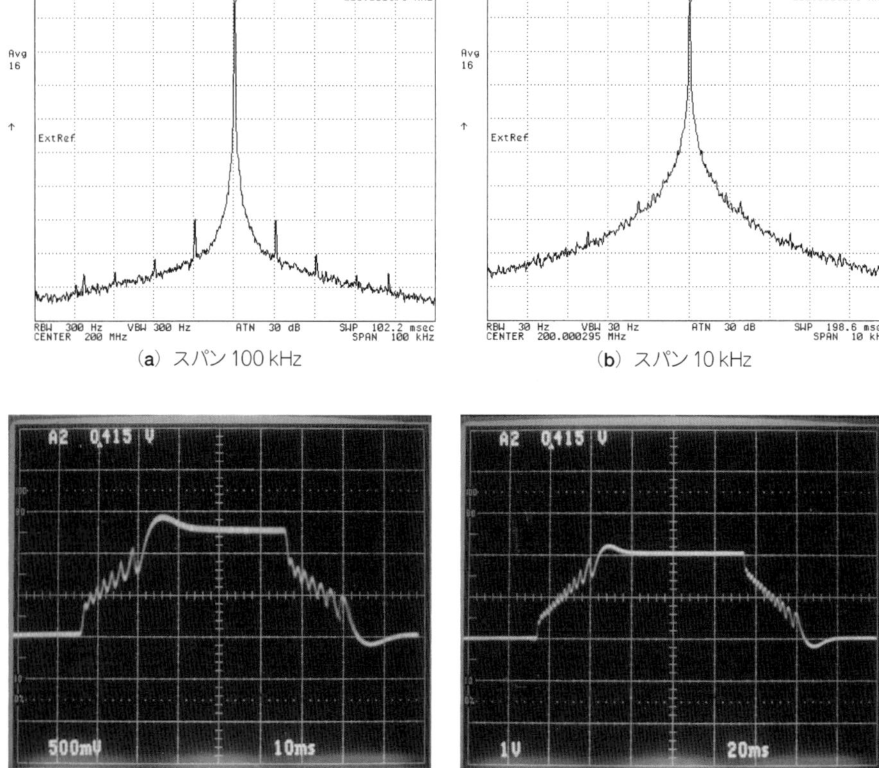

(a) 設定周波数：100 MHz(90 MHz ←→ 100 MHz)　(b) 設定周波数：150 MHz(135 MHz ←→ 150 MHz)

〈写真9-6〉ロック・スピード

テップのセトリング時間が140 ms程度であることがわかります．

9.4　40 MHz周波数基準信号用PLL

PLL回路では一般に位相比較周波数が高いほどループ利得が大きくなり，出力信号の位相ノイズが改善されます．しかし，4046に内蔵されているCMOSタイプの位相比較器の実用範囲は100 kHz程度までです．ここでは高速位相比較器AD9901(アナログ・デバイセズ社)の応用事例として，計測器などで使用される10 MHzの周波数基準信号を4逓倍するPLL回路を紹介します．

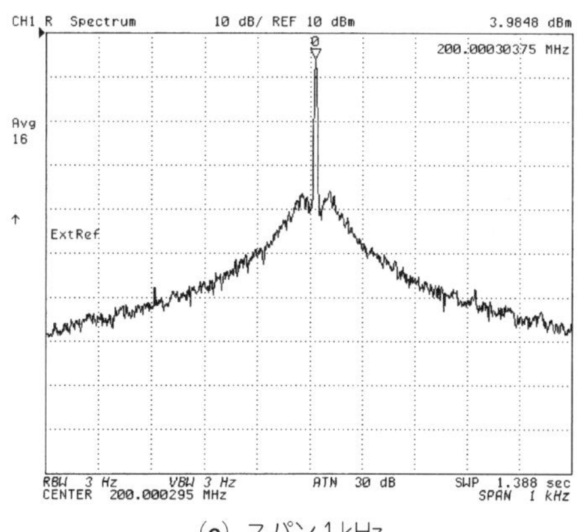

(c) スパン1kHz

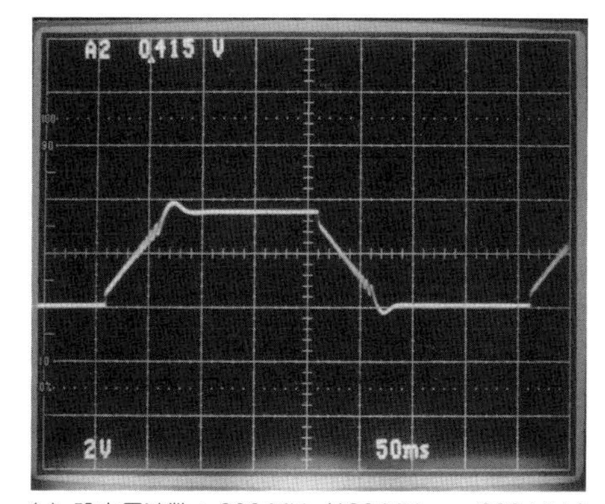

(c) 設定周波数：200 MHz（180 MHz←→200 MHz）

● 40 MHz周波数基準信号用PLLの回路

図9-23(a)が40 MHz周波数基準信号用PLL回路です．位相比較器AD9901は電源の接続方法を替えることにより，ロジック・レベルをCMOS/TTLあるいはECLに直接接続することができます．ここではCMOS/TTLの接続で使用しています．

入力信号は高速コンパレータU_1 LM361で0～5 Vの方形波に変換しています．位相比較器の電源は直接に位相比較器の出力信号に影響を与えるので，リプル・フィルタTr_1からのノイズの少ない＋5 Vを供給しています．AD9901の位相比較出力は差動形式なので，OPアンプU_{3a}による差動入力の3次アクティブ・ループ・フィルタを構成しています．

〈図9-22〉周波数セトリング時間

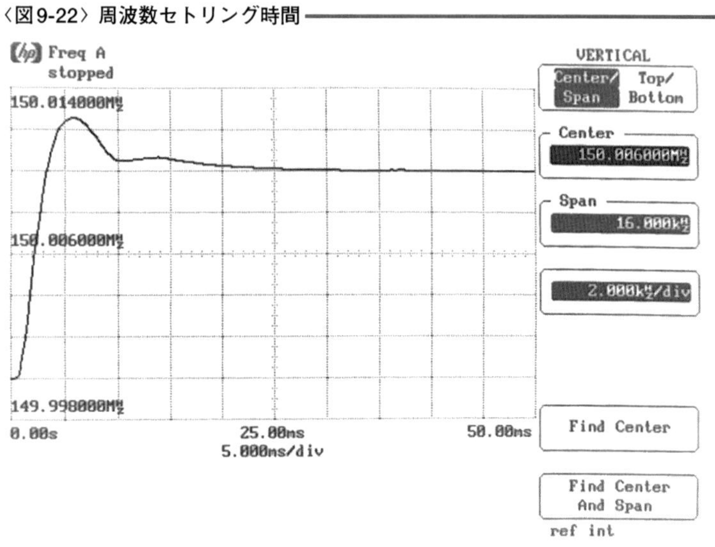

(a) 150 MHz→150.01 MH z

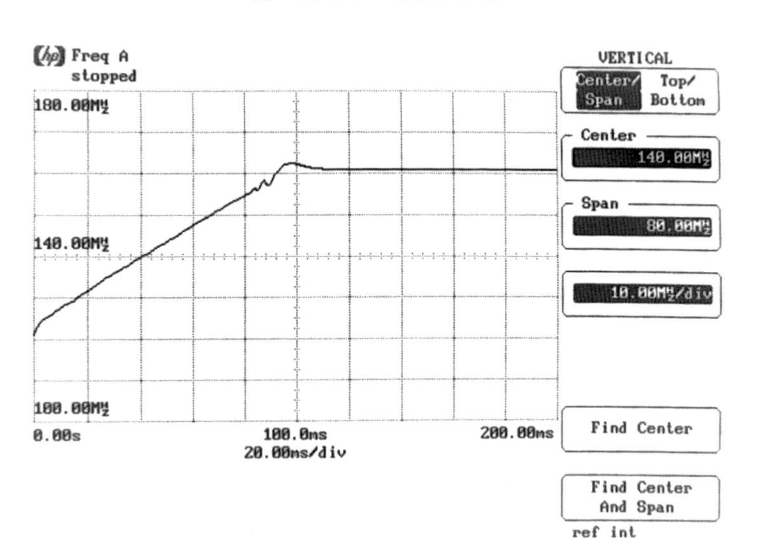

(b) 120 MHz→160.96 MHz

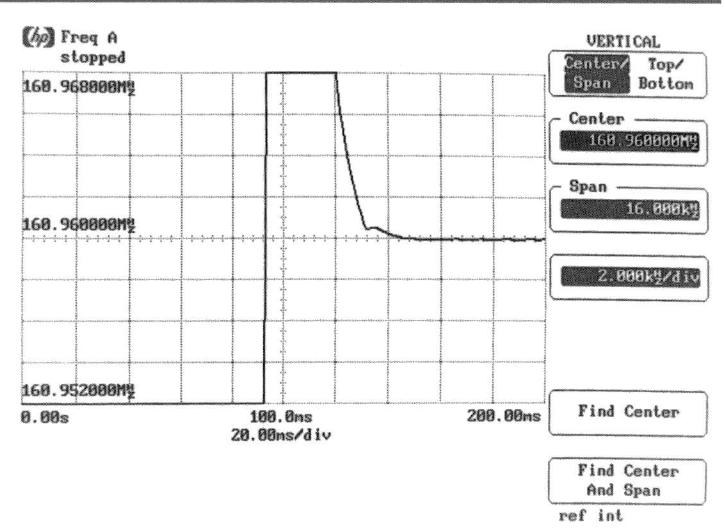

(c)(b)の目盛りを拡大

VCOは水晶発振によるVCXOを使います．周波数を指定したVCXOの場合，専門メーカのものは入手が難しいので，ここでは**図9-23**(**b**)に示す回路で，40 MHzオーバトーン用水晶発振子を使用してVCXOを製作しました．このVCXOにはAGCを施し，同調増幅器を使用しているので，高調波の少ない振幅の安定した信号が得られています．R_{11}，R_{12}，R_{13}は50 Ωのパワー・ディバイダで，二つの出力干渉を少なくするためのものです．本来は50 Ωの抵抗値を使用すべきところですが，E24系列から51 Ωにしました．

● ループ・フィルタの設計

図9-24がVCXOの制御電圧-発振周波数特性です．AD9901は位相比較範囲が2 π，出力振幅が1.8 Vの差動出力になっており，分周数が4です．したがってループ・フィルタを除いた特性が0 dBになる周波数f_{vpn}は，次のようになります．

$$f_{vpn} = k_v \cdot k_p \cdot \frac{1}{2\pi N} = \frac{(40.0005\ \mathrm{MHz} - 39.9998\ \mathrm{MHz}) \cdot 2\pi}{8\ \mathrm{V} - 4\ \mathrm{V}} \cdot \frac{1.8\ \mathrm{V} \cdot 2}{2\pi} \cdot \frac{1}{2\pi \cdot 4} \fallingdotseq 25\ \mathrm{Hz}$$

VCXOですから発振周波数の可変範囲は非常に狭く，位相比較周波数が10 MHzと高くても，f_{vpn}は25 Hzと低くなります．

また，f_{vpn}に比べて比較周波数が10 MHzと高いので，ループ・フィルタの平坦部の利

〈図9-23〉40 MHz基準信号用PLLの回路

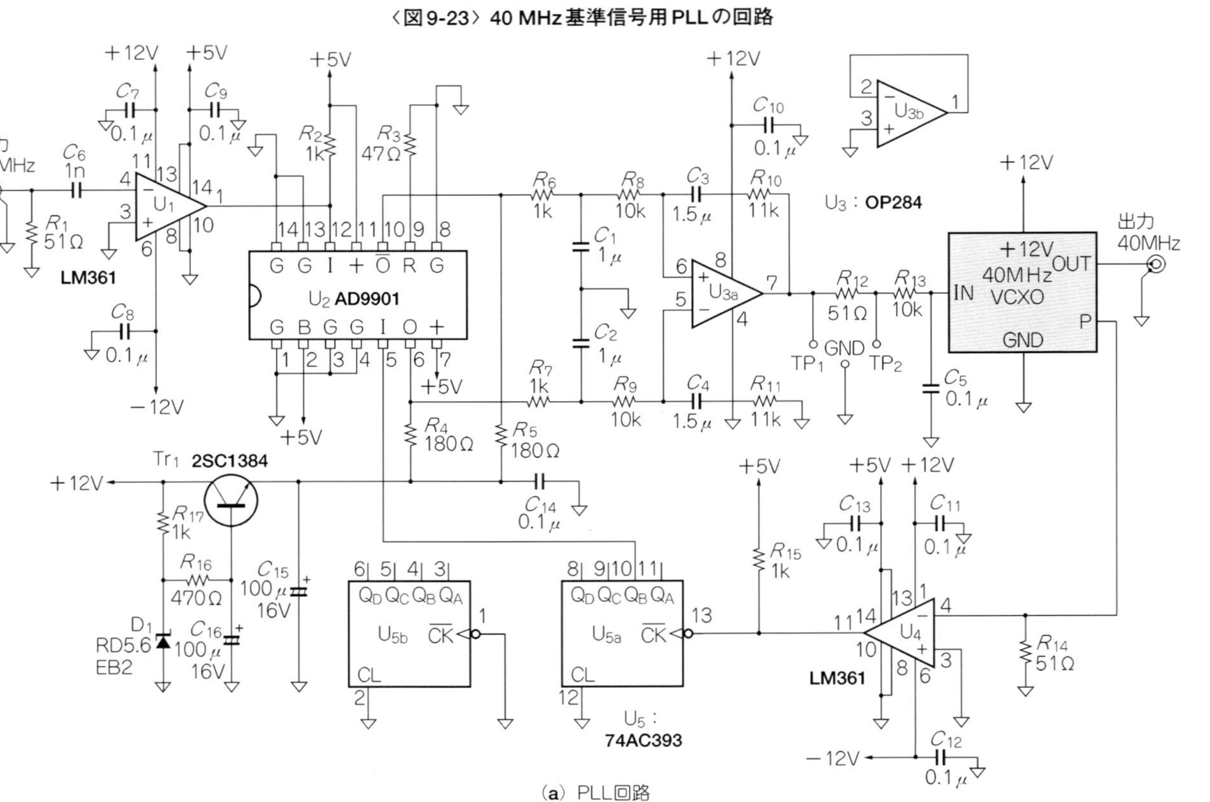

（a）PLL回路

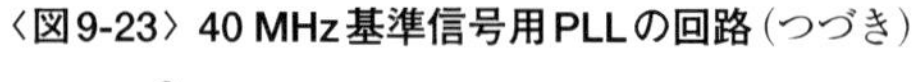

〈図9-23〉 40 MHz基準信号用PLLの回路（つづき）

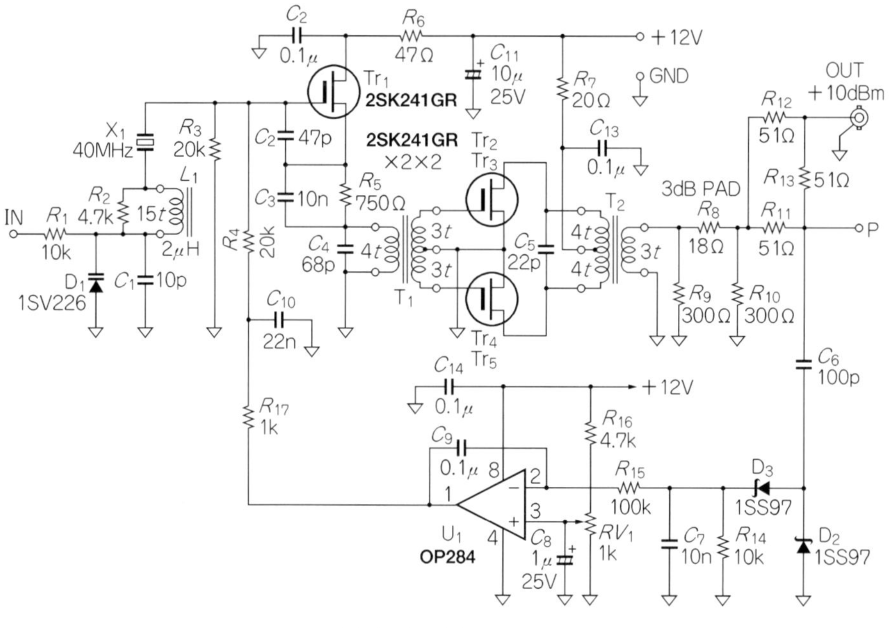

（**b**） 40MHz VCXO

〈図9-24〉 製作したVCXOの制御電圧-発振周波数特性

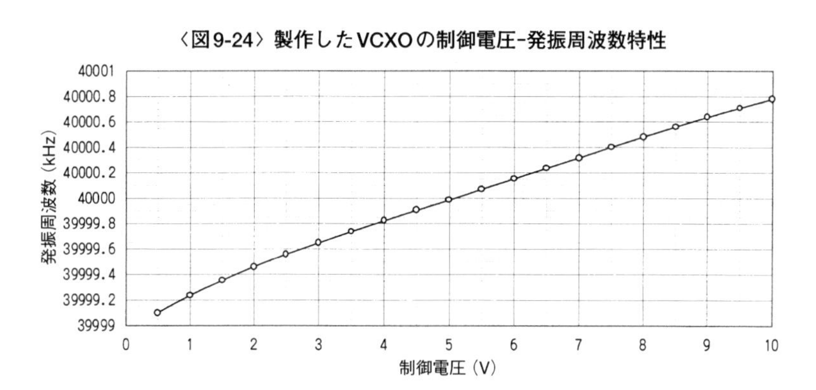

得を低くしなくても十分に比較周波数成分は抑圧できるので，$M=1$で設計します．

ループ・フィルタは3次のアクティブ型なので，Appendix Bの**図B-9**(**b**)，(**c**) から位相遅れ40°の正規化値を求め，中心周波数25 Hzに対するf_L，f_Hを求めると，

〈図9-25〉オープン・ループ特性のシミュレーション

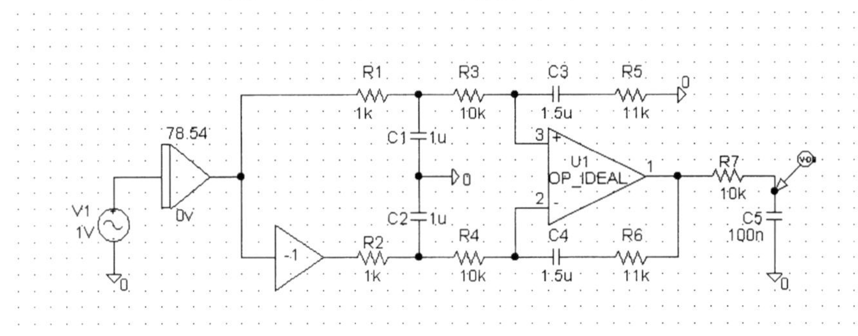

(a) シミュレーション回路

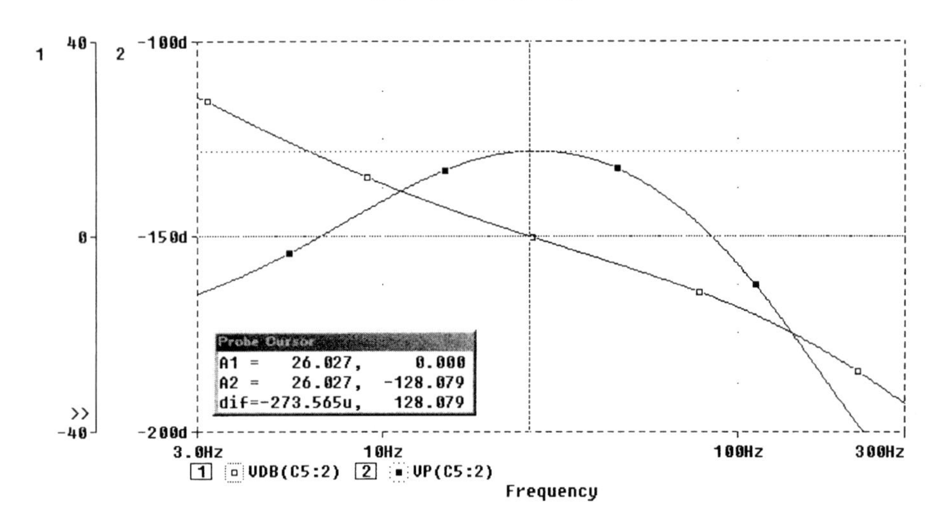

(b) シミュレーションの結果

$f_L = 25 \times 0.38 = 9.5$ Hz

$f_H = 25 \times 5.9 = 148$ Hz

C_3，C_4をE6系列から1.5 μFとすると，

$R_{10} = R_{11} = 1/(2\pi\ 9.5 \cdot 1.5\ \mu\text{F}) \fallingdotseq 11\ \text{k}\Omega$

$R_{10} = R_6 + R_8$なので，$R_6 = R_7 = 1\ \text{k}\Omega$とすると，

$R_8 = R_9 = 10\ \text{k}\Omega$

$C_1 = 1/(2\pi\ 148 \cdot 1\ \text{k}\Omega) \fallingdotseq 1\ \mu\text{F}$

〈写真9-7〉
位相比較器AD9901の差動出力波形

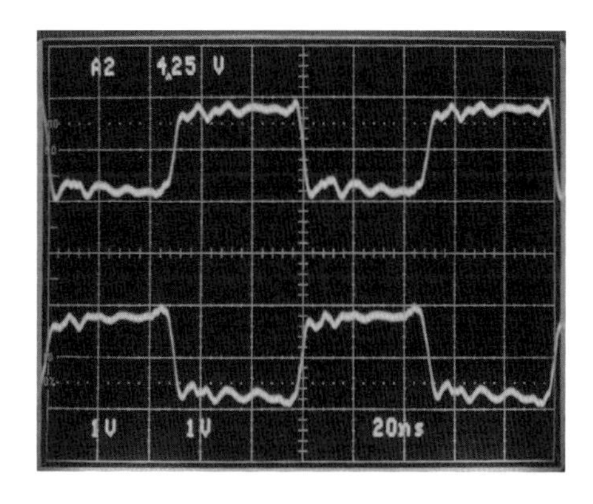

R_{13} = 10 kΩとすると，

$$C_5 = 1/(2\pi\ 148 \cdot 10\ \text{k}\Omega) \fallingdotseq 0.1\ \mu\text{F}$$

となります．この定数でシミュレーションを行ったのが**図9-25**です．オープン・ループ利得が0 dBになる周波数が26.027 Hzで，そのときの位相遅れが－128.079，約48°の位相余裕になり，ほぼ設計どおりの値が得られています．

● 出力波形

写真9-7が位相比較器AD9901の差動出力波形です．それぞれデューティ50 %の位相反転した波形になっています．R_3が47 Ωのとき，R_4とR_5に交互に10 mA流れるので，出力振幅が1.8 Vになります．

図9-26が出力波形のスペクトラムです．**図9-26(a)**が高調波を示しており，2次歪みが－50 dBc，3次歪みが－40 dBcになっていることがわかります．**図9-26(b)**はスパン40 MHzでのスペクトラムで，位相比較周波数10 MHzのスプリアスはまったく観測されていません．

図9-26(c)，**(d)**が発振周波数近傍の位相雑音特性です．電源周波数のハム成分が見られますが，これは使用したスペクトラム・アナライザからの残留成分です．PLL回路から発生したものではありません．VCXOを使用しているので，位相ノイズはスペクトラム・アナライザの観測限界を越えているようです．

図9-27はモジュレーション・ドメイン・アナライザHP53310Aで計測した発振周波数のヒストグラムです．きれいな正規分布になっていて，標準偏差が42.5079 mHzと計測されています．

〈図9-26〉出力波形のスペクトラム

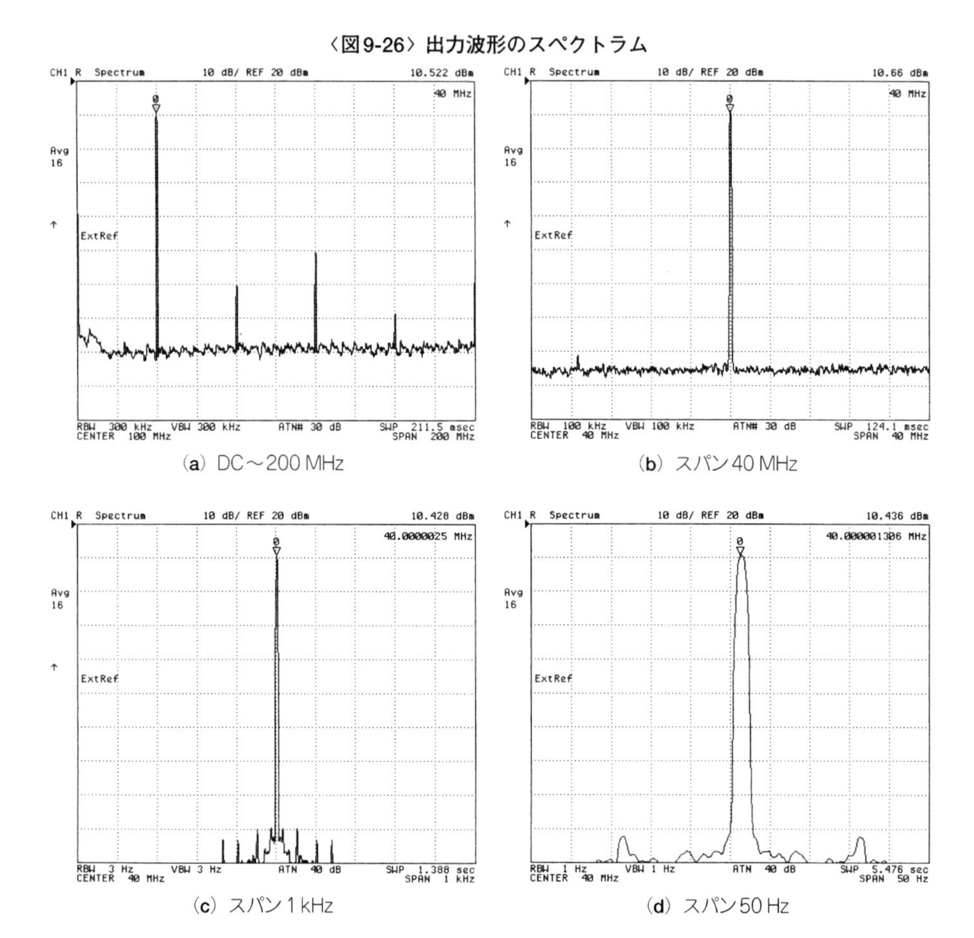

(a) DC～200 MHz　(b) スパン40 MHz　(c) スパン1 kHz　(d) スパン50 Hz

9.5　低歪み低周波PLL

オーディオ帯域で使える歪みの少ないステート・バリアブル型VCOを**図5-16**（p.175）で紹介しました．ここではこのVCOを使用して，歪み波合成などに応用できる低歪み低周波のPLL回路を紹介します．

● 低歪み低周波PLLの回路

図9-28が設計した低周波PLL回路の全回路です．

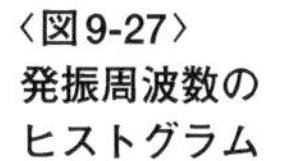

〈図9-27〉
発振周波数のヒストグラム

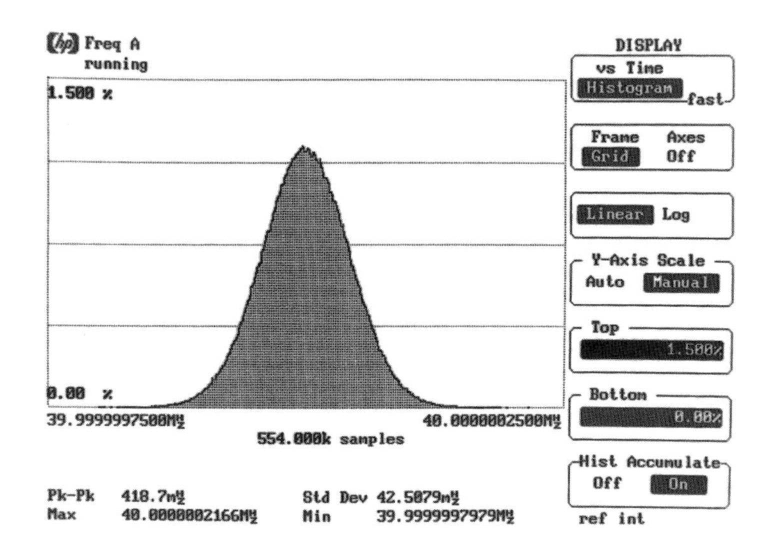

入力信号はオフセット電圧のない正弦波とします．その入力信号をU_1でバッファし，U_2のコンパレータで0～5Vの方形波に変換しています．R_2とR_3で正帰還をかけることにより，U_2出力の方形波立ち上がりにチャタリングが含まれることを防いでいます．

このコンパレータの動作のようすを**図9-29**でシミュレーションしています．入力正弦波が0°を通過する直前はコンパレータ出力がほぼ0Vなので，R_3には電流が流れていません．入力正弦波が0°を通過するとコンパレータの利得により出力が正電圧に変化し，R_3によって正帰還がかかり，一挙に出力が+5Vになります．

入力信号が180°を通過する直前は出力が+5Vになっており，R_3による正帰還の作用で入力側に電流が流れ，入力信号が0Vになっても出力は+5Vのままです．入力信号が負電圧になってR_2とR_3の両端電圧が等しくなったとき，出力が0Vに向かって変化します．したがって，入力信号が0°では出力方形波が立ち上がりますが，出力180°では出力方形波が立ち下がらずヒステリシスをもつことになります．**図9-28**では74HC4046の位相比較器(U_3の3ピン)入力の立ち上がりで位相比較していますので，入力信号の0°で位相比較されることになります．

またシミュレーションに示すように，正帰還の作用によりコンパレータU_2の出力が変化するタイミングでR_2に流れる電流が急変します．この電流の急変によって入力信号に傷がつくことを防ぐために，U_1のバッファを挿入しています．

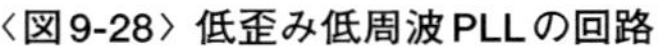
〈図9-28〉低歪み低周波PLLの回路

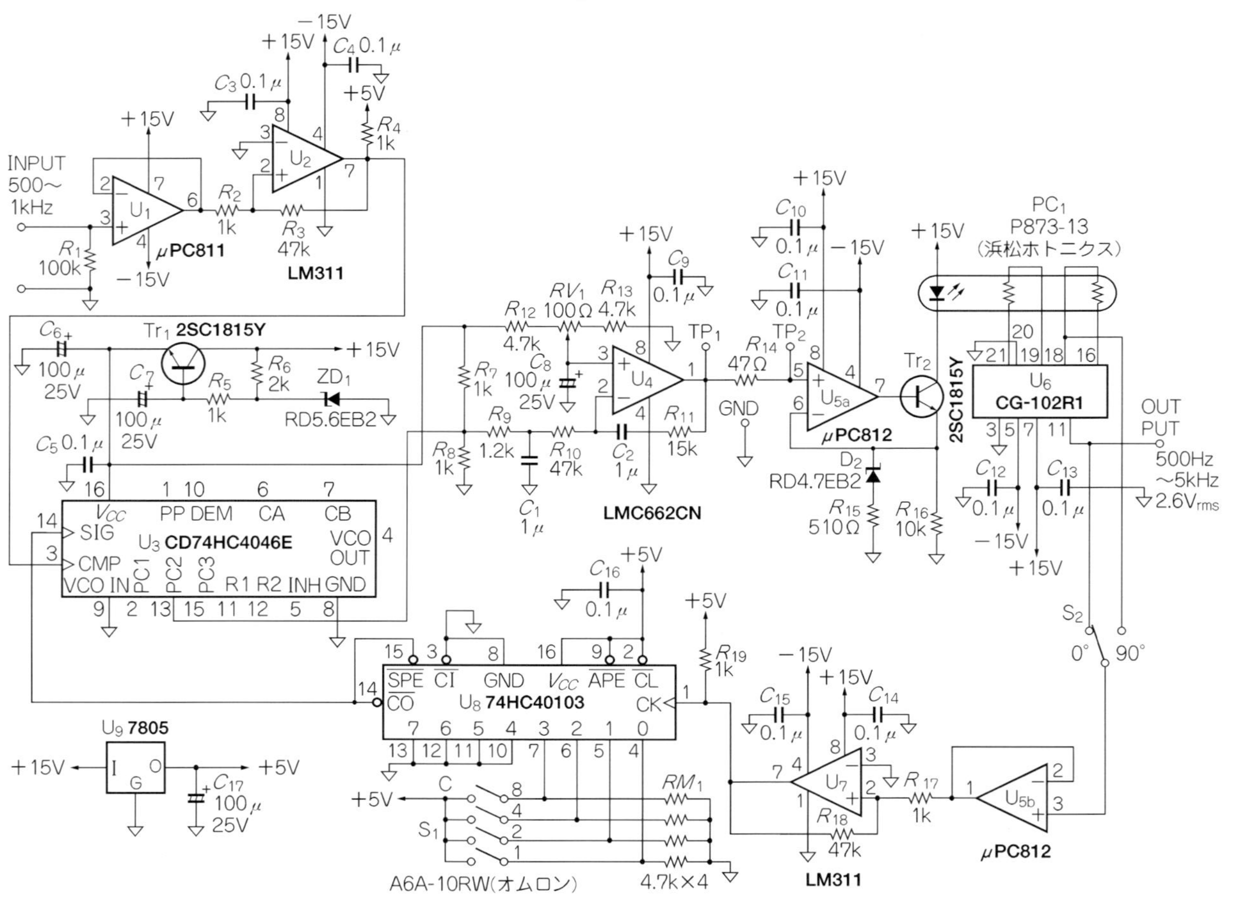

〈図9-29〉コンパレータのシミュレーション

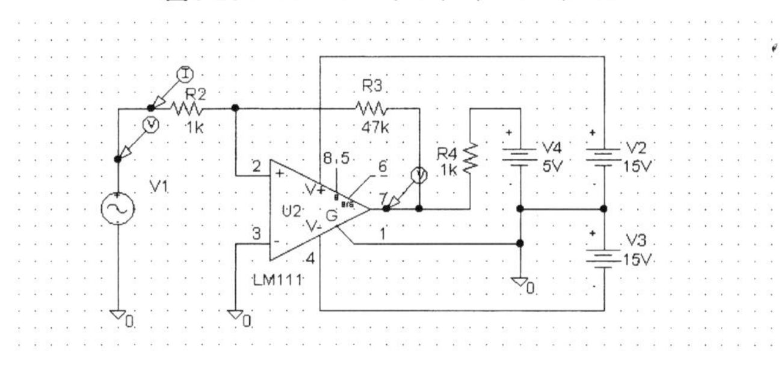

(a) シミュレーション回路

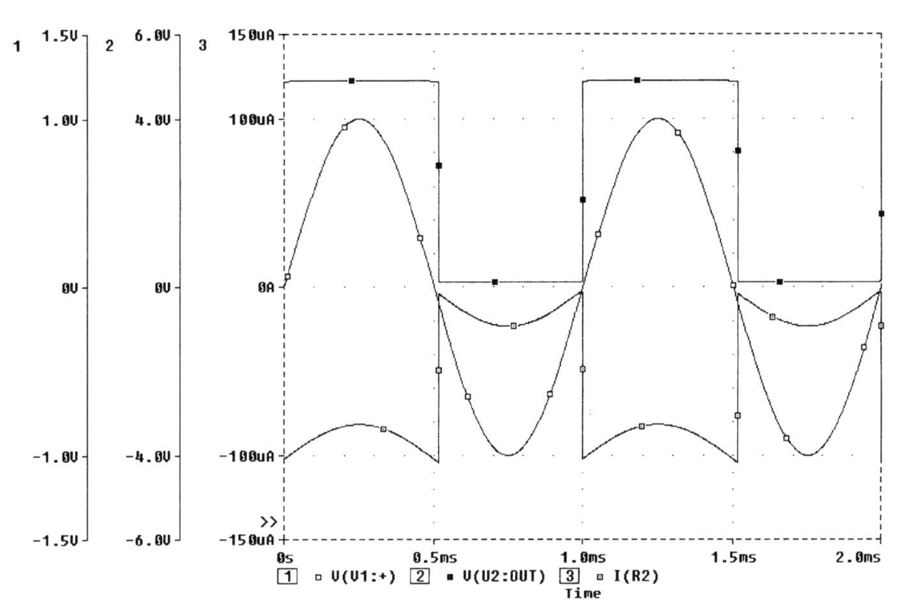

(b) シミュレーションの結果

このPLL回路ではループ・フィルタにアクティブ・タイプを使用していますが，位相が反転します．そのため位相比較器の二つの入力14ピンと3ピンを入れ替え，負帰還の極性を合わせています．

位相比較器には74HC4046のPC2を使用し，ループ・フィルタはU_4による2次アクティブ・タイプとしています．R_7とR_8でPC2がハイ・インピーダンスになったときの電圧を2.5 Vにしています．そして可変抵抗RV_1でU_4のオフセット電圧を調整し，PLL回路の入出力位相を合わせます．

R_{10}にバイアス電流が流れるとPLL回路の入出力位相がずれるので，U_4にはFET入力タイプのOPアンプを使用しています．また，U_4の付近はインピーダンスが高いので周囲からの静電結合によるノイズが混入しないように実装し，必要な場合は静電シールドを施します．

U_{5a}とTr_2の回路はループ・フィルタ後の電圧を電流に変換する回路で，VCOの周波数変化幅を大きくするために定電圧ダイオードD_2とR_{15}でレベル・シフトを行っています．PC_1はLED-CdSのフォト・カプラで，LEDの電流変化によってCdSの抵抗値が変化することを利用して，CG-102R1(エヌエフ回路設計ブロック)をVCOとして使っています．

しかし，このフォト・カプラには時間遅れがあり，ループの時定数が速いときには無視できない値となります．今回のPLLループの切れる周波数は100 Hz以下なのでなんとか影響を逃れられますが，ループを切る周波数が100 Hz以上になるようなときは，LED-CdSフォト・カプラの遅れ時定数を考慮してループ・フィルタを設計する必要があります．

CG-102R1には0°出力と90°出力があるので，切り替えて出力信号の位相を0°と90°で選択できるようにしてあります．

U_{5b}とU_7は入力信号の場合と同じように，VCOの出力正弦波を方形波に変換する回路です．

● ループ・フィルタの設計

図9-30がフォト・カプラとCG-102を組み合わせたVCOの制御電圧-発振周波数特性です．入力信号が1 kHzで2次～5次の高調波を発生させます．

2次，2 kHzを出力するときのf_{vpn}は，

$$f_{vpn\,(2\,\mathrm{kHz})}=\frac{(3\,\mathrm{kHz}-1.5\,\mathrm{kHz})\cdot 2\pi}{4.706\,\mathrm{V}-3.639\,\mathrm{V}}\cdot\frac{5\,\mathrm{V}}{4\pi}\cdot\frac{1}{2\pi\cdot 2}\fallingdotseq 280\,\mathrm{Hz}$$

5次，5 kHzを出力するときのf_{vpn}は，

$$f_{vpn\,(5\,\mathrm{kHz})}=\frac{(5.5\,\mathrm{kHz}-4.5\,\mathrm{kHz})\cdot 2\pi}{7.472\,\mathrm{V}-6.065\,\mathrm{V}}\cdot\frac{5\,\mathrm{V}}{4\pi}\cdot\frac{1}{2\pi\cdot 5}\fallingdotseq 56.6\,\mathrm{Hz}$$

となります．

ロック・スピードとVCO出力歪みから，M：－10 dB，位相余裕50°で設計しました．

ループ・フィルタでの位相遅れを40°確保する上限/下限の周波数はM：－10dB

〈図9-30〉VCOの発振周波数-制御電圧特性

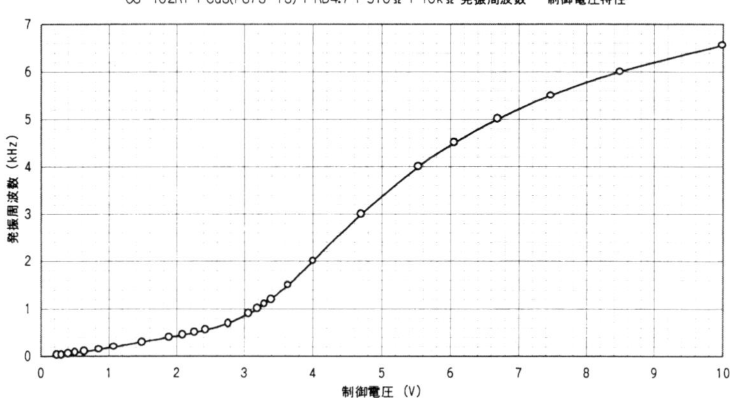

(0.316)から，

$f_{(-40°\mathrm{H})} = 280\ \mathrm{Hz} \times 0.316 \fallingdotseq 88.6\ \mathrm{Hz}$

$f_{(-40°\mathrm{L})} = 56.6\ \mathrm{Hz} \times 0.316 \fallingdotseq 17.9\ \mathrm{Hz}$

位相遅れ40°を確保する上限/下限の周波数比は，

$88.6\ \mathrm{Hz} \div 17.9\ \mathrm{Hz} \fallingdotseq 4.95$

位相遅れ40°を確保する周波数の中心値f_mは，

$f_m = \sqrt{88.6\ \mathrm{Hz} \times 17.9\ \mathrm{Hz}} \fallingdotseq 39.8\ \mathrm{Hz}$

Appendix Bの**図B-2**(**b**)からf_Hの正規化値を求めると，X軸：4.95，−40°の交点から3.5，したがって，

$f_H = 39.8\ \mathrm{Hz} \times 3.5 \fallingdotseq 139.3\ \mathrm{Hz}$

同じく，**図B-2**(**c**)からf_Lの正規化値を求めると，X軸：4.95，−40°の交点から0.29，

$f_L = 39.8\ \mathrm{Hz} \times 0.29 \fallingdotseq 11.5\ \mathrm{Hz}$

まず，$C_1 = 1\ \mu\mathrm{F}$とすると，$f_H \fallingdotseq 139.3\ \mathrm{Hz}$より，$R_9 \fallingdotseq 1.14\ \mathrm{k\Omega}$

$C_2 = 1\ \mu\mathrm{F}$とすると，$f_L \fallingdotseq 11.5\ \mathrm{Hz}$より，$R_{11} \fallingdotseq 13.8\ \mathrm{k\Omega}$

R_{11}をE24系列から15 kΩにすると，$M = -10\ \mathrm{dB}$より，

$R_9 + R_{10} \fallingdotseq R_{11} \times 3.16 \fallingdotseq 47.4\ \mathrm{k\Omega}$

E24系列より，

$R_9 = 1.2\ \mathrm{k\Omega}$，$R_{10} = 47\ \mathrm{k\Omega}$

となります．

〈図9-31〉オープン・ループ特性のシミュレーション

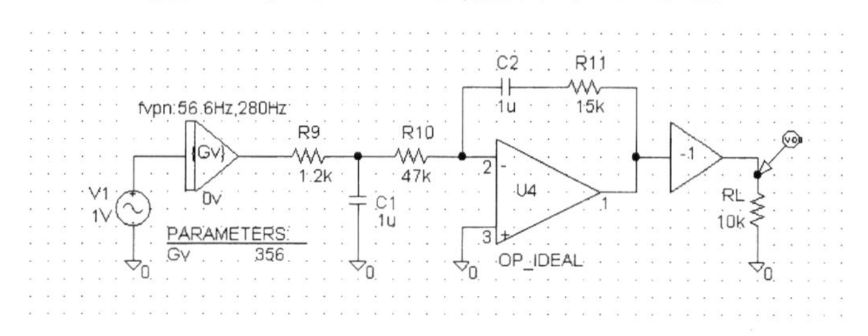

(a) シミュレーション回路

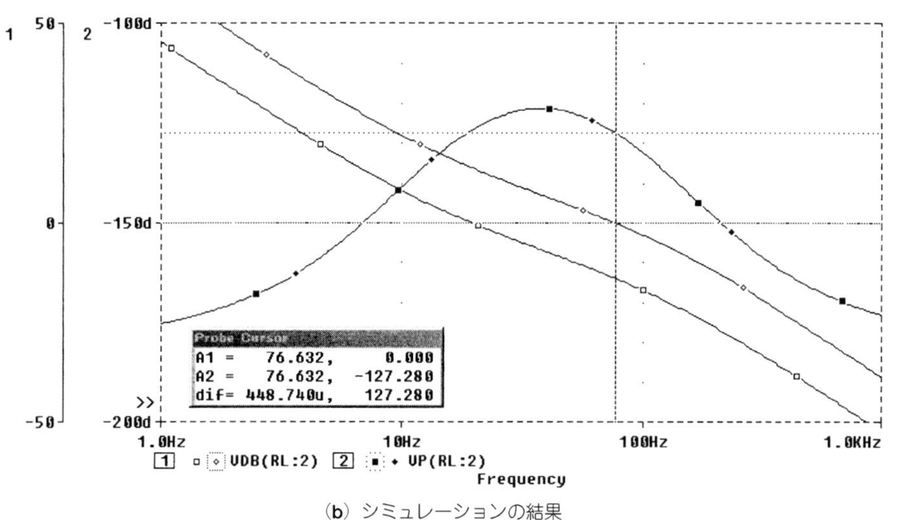

(b) シミュレーションの結果

これらの値から**図9-31**(a)の回路でシミュレーションした結果が**図9-31**(b)です．出力周波数2 kHzでのループの切れる周波数が76.632 Hzで，そのときの位相遅れが127.28°(位相余裕約53°)，出力周波数5 kHzでも同様の位相余裕になっています．

● 出力波形の合成

できあがった低歪み低周波PLL回路に1 kHzの正弦波を入力し，入出力波形を**図9-32**に示す反転加算器で合成したときの波形が**写真9-8**です．

写真9-8(a)は2次高調波，90°に設定したときで，基本波が0°をよぎるとき高調波の位相が90°になっています．

〈図9-32〉
反転加算器

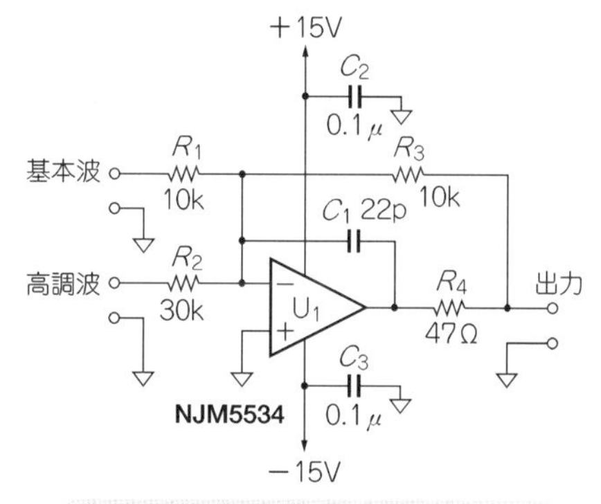

高調波のレベルを基本波の $\frac{1}{3}$ にしている

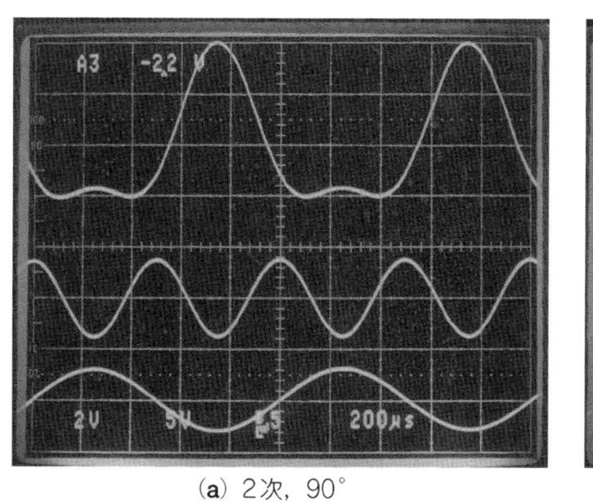

(a) 2次，90°

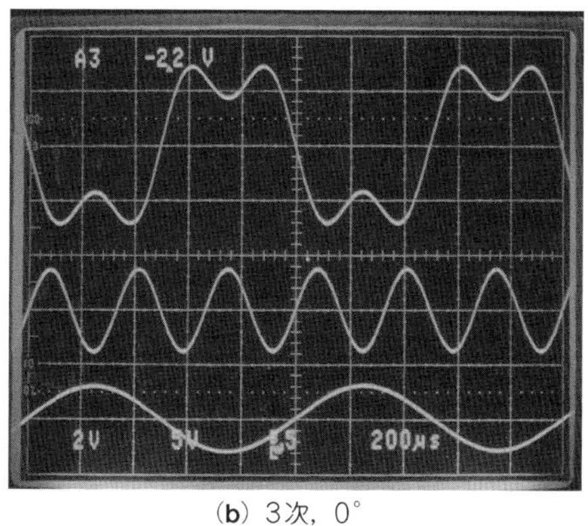

(b) 3次，0°

〈写真9-8〉高調波合成波形

〈写真9-9〉
3 kHz出力時の歪み成分（0.014 %）

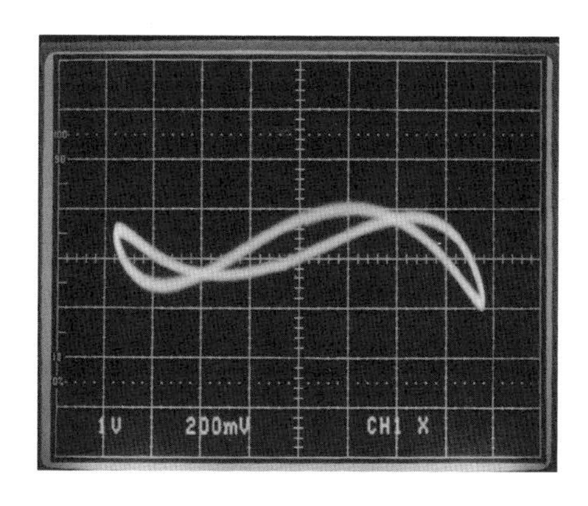

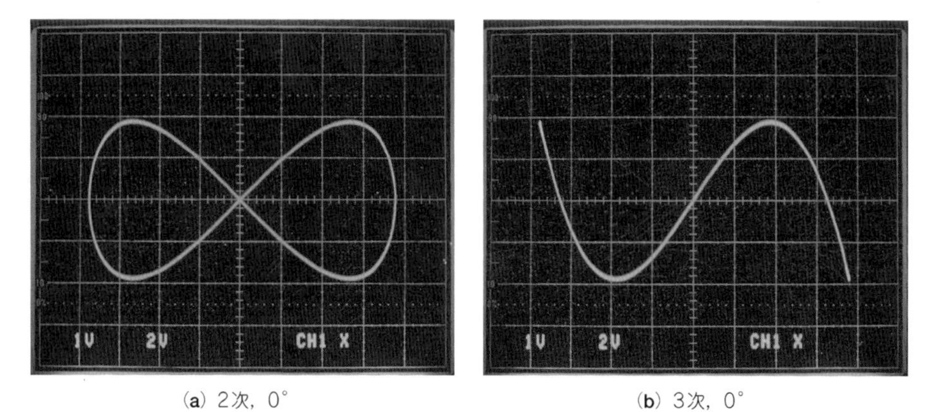

(a) 2次，0°　　(b) 3次，0°

〈写真9-10〉入力500 Hz，位相0°のときの入出力波形のリサージュ波形

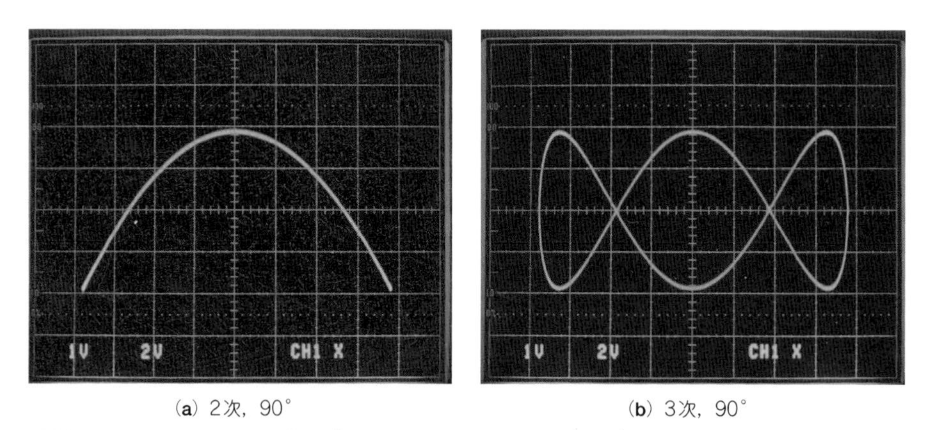

(a) 2次，90°　　(b) 3次，90°

〈写真9-11〉入力500 Hz，位相90°のときの入出力波形のリサージュ波形

写真9-8(b)は3次高調波，0°に設定したときで，基本波が0°をよぎるとき高調波の位相が0°になっています．

写真9-9は3 kHz出力時の歪みリサージュ波形です．VCO単体での歪みと同等の値になっており，位相比較成分の漏れによる歪み劣化が起きてないことを示しています．

また，VCO回路の歪み特性はCdSが支配的なことを示すものとして，CdSの抵抗値が大きくなる低い周波数ほど歪みが増加しています．VCOの歪み周波数特性は**図5-18**(p.176)を参照してください．

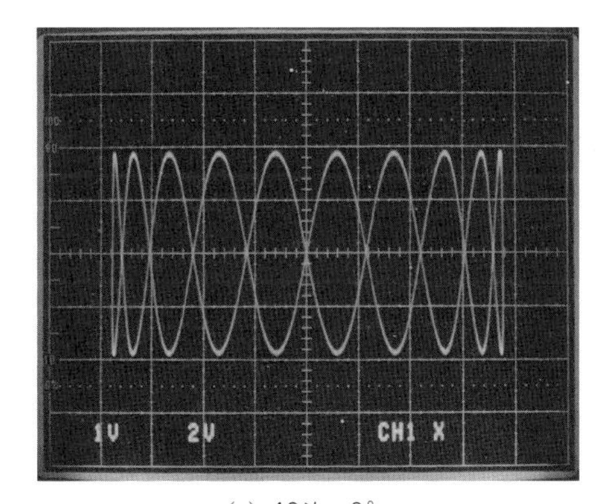

(**c**) 10次，0°

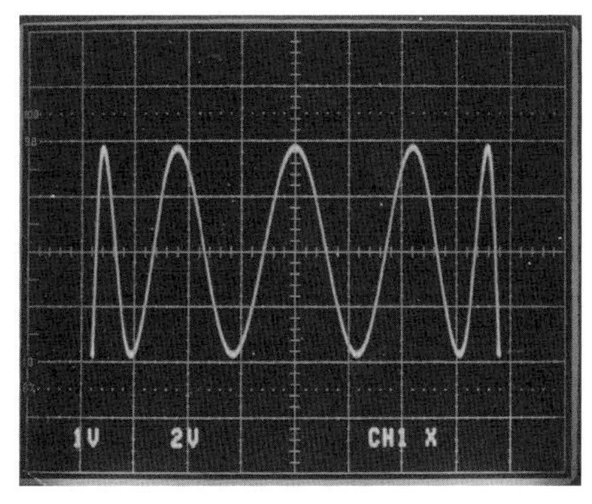

(**c**) 10次，90°

写真9-10は入力周波数500 Hzで，位相を0°に設定したときの2次，3次，10次での入出力波形のリサージュです．**写真9-11**は位相を90°に設定変更したときのリサージュです．出力位相にずれがあると**写真9-11**(**c**)における輝線が二重にずれてきます．したがって，これらのリサージュ波形を観測しながら可変抵抗RV_1を調整すると，位相が正確に調整できます．

Appendix B ループ・フィルタ設計のための正規化グラフ

付図：各社4046の発振周波数-制御電圧特性

〈図B-1〉パッシブ型ラグ・リード・フィルタの設計定数

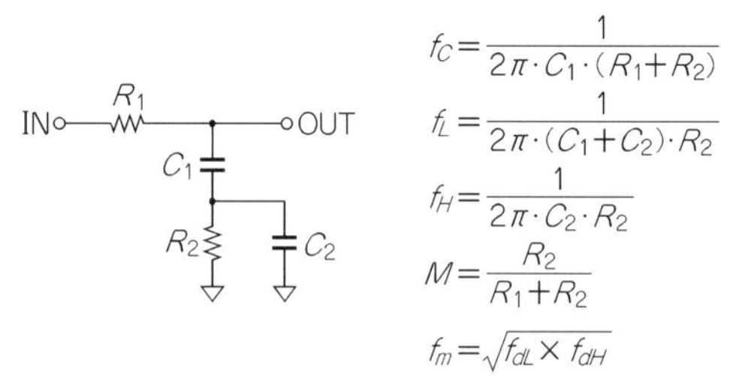

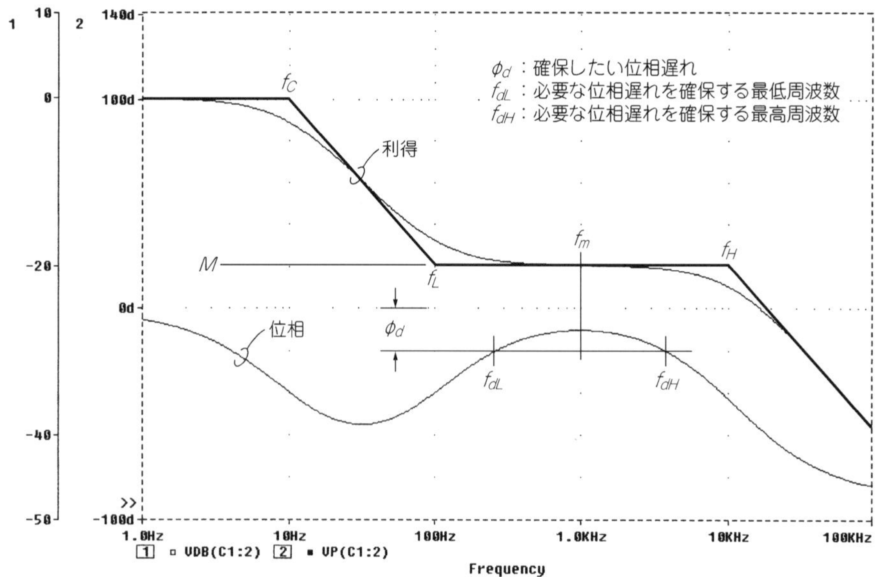

〈図B-2〉パッシブ型ラグ・リード・フィルタの正規化グラフ（M：－10 dB）

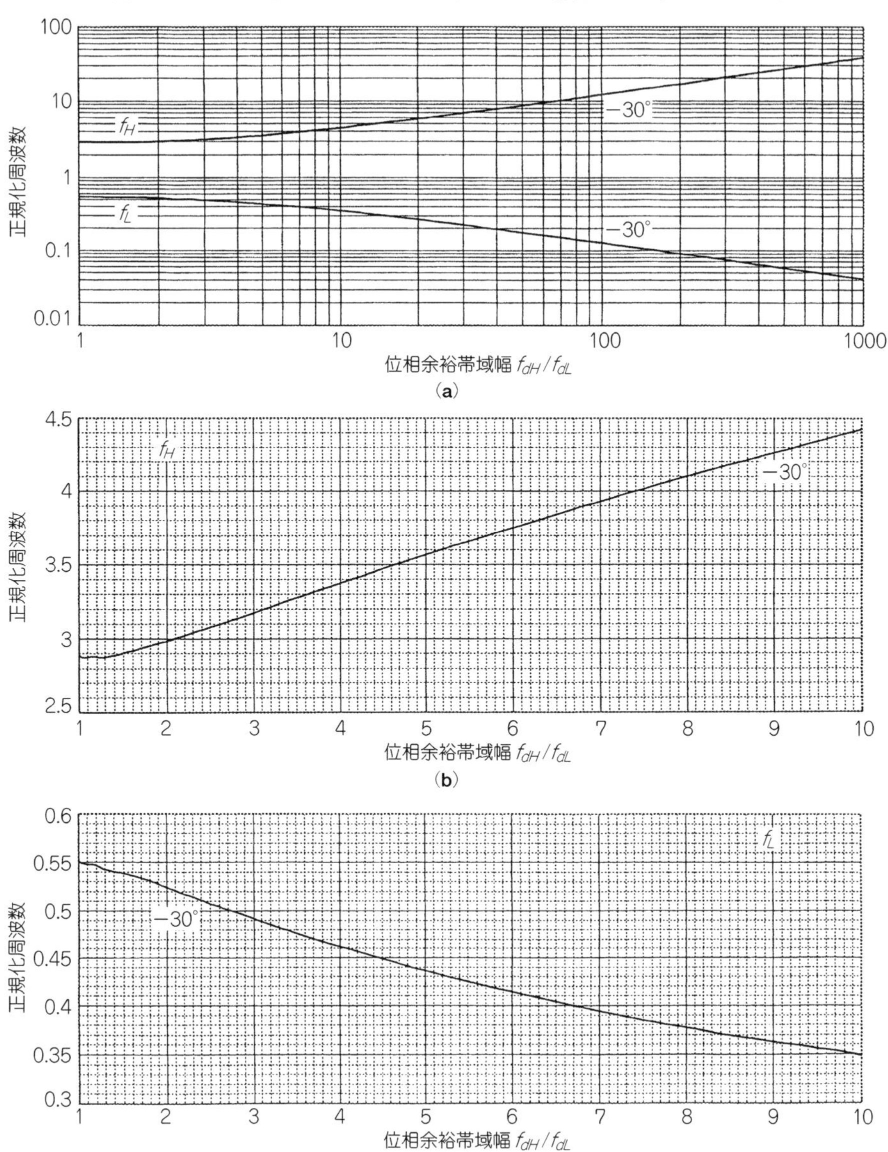
100
10
1
0.1
0.01
正規化周波数
fH
fL
−30°
−30°
1
10
100
1000
位相余裕帯域幅 fdH/fdL
（a）
4.5
4
3.5
3
2.5
正規化周波数
fH
−30°
1
2
3
4
5
6
7
8
9
10
位相余裕帯域幅 fdH/fdL
（b）
0.6
0.55
0.5
0.45
0.4
0.35
0.3
正規化周波数
fL
−30°
1
2
3
4
5
6
7
8
9
10
位相余裕帯域幅 fdH/fdL
（c）

〈図B-3〉パッシブ型ラグ・リード・フィルタの正規化グラフ（M：－20 dB）

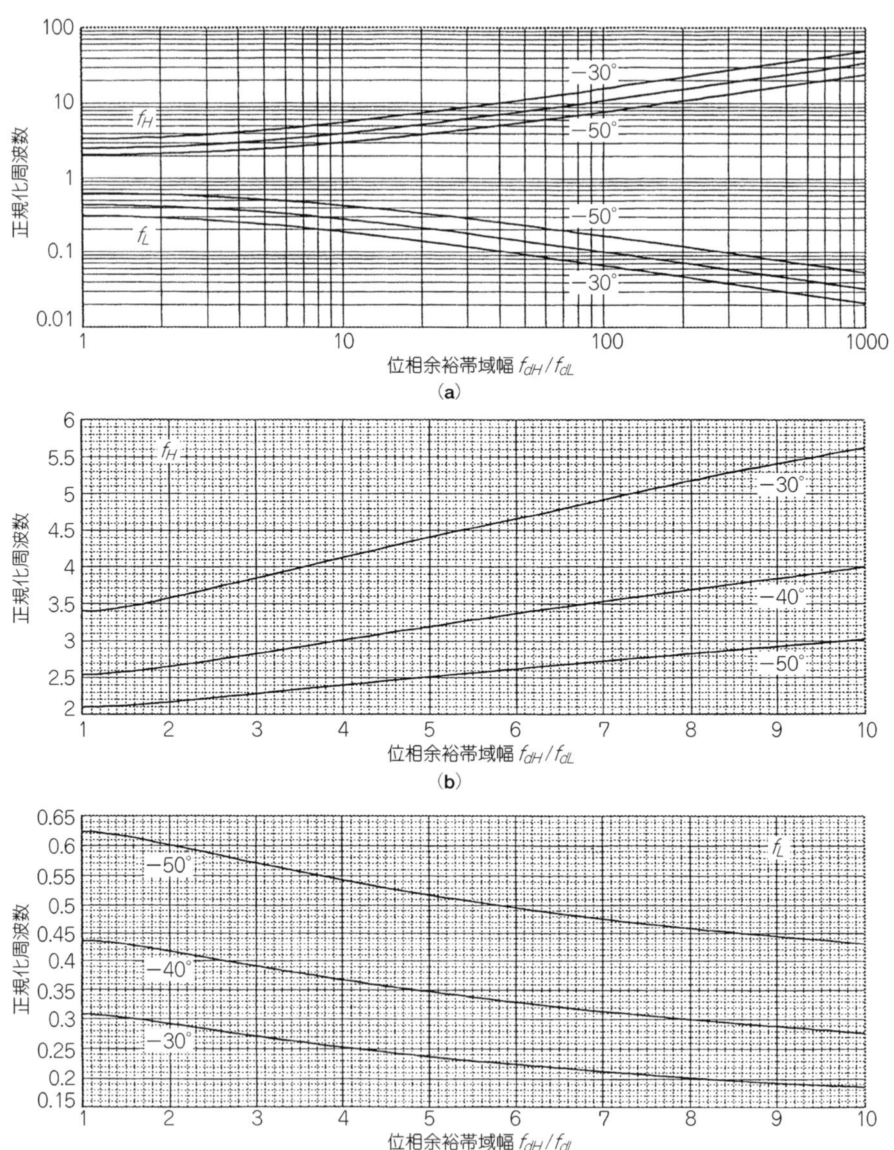

（a）

（b）

（c）

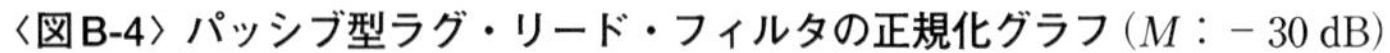

〈図B-4〉パッシブ型ラグ・リード・フィルタの正規化グラフ（M：－30 dB）

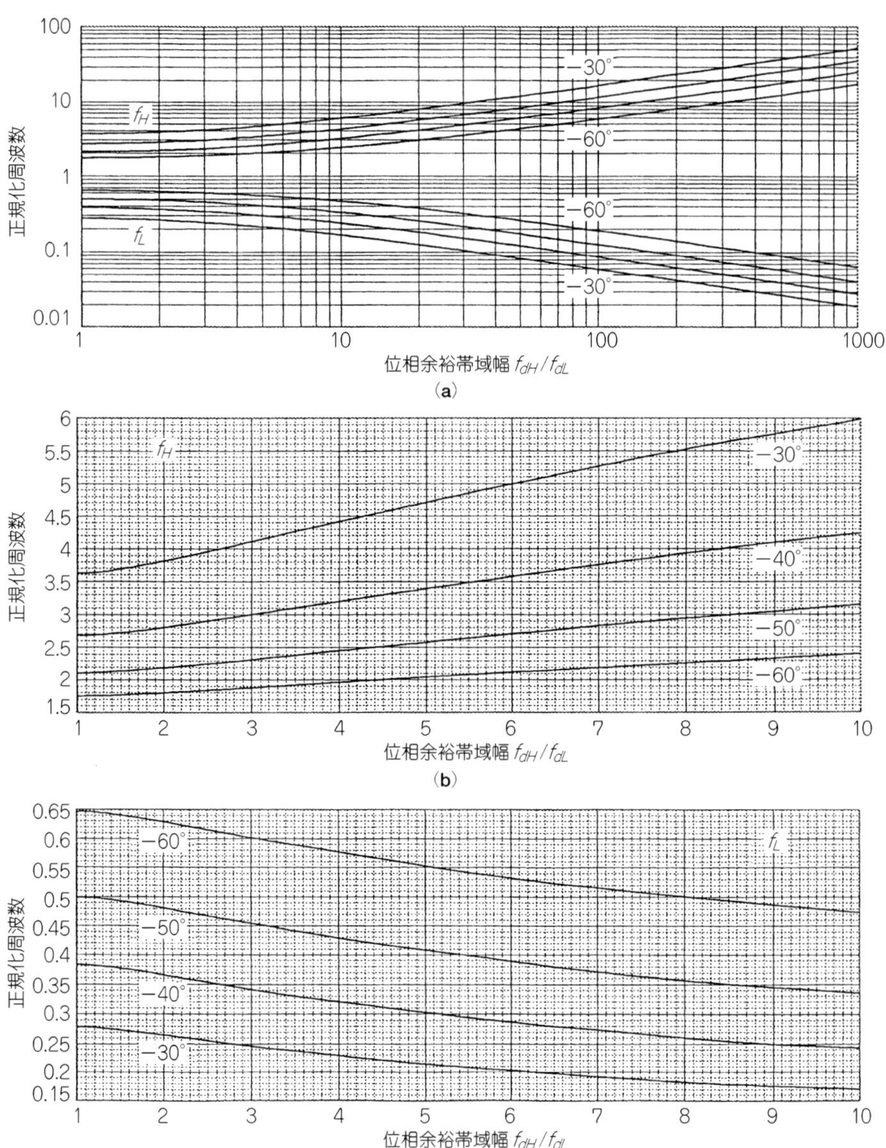

(a)

(b)

(c)

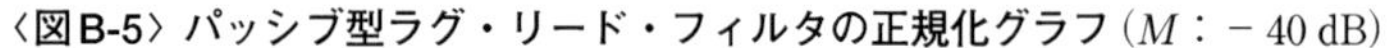

〈図B-5〉パッシブ型ラグ・リード・フィルタの正規化グラフ（M：−40 dB）

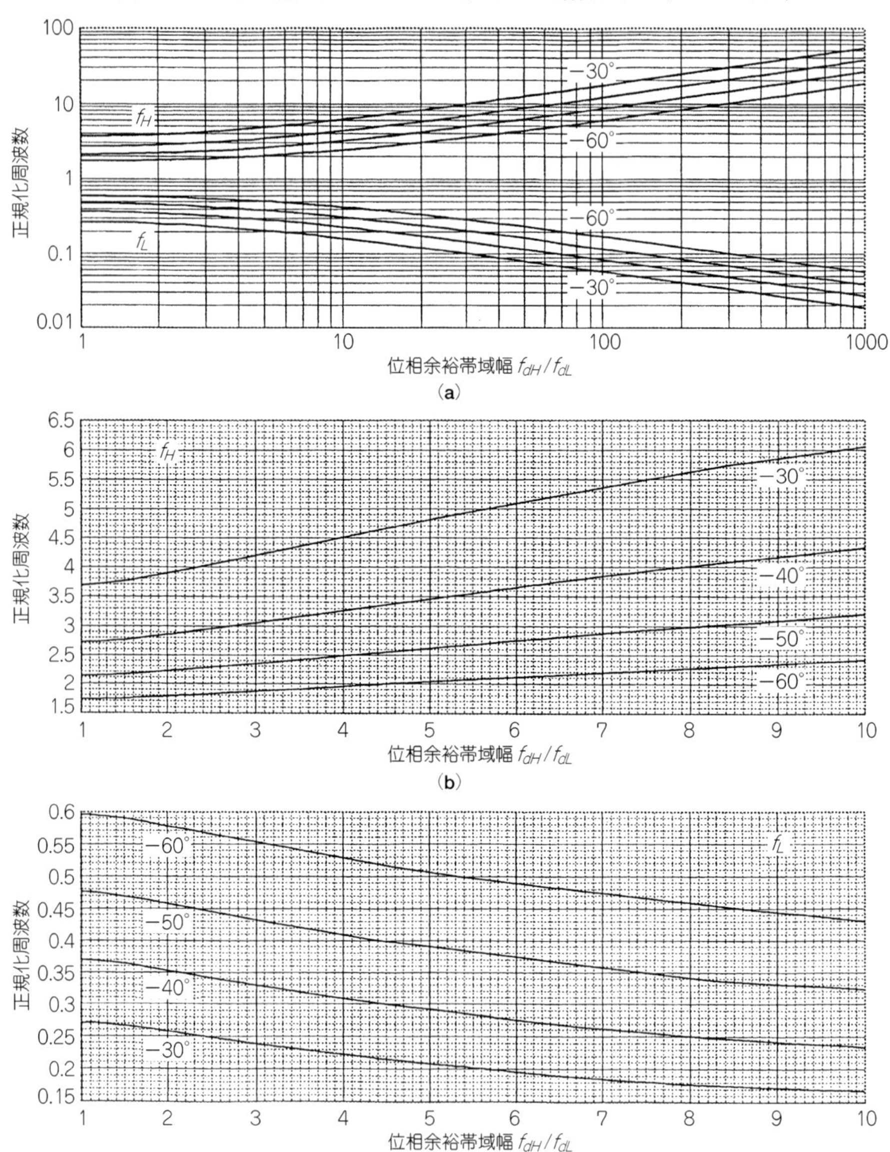

(a)

(b)

(c)

〈図B-6〉アクティブ型2次ラグ・リード・フィルタの設計定数

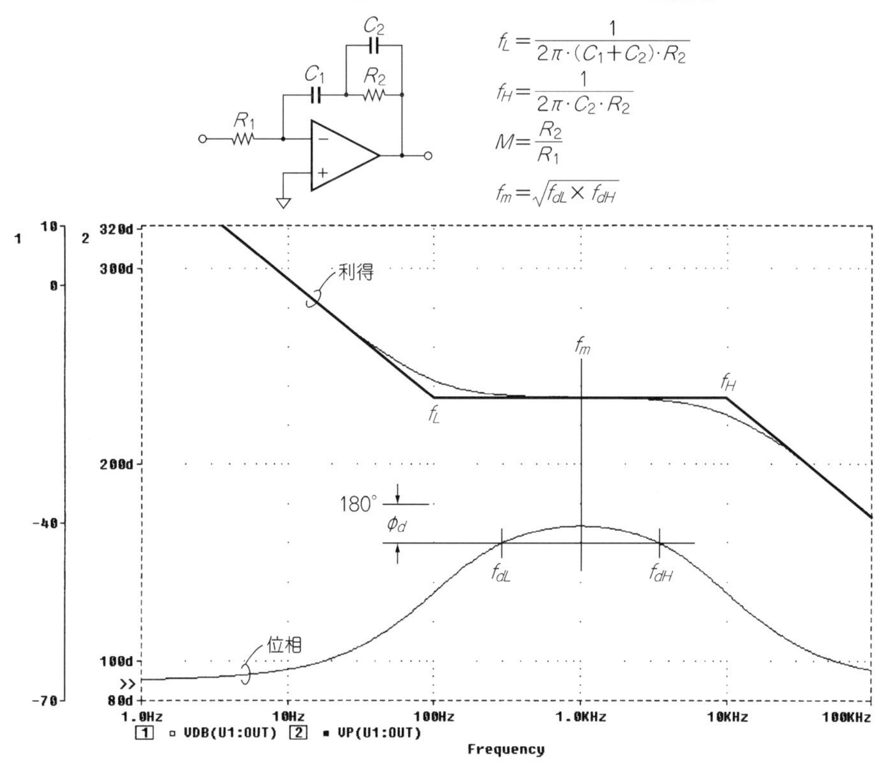

ϕ_d：確保したい位相遅れ
f_{dL}：必要な位相遅れを確保する最低周波数
f_{dH}：必要な位相遅れを確保する最高周波数

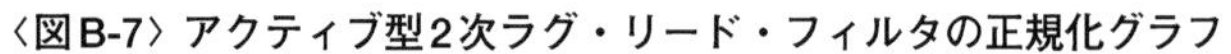
〈図B-7〉アクティブ型2次ラグ・リード・フィルタの正規化グラフ

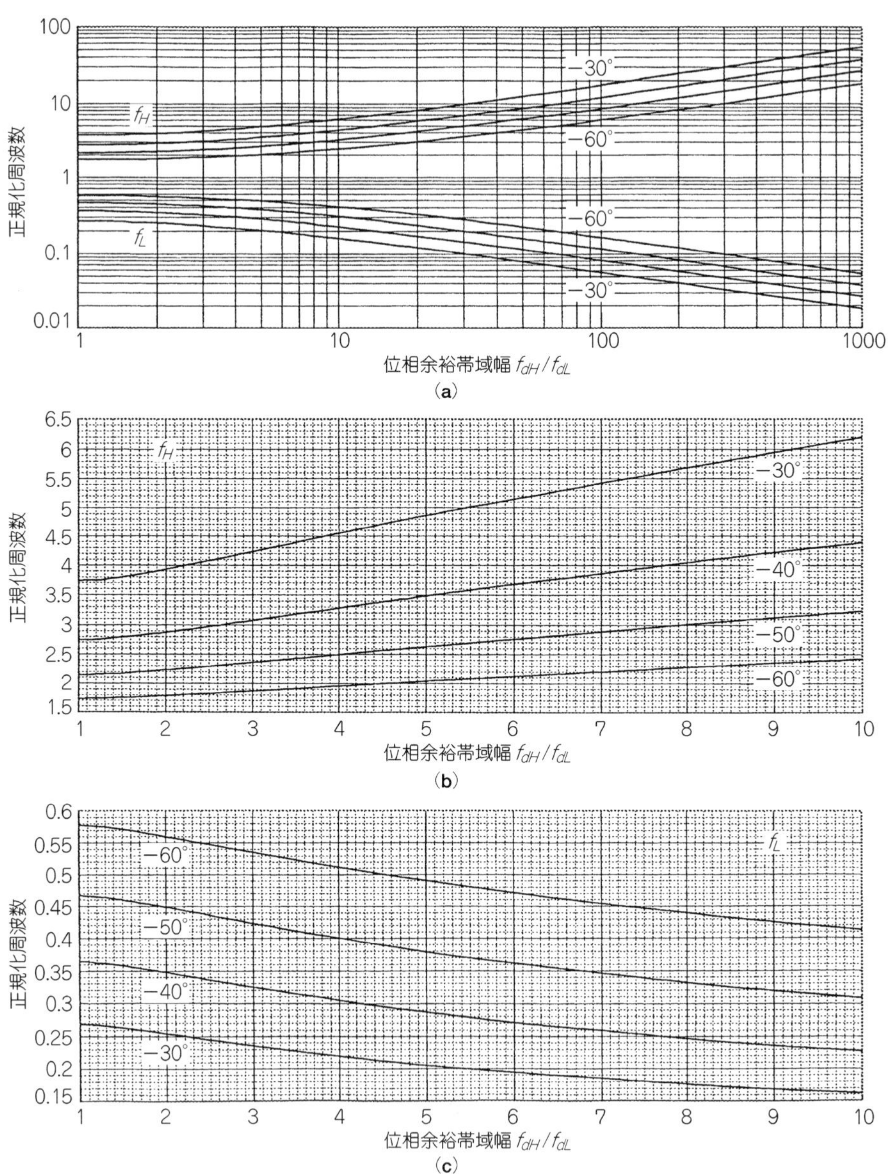
100
10
1
0.1
0.01
正規化周波数
f_H
f_L
−30°
−60°
−60°
−30°
1
10
100
1000
位相余裕帯域幅 f_{dH}/f_{dL}
(a)
6.5
6
5.5
5
4.5
4
3.5
3
2.5
2
1.5
正規化周波数
f_H
−30°
−40°
−50°
−60°
1
2
3
4
5
6
7
8
9
10
位相余裕帯域幅 f_{dH}/f_{dL}
(b)
0.6
0.55
0.5
0.45
0.4
0.35
0.3
0.25
0.2
0.15
正規化周波数
f_L
−60°
−50°
−40°
−30°
1
2
3
4
5
6
7
8
9
10
位相余裕帯域幅 f_{dH}/f_{dL}
(c)

〈図B-8〉アクティブ型3次ラグ・リード・フィルタの設計定数

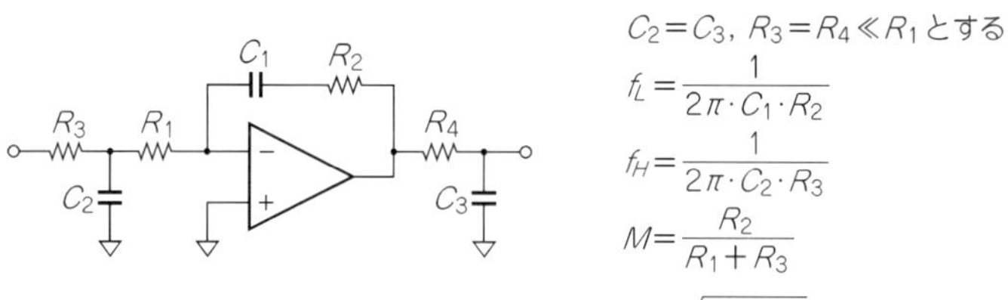

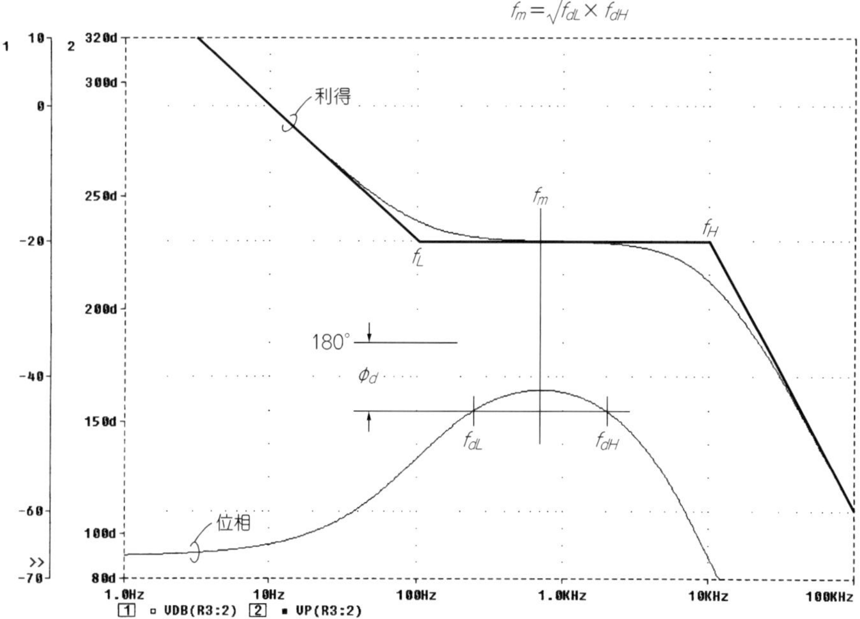

ϕ_d：確保したい位相遅れ
f_{dL}：必要な位相遅れを確保する最低周波数
f_{dH}：必要な位相遅れを確保する最高周波数

〈図B-9〉アクティブ型3次ラグ・リード・フィルタの正規化グラフ

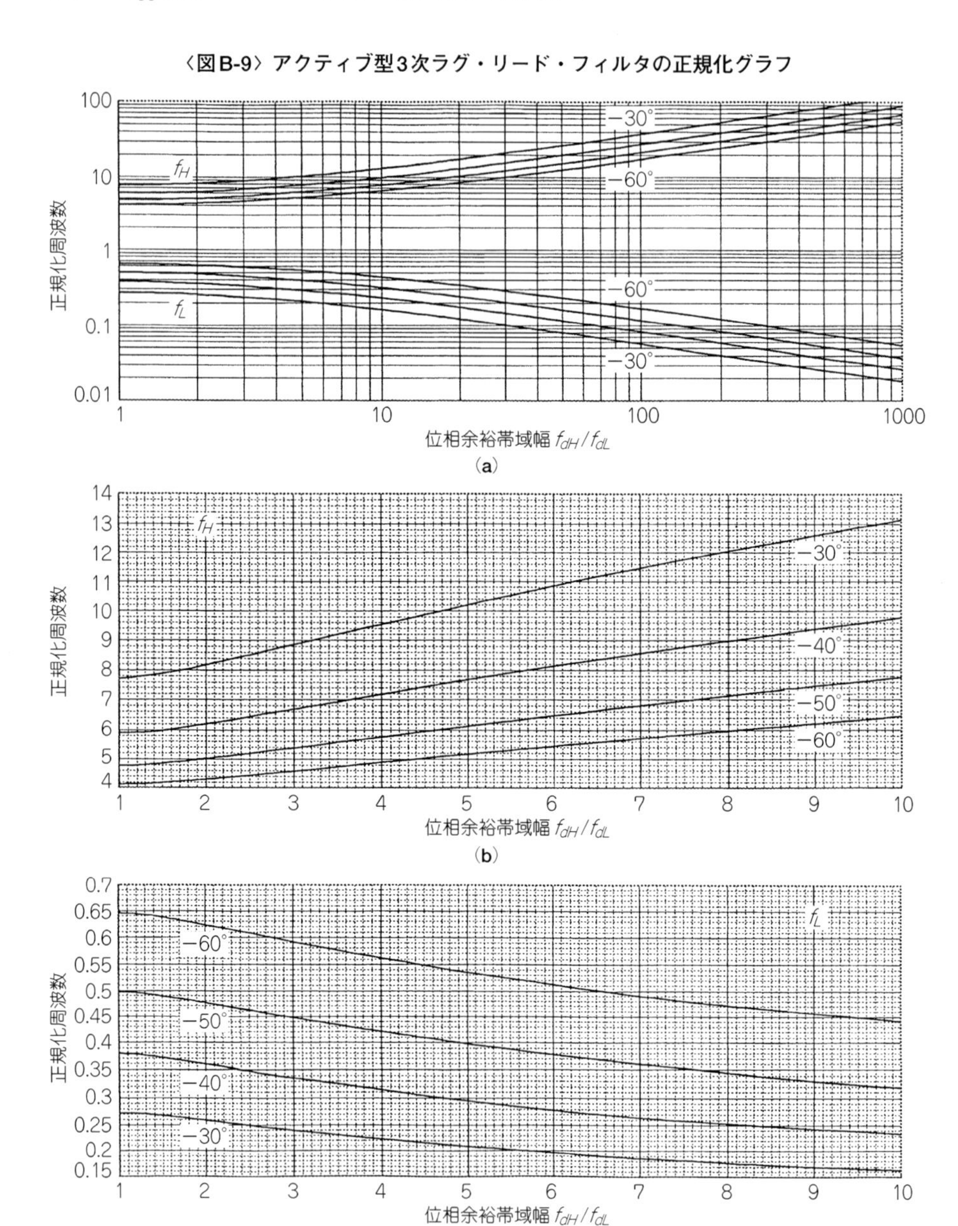

(a)

(b)

(c)

〈図B-10〉
各社4046の発振周波数-制御電圧特性
(1/3)

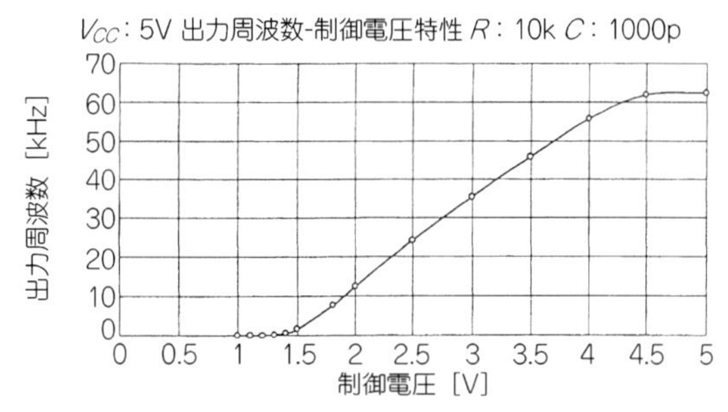

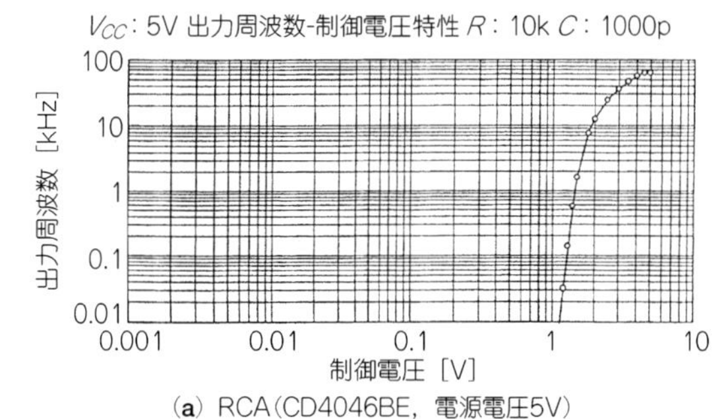

(a) RCA(CD4046BE，電源電圧5V)

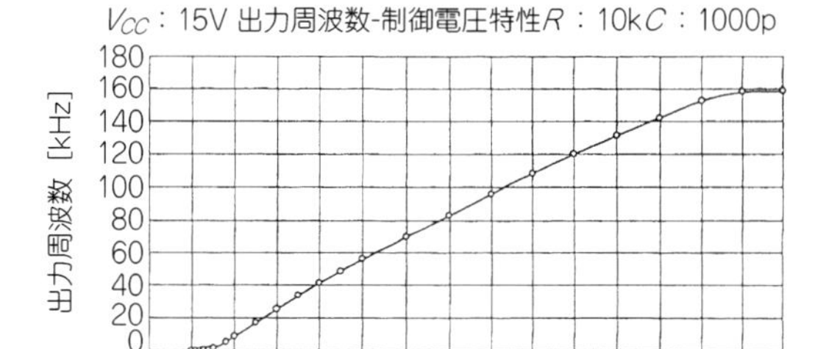

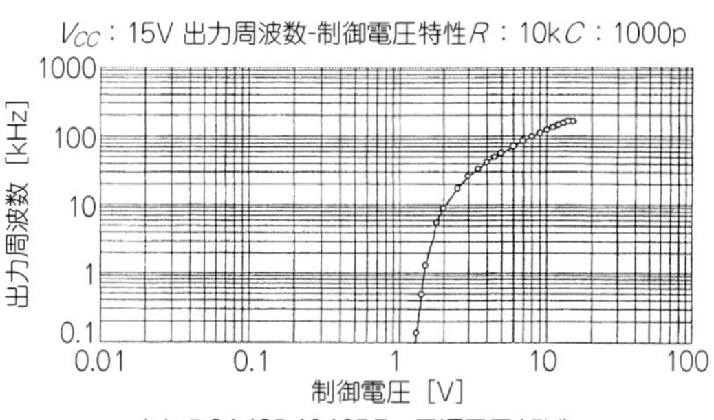

(b) RCA(CD4046BE，電源電圧15V)

〈図B-10〉
各社4046の発振周波数-制御電圧特性
(2/3)

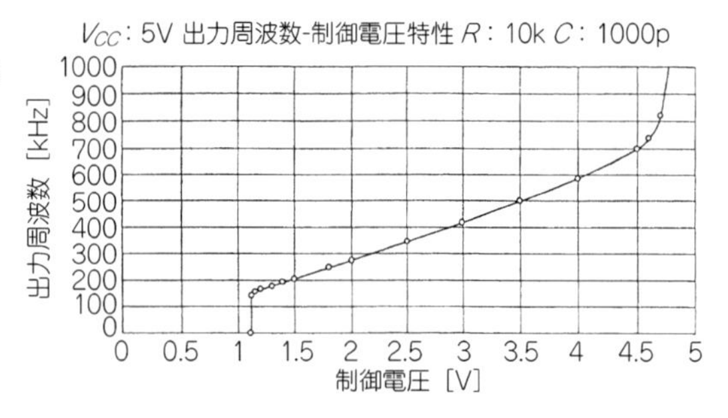

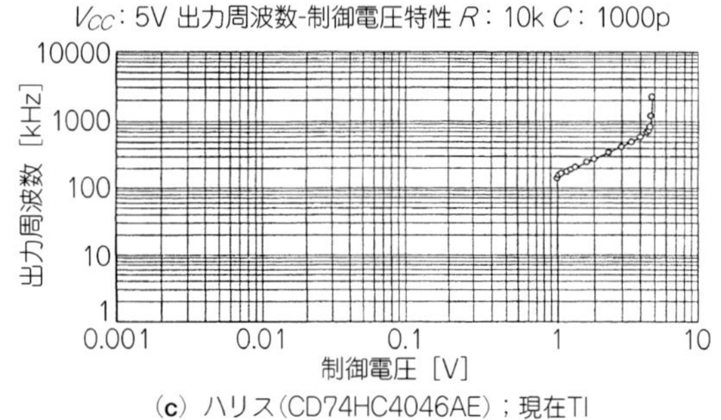

(**c**) ハリス(CD74HC4046AE)；現在TI

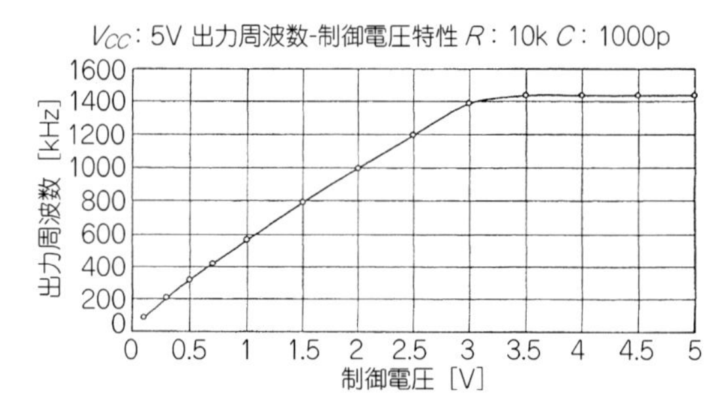

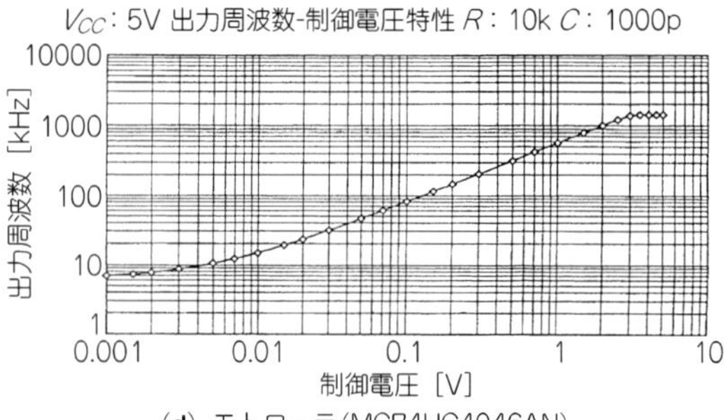

(**d**) モトローラ(MC74HC4046AN)

〈図B-10〉
各社4046の発振周波数-制御電圧特性
(3/3)

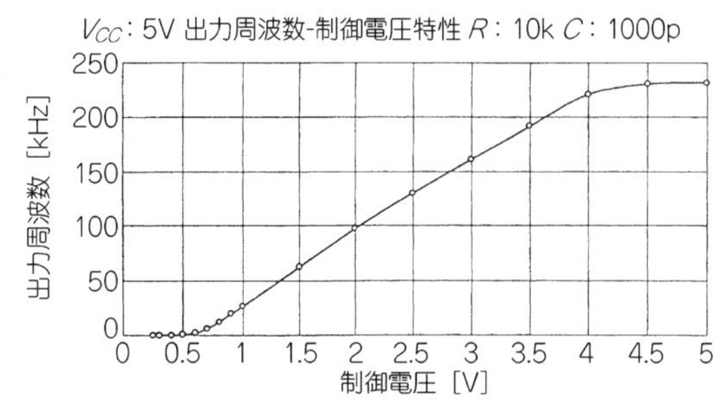

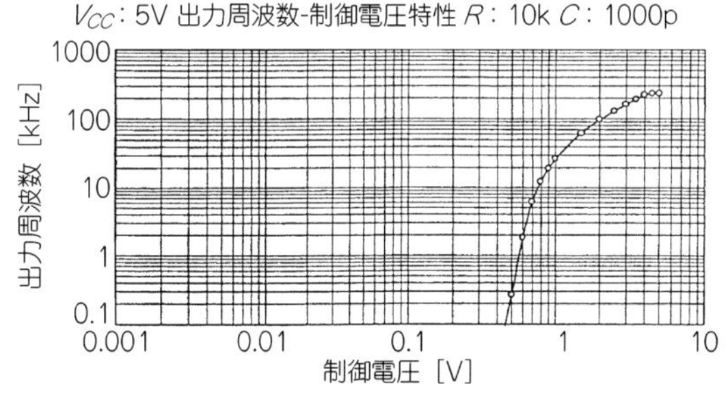

(**e**) ナショナル セミコンダクター(74VHC4046N)

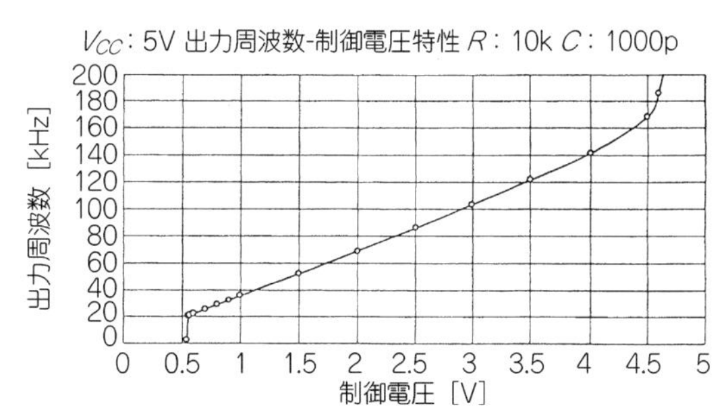

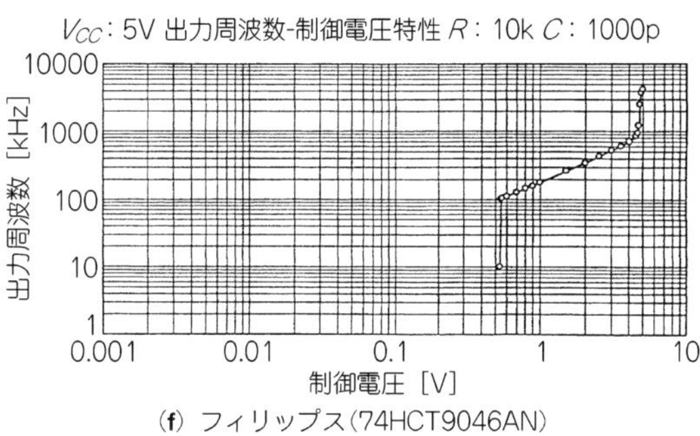

(**f**) フィリップス(74HCT9046AN)

索　引

【な行】

【は行】

【ま行】

【ら行】

【数字】

【アルファベット】

参考文献

(1) H. de Bellescize；“La Reception Synchrone”, Onde Electr., Vol.11, pp.230～240, June 1932.
(2) Floyd M. Gardner；“Phaselock Techniques”, JOHN WILEY & SONS.
(3) 西村芳一；無線によるデータ変復調技術，2002年9月1日，CQ出版(株).
(4) 山下和郎；移動無線機への応用　PLL設計ハンドブック，トリケップス.
(5) 赤羽 進，他；電子回路(1)，1986年5月20日，コロナ社.
(6) 岡田清隆 訳；スペクトラム・アナライザ，昭和54年9月，日刊工業新聞社.
(7) H. S. Black；“Stabilized Feedback Amplifiers”, BSTJ, vol.13, January 1934, U.S. Patent No.2,102,671.
(8) H. W. Bode；“Network Analysis and Feedback Amplifier Design”, Van Nostrand, New York, 1945.
(9) H. W. ボーデ著，喜安善市訳；回路網と帰還の理論，1955年5月28日，岩波書店.
(10) 北野　進，他；電蓄の回路設計と製作，1957年3月20日，ラジオ技術社(同書の復刻版が2000年11月1日にアイエー出版より出版されている).
(11) 斉藤彰英；負帰還増幅器，1959年12月，近代科学社.
(12) 金井　元；例解演習　トランジスタ回路設計，1974年，日刊工業新聞社.
(13) 柳沢 健 編；PLL(位相同期ループ)応用回路，総合電子出版社.
(14) 木原雅巳，小野定康；わかりやすいデジタルクロック技術，オーム社，平成13年5月25日.
(15) William F. Egan；Phase-Lock Basics, JOHN WILEY & SONS,INC., 1998.

〈著者略歴〉

遠坂　俊昭（えんざか・としあき）

1949年　群馬県新田郡藪塚本町に生まれる

1966年　アマチュア無線局JA1WVFを前橋にて開局

1973年　(株)三工社に入社

1977年　(株)エヌエフ回路設計ブロックに入社
　　　　アイソレーション・アンプ，ロックイン・アンプ，FRA，
　　　　保護リレー試験器などの開発に従事，現在に至る．

2001年　文部科学大臣賞受賞

〈おもな著書〉

CMOS-IC選び方・使い方，1987年4月，技術評論社．

計測のためのアナログ回路設計，1997年11月，CQ出版(株)．

計測のためのフィルタ回路設計，1998年9月，CQ出版(株)．

〈測試用〉類比電路設計実務，白中和訳，1999年4月，建興出版社．

PLL回路の設計と応用［オンデマンド版］

2003年11月1日　初版発行
2014年 8月1日　第7版発行
2023年 1月1日　オンデマンド版発行

著　者　遠　坂　俊　昭
発行人　櫻　田　洋　一
発行所　CQ出版株式会社
〒112-8619　東京都文京区千石4-29-14
電話　編集　03-5395-2123
　　　販売　03-5395-2141

ISBN978-4-7898-5307-1
乱丁・落丁本はご面倒でも小社宛てにお送りください．
送料小社負担にてお取り替えいたします．
本体価格は表紙に表示してあります．

印刷・製本　大日本印刷株式会社
Printed in Japan